Zhongguo Gudai
Shoushishi

中国古代首饰史

李芽 等 著

第十章

中国元代的首饰

曹喆

近年来，元代蒙古族服饰的研究尽管取得了很多进展，但和汉族古代服饰研究相比，成果还是非常有限的。最主要原因是元代蒙古服饰出土数量少。这和蒙古族游牧的生活方式以及丧葬习俗有很大关系。蒙元时期蒙古族的葬俗为秘葬，《黑鞑事略》记："其墓无冢，以马践蹂，使如平地。"[①]明代叶子奇《草木子》中也有："元朝官里，用梡木二片，凿空其中，类人形小大合为棺，置遗体其中。加髹漆毕，则以黄金为圈，三圈定。送至其直北园寝之地深埋之，则用万马蹴平，俟草青方解严，则已漫同平坡，无复考志遗迹。"[②]秘葬的形式使蒙古贵族的日常服用难得一见实物，现在的研究只能依据有限的出土服饰、史籍文字以及图像资料，尽可能地勾勒出当时的情境。

① 王云五. 黑鞑事略及其他四种［M］. 上海：商务印书馆，1938：19.

② 叶子奇. 草木子［M］. 北京：中华书局，1959：60.

第一节 ｜ 元代首饰制度及习俗

一 蒙元珠宝习俗

蒙古民族于12世纪末崛起，1206年建立大蒙古国。大蒙古国疆域广袤，横跨欧亚。忽必烈于1271年建立元朝，1276年攻下南宋都城临安，统一了中国。元朝的统治对中国社会生活和东西方交流等方面产生了深远影响。

13世纪之后的欧亚政治格局发生重大变化，东亚、中亚和西亚地区昔日林立的诸多政权消失，欧洲的部分地区也纳入蒙古汗国的统治之下。战争以及随之建立的蒙古政权，使欧亚之间经济文化交流的壁垒被打破。蒙古族统治者鼓励通商的开放政策，便利、安全的驿站交通，拉近了欧亚之间的距离。优惠的通商政策、通畅的商路，使元朝与西方贸易非常频繁。通商、进贡或是抢掠，使得各地珍宝汇集于蒙古贵族的手里。

《马可波罗游记》记载了元代一些城市的珠宝贸易，如汗八里城（今北京），世界各地珍稀之物会集中于此，尤其是印度的商品，如宝石、珍珠、药材和香料等。契丹各省凡有值钱的东西也都运到这里，以满足来京都经商而住在附近的商人的需要[1]。再有候官城，城中央有一条河横贯而过，两岸都建有高大豪华的建筑物。在这些建筑物前面停泊着大批的船只，有许多印度的商船，装载着各种珍珠宝石，一旦售出，即可获得巨大的利润[2]。

另外，《马可波罗游记》还记载了元代大量使用珠宝以及进贡和赏赐珠宝的情况。

每年九月二十八日的万寿节都必须举行庆祝活动。这一天，大汗会穿上华丽高贵的金袍。同时足足有两千名贵族和武官由他赐予同样颜色和样式的袍子，只不过料子没有那么富丽罢了。有些衣服饰以华贵的宝石和珍珠，价值一万金币，这是大汗赐给最亲信的贵族的，并且规定只有一年中的十三个节日才能穿此衣服[3]。在其他一些大节日，贵族也是要穿锦袍、佩各种珠宝的。元旦这天，大汗治下的各省和各王国中的官员都纷纷向大汗进贡金银、宝石等珍贵礼物[4]。

元代天子每年在京师召开朝会，并赐宴给重要的贵族、各大官员和京师的著名人物。这种宴会往往要持续十日或二十日。席间绸缎、黄金和宝石所表现的富丽堂皇，超出了众人的想象，每个宾客都竭尽所能来表现他们的豪华奢侈，在服装上也力求华丽[5]。蒙元时期的贵族喜爱黄金制品，尤其注重宝石镶嵌，追求金碧辉煌，珠光宝气的效果。

① 梁生智译. 马可波罗游记［M］. 北京：中国文史出版社，1998：127.

② 梁生智译. 马可波罗游记［M］. 北京：中国文史出版社，1998：207.

③ 梁生智译. 马可波罗游记［M］. 北京：中国文史出版社，1998：116.

④ 梁生智译. 马可波罗游记［M］. 北京：中国文史出版社，1998：117.

⑤ 梁生智译. 马可波罗游记［M］. 北京：中国文史出版社，1998：202.

《蒙古史》记一般蒙古人“拥有牲畜极多：骆驼、牛、绵羊、山羊，他们拥有这么多公马和母马，以致我不相信在世界的其余地方能有这样多的马。他们没有猪和其他耕作的牲畜。皇帝、贵族和其他显要人物拥有大量的金、银、丝绸、宝石和珠宝。”[①]

① 道森. 出使蒙古记[M]. 北京：中国社会科学出版社，1983：9.

元代使用的宝石品种很多，那些贵重难得的宝石价值非常高。来自海外各国的宝石被称为“回回石头”。《南村辍耕录》上记载的宝石，红的计四种，绿的计三种，各色鸦鹘石（即刚玉宝石）计七种，猫睛二种，甸子三种，各有不同名称出处[②]。元人撰《居家必用事类全集·宝货辨疑》所记的珠宝有各种玉石、玛瑙、水晶、琥珀、珊瑚、各种南北珠、碧靛、猫睛、剌、玻璃、玳瑁、犀角等。说明元代用来制作珠宝首饰的材料品种繁多。孔齐《至正直记》记载当时对珠宝的审美与贵贱判断，“玛瑙惟缠丝者为贵，又求其红丝间五色者为高品。谚云：‘玛瑙无红一世穷。’言其不值钱也。又言：‘玛瑙红多不值钱。’言全红者反贱，惟取红丝与黄白青丝纹相间，直透过底面一色者佳。浙西好事者往往竞置，以为美玩。或酒杯，或系腰，或刀把，不下数十，定价过于玉。盖以玉为禁器不敢置，所以玛瑙之作也。金陵吕子厚知州有祖父所遗玛瑙碗一枚，可容一升，其色淡如浆水，惟三点红如蒲桃状极红，又一二点黄色如蜡，可谓佳品也。予因与好事者辨之曰：‘五金之器莫贵如金，珠之为物固不足贵也。金愈远愈坚，珠则有晦坏之时也。诸石之器莫贵于玉，玉与金并称。取其温润质色玉为上，坚而不坏金为上。若水晶之浮薄，玛瑙之杂绞，皆不足贵。’此固世俗所尚，一时之竞，非古今之公论也。今燕京

② 陶宗仪. 南村辍耕录[M]. 北京：中华书局，2004：84-85.

士夫往往不尚玛瑙，惟倡优之徒所饰佩，又以为贱品，与江南不同也。谚云：‘良金美玉，自有定价’。其亦信然矣。其次则有古犀，斑文可爱，诚是士夫美玩，固无议者矣。”[1]又有对玉之成色的品评：“美玉与金同，亦有成色可比对。其十成者极品，白润无纤毫瑕玷也。九成难辨，非高眼不能别。八成则次之。以至七成、六成又次之。古玉惟取古意，或水银渍血渍之类，不必问成色也，绝难得佳品。”[2]

《至正直记》记载了元代除了用金、玉、珍珠、宝石以外还用鸟羽做首饰，孔齐对此是颇不以为然的。“首饰用翠，最为无补之物。买时以价十倍，及无用时不值一文。珍珠虽贵，亦是无用。盖予避地，将所在囊中者遍求易米，不可即得，且价不及于前者已十倍之上。惟金银为急，绢帛次之。民有谣曰：‘活银病金死珠子。’犹不言翠也。盖言银为诸家所尚，金遇主渐少，珠子则无有问及者，犹死物也。世之承平时，人人皆自以百世无虑，以至穷奢极侈，以金银珠玉之外，又置翠毛，殊不知人生不可保，一旦异于昔，则无用之物皆成委弃。”[3]

二 工匠制度

元代以前的蒙古因生产技术和能力的限制，难以满足各种生活用品以及工艺品的需求，所以在扩展过程中，大肆掳掠人口和手工匠人。每屠城，“惟匠者免”。[4]1220年，在元朝定都北京后，汉族工匠生产的工艺品占据了主流地位，取代了以前的伊斯兰文明的审美。

随着户籍制度的建立与完善，工匠的管理也遂趋于制度化。政府将其所控制的工匠单独置为匠户。南宋亡后，元政府又在江南签发匠户。至元十六年（1279），江南匠人籍 42 万，立局院 70 余所。至元二十一年（1284），

① 孔齐. 至正直记［M］. 上海：上海古籍出版社，1987：109.

② 孔齐. 至正直记［M］. 上海：上海古籍出版社，1987：110.

③ 孔齐. 至正直记［M］. 上海：上海古籍出版社，1987：95.

④ 周良霄. 元代史［M］. 上海：上海人民出版社，1987：550.

筛选剔除后余下十万九千余匠户。工匠以籍为定，世承其业，其子女使男习工事，女习黹业，婚嫁皆由政府控制。官府对工匠实行严格人身控制。

严格的工匠制度很残酷，而且对提高生产效率帮助不大，但是由于掳掠了大量各地工匠，元代工艺制造水平提高显著。各种外来文化融合，元代工艺品出现了各种西方样式和新样式。

三 《元史·舆服志》相关记载

《元史》编撰仓促，记载粗略，如钱大昕批评《元史》所言："史为传信之书，时日簇迫，则考订必不审，有草创而无讨论，虽班马难以见长，况宋王词华之士，征辟诸子，皆起自草泽，迂腐而不谙掌故者乎。"[1]

① 钱大昕. 十驾斋养新录［M］. 上海：上海书店出版社，1983：195.

洪武二年（1369）二月朱元璋下诏修《元史》。修《元史》一共经历两个阶段。据宋濂《元史·目录后记》载，明年春二月丙寅开局，至秋八月癸酉书成。因资料缺乏，未修元顺帝朝的事迹。洪武三年，再次纂修《元史》。于明年春二月乙丑开局，至秋七月丁亥书成。据史家推算，《元史》纂修第一阶段为188天，第二阶段为143天，总计331天。《元史》主要依据的是《经世大典》和《十三朝实录》。这两部书已经失传。

《元史·舆服志》和宋、明两朝的《舆服志》相比，记载的服饰有大量缩减。几乎没有关于女性服饰的记载，其他历代《舆服志》基本都有后妃及内外命妇的服饰记载。

《元史探源》中引用了余元盦《〈元史〉志、表部分史源之探讨》的研究成果，据现存《〈经世大典〉

表 10-1：《元史·舆服志》所缺服饰记载与宋、明比较

服饰种类	《宋史·舆服志》	《元史·舆服志》	《明史·舆服志》
后妃服	袆衣，朱衣，礼衣，鞠衣	未记	礼服，袆衣，翟衣，常服，霞帔，褙子，双凤翊龙冠，大衫，鞠衣
内、外命妇冠服	翟衣	未记	翟衣，团衫，大衫，鞠衣，霞帔，褙子，缘襈袄裙
亲王妃、公主、郡王妃、郡主、县主等	未记	未记	凤冠，翟冠，大衫，霞帔，褙子

序录》推知，《元史》诸《志》都来自《经世大典》。《舆服志》三卷源于《大典》的《礼典》中的《舆服》篇。据王慎荣著《元史探源》推测，《经世大典》一书可能在永乐十九年（1421）将南京藏书运至北京之后即已佚失。正统六年（1441）编录的《文渊阁书目》已经注有“阙”字。清乾隆三十七年（1772）纂辑《四库全书》时，已完全佚失。鉴于相关史料的缺失，已经无法追溯《元史·舆服志》究竟在编纂过程中舍弃了多少材料，《元史·舆服志》的服饰记载比其他朝代的《舆服志》少很多内容。比较现存的其他元史资料中的服饰记载，如《元典章》《黑鞑事略》《蒙古秘史》等，与《元史·舆服志》可以互相印证的内容也非常少。

《元史·舆服志》关于命妇首饰只有这一条：“首饰，一品至三品许用金珠宝玉，四品、五品用金玉珍珠，六品以下用金，惟耳环用珠玉。（同籍不限亲疏，期亲虽别籍，并出嫁同。）”[1]关于庶人首饰只记：“首饰许用翠花，并金钗锦各一事，惟耳环用金珠碧甸，余并用银。”[2]仅

① 宋濂．元史［M］．北京：中华书局，1976：1942.

② 宋濂．元史［M］．北京：中华书局，1976：1943.

记载了等级与首饰材质及数量限定，没有关于图案以及造型方面的记载。

四 元代头面

宋、元、明时期女性的首饰也称为头面。虽然不管什么等级的首饰都称为头面，但因为材质不同，便有了贵贱之分，有的用银头面，有的用金头面，有的用玉头面。穷人家用的虽然是铜铁，好歹也算是有了头面。

宋代孟元老《东京梦华录》卷三：“占定两廊，皆诸寺师姑卖绣作、领抹、花朵、珠翠、头面、生色销金花样、幞头、帽子、特髻冠子、绦线之类。”[①]

成书于元末明初的《水浒传》也多有关于头面的描述，如第二十一回：“没半月之间，打扮得阎婆惜满头珠翠，遍体金玉。……。宋江又过几日，连那婆子也有若干头面衣服。端的养的婆惜丰衣足食！”[②]第四十六回，“杨雄道：‘兄弟，你与我拔了这贱人的头面，剥了衣裳，然后我自伏侍他！’石秀便把妇人头面首饰衣服都剥了。”[③]第七十三回，“李逵又问道：‘砖头饭食，那里得来？’婆娘道：‘这是我把金银头面与他，三二更从墙上运将入来。’”[④]

元曲也有一些关于头面的描写，如关汉卿所作杂剧《赵盼儿风月救风尘》第一折：“但你妹子那里人情去，穿的那一套衣服，戴的那一副头面，替你妹子提领系、整钗镮。只为他这等知重你妹子，因此上一心要嫁他。”“出门去，提领系，整衣袂，戴插头面整梳篦。衠一味是虚脾，女娘每不省越着迷。”[⑤]从这段话来看，头面只是金、银、玉首饰之类，

① 孟元老．东京梦华录［M］．郑州：中州古籍出版社，2010：58.

② 施耐庵．水浒传［M］．北京：人民文学出版社，1975：261.

③ 施耐庵．水浒传［M］．北京：人民文学出版社，1975：620.

④ 施耐庵．水浒传［M］．北京：人民文学出版社，1975：951.

⑤ 徐征主编．全元曲［M］．石家庄：河北教育出版社，1998：112-113.

不包含插在发髻上的木质梳篦。

这些做头面的金银器自是比较贵重，如遇到什么事，头面可以换钱救急。如关汉卿所作杂剧《包待制智斩鲁斋郎》第一折：“逼的人卖了银头面，我戴着金头面；送的人典了旧宅院，我住着新宅院。”[1]郑廷玉所作杂剧《包待制智勘后庭花》第一折：“我见了呵，便道休要害了他。我将他两个的首饰头面都拿了，我着他将子母二人放了。”[2]王实甫所作杂剧《吕蒙正风雪破窑记》第一折：“我的言语不中听，你怎生自嫁吕蒙正。梅香，将他的衣服头面，都与我取下来，也无那奁房断送。”[3]头面也可当盘缠用。如李行甫所作杂剧《包待制智赚灰栏记》第一折：“哥哥不知，俺这衣服头面，都是马员外与姐姐的，我怎做的主好与人，除这些有甚的盘缠好赍发的你？”[4]第三折：“你这泼娼根，你早知今日，当初那衣服头面，把些儿与我做盘缠不得？”[5]无名氏所作杂剧《逞风流王焕百花亭》第三折：“解元，妾身止有这副金头面，钏镯俱全，与你做盘缠去。”[6]

元曲里称头面往往用套或副作为数量词，一旦提到头面，往往指钏、镯、玉珮、翠钿、玉梳等全套首饰。如杨景贤《马丹阳度脱刘行首》第三折：“他将那头面揪，衣服扯。则见他玉佩狼藉，翠钿零落，云髻歪斜。”[7]贾仲明所作杂剧《荆楚臣重对玉梳记》楔子：“全副头面钏镯，俱是金珠，助君之用。又有这玉梳儿一枚，是妾平日所爱之珍。掂做两半，君收一半，妾留一半。君若得第，以对玉梳为记。”[8]无名氏所作杂剧《施仁义刘弘嫁婢》第二折：“金银玉头面三副，不少么？春夏秋冬衣服四套，不少么？”[9]

头面包括多种物品，种类和分量没有固定标准。女子日常生活中常用到的头面主要包括钏、钗、簪、镯、梳、耳坠等物。一般情况，妇女的首饰上所装饰的纹样和造型

① 徐征主编. 全元曲[M]. 石家庄：河北教育出版社，1998：472.

② 徐征主编. 全元曲[M]. 石家庄：河北教育出版社，1998：1234.

③ 徐征主编. 全元曲[M]. 石家庄：河北教育出版社，1998：2134.

④ 徐征主编. 全元曲[M]. 石家庄：河北教育出版社，1998：3403

⑤ 徐征主编. 全元曲[M]. 石家庄：河北教育出版社，1998：3423.

⑥ 徐征主编. 全元曲[M]. 石家庄：河北教育出版社，1998：6787.

⑦ 徐征主编. 全元曲[M]. 石家庄：河北教育出版社，1998：5365.

⑧ 徐征主编. 全元曲[M]. 石家庄：河北教育出版社，1998：5579.

⑨ 徐征主编. 全元曲[M]. 石家庄：河北教育出版社，1998：6295.

多为禽鸟、瑞兽、卷草或花之类，如凤凰、牡丹等。

被称为头面的整套首饰品种基本都沿自前朝，早在汉魏时女子的首饰品种就已经很完整，如曹魏时期的繁钦有一首《定情诗》："何以致拳拳？绾臂双金环。何以致殷勤？约指一双银。何以致区区？耳中双明珠。何以致叩叩？香囊系肘后。何以致契阔？绕腕双跳脱。何以结恩情？佩玉缀罗缨。何以结中心？素缕连双针。何以结相于？金薄画搔头。何以慰别离？耳后玳瑁钗。"[①]其中提到的各种首饰，如钏、约指、耳珰、跳脱、搔头、钗等等，元代都有使用。

第二节 | 元代头饰

帽饰

（一）帽顶

元代男子有在帽子顶部嵌珠宝的习俗，特别是贵族，在笠帽或瓦楞帽顶上装贵重珠玉或雕刻，显示身份。从元成宗以后的帝王像上，可以见到笠帽上装有不同颜色的宝珠，有绿、有红，以金为托（图 10-2-1-1、2）。汪世显墓出土笠帽顶有珠串为饰，珠串样式为圆珠和枣核形珠相间，与元代帝王像的项链样式相似（图 10-2-1-3、4）。

《南村辍耕录·回回石头》也记有大商人将名贵宝石用作帽顶。"大德间，本土巨商中卖红剌一块于官，重一两三钱，估值中统钞一十四万，定用嵌帽顶上。自后累朝皇帝相承宝重。凡正旦及天寿节大朝贺时，则服用之，呼曰剌，亦方言也。"[②]从觐见蒙古帝王场景的绘画上可以看到蒙古贵族的帽子顶部都有很明显的宝石或羽毛装饰（图 10-2-1-5）。

① 徐陵选．玉台新咏笺注［M］．北京：中华书局，1985：39.
② 陶宗仪．南村辍耕录［M］．北京：中华书局，2004：84.

图 10-2-1-1 **元成宗像**

图 10-2-1-2 **元仁宗像**

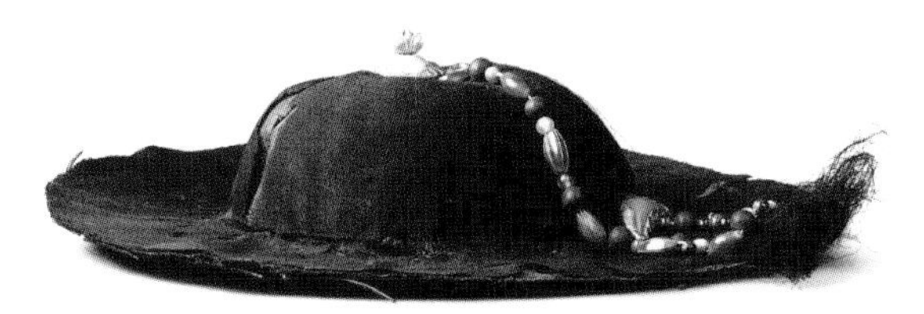

图 10-2-1-3 **笠帽（侧）**
汪世显墓出土。

图 10-2-1-4 **笠帽（顶）**
汪世显墓出土。

图 10-2-1-5 **伊朗大不里士的细密画**

《至正直记》卷三记有仿照楞帽制作的学士帽也用玉石作帽顶。“今之学士帽遗制类僧家师德帽，不知唐人之制如此否？愚意自立一样，比今之国帽差增大，顶用稍平，檐用直而渐垂一二分。里用竹丝，外用皂罗或纱，不必如旧制。顶用小方笠样，用紫罗带作项攀，不必用笠珠顶，却须用玉石之类。”[①]

瓦楞帽是元代男性使用最广泛的帽饰之一，在样式上有少许变化，有的四角帽檐伸出较宽，有的则比较收敛（图 10-2-1-6）。所示的元代瓦楞帽饰有玉雕的飞鸟帽顶[②]。《事林广记》中的插图描绘了戴楞帽的官员，帽顶上有凸起的装饰（图 10-2-1-7、8）。

图 10-2-1-9 所示的是以佛教题材雕刻的金质帽顶[③]，底部是莲花座，莲座上有一圈金刚菩萨，顶部是迦陵频伽。迦陵频伽是人首鸟身的神鸟，作佛前

① 孔齐. 至正直记［M］. 上海：上海古籍出版社，1987：113.

② 赵丰. 黄金·丝绸·青花瓷—马可·波罗时代的时尚艺术［M］. 杭州：中国丝绸博物馆，2005：69.

③ 赵丰. 黄金·丝绸·青花瓷—马可·波罗时代的时尚艺术［M］. 杭州：中国丝绸博物馆，2005：30.

图 10-2-1-6　**瓦楞帽**

图 10-2-1-7　《事林广记》插图——鼓吹

图 10-2-1-8　《事林广记》插图——弈棋

图 10-2-1-9　元代迦陵频伽金帽顶

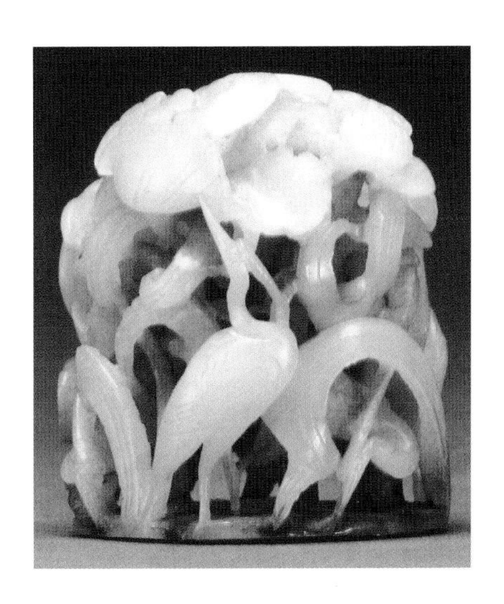

图 10-2-1-10　元代玉帽顶

乐舞供养。《阿弥陀经》有："彼国常有种种奇妙杂色之鸟，白鹤、孔雀、鹦鹉、舍利、迦陵频伽、共命之鸟，是诸众鸟，昼夜六时，出和雅音。"《慧苑音义》卷下："迦陵频伽，此云美音鸟，或云妙音鸟。此鸟本出雪山，在壳中即能鸣，其音和雅，听者无厌。"元代帽顶多见玉质雕刻，图 10-2-1-10 是以松鹤延年为主题的玉雕帽顶，松枝鹤颈参差穿插，层次丰富，充满动感[①]。

① 常沙娜主编 . 中国织绣服饰全集 . 历代服饰卷（下）［M］. 天津：天津人民美术出版社，2004：135.

（二）姑姑冠

元代蒙古贵族妇女的首饰主要集中在姑姑冠周边，颈部、前胸并无厚重繁杂的装饰，以耳饰与冠戴相辉映。蒙古贵族酷爱珠宝，不论是姑姑冠上还是两耳边，都以名贵的珠宝装饰。元世祖皇后像（图 10-2-1-11）上可见元代姑姑冠实物上有各种珠子装饰，另有（图 10-2-1-12）织金锦姑姑冠可佐证[①]。

意大利方济各会传教士鄂多立克的《东游录》一书中描写姑姑冠时有非常形象的描述："已婚者头上戴着状似人腿的东西，高为一腕尺半，在那腿顶有些鹤羽，整个腿缀有大珠，因此若全世界有精美大珠，那准能在那些妇女的头饰上找到。"[②]

《鲁不鲁乞东游记》记载："妇女们也有一种头饰，他们称之为孛哈（bocca），这是用树皮或她们能找到的任何其他相当轻的材料制成的。这种头饰很大，是圆的，有两只手能围过来那样粗，有一腕尺（约18至22英寸）多高，其顶端呈四方形，像建筑物的一根圆柱的柱头那样。这种孛哈外面裹以贵重的丝织物，它里面是空的。在头饰顶端的正中或旁边插着一束羽毛或细长

图 10-2-1-11　**元世祖皇后像**

图 10-2-1-12　**织金锦姑姑冠**

① 赵丰．黄金・丝绸・青花瓷——马可・波罗时代的时尚艺术［M］．杭州：中国丝绸博物馆，2005：66.
② 何高济译．鄂多立克东游录［M］．北京：中华书局，1981：74.

图 10-2-1-13
壁画中戴姑姑冠的妇女

图 10-2-1-14
伊朗史书插图中戴姑姑冠的女性，顶部有羽饰

的棒，同样也有一腕尺多高；这一束羽毛或细棒的顶端，饰以孔雀的羽毛，在它周围，则全部饰以野鸭尾部的小羽毛，并饰以宝石。富有的贵妇们戴这种头饰，并把它向下牢牢地系在一兜帽上，这种帽子的顶端有一个洞，是专作此用的。她们头发从后面挽到头顶上，束成一个发髻，把兜帽戴在头上，把发髻塞在兜帽里面，再把头饰戴在头上，然后把兜帽牢牢地系在下巴上。”[1]据有关文献资料和传世绘画证实，这种头饰有大、中、小三种，根据妇女所处地位的不同加以划分，在礼节性的场合均要戴之。图10-2-1-14中妇女所戴姑姑冠顶部有羽毛状的伸出装饰。

二 簪钗

宋元时期的一副头面往往由十几件以上的首饰组成。元无名氏杂剧《瘸李岳诗酒玩江亭》第一折有：“我无甚么与大姐，金银玉头面三副，每一副二十八件，每一件儿重五十四两。”[2]《天水冰山录》记载从明代权臣严嵩家

① 道森．出使蒙古记［M］．北京：中国社会科学出版社，1983：120.
② 徐征主编．全元曲［M］．石家庄：河北教育出版社，1998：6944.

抄出的首饰，也都是一副十多件。簪和钗是头面重要组成部分。在出土的元代首饰中，簪钗是数量最大的一类。

样式简单的钗是一根粗的金、银或铜丝对折成两股，用来固定发髻。元代把簪称为鈚、錍或鎞。《居家必用事类全集》有记玉钗錍。錍字原意为箭头，指簪一头尖的形状。富贵人家的女性可以使用金质、玉质簪钗，一般家庭的女子只用铜和银制品，生活在社会底层的贫苦女子只能使用荆钗（木钗）。元代的簪钗根据样式的不同分为花筒、瓜头、螭虎、竹节、龙凤、如意、步摇等品种。

（一）花筒

花筒式簪钗，是指在簪或钗首装饰有花筒的样式，花筒一般是两片金片或银片围成一个桶形，桶形一端收窄，另一端用一个花型盖住。花筒有单个的，也有并头的双花筒簪和双花筒钗。如石门县雁池乡邱家湾元代窖藏出土的花筒钗是由两对花筒组成（图 10–2–2–1）[①]，其连接方式如图 10–2–2–2，这种成对的花筒在钗梁上并列得更多的则称为“连二连三”式（图 10–2–2–3）[②]。

若干对花筒并列在钗梁上的样式在宋元时期较为流行。《喻世明言》卷三十六《宋四公大闹禁魂张》有：“就脊背上取将包裹下来。一包金银钗子，也有花头的，也有连二连三的，也有素的，都是沿路上觅得的。”[③]《明史·舆服三》记命妇一品礼服和常服都可用“金云头连三钗。”[④]钗首花筒的不同式样主要体现在上面錾刻的纹样和顶部的花式[⑤]（图 10–2–2–4、5）。

流行的规则往往是一个新样式出现后会走向装饰极端。花筒的样式好像也符合这个规律。有的簪或钗首的花筒多至十几对，成为桥梁式。湖南临澧新合元代窖藏出土的一款金桥梁式花筒钗首有 11 对花筒（图 10–2–2–6），另一个金桥梁式花筒簪有花筒 15 对（图 10–2–2–7）。另还有金桥梁式花筒簪（图 10–2–2–8）和银桥梁式花筒钗的花筒达到了 25 对（图 10–2–2–9）[⑥]。

---

①② 湖南省博物馆 . 湖南宋元窖藏金银器发现与研究［M］. 北京：文物出版社，2009：189.

③ 冯梦龙 . 喻世明言［M］. 山东：齐鲁书社，1993：319.

④ 张廷玉 . 明史［M］. 北京：中华书局，1974：1643.

⑤ 湖南省博物馆 . 湖南宋元窖藏金银器发现与研究［M］. 北京：文物出版社，2009：37.

⑥ 湖南省博物馆 . 湖南宋元窖藏金银器发现与研究［M］. 北京：文物出版社，2009：30、32、142、185.

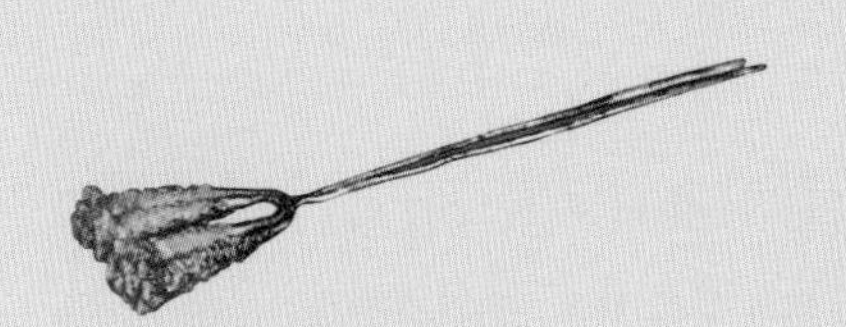

图 10-2-2-1　**银花筒钗**
湖南石门县雁池乡邱家湾元代窖藏。

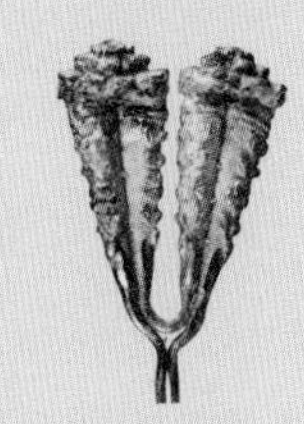

图 10-2-2-2
银花筒钗局部

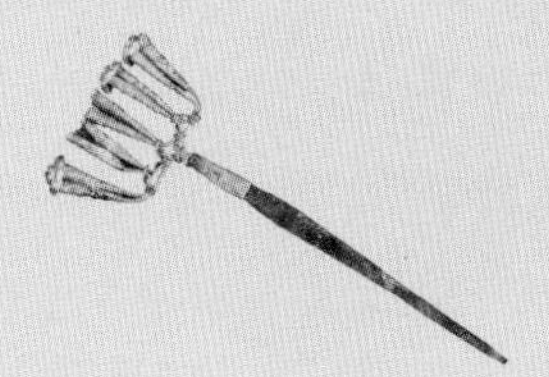

图 10-2-2-3
金连二连三式花筒银脚簪
湖南临澧新合元代窖藏。

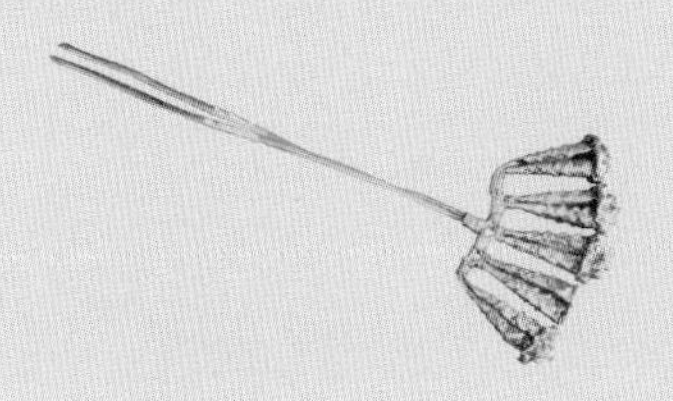

图 10-2-2-4
金连二连三式花筒钗
湖南临澧新合元代窖藏。

图 10-2-2-5
金连二连三式花筒钗局部

图 10-2-2-6
金桥梁式花筒钗
湖南临澧新合元代窖藏。

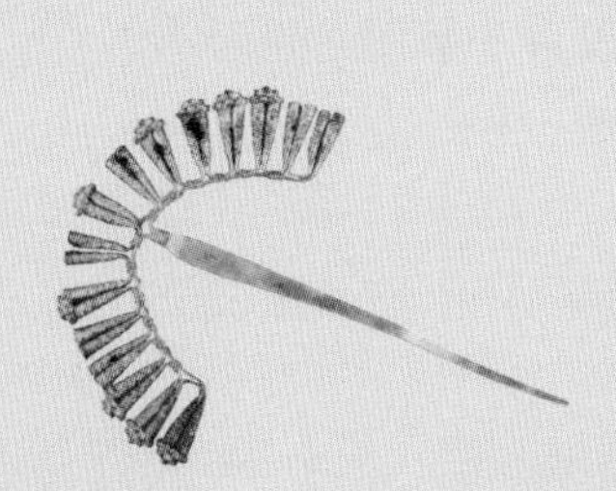

图 10-2-2-7　**金桥梁式花筒簪**
湖南临澧新合元代窖藏。

图 10-2-2-8
金桥梁式花筒簪

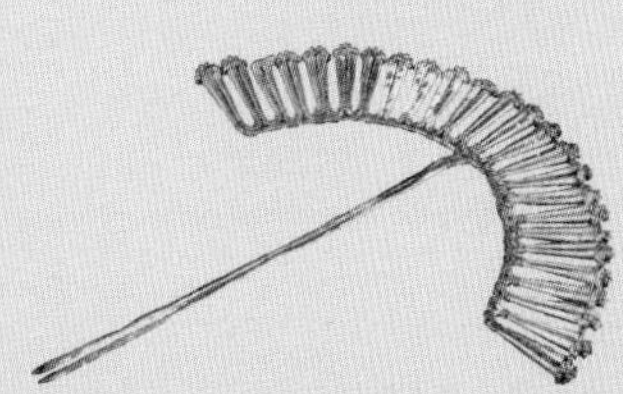

图 10-2-2-9　**银桥梁式花筒钗**
湖南石门县雁池乡邱家湾元代窖藏。

（二）瓜头簪、荔枝簪

图 10-2-2-10
金瓜头簪首
湖南新铺乡黄家峪村元代窖藏。

图 10-2-2-11　**金瓜头簪**
湖南临澧新合元代窖藏。

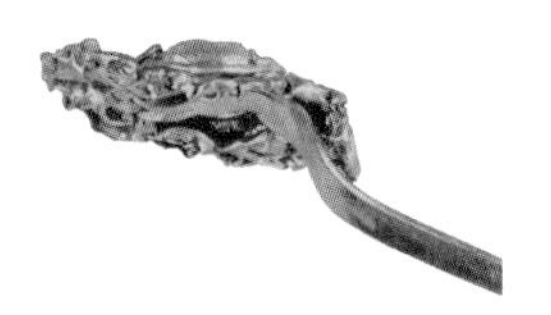

图 10-2-2-12
金瓜头簪局部

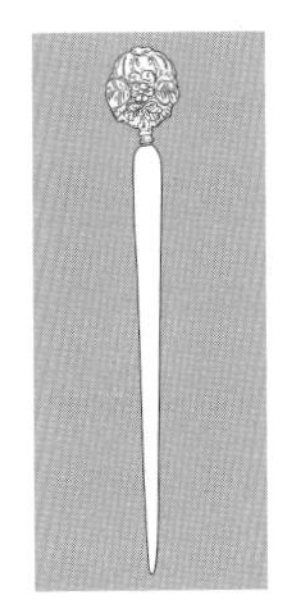

图 10-2-2-13　**金瓜头簪**
内蒙古乌兰察布市右前旗土城子出土。

瓜头簪的瓜头纹饰取自宋元写生小品中的甜瓜造型。瓜头图案取瓜瓞绵绵之意，源自《诗经·大雅》中的《绵》："绵绵瓜瓞，民之初生，自土沮漆。"朱熹《诗经集注》："大曰瓜，小曰瓞。瓜之近本初生常小，其蔓不绝，至末而后大也。"瓞即小瓜，藤蔓连绵，小瓜长大，兴旺与长久。元以后还有瓜和蝴蝶组成的纹样，蝶与瓞同音。寓意子孙延绵，世代昌盛。

明代沈受先《三元记》第十出："与他前程远大。瓜瓞永绵绵。"[①]明代吾丘瑞《运甓记》第三出："玉叶金枝瓜瓞永，封青社海岱称雄。"[②]杨柔胜《玉环记》第十二出："愿相同百世。瓜瓞绵绵。"[③]

瓜头簪头和荔枝簪头的做法近似，都是金片或银片打出类似浮雕的样式。元代瓜头样式多为叶子枝蔓和一个大瓜两个小果的构图，和宋代绘画小品的情趣一致。瓜头簪的基本造型近似，有的簪首在叶子的翻转、镂空变化等等细节有不同（图 10-2-2-10）。簪的结构（图 10-2-2-11、12）[④]基本是簪首由一个金片打造，簪体插在簪首背面固定。内蒙古出土的瓜头簪的样式与湖南出土的基本一致（图 10-2-2-13），说明当时南北方都用这种样式的簪。湖南出土过一枚双头银鎏金簪，一个是瓜头，另一个

① 毛晋．六十种曲·三元记［M］．北京：中华书局，1958：27.
② 毛晋．六十种曲·运甓记［M］．北京：中华书局，1958：7.
③ 毛晋．六十种曲·玉环记［M］．北京：中华书局，1958：42.
④ 湖南省博物馆．湖南宋元窖藏金银器发现与研究［M］．北京：文物出版社，2009：63，207.

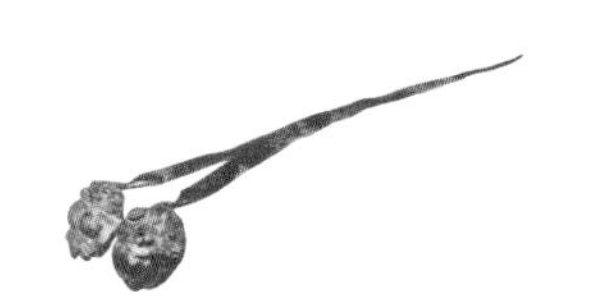

图 10-2-2-14 **银鎏金并头瓜果簪**
湖南株洲县堂市乡元代窖藏。

图 10-2-2-15
银鎏金并头瓜果簪局部

图 10-2-2-16 **金荔枝簪**
湖南临澧新合元代窖藏。

图 10-2-2-17
金荔枝簪局部
湖南武林区文化馆出土。

图 10-2-2-18
金荔枝簪
湖南临澧新合元代窖藏。

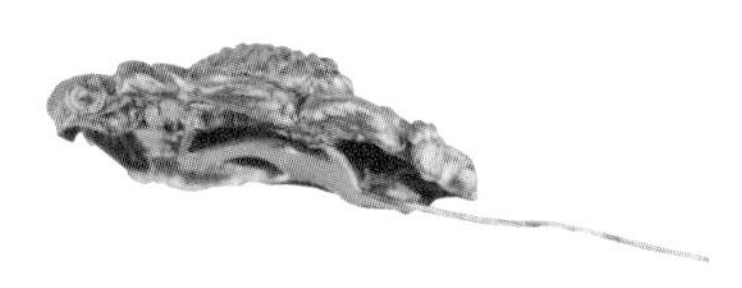

图 10-2-2-19
金荔枝簪局部

是荔枝，共同组成簪首，寓意子孙兴旺（图 10-2-2-14、15）[①]。

荔枝是元代头饰和耳饰上常用的装饰纹样（图10-2-2-16）。荔枝纹样在宋代时常用于带銙，时称“御仙花”，而荔枝纹和御仙花实非一物。欧阳修《归田录》记：“（太宗）乃创为金銙之制以赐群臣，方团毬路以赐两府，御仙花以赐学士以上。今俗谓毬路为‘笏头’，御仙花为‘荔枝’，皆失其本号也。”[②]《能改斋漫录》卷十三记：“近年赐带者多，匠者务为新巧，遂以御仙花枝叶稍繁，改级荔枝，而叶极省。”[③]

元代荔枝簪首的样式多为两个对称的荔枝，四边装饰叶蔓，叶子翻转舒展，荔枝上錾出荔枝表面的颗粒纹理。图 10-2-2-17 簪头上的荔枝装饰和瓜头做法相似。也是用一片金或银打出簪首，簪体插在簪首背部固定（图 10-2-2-18、19）[④]。

① 湖南省博物馆 . 湖南宋元窖藏金银器发现与研究［M］. 北京：文物出版社，2009：67，68.
② 欧阳修 . 归田录［M］. 北京：中华书局，1981：26.
③ 吴曾 . 能改斋漫录［M］. 北京：中华书局，1960：379.
④ 同①。

内蒙古敖汉旗出土的一枚簪也以荔枝为题材，样式和湖南出土的荔枝簪相似。“扁柄为树干，簪花为树冠，簪柄插入簪花之背，上端卷。长 14.6 厘米、簪花长 3.1 厘米、宽 2.5 厘米。”[①]（图 10-2-2-20）考古报告认为该枚簪上的果实是椰果。与湖南出土的簪比较可知应是荔枝。

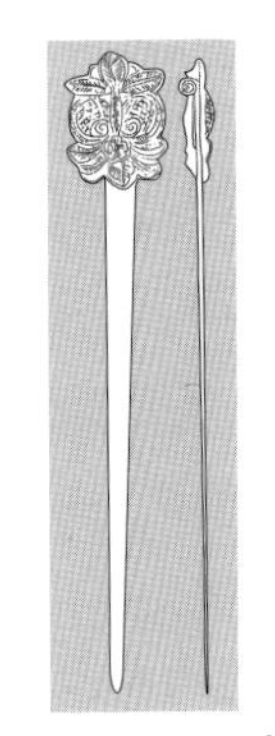

图 10-2-2-20 **荔枝簪**
内蒙古敖汉旗出土。

（三）螭虎

以螭虎为装饰主题的钗居多，螭虎簪比较少。湖南临澧新合元代窖藏出土有金螭虎簪（图 10-2-2-21、22）[②]，螭虎钗是元代才出现的样式。其花式特征为，上部为花，下面为口衔花叶的龙或螭虎，螭虎的身体扭曲飞动，钗的两股往往和螭虎的身体融合。

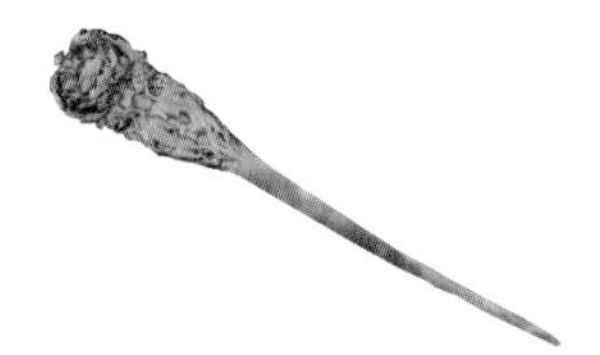

图 10-2-2-21 **金螭虎簪**
湖南临澧新合元代窖藏。

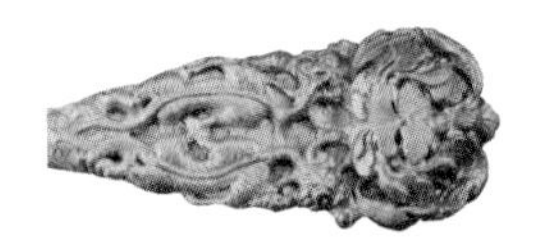

图 10-2-2-22
金螭虎簪局部

班固《封燕然山铭》有：“鹰扬之校，螭虎之士”[③]。螭虎象征神武。螭纹最早见于商周青铜器，战国时多见于玉器。螭属于传说中的动物，属蛟龙类，无固定样式，造型通常为走兽和龙的混合体。《说文·虫部》有释：“螭，若龙而黄，北方谓之地蝼。”元代的螭虎纹多为兽头龙体，毛发迎风扬起，身体呈爬行状，背部刻有阴线一两道作脊柱，四肢的关节处都饰有卷云纹，尾部也多为旋涡状卷云。

元代所见的螭虎钗的主要有三种样式，简繁精粗不一样。较为复杂的，钗头纹样精细，花的层次丰富，镂刻变化，极尽工巧；（图 10-2-2-23、24）[④]稍微简单一点的，钗的折弯部分饰一朵花头，延续下去的两股为扭转的螭虎，螭虎造型不求精细。最简单的螭虎钗，就是在金钗表面錾出螭虎和花朵，造型简洁。

① 敖汉旗博物馆．敖汉旗发现的元代金银器窖藏[J]．内蒙古文物考古，1991，（1）：91-92.

② 湖南省博物馆．湖南宋元窖藏金银器发现与研究［M］．北京：文物出版社，2009：56.

③ 范晔．后汉书［M］．北京：中华书局，1965：815.

④ 湖南省博物馆．湖南宋元窖藏金银器发现与研究［M］．北京：文物出版社，2009：54.

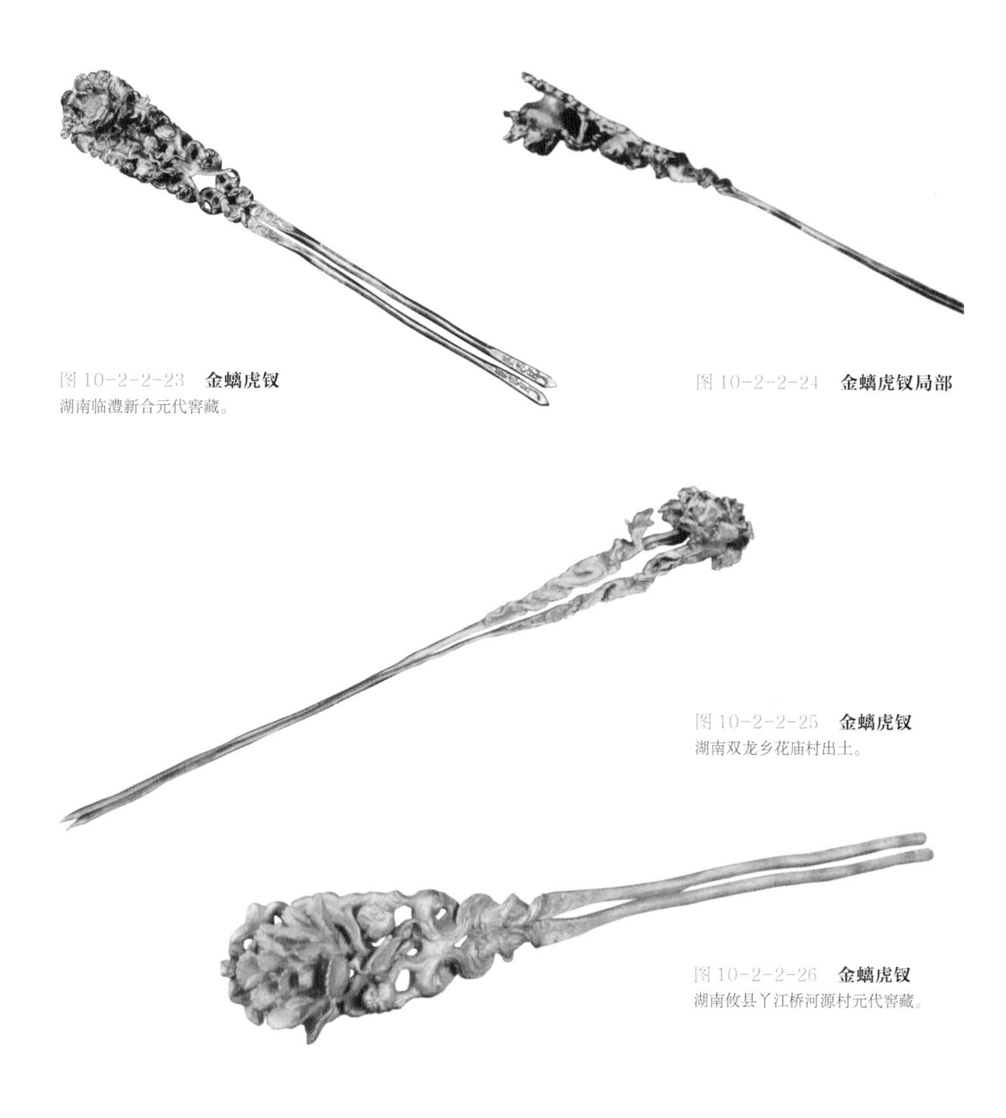

图 10-2-2-23 **金螭虎钗**
湖南临澧新合元代窖藏。

图 10-2-2-24 **金螭虎钗局部**

图 10-2-2-25 **金螭虎钗**
湖南双龙乡花庙村出土。

图 10-2-2-26 **金螭虎钗**
湖南攸县丫江桥河源村元代窖藏。

出土的螭虎钗金银都有。如湖南澧县城关镇珍珠村元代窖藏出土有简洁造型的螭虎银钗。湖南双龙乡花庙村出土的金螭虎钗造型为两只扭动的螭虎顶着一朵花的造型，形象较为写意（图 10-2-2-25）。湖南攸县丫江桥河源村出土的螭虎钗则较为精细，花枝和螭虎穿插形成较为复杂的立体造型（图 10-2-2-26）[①]。

① 湖南省博物馆．湖南宋元窖藏金银器发现与研究［M］．北京：文物出版社，2009：176，208.

（四）竹节钗

元代竹节钗在南北都用，内蒙古敖汉旗也有出土[1]，主要样式就是在钗的折弯处装饰多个小圆片，呈竹节状。竹节常见样式有两种，最多见的是如图10-2-2-27所示的圆片；另一种如图10-2-2-28所示，竹节精致一些。也有做成连二连三样式的竹节钗首，如沅陵黄氏墓出土的钗（图10-2-2-29）。张家界市汪家寨村出土的金桥梁式竹节钗则不是很多见（图10-2-2-30），桥梁样式的钗多用花筒装饰，如图10-2-2-31所示，桥梁上有17个竹节的样式[2]。

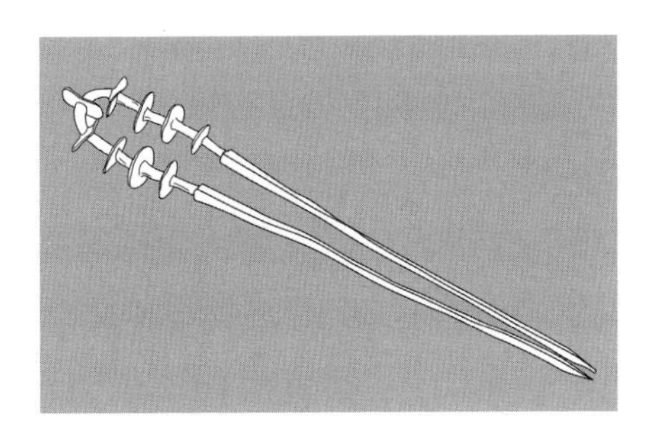

图10-2-2-27　**金竹节钗**
湖南临澧新合元代窖藏。

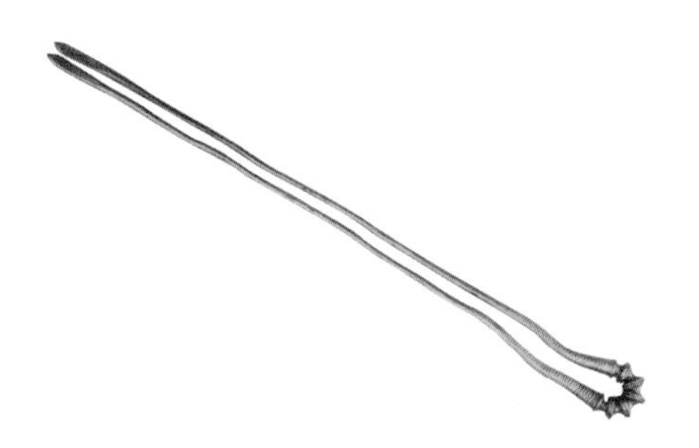

图10-2-2-28　**金竹节钗**
湖南临澧新合元代窖藏。

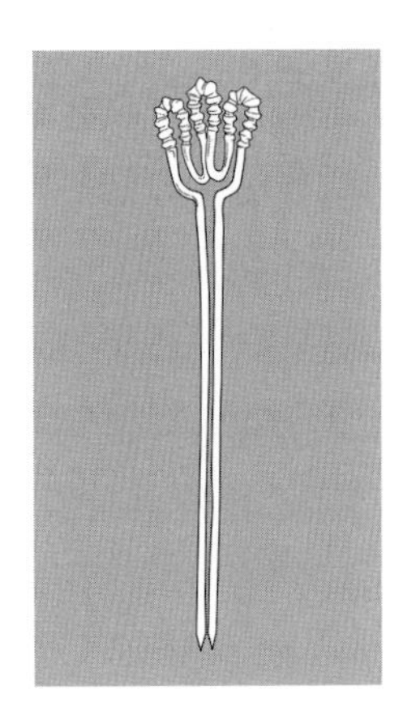

图10-2-2-29　**金竹节钗**
湖南沅陵黄氏夫妇墓出土。

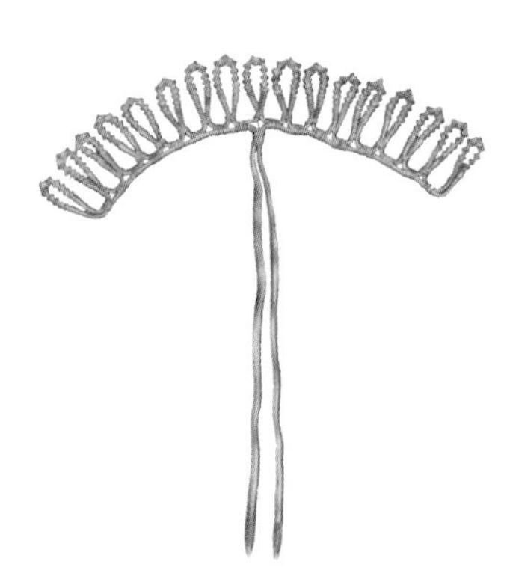

图10-2-2-30　**金桥梁式竹节钗**
湖南张家界市汪家寨村元代窖藏。

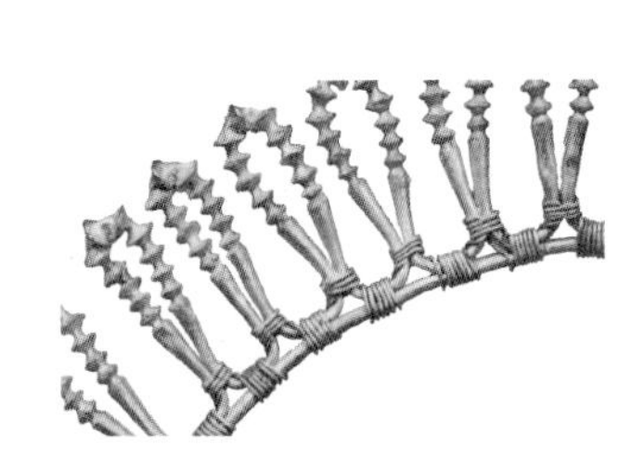

图10-2-2-31　**金桥梁式竹节钗局部**

① 敖汉旗博物馆．敖汉旗发现的元代金银器窖藏［J］．内蒙古文物考古，1991，（1）：94.
② 湖南省博物馆．湖南宋元窖藏金银器发现与研究［M］．北京：文物出版社，2009：290.

（五）龙凤

《元史·舆服志》对民间的服色、器皿、帐幕、车舆等都有禁止使用龙凤纹的记载。龙特指五爪二角者。因未禁止在首饰上使用凤纹，元代出土的凤钗和凤簪很多。首饰上也有见三爪龙的（图 10-2-2-32）[①]。

元代的凤纹和前代相比有了明显变化，凤大多是仰首腾飞，翅膀扬起，尾巴迎风波浪状，整体造型显得动感十足，很有气势（图 10-2-2-33[②]、34）。团窠样式的凤簪首也同样是取凤鸟飞行灵动的状态，以曲线构图，追求动感（图 10-2-2-35、36）。注重整体造型的同时不十分注重细节，很多凤的头部只是粗形，不仔细表达眼睛，羽毛表现也不精细。龙的造型也大抵如此，不拘细节而追求形状上的动感。湖南出土一些凤钗的凤嘴上还叼着缀饰（图 10-2-2-37）。

元代凤钗头多是用两个金片分别打制出凤的两侧然后合到一起（图 10-2-2-38~41），也有用一片金或银打制的凤形[③]。

图 10-2-2-32　**银鎏金海水蛟龙纹如意簪首**
攸县丫江桥河源村元代窖藏。

① 喻燕姣. 湖南出土金银器［M］. 湖南美术出版社，2009：图 207.
② 古方. 中国出土玉器全集. 北京、天津、河北卷［M］. 科学出版社，2005.
③ 湖南省博物馆. 湖南宋元窖藏金银器发现与研究［M］. 北京：文物出版社，2009：75，77，293.

图 10-2-2-33　**玉凤金簪**

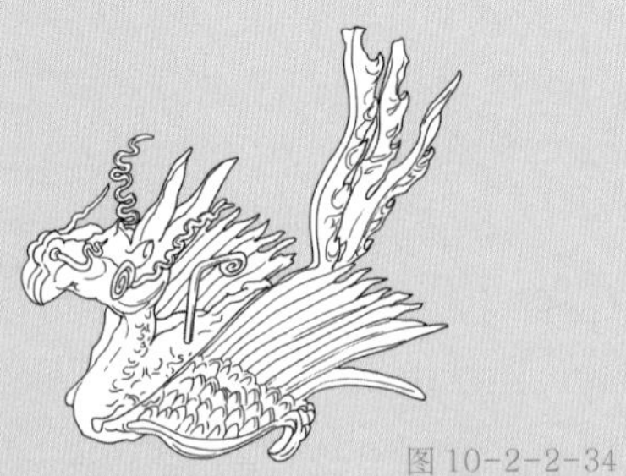

图 10-2-2-34
凤簪首
湖南临澧新合元代窖藏。

图 10-2-2-35
银团窠式凤凰簪首
攸县桃水镇褚家桥元代窖藏。

图 10-2-2-36
银鎏金团窠式凤簪首
湖南株洲县堂市乡元代窖藏。

图 10-2-2-37
银凤簪首
攸县桃水镇褚家桥元代窖藏。

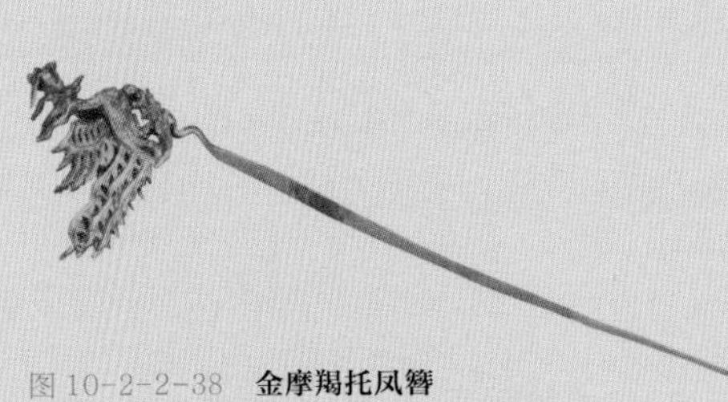

图 10-2-2-38　**金摩羯托凤簪**
湖南临澧新合元代窖藏。

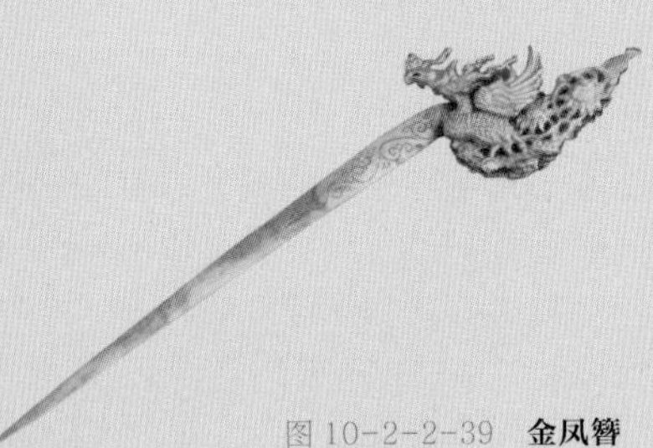

图 10-2-2-39　**金凤簪**
湖南临澧新合元代窖藏。

图 10-2-2-40　**金凤簪局部**

图 10-2-2-41　**银凤簪**
湖南张家界市汪家寨村元代窖藏。

（六）如意簪

如意簪在簪尾有耳挖造型，耳挖有些是并头样式，并无耳挖功能。扬之水先生认为耳挖实际是如意演变的造型，所以这种簪应是《碎金》所记的如意簪。

耳挖造型接簪身的位置刻有各种纹样。湖南出土的如意簪上的纹样多为金瓶花果（图 10-2-2-42~46）[1]。如意簪有的是一体打造，也有簪头和簪体拼接的。

湖南临澧合口镇出土的一件如意簪的纹样为龙纹与瓜果，构思颇为精巧，龙和枝叶穿插翻转，极为生动（图 10-2-2-47）[2]。

在内蒙古敖汉旗也出土了多件耳挖形的如意簪，如敖汉旗南大城窖藏出土的银簪“正面刻有牡丹花纹图案，长 18.3 厘米”[3]，样式没有湖南出土的如意簪复杂，头部的耳挖造型特征明显。

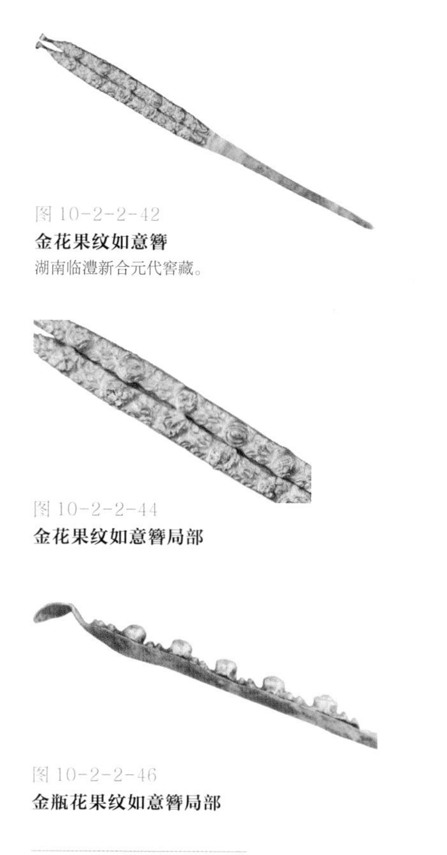

图 10-2-2-42
金花果纹如意簪
湖南临澧新合元代窖藏。

图 10-2-2-44
金花果纹如意簪局部

图 10-2-2-46
金瓶花果纹如意簪局部

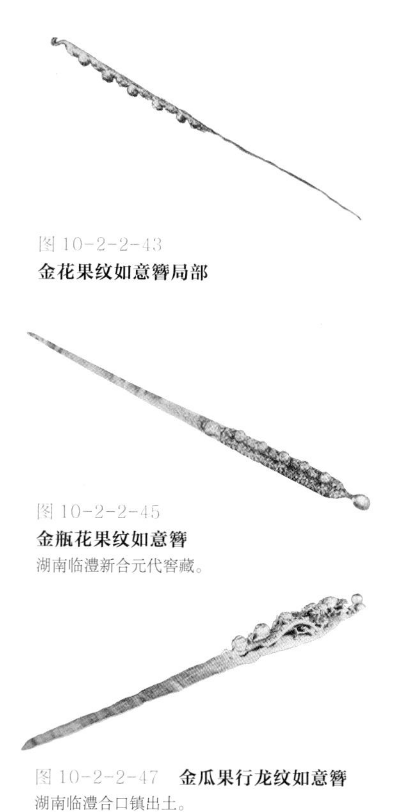

图 10-2-2-43
金花果纹如意簪局部

图 10-2-2-45
金瓶花果纹如意簪
湖南临澧新合元代窖藏。

图 10-2-2-47 **金瓜果行龙纹如意簪**
湖南临澧合口镇出土。

① 湖南省博物馆. 湖南宋元窖藏金银器发现与研究［M］. 北京：文物出版社，2009：70、71.
② 湖南省博物馆. 湖南宋元窖藏金银器发现与研究［M］. 北京：文物出版社，2009：157.
③ 敖汉旗博物馆. 敖汉旗发现的元代金银器窖藏［J］. 内蒙古文物考古，1991，（1）：96.

（七）步摇簪

据记载，步摇从商周即有，历经以后各朝。《续事始》中有载，“《实录》曰：自殷周之代，内外命妇朝贺宴会服朱翟衣，戴步摇，以发为之，如今鬓周回插以钿钗翠朵子垂条，而寻常头髻仿佛其样，向前后插小花子钗梳以为容饰。自后其状不一，其步摇之制不一。晋永嘉以后，为步摇之状名鬓，以为礼容。至隋及唐，尚用之为嘉礼之服，裙襦大袖为之礼衣，其上皆饰以翟，即今之翟衣，妇之正服。至开元中，妇见舅姑，即戴步摇，插钗翠，若今通传郎戴鬓而无钗及裙襦大袖也。”[1]

元代步摇在簪顶装饰花鸟纹样，多仿自然的立体造型，花鸟分别用细丝连着簪体。步摇插在头顶，其上的装饰随身体运动而摇摆（图 10-2-2-48）[2]。

攸县丫江桥河源村元代窖藏出土的金花鸟银步摇顶部的花鸟制作精美，用薄金片构造出立体花瓣、飞鸟和蝴蝶，组成热闹的场景（图 10-2-2-49、50）[3]。

湖南益阳八字哨乡关王村元代窖藏出土的银步摇将银片打造的花鸟用细丝连接，稍一振动，细丝顶端的花鸟就会上下摆动（图 10-2-2-51）。

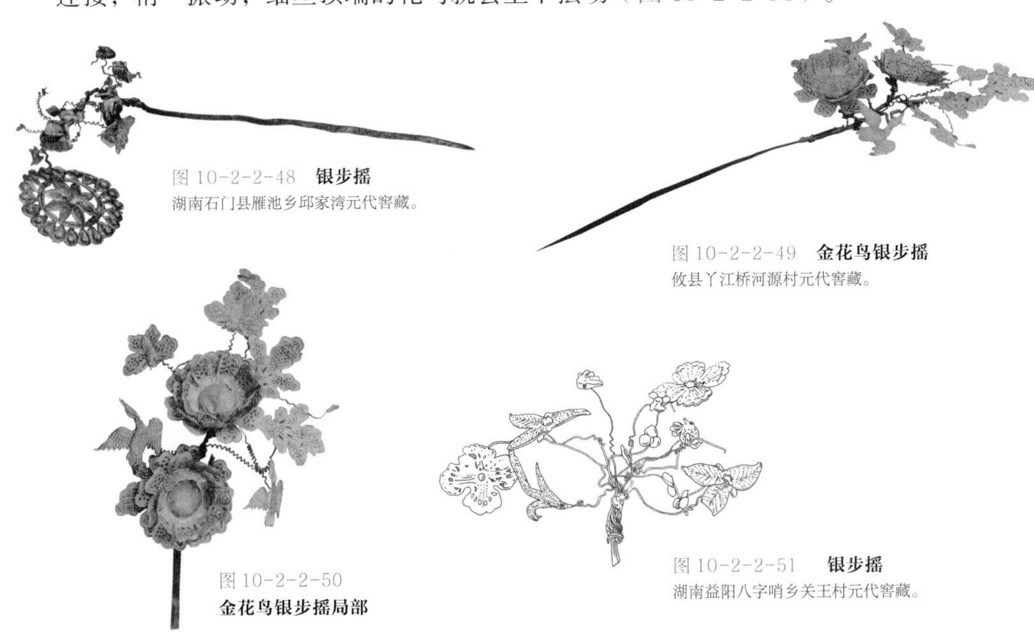

图 10-2-2-48 **银步摇**
湖南石门县雁池乡邱家湾元代窖藏。

图 10-2-2-49 **金花鸟银步摇**
攸县丫江桥河源村元代窖藏。

图 10-2-2-50
金花鸟银步摇局部

图 10-2-2-51 **银步摇**
湖南益阳八字哨乡关王村元代窖藏。

① 陶宗仪．说郛［M］．北京：中国书店，1986：418.
② 湖南省博物馆．湖南宋元窖藏金银器发现与研究［M］．北京：文物出版社，2009：195.
③ 湖南省博物馆．湖南宋元窖藏金银器发现与研究［M］．北京：文物出版社，2009：212.

图 10-2-2-52
金满池娇荷叶簪
湖南临澧新合元代窖藏。

图 10-2-2-53
金满池娇荷叶簪局部

图 10-2-2-54
银鎏金满池娇纹银脚簪
攸县桃水镇褚家桥元代窖藏。

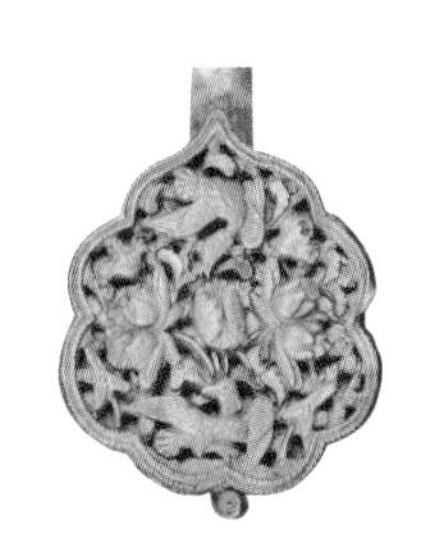

图 10-2-2-55
银鎏金满池娇纹银脚簪局部

（八）其他

元代簪钗中还有以荷花、荷叶、水禽为题材的样式，称为满池娇。各元素分布在荷叶或者花型框内，取宋代花鸟绘画的意境（图 10-2-2-52~55）[①]。

云月的名称见于《碎金》，湖南出土的云月钗的基本样式是一轮弯月下有卷云纹样（图 10-2-2-56）[②]。

元代还有以对鸟为题材的簪。对鸟在圆形内作 S 形构图，如阴阳图，是一种传统的喜相逢纹样。攸县丫江桥河源村出土的一枚簪头是用山茶与双鸟构成的喜相逢图案，充满动感（图 10-2-2-57、58）。类似题材也有用石榴和对鸟搭配的[③]。

图 10-2-2-56　**银云月钗**
湖南澧县城关镇珍珠村元代窖藏。

图 10-2-2-57
金桃花山茶双鸾纹银脚簪
攸县丫江桥河源村元代窖藏。
选自《湖南宋元窖藏金银器发现与研究》。

图 10-2-2-58
金桃花山茶双鸾纹银脚簪局部

① 湖南省博物馆 . 湖南宋元窖藏金银器发现与研究［M］. 北京：文物出版社，2009：82，236.
② 湖南省博物馆 . 湖南宋元窖藏金银器发现与研究［M］. 北京：文物出版社，2009：167.
③ 湖南省博物馆 . 湖南宋元窖藏金银器发现与研究［M］. 北京：文物出版社，2009：210.

图 10-2-2-59 **金绣羽鸣春簪**
湖南张家界市汪家寨村元代窖藏。

图 10-2-2-60
金玩月图银脚簪
攸县丫江桥河源村元代窖藏。

图 10-2-2-61
金玩月图银脚簪局部

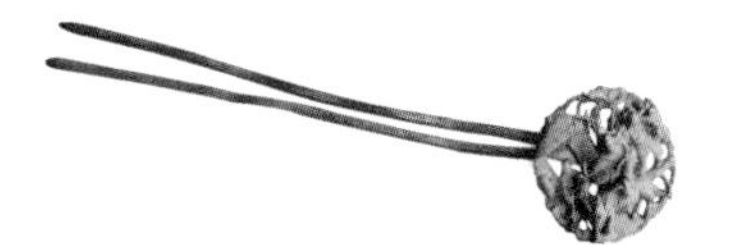

图 10-2-2-62 **银醉归图纹簪**
湖南涟源市桥头河镇石洞村元代窖藏。

图 10-2-2-63
银醉归图纹簪局部

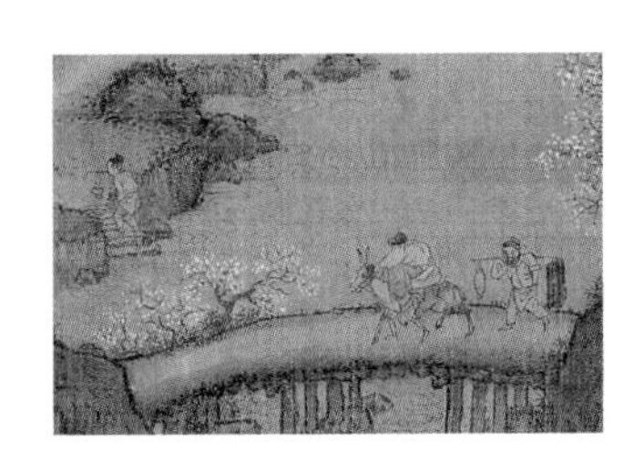

图 10-2-2-64
《花坞醉归图》局部

元代的簪头也有单用鸟作为装饰的，造型写实，类似宋代工笔花鸟的意境。张家界市汪家寨村元代窖藏出土的金绣羽鸣春簪，立在簪头的小鸟会随着主人走动而上下跳动，颇有创意（图 10–2–2–59）。

湖南出土的两枚簪钗可以见到以人物作为题材的，人物题材簪钗并不多见。攸县丫江桥河源村出土的金玩月图银脚簪的簪头非常精美，雕刻细腻（图 10–2–2–60、61）[1]。簪头用藤蔓枝丫穿插组织，缀着向日葵造型的花，人物位于中心，欣赏水盆中的月亮。人的五官，衣服上的纹样，手臂上的臂钏都表现得很清楚。

银醉归图纹簪在极小的钗头营造了复杂的场景。描绘了士人的醉归场景，中间士子骑着驴，右边侍者挑担跟随，左边是酒肆老板在张罗生意，左下有写意的桃花（图 10–2–2–62、63）[2]，画面有趣生动，和宋代绘画《花坞醉归图》表达了同样的意趣（图 10–2–2–64）。

① 湖南省博物馆 . 湖南宋元窖藏金银器发现与研究［M］. 北京：文物出版社，2009：211.
② 湖南省博物馆 . 湖南宋元窖藏金银器发现与研究［M］. 北京：文物出版社，2009：276.

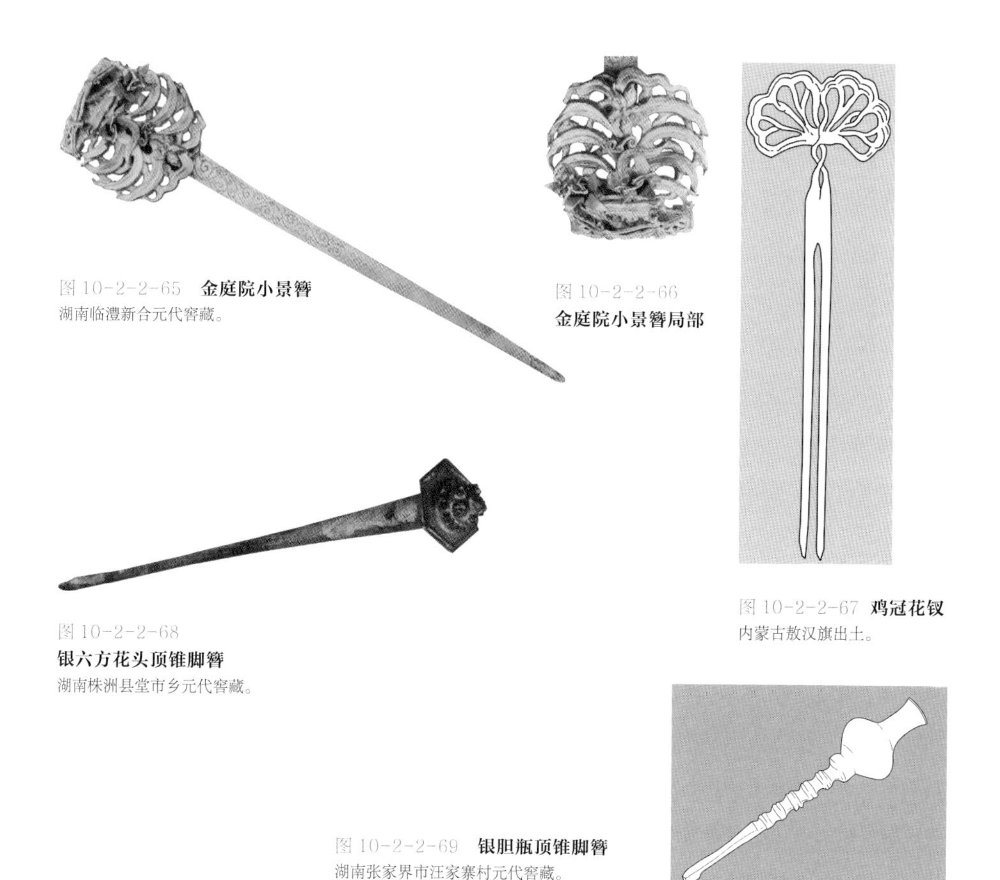

图 10-2-2-65 **金庭院小景簪**
湖南临澧新合元代窖藏。

图 10-2-2-66
金庭院小景簪局部

图 10-2-2-67 **鸡冠花钗**
内蒙古敖汉旗出土。

图 10-2-2-68
银六方花头顶锥脚簪
湖南株洲县堂市乡元代窖藏。

图 10-2-2-69 **银胆瓶顶锥脚簪**
湖南张家界市汪家寨村元代窖藏。

宋元时期的金银器常有以小景为题材的，如图 10-2-2-65 的金簪，以萱草作为主体，配合栏杆、花卉、蜜蜂构成了一幅生机盎然的画面（图 10-2-2-66）[1]。

内蒙古敖汉旗出土一枚鸡冠花钗，“花冠镂空成剪纸形双花，蒂部相互缠绕，呈扇面状。长 16.1 厘米、上宽 5 厘米。”[2]这种以鸡冠花为主题的钗不太多见（图 10-2-2-67）。

元代出土有一些简素的簪钗，簪钗上装饰很少或全无装饰。有的簪头用球状花型装饰（图 10-2-2-68）[3]，或者有瓜果纹饰的。还有用瓶饰作为簪头的，取谐音平静之意（图 10-2-2-69）。

① 湖南省博物馆 . 湖南宋元窖藏金银器发现与研究［M］. 北京：文物出版社，2009：83.
② 敖汉旗博物馆．敖汉旗发现的元代金银器窖藏［J］. 内蒙古文物考古，1991，（1）：93-94.
③ 湖南省博物馆 . 湖南宋元窖藏金银器发现与研究［M］. 北京：文物出版社，2009：250.

三 梳

梳和篦是女性整理头发、固定发髻和妆饰发髻的器物，梳背一般以金银打造。关汉卿所做杂剧《赵盼儿风月救风尘》第一折有：“出门去，提领系，整衣袂，戴插头面整梳篦。”[1]梳一般呈半月形，齿比较疏松，篦中间有梁，两侧有细密的齿，可以固定发髻。元代梳是首饰之一，亦可作财富使用。高明所做戏文《蔡伯喈琵琶记》第十出：“请自宽心，奴家如今把些钗梳首饰之类，去典些粮米，以充公婆一时口食。”[2]

宋元时期，在头顶插梳是一种时尚，既可装饰，也可固定发髻，无论是包髻（图 10-2-3-1、2），还是高髻（图 10-2-3-3、4）都用这种插法。商挺所作《小令》有：“包髻金钗翠荷叶，玉梳斜，似云吐初生月。”[3]说的是包髻斜插玉梳，半圆形梳似新月。

元代梳的材质很多，元曲里出现的梳有枣木梳、桑木梳、骨梳、犀角梳、玉梳等。贾仲明的杂剧《荆楚臣重对玉梳记》以玉梳为主要线索，并用金修补，

① 徐征主编．全元曲[M]．河北：河北教育出版社，1998：113.

② 琵琶记[M]．明代乌程闵氏刊本，卷二.8.

③ 徐征主编．全元曲[M]．石家庄：河北教育出版社，1998：7128.

图 10-2-3-1
宝宁寺水陆画中的妇女

图 10-2-3-2
山西屯留元代墓壁画侍女备茶图局

图 10-2-3-3
宝宁寺水陆画中的妇女

图 10-2-3-4
周朗《杜秋娘图》局部

"下官当初与玉香别时，分开玉梳为记。今日令银匠用金镶就，依旧完好。"[1]

梳的样式本来很简单，配上不同样式的梳背就有了很多花样。元代梳背的题材多样，常见的有龙凤（图 10–2–3–5、6），花卉（图 10–2–3–7），竹节（图 10–2–3–8），花网（图 10–2–3–9）等等[2]。

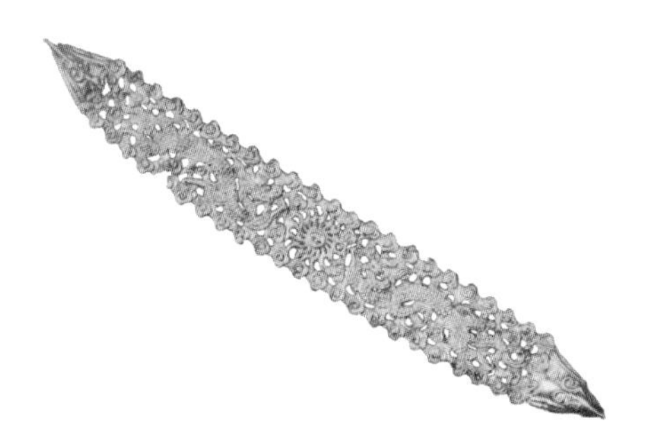

图 10–2–3–5　**金二龙戏珠纹梳背**
湖南临澧新合元代窖藏。

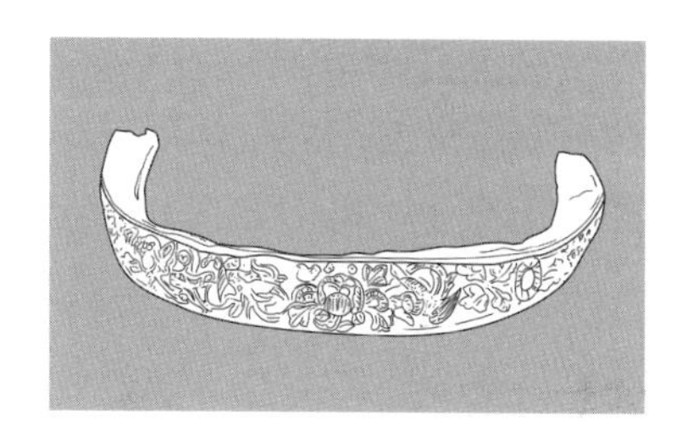

图 10–2–3–6　**银鎏金牡丹凤凰纹梳背**
湖南攸县凉江乡凉江村元代窖藏。

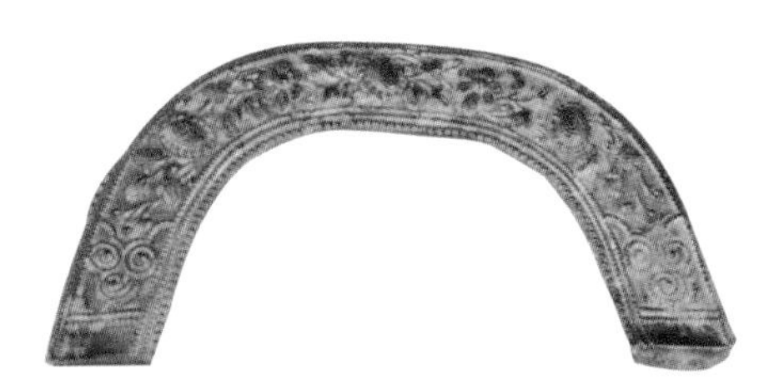

图 10–2–3–7　**银鎏金四季花卉梳背**
湖南株洲县堂市乡元代窖藏。

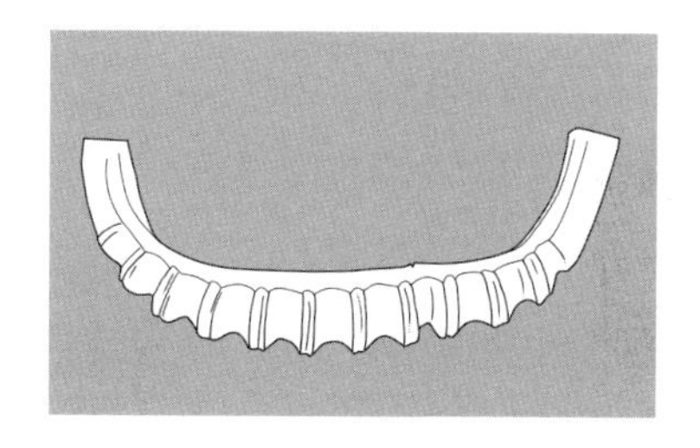

图 10–2–3–8　**银竹节纹梳背**
涟源市桥头河镇石洞村元代窖藏。

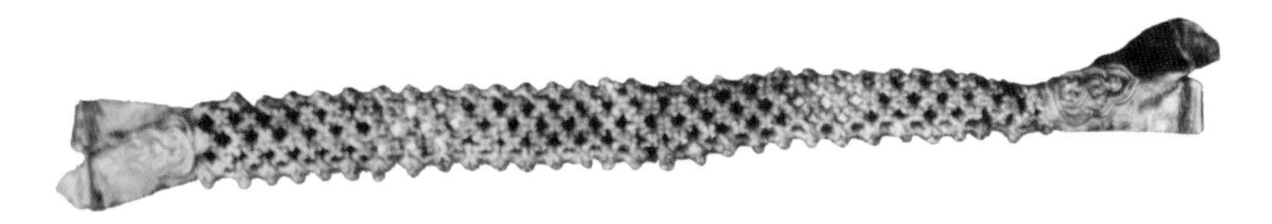

图 10–2–3–9　**金花网纹梳背**
湖南武陵区文化馆藏。

① 徐征主编．全元曲［M］．石家庄：河北教育出版社，1998：5593.
② 湖南省博物馆．湖南宋元窖藏金银器发现与研究［M］．北京：文物出版社，2009：83，254，143.

第三节 | 元代耳饰

图 10-3-0-1 **元太祖像**

图 10-3-0-2 **元世祖像**

元代的耳饰相较于前代不仅样式日益丰富，出现了诸如“塔形葫芦环”这类带有异域风情的崭新样式，而且设计意匠也更富有巧思，出现了很多复杂精巧的蜂蝶花果组合纹样。元代还流行珠宝镶嵌样式，镶宝耳饰色彩较之前代更显斑斓，并对明清首饰的发展产生了深远的影响。

元代有各种来自国外的彩色“回回石头”，但蒙古贵族最喜爱的珠宝还是珍珠，不论是帝王耳畔的耳坠，还是姑姑冠上的珠串，以及后妃耳畔的塔形葫芦环、天茄、葫芦耳环等，多以珍珠作为装饰，这很可能与蒙古的色彩崇拜有关。在蒙古人的观念中，白色常被用来指称出身名门望族，寓意“好运”，是一种有着灵性力量的颜色[①]。如元太祖成吉思汗和元世祖忽必烈像，都穿白色的质孙服（图 10-3-0-1、2）。

除了珠宝，黄金也是蒙古民族的最爱。欧亚大陆北方游牧民族自古就有喜用黄金来彰显财富与权力的传统，蒙古族也不例外。“蒙古人对于金子的看重，并且使其和帝国的权力紧密联系在一起，这是与草原帝国的政治意识形态有着紧密的联系。在那个帝国里，金子这种金属与这种金属的颜色跟政治权威之间的等同是这个帝国里对于权力和权威理解的一种表达，并且根深蒂固地嵌入在这个草原帝国的文化价值观之中。”[②]游牧民族的

① 赵旭东．侈靡、奢华与支配——围绕十三世纪蒙古游牧帝国服饰偏好与政治风俗的札记［J］．民俗研究，2010,(2)：38.

② 赵旭东．侈靡、奢华与支配——围绕十三世纪蒙古游牧帝国服饰偏好与政治风俗的札记［J］．民俗研究，2010,(2)：39.

图 10-3-1-1 **元文宗像**

图 10-3-1-2
《元世祖出猎图》局部

图 10-3-1-3 **缂丝元明宗像**

个人权威主要依靠其拥有的财富量来确立，而非依靠宗法和礼教。在对贵重物品的选择上，蒙古部落接受了在印欧以及西亚都很流行的黄金的崇拜，没有追随汉人的尚玉传统。同时，蒙古人接受了在西亚地区普遍流行的对于白色的崇拜。元蒙时期对宝石、黄金的喜好在小小的耳饰中可见一斑。

一 元代蒙古族男子耳饰

与汉人男子不同，蒙古族贵族男性是佩戴耳饰的。历代帝王像中，唯元朝统治者的耳朵上有佩戴耳饰，通常是耳坠，且造型多为同一种，历任帝王并无明显变化。均为以一金环穿过耳垂，下面坠有一颗玉石类的圆珠，珠体圆白饱满，疑为珍珠（图 10-3-1-1）。从故宫旧藏元代帝王像来看，元初帝王妆饰朴素。如元太祖铁木真、元太宗窝阔台、元世祖忽必烈，身上均无金玉耳饰和帽顶饰。从元成宗铁木耳像开始，以后的元代帝王像皆有珠宝饰品（主要是耳饰和帽顶）。这应该和开国之君励精图治、勤俭治国，而后世之君安享前代开创之荣华、穿戴服用日益奢华繁缛有关。

台北故宫所藏刘贯道绘《元世祖出猎图》中，忽必烈耳戴“一珠”式耳坠的，形制和元代帝王图中后世帝王耳上所带耳坠如出一辙，所不同者坠珠为一颗红色宝珠（图 10-3-1-2）。他身旁贴身的男性侍从则是耳戴金环，两名黑奴则只见耳洞，未见耳饰，是否佩戴耳饰以及耳饰的款式在元代蒙古男性中或许是表示身份等级的一种标志。元代帝王像中描绘的戴这种一珠式耳坠应是元代帝王常用耳饰（图 10-3-1-3）。

① 宋濂 . 元史 [M] . 北京：中华书局，1976：4160.

② 熊梦祥 . 析津志辑佚 [M] . 北京：北京古籍出版社，1983：206.

《元史·耶律希亮列传》记载，因耶律希亮战功卓绝，“王（忽必烈）遗以耳环，其二珠大如榛，实价值千金，欲穿其耳使带之。”[1]耶律希亮以不能伤父母所给的身体以及无功受赏为由辞谢了。这里虽称为耳环，但从描述来看，应就是前文所说的一珠式耳坠，款式看似简约，但因大颗珍珠罕见，实则价值不菲。“一珠”的名称在元人熊梦祥所著《析津志》中有记[2]。

二 元代女性耳饰

元代皇后燕居或者出猎的打扮，耳边也会有简约的珠宝。窝阔台汗宠爱的美女木格哈敦“耳边戴着两颗珍珠，犹如两颗和明月会合而受福的光灿小熊星。”[3]《元世祖出猎图》中忽必烈身旁的皇后也是耳垂上一边一颗明晃晃的珍珠耳钉（图 10-3-2-1）。伊朗史书《妇女生子图》中的蒙古族贵族妇女耳边均挂有耳饰（图 10-3-2-2）。

③ 志费尼 . 世界征服者史 [M] . 内蒙古：内蒙古人民出版社，1980：247.

图 10-3-2-1
《元世祖出猎图》局部

图 10-3-2-2
伊朗史书《妇女生子图》局部

对于元代的汉族女性来说，珠宝耳饰也是在隆重场合应该佩戴的一种隆重饰物。《南村辍耕录》记载了这样一则故事：有一婢女的主人有姻事，暂借亲眷珠子耳环一双，直钞三十余锭。婢女归还耳环途中，不慎将耳环遗失，欲投水自尽，被他人所救[1]。此故事可见耳饰所代表的郑重。元代耳环质料的规定相较其他首饰也显得宽松一些，命妇首饰，一品至三品可以用金珠宝玉；四品、五品可以用金玉珍珠；六品以下只可用金。但是耳环不受限制，各等级都可以用珠玉。庶人首饰可以用翠花，金钗和金篦各有一件，耳环可以金珠碧甸。从元代出土耳饰实物来看，也的确如此，金珠碧甸的珠玉耳环占了耳饰中的大宗。

① 陶宗仪．南村辍耕录［M］．北京：中华书局，1959：104.

（一）大塔形葫芦环

元代蒙古族贵妇的耳饰造型颇有特色，称为珠环，也可称掩耳，其为姑姑冠上面的装饰，从两边垂下来，或系或挂于珍珠链缨之上，掩在左右当耳处，故名。元人熊梦祥《析津志》对姑姑冠条有较为详细的描述："与耳相连处安一小纽，以大珠环盖之，以掩其耳在内，自耳至颐下，光彩眩人。"尽管与耳环有些相似，但此珠环并非耳环，而是用以遮掩耳朵的一种饰物。其外形"多是大塔形葫芦环，或是天生葫芦，或四珠，或天生茄儿，或一珠。"[2]而且，其下还缀有三串珍珠长串，串的长短不一，大多数可垂至前胸，少数仅至肩部，在三串珍珠长串的末端，还另缀有金托绿松石珠及金托红宝石珠等作为结束。珠光宝气，华丽异常，不愧为光彩眩人之誉。这在故宫旧藏元世祖皇后像（表10-1：1）和元宁宗皇后

② （元）熊梦祥．析津志辑佚［M］．北京：北京古籍出版社，1983：206.

像中表现得非常清晰，双耳掩入其内完全不见，只见得珠环的流光溢彩。

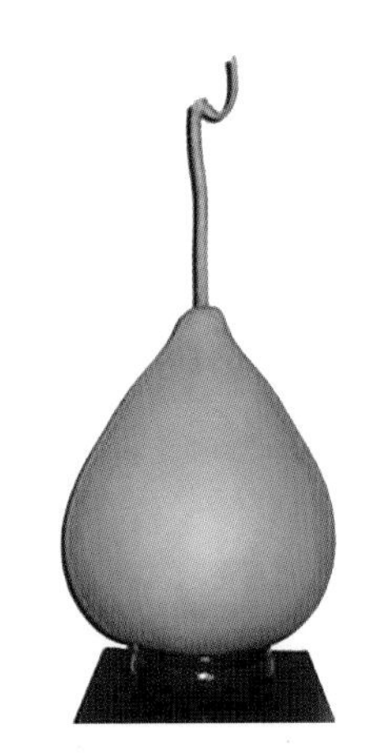

图 10-3-2-3
瓢葫芦造型

从这两张皇后像来判断，此中的珠环造型应该属于文献中提到的“大塔形葫芦环”。葫芦有很多品种，其中有一种葫芦因长得短颈圆腹，适宜做舀水的瓢，故称瓢葫芦（图 10-3-2-3），这里所说的大塔形葫芦应该就是此类所指。另也因其造型形似藏传佛教佛塔之形，故名。在元代，尽管实行的是鼓励多元宗教并存的政策，但藏传佛教始终是最为活跃的一支，尤其是自元世祖忽必烈始，受到空前推崇，为蒙古统治者崇奉的众教之首[①]。因推崇藏传佛教，也广修寺院和佛塔，使得“凡天下人迹所到，精蓝胜观、栋宇相望”[②]。藏传佛教的佛塔有镇邪、纳福、吉祥、迎宾之意[③]，往往建在村中最显著的位置，因此，蒙古贵族妇女用于衬托两颊最耀眼的首饰效仿其形也是顺理成章之事，而且，事实上两者的确在外形上也颇有相似之处（图 10-3-2-4）。扬之水先生将此种耳饰的造型来源归结为“菩萨妆中的璎珞及耳饰”[④]，也不无道理，但实际上此种形式的耳饰最初也是多见于藏传佛教的菩萨身上，或许二者最初皆来源于佛塔的意象。

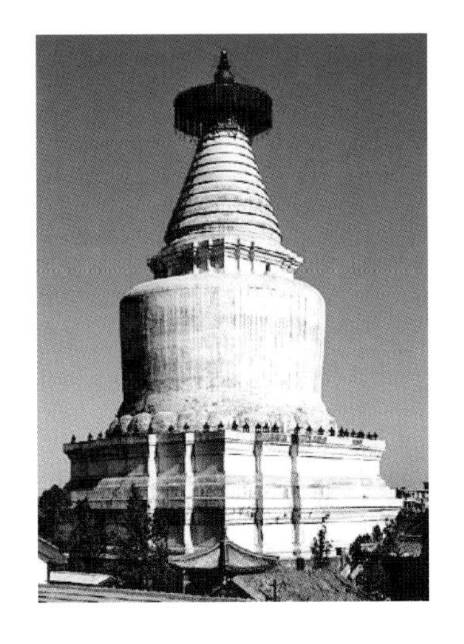

图 10-3-2-4
元至元八年（1271）由尼泊尔青年匠师阿尼哥设计的大都大圣寿万安寺释迦舍利灵通之塔（今北京妙应寺白塔）

① 孙悟湖等．元代宗教文化略论［J］．内蒙古社会科学（汉文版）.2003，（S1）：49-50.
② 毕沅．续资治通鉴［M］．北京：中华书局，1957：5367.
③ 拉都．藏传佛塔的起源及其象征［J］．四川民族学院学报，2011，（3）.
④ 扬之水．奢华之色——宋元明金银器研究（卷一）［M］．北京：中华书局，2010：133.

表 10-2：元代大塔形葫芦环

1.《元世祖后像》
台北故宫博物院藏。[①]
姑姑冠两旁所坠为掩耳式大塔形葫芦环。

2.《元武宗后像》
台北故宫博物院藏。
从图像上分析，其所戴大塔形葫芦环是挂于耳上的。

3.《缂丝元明宗皇后坐像》（局部）
美国大都会博物馆藏。
从图像上分析，其所戴大塔形葫芦环是挂于耳上的。

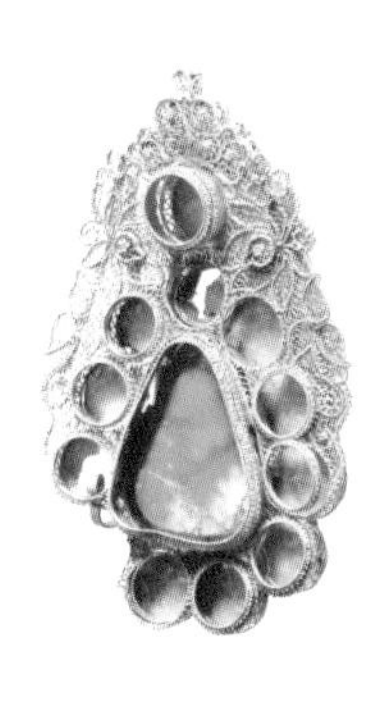

4. 金累丝嵌宝莲塘小景纹塔形葫芦环
武汉黄陂县周家田元墓出土。
一对。一枚薄金片为底衬，其上一重为装饰。表层的中心部分做一个滴珠形的石碗，内嵌一颗绿松石。环此一周为 11 个用拱丝填出边框的联珠式石碗，惟内里嵌物均失。上半部用小金条围出主要纹样的边框：顶端一枚下覆的荷叶，其下一个石碗，两边各一朵对开的荷花，荷花下面一对慈姑叶，叶下用卷草纹与下半部的图案顺势相接。纹样轮廓内一一平填小卷草，边框与石碗的上缘焊粟金珠。耳环脚接焊于底衬，其端则绕到表面托起底部打一个小卷。[②]

① 中国历代帝后像［M］. 民国有正书局珂罗版影印本 .
② 俄军 . 甘肃省博物馆文物精品图集［M］. 西安：三秦出版社，2006:269.

续表

	**5. 金卷草纹嵌宝塔形葫芦环** 湖南临澧新合元代金银器窖藏。 长9厘米，重4.5克。为式样相同的一对。中含联珠环绕的一颗滴珠，出尖部分填充卷草纹，这也是此类耳环的基础纹样。其每一个金联珠托座上均有镂空双孔，原应缀有珠宝。①
	**6. 金塔形葫芦环** 湖南临澧县合口镇澧水河畔出土。 一对。临澧县博物馆藏。一件长6.3厘米，重1.9克；另一件长8厘米，重1.98克。②
	**7. 金嵌宝桃枝黄鸟纹塔形葫芦环** 湖南临澧新合元代金银器窖藏。 一对，其一长9.1厘米、重2.5克；其一长9.5厘米、重2.8克。联珠之上留出了空间装饰一树桃枝，又两侧桃实各一，顶端另有桃叶托起的桃实三枚，桃枝上、桃实下，是一只回首的黄鸟。③
	**8. 金莲塘小景纹塔形葫芦环** 湖南临澧新合元代金银器窖藏。 由基础纹样增益一枚覆在顶端的荷叶，两侧添一对荷花和一对慈姑叶，如此，一组联珠便好似水之意象，因成一幅莲塘小景。④

① 湖南省博物馆．湖南宋元窖藏金银器发现与研究［M］．北京：文物出版社，2009：84.
② 湖南省博物馆．湖南宋元窖藏金银器发现与研究［M］．北京：文物出版社，2009：85.
③ 喻燕姣．湖南出土金银器［M］．湖南：湖南美术出版社，2009：216-217.
④ 湖南省博物馆．湖南宋元窖藏金银器发现与研究［M］．北京：文物出版社，2009：87.

图 10-3-2-5
甘肃漳县元汪世显家族墓地出土木屋模型中所绘女子

从一系列的元代皇后像来看，真正用大塔形葫芦环将双耳完全掩住者并不在多数，绝大部分的皇后耳朵还是暴露在外的。因此，珠环的佩戴方式应也可直接穿挂于耳垂之上。这在元武宗皇后（表10-2:2）、元仁宗皇后等的一系列肖像中都可以清晰地看到。

后来，随着汉人对塔形葫芦耳环逐渐熟悉，出现了一些改良的版本，如临澧合口镇澧水河畔出土的“金塔形葫芦环”（表 10-2：6），就是直接把珠宝简化成了金泡。而更多的则是在原塔形葫芦环的上部，添加带有汉族吉祥意味的纹饰。简约者如湖南临澧新合元代窖藏出土的“金卷草纹嵌宝塔形葫芦环”（表 10-2：5）；复杂者如在湖北黄陂周家田元墓出土的一对“金累丝嵌宝莲塘小景纹塔形葫芦环”，长约 8 厘米，重 10.3 克，一枚薄金片为衬底，上用小金珠状条纹围合出一莲塘小景纹，中心部分嵌着一颗绿松石，周围一圈联珠式小金托，原皆嵌有宝石，现均已遗失（表 10-2：4）。此耳饰与元代皇后所戴大塔形葫芦环极其相似，只是少了下面连缀的珍珠串饰。新合窖藏出土的另两款“金嵌宝桃枝黄鸟纹塔形葫芦环”（表 10-2：7）和“金莲塘小景纹塔形葫芦环”（表 10-2：8），均属此类塔形葫芦环的改良版，这应该可以看作蒙汉文化相互影响的一个实物佐证。甘肃漳县元汪世显家族墓地出土的一件木屋模型中的绘画，还可见到以此类耳环为饰的汉族女子形象（图 10-3-2-5）[1]。

①俄军．甘肃省博物馆文物精品图集［M］．西安：三秦出版社，2006:269.

（二）葫芦耳饰

《析津志》中还提到了“天生葫芦”和“四珠”，

故宫本《碎金·服饰篇》“首饰”一节中也提到了属之于北的“葫芦”，即一种仿收腰葫芦形的耳饰。葫芦耳环之所以又名“四珠”，是因为一个葫芦为两珠穿成，一对葫芦便为“四珠”。元《朴通事谚解》一书中记录着当时人的一段对话：

你今日哪里去?

我今日印子铺里当钱去。

把甚么去当?

把一对八珠环儿、一对钏儿。[1]

“八珠环儿”句下注云：“珍珠大者，四颗连缀为一只、一双共八珠。”由此可推断，四珠环当为两珠连缀为一只，一双共四珠，俨然便是葫芦的样式。

至于“天生葫芦”，清《在园杂志》一书载：“明宫中小葫芦耳坠乃真葫芦结就者，取其轻也。内监于葫芦初有形时即用金银打成两半边小葫芦形，将葫芦夹住、缚好，不许长大俟。其结老取其端正者，以珠翠饰之，上奉嫔妃，然百不得一二焉，因其难得，所以贵也。”[2]明代对元代首饰款式颇有继承，“天生葫芦”或即指此类。

在《元后纳罕像》（表 10-3：1）和两幅《元代无款皇后像》（表 10-3：2）中都可清晰看到耳畔悬挂着的金托珠玉葫芦耳饰。从台北故宫博物院藏元《梅花仕女图》（表 10-3：3）中也可略见其形。实物则可见于元代汪世显家族墓出土的“金葫芦耳环”（表 10-3：7）和“金嵌玉葫芦耳环”（表 10-3：8）、甘肃漳县徐家坪出土的“金葫芦耳环”（表 10-3：6）、湖南临澧新合元代金银器窖藏的“金葫芦耳环”（表 10-3：9）和湖南株洲堂市乡元代金银器窖藏的“银葫芦耳环”（表 10-3：4、5）等。

葫芦作为一种吉祥的文化意象，在中国自古受到

① （元）佚名．老乞大谚解·朴通事谚解［M］．台北：联经出版事业公司，1978.

② 刘廷玑．在园杂志［M］．北京：中华书局，2005：172.

表 10-3：元代葫芦耳饰

	**1.《元后纳罕像》** 台北故宫博物院藏。
	**2.《元代无款皇后像》** 台北故宫博物院藏。
	**3.《梅花仕女图》** 台北故宫博物院藏。
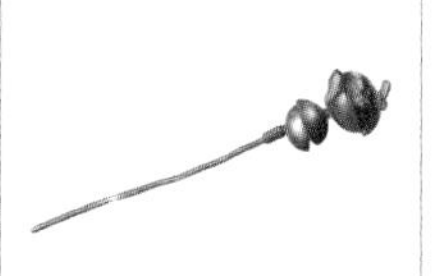	**4. 银葫芦耳环** 湖南株洲堂市乡元代金银器窖藏。① 重 1.5 克。葫芦耳环也是元代的流行式样，有实心和空心两种做法，此属后者。用薄银片打造出瓜棱的一大一小两个半圆，扣合到一处即成一个小葫芦，然后用银针把它穿起来，底端探出的部分挽个小结若葫芦藤，顶端探出的部分便成耳环脚。
	**5. 银葫芦耳环** 湖南株洲堂市乡元代金银器窖藏。②

① 湖南省博物馆．湖南宋元窖藏金银器发现与研究［M］．北京：文物出版社，2009：260.
② 同①。

续表

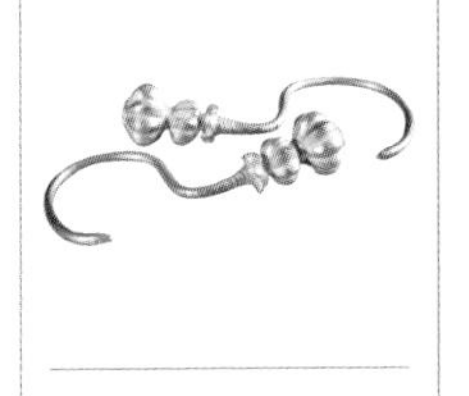	**6. 金葫芦耳环** 甘肃漳县徐家坪出土。甘肃省博物馆藏。[①] 长 5.2 厘米，重 17 克。耳坠挂钩与坠子为一体，坠子为瓜棱状的葫芦形。
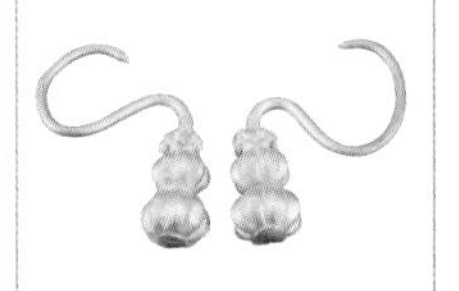	**7. 金葫芦耳环** 甘肃漳县元代汪世显家族墓出土。甘肃省博物馆藏。 纵 4.7 厘米，横 2.7 厘米，重 2.7 克。耳饰呈葫芦形，起瓜棱，中空，葫芦顶饰叶纹。
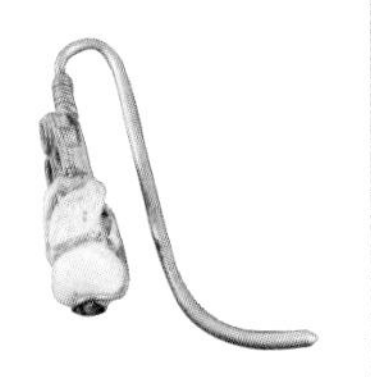	**8. 金嵌玉葫芦耳环** 甘肃漳县元代汪世显家族墓出土。甘肃省博物馆藏。[②] 纵 5 厘米，横 3.2 厘米，重 7.5 克。耳饰呈葫芦形，以金丝为托，葫芦形和田玉嵌于其中，顶部呈品字形分布三个嵌宝孔，可惜宝石皆脱失不存。
	**9. 金葫芦耳环**[③] 湖南临澧新合元代金银器窖藏。 重 5 克。

① 中国金银玻璃珐琅器全集编辑委员会．中国金银玻璃珐琅器全集：金银器（三）［M］．石家庄：河北美术出版社，2004：10.

② 中国金银玻璃珐琅器全集编辑委员会．中国金银玻璃珐琅器全集：金银器（三）［M］．石家庄：河北美术出版社，2004：9.

③ 湖南省博物馆．湖南宋元窖藏金银器发现与研究［M］．北京：文物出版社，2009：100.

各个民族的喜爱和推崇。因其腹内多籽，是子孙繁衍的象征，在上古神话中，伏羲、女娲、盘古等人类始祖都曾被认为是葫芦的化身[1]。葫芦的枝“蔓”与“万”谐音，汉族就会联想到“子孙万代，繁茂吉祥”；葫芦又谐音“护禄”“福禄”，古人认为它可以驱灾辟邪，祈求幸福。尤其是收腰形葫芦在外形上看是由两个球体组成，象征和谐美满，寓意着夫妻互敬互爱。在中国古代的传统习俗中，有“合卺，夫妇之始也”的说法，即把一只葫芦剖作一对瓢，以线相连用以饮酒合婚，古代称为“合卺”，象征新婚夫妻连为一体。因此，葫芦耳环大约是已婚妇女的一种比较隆重的饰物。自元开始，历经明清，其一直都是后妃朝服正装之时所配耳饰，也恰恰印证了这一点。

①闻一多.伏羲考[M].上海：上海古籍出版社.2009：54-60.

《朴通事谚解》中提到的“八珠环”，也应是元代一种非常流行的耳饰款式，“我再把一副头面、一个七宝金簪儿、一对耳坠儿……这六件儿当的五十两银子。”其中“耳坠儿”注下曰：“今俗亦曰耳环，即八珠环”[2]，说明八珠环是当地耳饰的代表款式。其甚至还是富人家娶妻的聘礼之一，书中还有这样一段记载：

②（元）佚名.老乞大谚解·朴通事谚解[M].台北：联经出版事业公司，1978：43.

别处一个官人娶娘子，今日做筵席，女孩儿那后婚。

今年才十六岁的女孩儿，下多少财钱?

下一百两银子、十表十里、八珠环儿、满头珠翠、金镶宝石头面、珠凤冠、十羊十酒里。[3]

③（元）佚名.老乞大谚解·朴通事谚解[M].台北：联经出版事业公司，1978：84-85.

八珠环的实物在元代不多见，但传承至明代，则常在后妃画像和墓葬中则见到。

（三）“天茄”式耳环

故宫本《碎金·服饰篇》“首饰”一节中有属之于南的“天茄”，《析津志》中也提到了“天生茄儿”。天茄究竟是何物，在古籍中并无统一说法。有人认为是茄科植物龙葵，也有人认为是《本草图经》中提到的“白茄”，《本草纲目》中则认为是“牵牛子”的别称，《本草纲目草部第十八卷》“牵牛子”条下载：“牵牛有黑、白二种……白者人多种之。……其核白色，稍粗。人亦采嫩实蜜煎为果食，呼为天茄，因其蒂似茄也。”但不论其究竟是哪种，都是一种类圆形的植物种实，耳饰因类其形，故以“天茄”名之。

在元代皇后像中，《元顺宗后像》（表10-4：1）、《元武宗后像》（表10-4：3）、《元英宗后像》及若干《无款元代后妃像》（表10-4：2）的耳畔，都戴有一种金环脚缀绿松石盖叶，下连一颗硕大的下大上小白色梨形圆珠的耳饰，此种耳饰反复出现在戴姑姑冠的后妃耳畔，造型酷似植物种实，故可当《析津志》中提到的“天生茄儿”之名，简称天茄。元后像中白珠的天茄耳饰并未发现实物，但在元代南北墓葬中发现了很多造型相似的金镶或银镶宝石耳饰，尤以金镶绿松石为多，可作参考。如江苏无锡市郊元代钱裕夫妇墓出土过一款“银镶琥珀天茄耳环”（表10-4：4）；乌兰察布市察右前旗古墓出过类似的“金镶绿松石耳饰”，上端镶绿松石，下端弯曲作钩状，出于头骨两侧，大的长3~5厘米；内蒙古四子王旗卜子古城也出过类似耳饰，在绿松石珠上还穿一小珍珠，珠上端金丝上焊一金花，花饰中间原还嵌有宝石（图10-3-2-6）；赤峰博物馆也藏有类似元代金镶绿松石耳环（表10-4：6）；甘肃漳县徐家坪元代汪世显家族墓（表10-4：8）和石

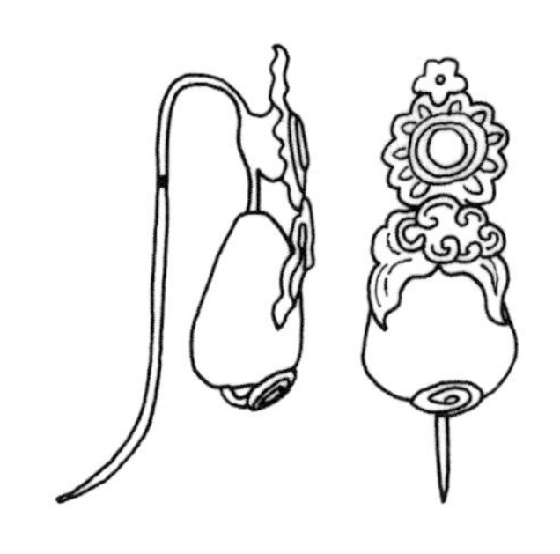

图10-3-2-6　**金镶绿松石耳饰**
内蒙古四子王旗卜子古城出土。金钩由直径0.15厘米的金丝弯成，金丝在绿松石底部盘旋成一花饰。

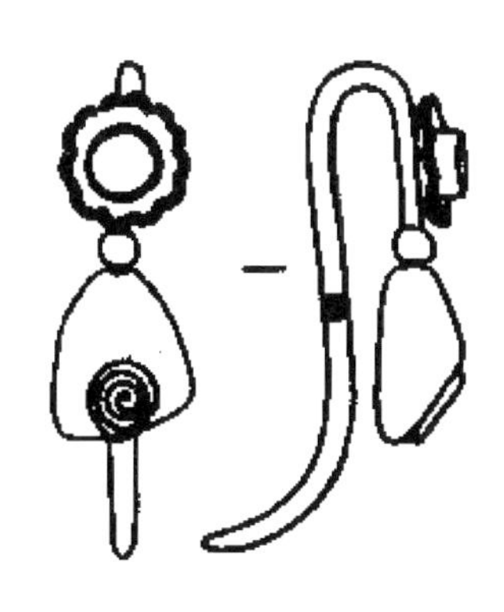

图 10-3-2-7 **金镶绿松石银耳环**
浙江海宁智标塔地宫出土。

家庄元史天泽家族墓（表 10-4：7）均出土过类似金镶绿松石耳环；湖南临澧新合元代窖藏藏有此类耳饰共七件，其中两对保存完好，另外三件失绿松石（表 10-4：5、9、10）等等，样式与工艺均和元后像中所戴相当，可见这在当时是一种非常时新的款式，甚至直至明代仍有余绪。如浙江海宁智标塔地宫出土过一对类似造型的银镶绿松石耳环，总长 4.7 厘米，据推断此地宫年代为明代中叶（图 10-3-2-7）。

黄金和绿松石的组合，自古以来就一直是北方游牧民族最为喜爱的一种搭配，金碧辉映，富贵而炫目。自先秦开始，在内蒙古地区的匈奴墓葬中，就多次发现有此种搭配的耳饰；中原山陕一代也屡有发现，汉魏时期也层出不穷[1]；在东北的鲜卑族墓葬中，还一度流行金缀红玛瑙珠的组合[2]。到了元代，随着新朝统治者对财富的占有和推崇，他们不满足仅仅在衣着中使用华美的织金锦和珍贵皮毛，还必加入金珠宝石。因此，原本在汉族中并不流行的宝石镶嵌开始广泛应用于元代贵族身上，种类也极多。其中名贵和罕见者价格极高，有许多还是海外进口来的。《南村辍耕录》卷七“回回石头”条载：大德年间，一块嵌于帽顶重一两三钱的红宝石，估价就值中统钞一十四万锭。当时叫宝石名“剌子”，红色计四种，有“剌”“避者达”“昔剌泥”“古木兰”等名称。绿色的有“助把避”“助木剌”“撒卜泥”三种。又有名“鸦鹘”的，计有“红亚姑”“马思艮底”“青亚姑”“你蓝”“屋

① 如内蒙古鄂尔多斯市杭锦旗阿鲁柴登出土金镶松石耳坠，内蒙古准格尔旗西沟畔战国时期 2 号匈奴墓出土金穿绿松石耳饰，山西省石楼县桃花庄出土金穿绿松石耳饰，宁夏固原原州区三营镇化平村北魏墓出土金嵌松石耳环等。

② 吉林省文物考古研究所．榆树老河深［M］．北京：文物出版社，1987：57-60.

表 10-4：元代“天茄”式耳饰

	**1.《元顺宗后像》** 台北故宫博物院藏。
	**2.《元代无款皇后像》** 台北故宫博物院藏。
	**3.《元武宗后像》** 台北故宫博物院藏。
	**4. 银镶琥珀茄形耳环** 江苏无锡市郊元代钱裕夫妇墓出土。无锡市博物馆藏。[①]
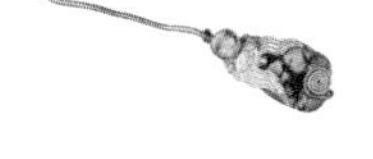	**5. 金镶绿松石耳环（一对）** 湖南临澧新合元代金银器窖藏。常德市博物馆藏。[②] 通长 10 厘米，重 14 克。一颗绿松石的上端覆以金花金叶，花叶上边是一个小金托，内里原当嵌宝。与耳环脚相接的金丝从绿松石的小孔中穿过，然后在底端盘绕成花蔓，一面稳稳托住绿松石，一面形成与整个装饰图案的呼应。窖藏中的同式耳环共 7 件，其中 2 对保存完好，另外 3 件失绿松石。

① 周汛，高春明．中国历代妇女妆饰［M］．香港：三联书店（香港）有限公司，上海：上海学林出版社，1988：155.

② 湖南省博物馆．湖南宋元窖藏金银器发现与研究［M］．北京：文物出版社，2009：99.

续表

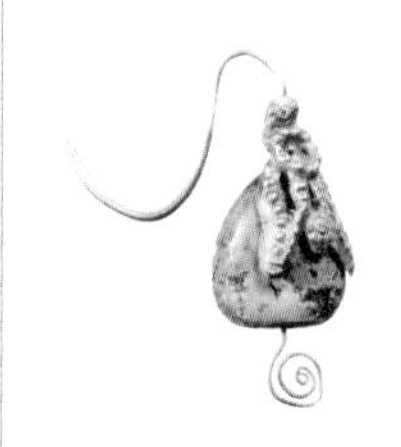

6. 金镶绿松石耳环

赤峰博物馆藏。[1]

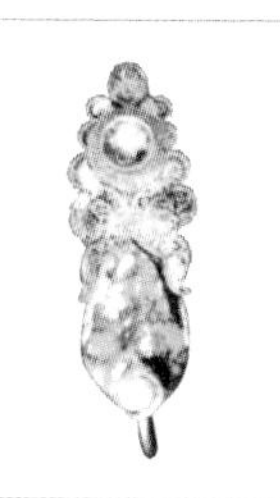

7. 金镶绿松石耳环

石家庄元史天泽家族墓出土。[2]

8. 金镶绿松石耳饰

甘肃漳县徐家坪元代汪世显家族墓出土。甘肃省博物馆藏。[3]

长 4.5 厘米，重 8.7 克。耳饰下端用细金线穿一颗绿松石，金线一头缠绕在挂钩下端，另一头在绿松石下盘成不规则的几何形。

9. 金镶绿松石耳环（失绿松石）

湖南临澧县新合乡龙岗村出土。常德市博物馆藏。[4]

通长 18 厘米，重 7.4 克。因其下所穿绿松石已失，故只可看到所穿金丝。

10. 金镶绿松石耳环（失绿松石）

湖南临澧新合元代金银器窖藏。[5]

---

① 刘冰 . 赤峰博物馆文物典藏［M］. 呼和浩特：远方出版社 .2007:211

② 河北省文物研究所 . 石家庄后太保村史氏家族墓发掘报告［C］. 河北省考古文集 . 北京：东方出版社，1998：彩版五，7、8.

③ 中国金银玻璃珐琅器全集编辑委员会 . 中国金银玻璃珐琅器全集：金银器（三）［M］. 石家庄：河北美术出版社，2004：10.

④ 喻燕姣 . 湖南出土金银器［M］. 湖南：湖南美术出版社，2009：184.

⑤ 湖南省博物馆 . 湖南宋元窖藏金银器发现与研究［M］. 北京：文物出版社，2009：99.

扑你蓝”“黄亚姑”“白亚姑”等。“猫睛”（即猫眼石）也分“猫睛”“走水石”两种。“甸子”（即绿松石）则分地区，文理细的回回甸子名“你舍卜的”、文理粗的河西的名“乞里马泥”、襄阳变色的叫“荆州石”。尽管宝石首饰流行，但中国的宝石加工工艺一直都不是非常发达，这可能和汉族文化并不喜爱宝石的璀璨张扬，而更爱玉石之温润含蓄的传统有关。因此，元代尽管金镶宝石首饰极多，但托座与宝石的扣合多半不是很紧密，极易脱落。天茄耳饰正是利用宝石的天然形状稍事琢磨，以穿系的方法来固定，样式显得很自然，由是成为时样之一种而通行于南北。

（四）牌环

牌环，其称见于故宫本《碎金·服饰篇》“首饰”一节，属之于北。杨之水先生将之用于命名元代出现的一种状如一枚长方形牌子的耳饰[1]，应是非常贴切的。这类耳饰，以金银为多，也有少量金玉镶嵌的，质地一般比较轻薄，多半只有几克重，而以打造之功在上面做出鸟兽花果纹样，如灵芝瑞兔纹（表10-5：1）、牡丹山石孔雀纹（表10-5：2）等，题材多从两宋绘画的写生小品中取意，既精巧别致，又充满祥瑞之气。

（五）花果蜂蝶纹耳饰

元代女子耳饰和宋代一样，都喜爱瓜果、花叶、蜂蝶纹样，这也是使用最多的一类首饰纹样。上文介绍的葫芦、天茄造型，皆属此类。

① 扬之水．奢华之色——宋元明金银器研究（卷一）［M］．北京：中华书局，2010：140-148.

表 10-5：元代牌环

	**1. 金灵芝瑞兔纹牌环** 湖南临澧新合元代金银器窖藏。[①] 通长 8.5 厘米，宽 2.5 厘米，重 4.3 克。两只相同。
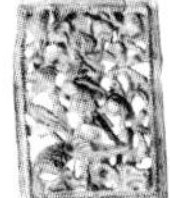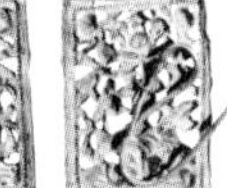	**2. 银鎏金牡丹山石孔雀图牌环** 江西德安出土。[②] 牡丹山石孔雀图是牌环中最常见的一种图式。
	**3. 金牡丹山石孔雀图牌环** 湖南常德桃源文物管理处藏。[③]
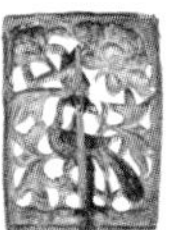	**4. 银牡丹山石孔雀图牌环** 益阳八字哨元代银器窖藏。[④]
	**5. 金穿玉山石孔雀牌环（一对）** 湖南临澧县新合乡龙岗村出土。常德市博物馆藏。[⑤] 通长 7.3 厘米，重 6.3 克。

① 湖南省博物馆．湖南宋元窖藏金银器发现与研究［M］．北京：文物出版社，2009：96.
②③ 同①。
④ 湖南省博物馆．湖南宋元窖藏金银器发现与研究［M］．北京：文物出版社，2009：266.
⑤ 湖南省博物馆．湖南宋元窖藏金银器发现与研究［M］．北京：文物出版社，2009：98.

在元代皇后所戴的耳饰中，有一类款式很特别，仅见两例，且均是无款皇后像所佩，即上半部贴耳处是金嵌宝花叶纹，中心嵌着一颗珍珠，花叶下垂一珍珠长串，以一红宝石珠结束（表 10-6：1、2）。这种款式明显受宋代影响，几乎与宋代皇后所戴珍珠耳饰如出一辙，只是在结束处多了宝石点缀，此细微处的改变又暴露出游牧民族特有的审美喜好，即受不了宋代纯粹珍珠饰品那素雅的华贵，必要多一丝色彩的点缀方才满足。金嵌宝花叶式耳环，实物在湖南临澧县新合乡龙岗村曾出土过一对（表 10-6：4），只是所嵌宝石均已遗失。同一窖藏中还出土过一对"金累丝蝴蝶桃花纹嵌宝耳环"（表 10-6：3），做工极其精致，所嵌宝石也均遗失，只留有零星的绿松石残片尚可让人感受到当时的金碧奢华。有意思的是，这两款耳饰在下部均有用粗金丝打成的一个卷，这在元代各式耳环中非常常见，或许有些原本也连缀有宝石串饰。

元代耳饰的纹饰题材，很大一类是延续宋代就已流行的以追求吉祥富贵、多子多福的心理期许为目的的设计。如湖南沅陵元黄氏夫妇墓出土的"金穿玉慈姑叶耳环"（表 10-6：5）。慈姑作为首饰的纹样和造型，在辽金时代便已出现。慈姑，又名水萍，水慈姑。《本草纲目》果部卷三三"慈姑"条特别阐释了它得名的缘由："慈姑，一根岁生十二子，如慈姑之乳诸子，故以名之"。可见，也是取其多子的意象。

另像菊花、牡丹、荔枝、桃花、桃实等纹样，或寓长寿（菊花）、或寓富贵（牡丹）、或寓立子（荔枝）、或寓风华正茂（桃花、桃实），无不洋溢着吉祥喜庆之意，自然也是首饰纹样中的最爱。湖南华容县城关油厂元墓出土有"金牡丹花耳环"一对（表 10-6：6），艾尔米塔什博物馆藏有发现于吉尔吉斯科奇科尔卡谷地的一对"金菊花耳环"（表 10-6：7）。除了单独的花朵纹样，元代在首饰纹样设计上比之宋代又有了进一步的发展，其借鉴了宋代织绣的纹样，将蜂蝶花卉组织为复杂的组合纹样，如"蜂赶梅""蜂赶菊""蝶恋花"等名称，都见于史籍记载，既丰富了图案的视觉效果，在寓意上也显得愈加丰满。元代出土的耳饰当中比较流行的组合花纹则有"蝴蝶桃花荔枝纹"（表 10-6：9）、"蝶赶菊桃花荔枝纹"（表 10-6：10）、"蝶赶菊纹"（表 10-6：12）、"蝴蝶桃花山茶纹"（表 10-6：11）等。以蝴蝶花卉为组合的纹样，其设计构思大约取自五代两宋以来绘画中的花卉草丛写生小品。宋代多用于织绣，也零星

表 10-6：元代花果蜂蝶纹耳饰

	**1.《元代无款皇后像》** 台北故宫博物院藏。
	**2.《元代无款皇后像》** 台北故宫博物院藏。
	**3. 金累丝蝴蝶桃花纹嵌宝耳环** 湖南临澧县新合乡龙岗村出土。常德市博物馆藏。[①] 通长 7.5 厘米，重 5.6 克。
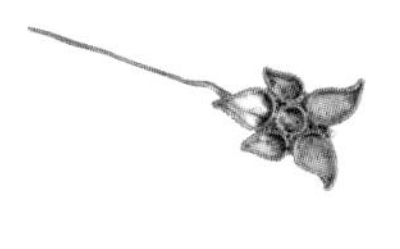	**4. 金累丝嵌宝花叶式耳环（一对）** 湖南临澧县新合乡龙岗村出土。常德市博物馆藏。[②] 通长 8 厘米，重 5.2 克。
	**5. 金穿玉慈姑叶耳环（一对）** 湖南沅陵元黄氏夫妇墓出土。沅陵县博物馆藏。[③] 玉石通长 3.8 厘米，金长 4.4 厘米，玉宽 2 厘米，含金石重 10.05 克。

① 喻燕姣 . 湖南出土金银器［M］. 湖南：湖南美术出版社，2009：168.
② 喻燕姣 . 湖南出土金银器［M］. 湖南：湖南美术出版社，2009：176-177.
③ 喻燕姣 . 湖南出土金银器［M］. 湖南：湖南美术出版社，2009：88.

续表

6. 金牡丹花耳环（一对）

湖南华容县城关油厂元墓出土。华容县博物馆藏。[1]

通长 5.7 厘米，花头直径 1.2~1.7 厘米，共重 7 克。

7. 金菊花耳环

吉尔吉斯的科奇科尔卡谷地出土。艾尔米塔什博物馆藏。[2]

8. 金荔枝桃花纹耳环

湖南临澧县新合乡龙岗村出土。常德市博物馆藏。[3]

通长 9.3 厘米，宽 2.5 厘米，重 3 克。

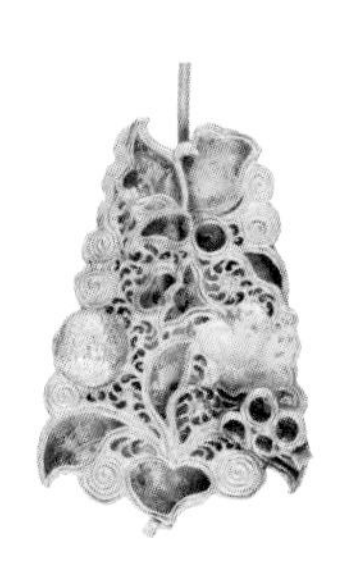

9. 金蝴蝶桃花荔枝纹耳环

湖南临澧新合元代金银器窖藏。[4]

以一枚金片衬底，复以一枚窄金条做成四周的立墙，扣合在上的饰片镞镂、打造为剔透的纹样：用联珠纹组成的细线双钩出来的蝴蝶、桃花、桃实、桃叶，又填饰空间的缠枝卷草，还有下凹的一个圆座，座上扣一个打作荔枝形象的半圆。耳环脚纵贯底衬而以一端抵住下边的桃嘴儿盘作一个卷，焊接于底片。两只耳环的图案安排相互呼应。其一通长 8.6 厘米，重 7 克；另一通长 8.2 厘米，重 7.6 克。

① 扬之水．奢华之色——宋元明金银器研究（卷一）［M］．北京：中华书局，2010：118-119.

② 金帐汗国的珍宝［M］．圣彼得堡：斯拉夫出版社 .2001:5.

③ 湖南省博物馆．湖南宋元窖藏金银器发现与研究［M］．北京：文物出版社，2009：89.

④ 喻燕姣．湖南出土金银器［M］．湖南：湖南美术出版社，2009：164-165.

续表

	**10. 金蝶赶菊桃花荔枝纹耳环** 湖南临澧新合元代金银器窖藏。① 只用一枚金片鏃镂、打造而成。占据纹样中心的是一捧花叶托出的一朵桃花、一颗荔枝和一大朵秋菊，落在花心边缘的一只采花蝶轻轻踏翻了几枚菊花瓣，本是图案化的构图因此添得活泼轻灵之趣。用作固定耳环脚的细金丝从背面穿过来做成宛转在花丛中的须蔓，与纷披的花叶蔚成锦绣葱茏。其一通长 10.5 厘米、重 6.2 克；其一环脚稍残，通长 7.5 厘米，宽 2.8 厘米，重 5.5 克。
	**11. 金蝴蝶桃花山茶纹耳环** 湖南临澧县新合乡龙岗村出土。常德市博物馆藏。② 一对。两件均通长 12 厘米，宽 3 厘米，重 8.3 克。
	**12. 金蝶赶菊纹耳环** 湖南临澧县合口镇澧水河畔出土。临澧县博物馆藏。③ 一对。一件长 8.6 厘米，重 2.71 克；另一件长 8.6 厘米，重 2.81 克。

用于首饰，宋曹勋《北狩见闻录》中就有这样的记载："懿节邢后所带金耳环子一只，上有双飞小蝴蝶，俗名斗高飞。"④由于蝶恋花之意象缠绵悱恻，充满着待嫁少女对美好情爱的憧憬，因而极适宜用作嫁娶，而这恰恰又是金银首饰一桩大宗的需要。

① 扬之水 . 奢华之色——宋元明金银器研究（卷一）［M］. 北京：中华书局，2010：139.
② 喻燕姣 . 湖南出土金银器［M］. 湖南：湖南美术出版社，2009：172-173.
③ 喻燕姣 . 湖南出土金银器［M］. 湖南：湖南美术出版社，2009：218-219,286.
④ 丁传靖 . 宋人轶事汇编［M］. 北京：中华书局，1981：62.

（六）其他类型耳饰

以上介绍的都是元代一些比较典型的耳饰款式，代表着有元一代的时风。但首饰这种极其私人的物件，又总是不拘一格的，绝不可能限定在有限的几个造型之中，自然亦是千姿百态，丰简随人的。简约者或只是一金环，或只是一铜钩（表 10-7：1、4）；复杂者则必镶嵌或穿缀珠宝。穿缀珠宝也分丰简，家境一般的，铜钩上仅穿一颗珍珠（表 10-7：2），也显得小巧精致；殷实的人家，则必是黄金嵌宝的了。内蒙古锡盟镶黄旗乌兰沟曾出土过一只金嵌宝耳饰，呈长方形，正面边周为复杂的镂空花纹，镶嵌虽已脱落，但仍可看出当日的明艳（表 10-7：5）。《析津志》中还提到一种“四珠”的耳饰，虽在元代的墓葬和图像中未见到实物，但从蒙古地区的墓葬中却出土过一些更为华丽的穿珠耳饰，所穿珠宝多为蒙古人最为喜爱的珍珠和松石。如内蒙古四子王旗卜子古城出土的金穿珠宝耳环，金丝上穿有一颗松石珠和六颗珍珠（表 10-7：3）；内蒙古敖汉旗南大城窖藏出土的金穿珍珠耳环，所穿珍珠则多达一二十颗（图 10-3-2-8）[①]；内蒙古凉城后德胜元墓出土铜耳坠 1 件，正面由 7 个镶嵌绿松石的圆形组成，背有 1 个半圆形弯钩[②]。汉人的墓葬如江苏省苏州市吴张士诚母曹氏墓，出土有一对“金穿珠宝耳环”，据发掘报告称上原嵌有宝石 3 粒，今只存菱形松石 1 粒（表 10-7：6）。这类金珠耳饰，造型与做工都并不复杂，应是以材质的华贵取胜。

图 10-3-2-8 **金穿珍珠耳环内蒙古敖汉旗南大城窖藏出土。**

① 邵国田 . 敖汉文物精华［M］. 内蒙古文化出版社，2004：200.
② 内蒙古文化厅文物处 . 内蒙古凉城县后德胜元墓清理简报［J］. 文物，1994，（10）：10- 18.

表 10-7：元代其他款式耳饰

1. 铜耳环

内蒙古四子王旗卜子古城出土。①

共 3 件。用两端尖、中间粗的铜丝弯成，最大截面径 0.25 厘米。

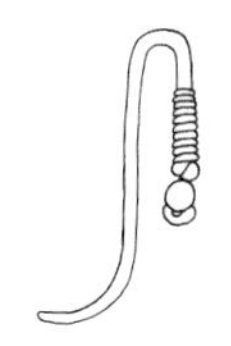

2. 铜穿珍珠耳环

内蒙古四子王旗卜子古城出土。②

共 5 件。用直径 0.2 厘米的铜丝弯成，端部用细铜丝穿珍珠在其上。

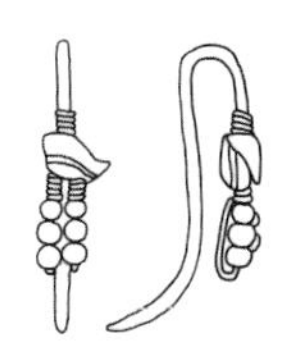

3. 金穿珠宝耳环

内蒙古四子王旗卜子古城出土。③

金钩由直径 0.15 厘米的金丝弯成，端部用细金丝团曲缠绕，上穿有绿松石珠和珍珠。

4. 金耳环

锡林郭勒盟东乌珠穆沁旗哈力雅尔蒙元时期墓葬出土。④

一对，将金丝卷曲成弯钩状。高 1.7 厘米，宽 1.5 厘米。

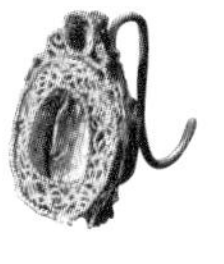

5. 金嵌宝耳饰

内蒙古锡盟镶黄旗乌兰沟出土，内蒙古博物馆藏。⑤

长 3.5 厘米，耳饰呈长方形，正面边周为镂空花纹，镶嵌已脱落。

---

① 内蒙古文物考古研究所等 . 四子王旗城卜子古城及墓葬［M］. 内蒙古文物考古文集第 2 辑 . 北京：中国大百科全书出版社 .1987：705-708.

② 同①。

③ 内蒙古文物考古研究所等 . 四子王旗城卜子古城及墓葬［M］. 内蒙古文物考古文集第 2 辑 . 北京：中国大百科全书出版社 .1987：705.

④ 东乌珠穆沁旗文物保护管理所 . 锡林郭勒盟东乌珠穆沁旗哈力雅尔蒙元时期墓葬清理简报［J］. 草原文物，2012，（1）. 图版 -0.

⑤ 中国金银玻璃珐琅器全集编辑委员会 . 中国金银玻璃珐琅器全集：金银器（三）［M］. 石家庄：河北美术出版社，2004：7.

续表

	6. 金穿珠宝耳环 江苏省苏州市吴张士诚母曹氏墓出土。① 1对。上原嵌有宝石三粒，今只存菱形松石一粒。 重20.3克，八八成色。
	7. 金穿玉人耳环 山东滕州韩桥村元李元墓出土。滕州博物馆藏。② 这一对玉人应是仙人之属，耳环脚下半段分作两股的金丝用作穿系和固定，而又与颈上的金项牌一起成为玉人的妆点。
	8. 金耳坠 达勒特镇查干苏木村出土。新疆博尔塔拉蒙古自治州博物馆藏。③

游牧民族喜欢璀璨的金银珠宝，对温润含蓄的美玉却并不欣赏。汉族人或许受此时风影响，因此，元代玉质的首饰并不多见，即使有也多出于汉人墓葬，且多是金丝穿缀仿生玉饰件，如前文提到的“金穿玉慈姑叶耳环”（表10-6：5）和“金穿玉山石孔雀牌环”（表10-5：5）。山东滕州韩桥村元李元墓（表10-7：7）和陕西西安玉祥门外元墓还出土有金穿玉人耳环，玉人造型肃穆，或为仙人之属④。

元代出土耳坠极少，耳坠在中国的普遍流行，要到晚明了。新疆达勒特镇查干苏木村出土过一对金耳坠（表10-7：8），可作参考。

① 苏州市文物保管委员会，苏州博物馆．苏州吴张士诚母曹氏墓清理简报［J］．考古．1965，（6）：290.
② 扬之水．奢华之色——宋元明金银器研究（卷一）［M］．北京：中华书局，2010：129-130.
③ 中国金银玻璃珐琅器全集编辑委员会．中国金银玻璃珐琅器全集：金银器（三）［M］．河北：河北美术出版社，2004：12.
④ 陈有旺．西安玉祥门外元代砖墓清理简报［J］．文物，1956，（1）：32.

图 10-4-0-1
元文宗像

图 10-4-0-2
元武宗像

图 10-4-0-3
战国玛瑙水晶珠串
山东淄博尧王墓出土。

第四节 | 元代颈饰

图 10-4-0-4
元代水晶项链

元代颈饰主要有三种：珠串、项圈和项牌。元代帝王像多有戴珠链，应是宝石和宝珠所串，图中珠链连在笠帽上，垂于颈间（图 10-4-0-1、2）。挂于颈间的珠串今人称项链，元代文献中有璎珞之谓。如王实甫所作杂剧《四丞相高会丽春堂》第二折有："金彩凤玲珑翡翠，绣蟠龙璎珞珠玑。"[①]璎珞原指佛像上所配的珠链挂饰。珠串饰品历史久远，史前遗址可见骨珠所串的挂饰，出土战国墓中有宝石珠所串挂饰（图 10-4-0-3）[②]。至元代，珠串项链制作已经非常精细，如元代水晶项链，珠子浑圆，大小一致（图 10-4-0-4）[③]。

图 10-4-0-5
宋・佚名《冬日婴戏图》局部

项圈也是常见颈饰，宋代的婴戏图中有见小儿戴项圈（图 10-4-0-5）。项圈多为金银质地，一些出土的元代项圈素地无纹或錾刻简单纹饰。如内蒙古敖汉旗五十家子城址的三件银项圈，款式相同，均为"圆莲两端卷，正中饰一长段细弦纹，两侧各饰两段短段细弦纹。直径 14.5 厘米。"[④]其制作方

① 徐征主编 . 全元曲［M］. 石家庄：河北教育出版社，1998：2112.
② 临淄区文物管理局 . 山东淄博市临淄区尧王战国墓墓的发掘［J］. 文物，2017，（4）：35，129-130.
③ 常沙娜主编 . 中国织绣服饰全集 . 历代服饰卷（下）［M］. 天津：天津人民美术出版社 .2004：143.
④ 敖汉旗博物馆. 敖汉旗发现的元代金银器窖藏［J］. 内蒙古文物考古，1991，（1）：91-92.

图 10-4-0-6　**银项圈**
内蒙古敖汉旗出土。

图 10-4-0-7
双龙戏珠纹鎏金银项圈

图 10-4-0-8　**鎏金银项圈**
内蒙古奈曼旗苇莲苏乡窖藏出土。

图 10-4-0-9　**彩绘女侍俑**
河南焦作新李封村金墓出土。

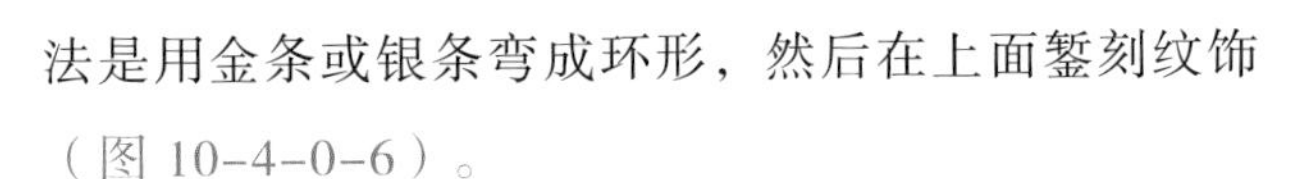

法是用金条或银条弯成环形，然后在上面錾刻纹饰（图 10-4-0-6）。

“在内蒙古通辽市奈曼旗出土有蒙古贵族的龙纹包金项饰，铜质包金，项饰呈半月形，金片上锤鍱出双龙纹，中间饰宝柞，长 18 厘米，宽 2.5 厘米。”[①]元代还遗存有双龙戏珠纹鎏金银项圈，镂空雕刻，纹饰精细（图 10-4-0-7）[②]。

元代还有一种项饰称为项牌。“项牌”之名，出现在明本《碎金·服饰篇》。刘庭信所作散曲《端正好·金钱问卜》也提到项牌：“穿一套藕丝衣云锦仙裳，带一付珠珞索玉项牌。”[③]内蒙古通辽市奈曼旗苇莲苏乡窖藏出土的鎏金银项圈，直径 16 厘米，不是完整的环，与项牌倒有几分相似（图 10-4-0-8）[④]。金代出土的一个侍女俑上戴着项牌（图 10-4-0-9）。元代王振鹏所绘《货郎图》中也有佩戴项牌的女子形象（图 10-4-0-10）。

图 10-4-0-10　**王振鹏《货郎图》局部**

① 黄雪寅．13—14 世纪蒙古族衣冠服饰的图案艺术［J］．内蒙古文物考古，1985，（10）：64.
② 郑静主编．中国设计全集．第 7 卷［M］．北京：商务印书馆，2012：190.
③ 徐征主编．全元曲［M］．石家庄：河北教育出版社，1998：8380.
④ 邵国田．敖汉文物精华［M］．内蒙古：内蒙古文化出版社，2004：206.

第五节 | 元代臂饰

一 镯

手镯属于头面的组成部分。元代杂剧《百花亭》第三折："妾身止有这付金头面，钏镯俱全，与你做盘缠去。"[①]《梦粱录》记："且论聘礼，富贵之家当备三金送之，则金钏、金锭、金帔坠者是也。"[②]所谓聘礼三金也包含有钏（镯）。

湖南出土的元代窖藏中的金银手镯，几乎都是连珠镯。明本《碎金·首饰》有记连珠镯，属于北方的样式。金连珠镯有实心（图 10-5-1-1）和空心的（图 10-5-1-2、3），银镯基本都是实心的（图 10-5-1-5）。所见连珠镯多作双龙戏珠的样式，在镯的两端刻有龙头（图 10-5-1-4）[③]。

元代也有宽的金腕饰出土，镯面作多道凸凹（图 10-5-1-6）[④]。内蒙古敖

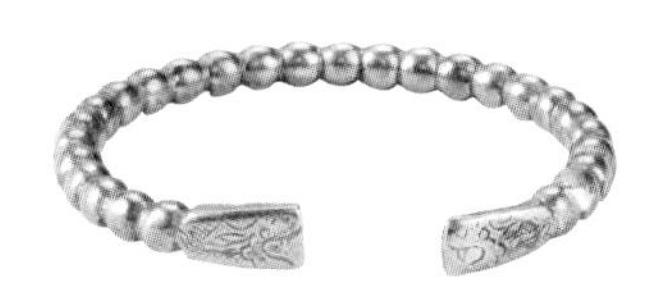

图 10-5-1-1
金錾龙首纹连珠镯
湖南临澧新合元代窖藏。

图 10-5-1-2
金錾龙首纹连珠镯
湖南临澧新合元代窖藏。

图 10-5-1-3
金錾龙首纹连珠镯
湖南澧县双龙乡花庙村出土。

图 10-5-1-4
金錾龙首纹连珠镯局部

图 10-5-1-5
银錾龙首纹连珠镯
湖南临澧新合元代窖藏。

图 10-5-1-6 **元代金腕饰**
无锡钱裕墓出土。

---

① 臧晋叔 . 元曲选［M］. 北京：中华书局，1958：1438.
② 吴自牧 . 梦粱录［M］. 浙江：浙江人民出版社，1980：187.
③ 湖南省博物馆 . 湖南宋元窖藏金银器发现与研究［M］. 北京：文物出版社，2009：101，178，106.
④ 常沙娜主编 . 中国织绣服饰全集、历代服饰卷（下）［M］. 天津：天津人民美术出版社 .2004：143.

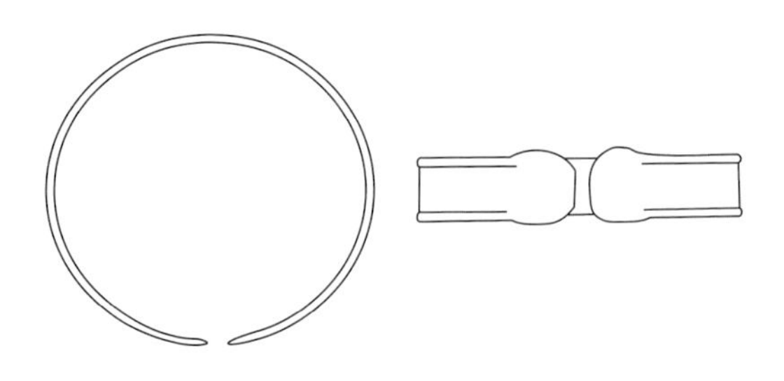

图 10-5-1-7 **敖汉旗出土有宽条式银镯**

图 10-5-2-1 **银臂钏**
湖南临澧新合元代窖藏。

图 10-5-2-2 **银臂钏局部**

图 10-5-2-3 **银臂钏**
湖南株洲攸县丫江桥河源村元代窖藏。

图 10-5-2-4 **银臂钏**
湖南益阳八字哨乡关王村元代窖藏。

汉旗出土有宽条式银镯 2 件。“两端略宽呈圆弧形。最大径 6.7 厘米，另一件两端各穿一孔（图 10-5-1 7）[①]。”

二 臂钏（跳脱）

元代出土的臂钏（跳脱）几乎都是银制，有弹性，便于穿戴。元代臂钏款式有一些变化，有的在第一环处较宽，上有花卉纹样（图 10-5-2-1、2），有些则素净无纹。臂钏环数也多少不同，少的有 7、8 道，多的有 16 道，甚至 20 多道（图 10-5-2-3）。粗细不同，有的臂钏很粗，有的则细如铁丝（图 10-5-2-4）[②]。一些臂钏上有铭文。

臂钏在宋元时期是普遍使用的饰品，在全国很多地方都有出土。湖南、浙江元代窖藏有见，安徽、江苏也有出土。

① 敖汉旗博物馆. 敖汉旗发现的元代金银器窖藏［J］. 内蒙古文物考古，1991，（1）：90-92.

② 湖南省博物馆. 湖南宋元窖藏金银器发现与研究［M］. 北京：文物出版社，2009：108，214，266.

图 10-6-0-1 **金镶绿松石戒指**
湖南临澧新合元代窖藏。

第六节 | 元代手饰

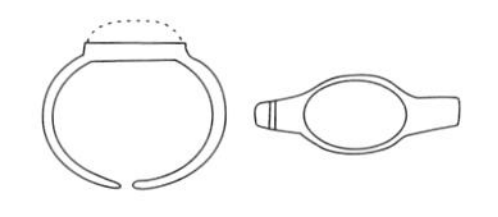

图 10-6-0-2 **金戒指**
锡林郭勒盟多伦县站子山西区墓地出土。

元代出土的戒指数量很少。宋以前的指环多是金、银、玉的素面或雕纹样式，镶宝之类多是外来，非中土原有。元代临澧出土的戒指是用“嵌窟”（即嵌宝）工艺制作。指环内侧錾刻灵芝草纹，向上一面四个包脚，内嵌绿松石，四周焊金珠（图 10-6-0-1）[1]。《居家必用事类全集》记“猫睛”宝石，说猫睛以大为好。大猫睛，只可打嵌指锟杂用。

锡林郭勒盟多伦县站子山西区墓地出土的一件金戒指，直径 2.1 厘米，用金丝弯成，接口处缠绕数周细金丝。指环面上燥有两个圆形花饰，其中一个花饰内镶嵌有绿松石，另一个绿松石已脱落。在花饰四侧还施有对称的小圆形花饰，其中一个已残缺[2]。锡林郭勒盟多伦县站子山西区墓葬出土的一件银指环，直径 1.7 厘米，宽 0.4 厘米。用厚 0.1 厘米的银片打制而成，指环面上有一椭圆形槽，用于镶嵌宝石，宝石已失落（图 10-6-0-2）[3]。

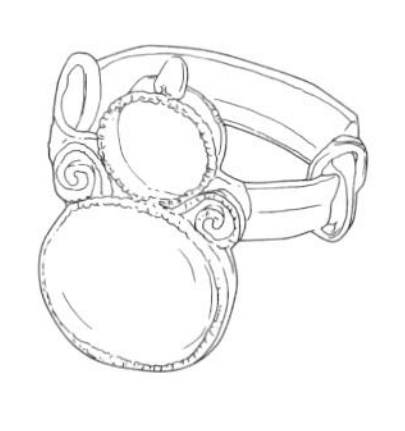

图 10-6-0-3
金镶宝戒指
石家庄后太保村史氏家族墓出土。

石家庄后太保村史氏家族墓出土了两枚镶宝金戒指，也应该是外来样式（图 10-6-0-3、4）。

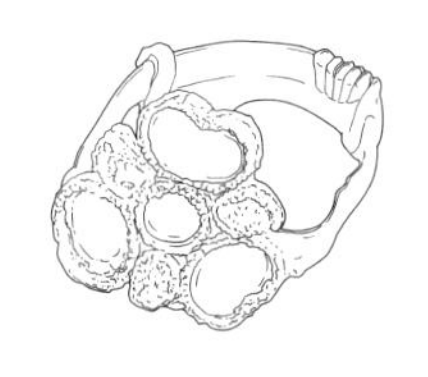

图 10-6-0-4
金累丝镶宝戒指
石家庄后太保村史氏家族墓出土。

① 湖南省博物馆．湖南宋元窖藏金银器发现与研究［M］．北京：文物出版社，2009：103.
② 魏坚．元上都的考古学研究［J］．吉林大学，2004：136.
③ 魏坚．元上都的考古学研究［J］．吉林大学，2004：207.

苏州张士诚母曹氏墓

从20世纪50年代至今，已发现和发掘了几十座元代墓葬。保存完好的墓葬非常少，发现有首饰的墓葬更少。较为完整的且有较多首饰出土的元代墓有甘肃漳县元代汪世显家族墓和苏州张士诚母曹氏墓。其中张士诚母曹氏墓在苏州南郊盘门外吴门桥南，因为建造坚固，完全没有被盗扰，墓中服饰面料保存完整，首饰品种相对齐全。因为无出生时间记载，曹氏的年龄无法准确判断，据推测其去世时有70多岁。

曹氏的服饰保存较为完好。女尸“头戴发冠，发上插满金银钗簪首饰，口含白玉一片，两耳垂环，左右手腕上带金镯1副，两手心中各握‘日’‘月’金片，左手食指上戴戒指1只。身穿黄色锦缎对襟大袖袍，里穿对襟大袖丝棉袄，袄内衬对襟黄绸短衫3件。下束缎裙，裙内穿黄锦缎丝棉裤，丝棉裤内有单裤。脚着绛色缎鞋，内再套黄缎子袜。”[①]

图10-附-1
金冠正面和侧面
苏州博物馆藏。

女尸头上戴有金冠，高13厘米，宽24厘米。金冠用极其纤细的竹丝编结成网格式冠壳，又分别用藤或竹条作为内外边圈，以丝扎固。再在冠壳表面蒙麻及黄薄绢。黄薄绢上缀贴孔雀翠毛。薄绢上用9根金丝由前向后箍牢，冠两侧金丝弯曲为回旋状。冠的前沿缀桃形镶金边玉饰5块，其上分别刻有虎、鼠、兔、牛、羊五肖（图10-附-1）。

墓葬中出土的首饰有：金钗1对，后尾圈成环，环穿七圆片，长12.5厘米。此款金钗即前文所述的

① 苏州市文物保管委员会，苏州博物馆.苏州吴张士诚母曹氏墓清理简报[J].文物，1965，(6)：292.

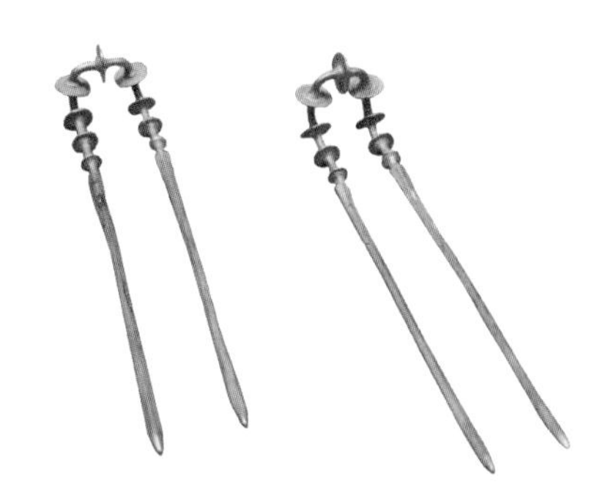

图 10- 附 -2　**竹节金钗一对**
苏州博物馆藏。

图 10- 附 -3　**鎏金龙首银簪一对**
苏州博物馆藏。

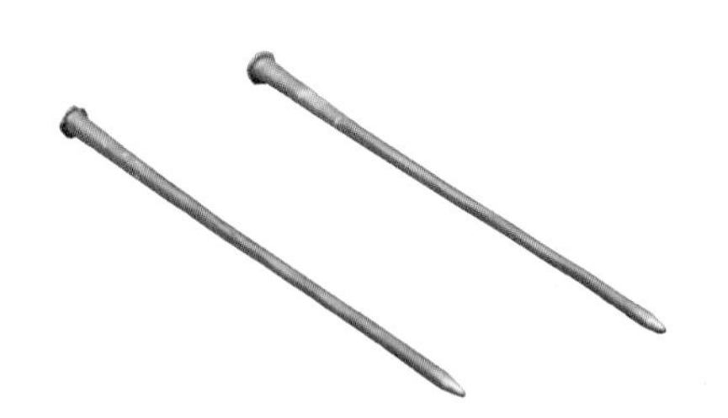

图 10- 附 -4　**梅花首金簪一对**
苏州博物馆藏。

图 10- 附 -5　**嵌宝金耳坠一对**
苏州博物馆藏。

图 10- 附 -6　**双龙戏珠金手镯一对**
苏州博物馆藏。

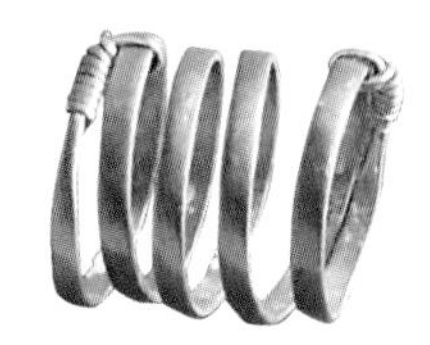

图 10- 附 -7　**金指环**
苏州博物馆藏。

竹节钗（图 10- 附 -2）；银簪 1 对，通体鎏金，上端为一开口伸舌的龙首，长 12.3 厘米（图 10- 附 -3）；金簪 1 对，上端做成梅花形，圆柱身，长 12.9 厘米（图 10- 附 -4）；金耳坠 1 对，上原嵌有宝饰 3 粒，今只存菱形翠石 1 粒（图 10- 附 -5）；金镯 1 对，环以圆球联成，端为双龙首夺珠状（图 10- 附 -6）；金戒指 1 只，戴女尸右手食指上，作连续螺旋五圈（图 10- 附 -7）。

图10-附-8　**银梳（左）篦（右）**
苏州博物馆藏。

图10-附-9　**玉佩**
苏州博物馆藏。

银奁中层盛有银梳1件，作半月形，梳齿疏朗，梳边施鎏金，长12.4厘米；银篦1件，齿稠密，长8.1厘米（图10-附-8）。另外还出土有玉佩饰，以料珠联缀而成，佩挂于腰间革带上（图10-附-9）。腰间还有以玉环相连的绢绸作饰。女棺中的玉佩置于腰间，挂在一条革带上。革带上有黄绢绸包裹，革带一端有银带扣，另一端有银铊尾，带上近带尾有18个小扣孔，带中间套两个银环，玉佩即挂在银环上。

元代并未强令其统治下的各族统一服饰。整个蒙元时期，蒙古统治下的民族极多，服饰呈现多样化的状态，基本都是各随其俗。汉人基本延续宋代以来的服饰样式，并掺杂有蒙元时期的一些服饰，如瓦楞帽、辫线袍等等。南方汉族女性依旧以襦、裙为主要服饰样式。曹氏墓女棺中出土了绫夹袍2件，衣身肥大，窄袖口。一件袍为圆领，双复斜衿，衣长124厘米，袖长102厘米。另一件袍为直领，通对衿，长80厘米，袖长98厘米。出土袄（短襦）有4件，

图 10-附-10 **罗带**

质地有缎、绫、绸等，衣身肥大较短，长袖，对开衿，胸前和腰腋下有束带，衣长约为 56 厘米，袖子通长约为 92 厘米。女性墓主穿上襦、下裙，内穿裤。出土裙 6 条，皆为三幅料所做，质地有缎、绫、绸等，长度约为 90 厘米，宽 340 厘米。有鞋 1 双，尖头，酱紫织锦为帮，鞋头作兽面形，缀料珠 3 颗。在胸口位置有一条罗带，编为“百吉”形，尾端三角形，缀玉珠 3 颗（图 10-附-10）。这条罗带长有 1 米，推测其挂于腰间带上。

依据元代的出土的俑和壁画，女性所穿上襦较短，裙腰系得较高，束带系住裙腰，束带两端垂挂在身前腰下。棺木内的金冠和玉佩应不是平时所用，而是大礼时所着。因此，据上文所述，以下所绘的复原图是 70 岁左右的妇人所着的常服像（图 10-附-11），以及大礼时穿戴金冠和玉佩的形象（图 10-附-12）。

图 10-附-11　**曹氏墓出土饰品穿戴复原常服像**
（张晓妍绘）

图 10-附-12　**曹氏墓出土饰品穿戴复原礼服像**
（张晓妍绘）

第十一章

中国明代的首饰

董进

明太祖朱元璋在《谕中原檄》中提出“驱逐胡虏，恢复中华”的口号，明朝建立之后，为了消除蒙古习俗对中原地区的影响，开始着力重建汉民族的文化传统，在服饰方面，强调要恢复“中国衣冠之旧”，为此，明朝政府制定了一系列涉及各个阶层的冠服制度，并在数十年间进行过多次重大修订，从而使制度的内容得以逐步完善。

与男子相对简单的首饰不同，首饰是明代女性冠服系统中极为重要的组成部分。明代女性的首饰可以分为两个大类，一类是礼服、常服（燕居服）首饰，体现的是“尊卑等级之分”，其形制、材质、数量等都有非常严格的制度规定，原则上不允许僭越，目的就是要实现“贵贱之别，望而知之”；另一类是吉服、便服首饰，用在各种吉庆场合和日常生活中，没有过多的制度约束，因此种类与样式最为丰富，传世及考古发现的实物也相对较多。此外，明代成年男性仍延续了束发绾髻的传统，用来固定发髻的束发冠和各式发簪虽不像女性头饰那样绚丽多彩，却也是男子保持仪容的不可或缺之物。

第一节 | 明代妇女礼服、常服首饰

一 皇后礼服、燕居服首饰

（一）皇后礼服首饰

1. 制度与发展变化

礼服是明代后妃命妇的朝、祭之服，皇后礼服主要用于受册、谒庙、朝会等重大礼仪场合。

明朝正式建朝前的吴元年（1367）十二月，明太祖册立马皇后的各项仪式中，就有皇后服“首饰袆衣”的记载[1]，

[1] “中央研究院”历史语言研究所校印. 明太祖实录. 卷28下. 本章的《明太祖实录》均用此版本。

图 11-1-1-1　**皇后九龙四凤冠**
《大明集礼》插图

因当时“服御之制未遑详定”，帝后冠服均是权宜创制，没有留下详细资料，所以皇后“首饰”的具体形制不得而知。洪武元年（1368）十一月，明太祖下诏“定乘舆以下冠服之制”，礼部及翰林院官员在历代（主要是唐宋）服饰制度的基础上，拟定了一套完整方案呈交皇帝，明太祖对部分细节稍作修改之后便正式颁布。

洪武元年制定的皇后礼服首饰为：“冠为圆匡，冒以翡翠，上饰九龙四凤，大花十二树，小花如之，两博鬓，十二钿[①]。”内容和《宋史·舆服志》中“皇后首饰花一十二株，小花如大花之数，并两博鬓，冠饰以九龙四凤”基本一致，可以看作是对宋制的延续。但除了文字提到的主要构件外，冠上其余装饰配件的种类和数量较之宋代已大为简化（图 11-1-1-1），如宋金时期皇后冠上还有鸂鶒、孔雀、云鹤、王母仙人队等诸多饰件，明代制度中均没有采用。

洪武二十四年（1391），明太祖又诏令六部、都察院会同翰林院儒臣，参考历代礼制“更定冠服居室器用制度”，服饰部分做了较大调整，由于一些历史原因，万历《大明会典》将更定时间写成了“永乐三年”，北京市文物局收藏的明代宫廷彩绘本《明宫冠服仪仗图》[②]记录了这次改制的部分内容，其中就包括从皇帝到郡主的冠服，《大明会典》所记“永乐三年”部分即来源于此，与《会典》相比，《明宫冠服仪仗图》的文字内容更全面，并保留了绝大部分的彩色插图。

《明宫冠服仪仗图·中宫冠服·礼服》记载的皇后礼服首饰、佩饰为：

九龙四凤冠，漆竹丝为圆匡，冒以翡翠。上饰翠龙九、金凤四，正中一龙衔大珠一，上有翠盖，下垂珠结，余皆口衔珠滴；珠翠云四十片；大珠花十二树

① 明太祖实录·卷三十六下。

② 故宫博物院收藏了一套该书的黑白复印本，定名为《中东宫冠服》。

（皆牡丹花，每树花二朵、蕊头二个、翠叶九叶）；小珠花如大珠花之数（皆穰花飘枝，每枝花一朵、半开一朵、翠叶五叶）；三博鬓（左右共六扇），饰以金龙、翠云，皆垂珠滴；翠口圈一副，上饰珠宝钿花十二，翠钿如其数；托里金口圈一副。

珠翠面花五事，珠排环一对，皂罗额子一，描金龙文，用珠二十一颗。

……

玉佩二，各用玉珩一、瑀一、琚二、冲牙一、璜二，瑀下有玉花，玉花下又垂二玉滴，瑑饰云龙文，描金。自珩而下系组五，贯以玉珠。行则冲牙、二滴与二璜相触有声，上有金钩，有小绶五采以副之，五采黄、赤、白、缥、绿，纁质，织成。

更定后的皇后礼冠（九龙四凤冠）相比洪武元年制度并没有太大变化，只是增加了许多细节饰件的描述。

九龙四凤冠的冠胎用竹丝编成，编织的方式应该和皇帝诸王冕弁等冠的冠胎类似，即用细竹篾丝编制成六边形网格状的内胎，造型类似圆筐，然后髹漆，冠胎外还需要覆上一层织物（如乌纱等），再在织物表面粘贴翠鸟羽毛。类似的做法可在元末张士诚父母合葬墓出土的冠上见到："冠均用极其纤细的竹丝编结成网格式冠壳，又分别用藤或竹条作为内外边圈，以丝扎固，再在冠壳表面蒙麻及黄薄绢。女冠在黄薄绢上缀贴孔雀翠毛。"[①]

① 苏州市文物保管委员会，苏州博物馆．苏州吴张士诚母曹氏墓清理简报[J]．考古，1965，（6）：289-300.

冠胎上部有九条点翠行龙——正中一条大龙，左右两侧各四条小龙，大龙口中衔有一串珠穗，中间是一颗大珍珠，其上有点翠华盖，下则垂饰珠结，八条小龙口内皆衔挂珠滴。九龙的下方是四只金质鸾凤，左右各一对，也口衔珠滴。龙凤周围点缀翠云四十片，每片云上都镶有珍珠。

金凤下是大珠花十二树，均匀排列于口圈之上，每树有盛开的珠牡丹花二朵、未开的花苞（蕊头）二个[1]、翠叶九片。另有小珠花十二枝，《大明集礼》和《大明会典》的九龙四凤冠插图均未画出小珠花，但从《明宫冠服仪仗图》所绘皇太子妃九翚四凤冠来看，小珠花应是穿插于龙凤或大珠花之间，所谓“穰花飘枝”可能是指花朵呈正面状态（类似宝相花），区别于大珠花牡丹的侧面造型，花枝则连绵交缠，每枝有全开的珠花（正面）一朵、半开的珠花（侧面）一朵、翠叶五片。

冠后部的左右两侧各缀博鬓三扇，博鬓上饰有金质行龙和翠云等，博鬓下方边沿垂饰珠滴。冠底部有翠口圈一副，内以金口圈托里，翠口圈上相间排列十二个珠宝钿花和十二个点翠钿花。

珠翠面花是贴在面部的饰物，与宋代皇后的面饰大体相同，共有五件（五事）：一件贴于额部，正中镶嵌大珍珠一颗，周围有四颗小珍珠，呈“十”字形排列，小珍珠之间缀翠叶四片；二件贴于两靥，各嵌一颗大珍珠，周围缀翠叶五片；二件分别贴在左右眉梢末端靠近发际或鬓角处，用六颗珍珠连成一排（实物可能有一定弧度），另缀翠叶十二片。《大明会典·卷六十七》记载的正统七年所定“皇帝纳后仪”中有“珠面花二副、翠面花二副”，是按照材质分的，可见面花的样式与贴戴位置也在不断变化。

珠排环为耳饰，共两件，各用八颗小珍珠串成垂直的长坠子，称作“珠排”，末端嵌大珍珠一颗，珠排之上另饰珍珠、翠叶等，造型与额部所用面花相同，顶部有长S形金质耳钩（脚）一个。

皂罗额子（又称抹额）戴在前额部位，类似包头，用皂色罗制成，呈长方形或梯形，正面饰有描金云龙纹样，在底边镶嵌珍珠二十一颗，两侧各有系带一根用来固定。

[1]“蕊头”即花苞，赵时庚《金漳兰谱·卷下·安顿浇灌法》：“若枝上花蕊头多，候开次，有未开一两蕊头，便可剪去，若留开尽，则夺来年花信。”

图 11-1-1-2
明代皇后礼服画像
从左往右依次为：孝恪皇后杜氏、孝懿庄皇后李氏、孝安皇后陈氏、孝定皇后李氏、孝端显皇后王氏、孝元贞皇后郭氏、孝和皇后王氏

尽管制度条文对皇后礼服首饰的各个细节都做出了详细规定，但在实际操作中却很难完全执行。现存明代皇后画像中穿礼服的有明世宗孝恪皇后杜氏（穆宗母）、明穆宗孝定皇后李氏（神宗母）、明神宗孝端显皇后王氏以及明光宗孝元贞皇后郭氏、孝和皇后王氏（熹宗母），另外还有穆宗孝懿庄皇后李氏和孝安皇后陈氏，二人虽然穿的是燕居服（常服）却戴着礼服冠，而明代前期的皇后都没有礼服画像存世。几位皇后的礼服首饰除了时代相同的孝懿后与孝安后、孝元后与孝和后外，外形与细节均有差异，如龙凤的数量与材质、大小珠花与珠排环的造型等都出现了较大变化（图 11-1-1-2），可以看出，皇后礼服首饰在制作时会受到诸多客观因素的影响，不断出现超越或改变制度的情况。

在这些影响因素里，新需求的产生是很重要的一个方面。明朝官方从未制定过皇太后的冠服制度，理论上来说应与皇后冠服相同，但皇太后通常是皇帝的生母或嫡母，无论是辈分还是等级都要高于作为皇帝配偶的皇后，皇太后穿戴与皇后相同的服饰，显然不符合皇家强调的“帝王之孝莫大于尊亲”的思想，要使皇太后的冠服与皇后有所区别，最直接的做法就是在皇后冠服（主要是首饰和佩饰）的基础上进行一些增饰，以体现“尊崇之意”。

万历三十四年（1606）正月十五日，御用监呈上“圣母（慈圣皇太后，即孝定皇后李氏）册封册宝冠顶合用金宝数目”，其中便记录了皇太后冠服的内容[1]，所列首饰、佩饰有：

珠翠金累丝嵌猫睛丝（绿）青红黄宝石珍珠十二龙十二凤斗冠一顶，金钑龙吞口、慱（博）鬓、金嵌宝石簪、如意钩全。

皂罗描金云龙滴珍珠抹额一副。

金累丝滴珍珠霞帔摘儿一副，计四百十二个。

珠翠面花二副，计十八件。

金丝穿八珠耳环二只，金丝穿宝石珍珠排镮（环）二只。

金嵌宝石珍珠云龙坠头一个。

……

金钑云龙嵌宝石珍珠荷叶提头浆水玉禁步一副，计二挂，间珊瑚碧甸子金星石紫线宝黄红线穗头全。

慈圣皇太后的冠上有十二龙十二凤，对应皇帝章服之数（如十二旒、十二章等），规格要明显高于皇后的九龙四凤冠，所用材质也非常丰富，除点翠、珍珠外，还有猫睛石、祖母绿以及各种颜色的宝石等。皂罗抹额与皇后相同，饰描金云龙纹，但原来镶嵌在底边的珍珠可能改成了珠滴的形式。珠翠面花有两副，共十八件，每副较皇后“五事”要多出四件，多出部分的样式与贴戴位置尚不清楚（亦有可能是“珠面花”“翠面花”各一副）。耳饰有两种，一种为金丝穿八珠耳环（燕居冠服所用），另一种为金丝穿宝石珍珠排镮（环），应与皇后礼服的珠排环相同，但更精致贵重。

[1] 所载冠服中一部分属于皇太后礼服，另一部分属于皇太后燕居冠服（常服）。

图 11-1-1-3 **九龙九凤冠**

2. 定陵出土的礼服首饰

明神宗定陵出土了孝端显皇后和孝靖皇后的四顶凤冠，其中有两顶为礼冠，一顶是孝端显皇后的九龙九凤冠，另一顶是孝靖皇后的十二龙九凤冠，这两顶凤冠是目前仅见的明代皇后礼冠实物，出土时有残损散乱，后在原物基础上进行了修复[①]。

九龙九凤冠（编号 X1：2）通高 48.5 厘米，外口径 23.7 厘米。冠上饰金累丝行龙九、点翠凤九。正面上层有九龙，中层为八凤，下层饰大珠花九树，每树各用红、蓝宝石三块，四周以珍珠串围绕，大珠花之间有点翠小花和翠叶八枝，每朵小花镶珍珠一颗。冠背面上部立翠凤一只。龙凤皆口衔珠宝结（珠滴），每结系珍珠二颗，红、蓝宝石各一。冠上部有翠云四十四片。冠顶以宝石和串珠组成一组花卉。冠背面下部亦有宝石与串珠组成的珠花以及翠花、翠叶等，左右各有金钑龙吞口一个，口衔博鬓三扇（共六扇）。博鬓长 23 厘米、宽 5 厘米，每扇饰金龙二条，嵌宝石三块，底边垂有珠串。冠底缘饰金口圈，其上方另有分作前后两段的红色口圈，无点翠，各用金条镶边，前段饰有金镶红、蓝宝石及珍珠的珠宝钿花七个，后段饰有珠宝钿花五个，钿花之间皆饰以珍珠串成的小花。冠上共嵌宝石一百一十五块（红宝石五十七块、蓝宝石五十八块），珍珠四千四百一十四颗，全冠共重 2320 克（图 11-1-1-3）。

十二龙九凤冠（编号 X15：6）通高 32 厘米，口径 18.5~19 厘米。冠上部呈扁宽状，以细竹丝编为冠胎，在表面及衬里各敷一层罗纱并髹漆，

① 九龙九凤冠现藏于国家博物馆，十二龙九凤冠收藏于定陵博物馆。

冠口部两侧有宽 1.7 厘米、长 5.3 厘米的开口。冠上饰金累丝行龙十二、点翠凤九。正面顶部嵌一龙，中层七龙，下部五凤；背面上部一龙，下部三龙；两侧上下各一凤。凤眼部嵌小红宝石两块。龙凤均口衔珠宝串饰（珠滴），正面顶部一龙，珠滴系珍珠三颗、宝石二块；中层中间一龙，珠滴系珍珠、宝石各三颗；其余龙凤珠滴均以珍珠两颗、红蓝宝石各一组成。龙凤之间嵌大珠花八朵，每朵中心嵌宝石一块或六块、七块、九块不等，每块宝石周围绕珠串一圈或两圈。另外，在龙凤之间还插饰翠云九十片、翠叶七十四片。冠底缘饰金口圈，亦另有前后两段红色口圈，边缘镶以金条，中间有珠宝钿花十二个（前段七个、后段五个），每个嵌宝石一块，宝石周围镶珍珠六颗，钿花之间以珍珠小花相间隔。冠背面下部左右各嵌金圾龙吞口一个，衔博鬓三扇（共六扇），博鬓长 23 厘米、宽 5.5 厘米，每扇饰金龙一条、珠宝花二个、珠花三个，底边垂珠串。冠上共有宝石一百二十一块（红宝石五十三块、蓝宝石六十二块、绿宝石四块、黄宝石二块），珍珠三千五百八十八颗，小红宝石十八块。全冠总重 2595 克（图 1-1-6-1）。

对比制度条文，两顶冠均不符合规定的形制。孝端显皇后是明神宗原配，她的九龙九凤冠比制度中的九龙四凤冠要多出五只凤（正面多四只、背面多一只），制度规定九龙四凤冠用翠龙、金凤，九龙九凤冠上则为金龙、翠凤，正中一龙应衔的珠穗（大珠翠盖珠结）亦未在实物中见到，其余如大小珠花的数量和花枝造型、口圈与翠钿等都和制度有较大出入（图 11-1-1-4）。

孝靖皇后原为慈宁宫宫人，被神宗偶然临幸而怀孕，万历十年封为恭妃，随后生下皇长子（明光宗），在很长时间里都受到神宗的冷落，直到万历三十四年皇元孙诞生才被封为皇贵妃，万历三十九年病逝，死后的葬礼也被降低规格。直到光宗之子明熹宗即位，才正式追谥自己的祖母为“孝靖温懿敬让贞慈参天胤圣皇太后”，迁祔定陵与明神宗、孝端显皇后合葬，并增添了相应的冠服和随葬品。孝靖后的十二龙九凤冠上也是金龙、翠凤，珠花用金镶宝石和珍珠串组成花朵状，造型、大小各异，皆与孝端后九龙九凤冠的珠花不同（图 11-1-1-5）。孝靖后十二龙九凤冠的规格要明显高于孝端后九龙九凤冠，应当是按照皇太后的身份制作，与慈圣皇太后的十二龙十二凤冠非常接近。

在两个随葬什物箱（X2 和 X14）里出土了两对镶珠宝花蝶金耳环，一对编号是 X2：17 和 X2：17：1，耳环主体两面为花丝制成的蝴蝶花朵，系明代

图 11-1-1-4 **九龙九凤冠局部**

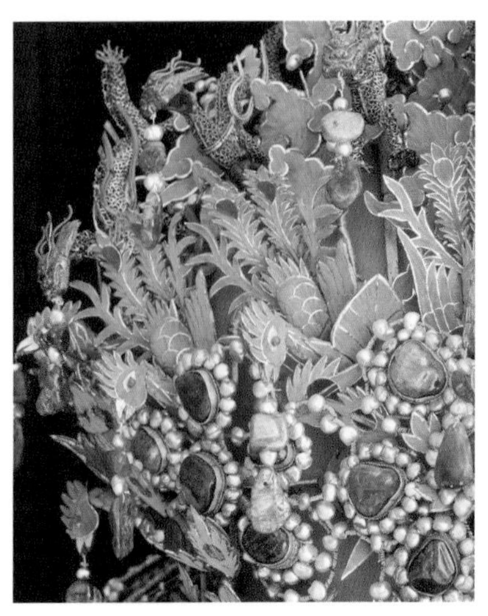

图 11-1-1-5 **十二龙九凤冠局部**

流行的“蝶恋花”样式，每面嵌红宝石一颗作为蝶身、蓝宝石一颗作为花蕊，花蝶之间镶嵌珍珠一颗。耳环顶部缀有 S 形金质耳钩，耳钩与主体连接处呈圆锥形，正中有小孔，用一根金丝从小孔穿过，金丝两端分别串珍珠十二颗，连成珠排垂下。耳环通长 5.5 厘米，共镶红蓝宝石八块、珍珠五十二颗，X2：17 重 12.75 克，X2：17：1 重 13.5 克（图 11-1-1-6）。

另一对编号是 X14：18 和 X14：18：1，主体两面也是花丝制成的蝴蝶花朵，每面嵌蓝宝石或红宝石一颗作为蝶身、红宝石一颗作为花蕊，花蝶之间镶珍珠一颗，耳钩底部圆锥形处亦穿有小孔，但未见金丝与珠串，可能已经脱落（图 11-1-1-7）。

明代皇后礼服画像中并没有看到标准的珠排环，而是出现了一种花蝶造型并垂饰珍珠的耳环，最早见于孝恪皇后杜氏的画像，耳环主体为金质蝴蝶与五瓣梅花（二瓣朝上三瓣朝下），蝶身与花蕊镶嵌宝石，花瓣则镶有五颗大珍珠，朝下的三片花瓣各系珍珠一串（共三串），每串底端缀一颗大珠[1]。这种饰三串垂珠的耳环实际上来自元代[2]，明代进一步将耳环主体设计为“蝶恋花”的

① 孝懿庄皇后、孝安皇后画像中的耳环没有垂珠串。

② 元代皇后画像中元世祖皇后、元武宗皇后、元仁宗皇后、元英宗皇后、元明宗皇后以及元宁宗皇后都戴这种样式的耳环。

图 11-1-1-6　**镶珠宝花蝶金耳环（X2：17、X2：17：1）**

图 11-1-1-7　**镶珠宝花蝶金耳环（X14：18、X14：18：1）**

样式，比传统珠排环更显华丽精美。定陵镶珠宝花蝶金耳环的珠排为两串，垂在花蝶两侧，除此之外其他主要元素都和画像耳环相同，大概是变化后的另一种款式，慈圣皇太后的“金丝穿宝石珍珠排镮（环）”亦有可能采用的是这类花蝶垂珍珠耳环的造型。

其余首饰如皂罗额子、珠翠面花等定陵均未出土。

3．皇后礼服中的其他佩饰

皇后穿礼服时，腰间玉革带上悬挂有玉佩（珮）二组，垂于身体左右两侧。皇后礼服玉佩的形制与皇帝冕服、皮弁服所用相同，每组有玉饰十件：珩一件，顶部以丝线系金钩一枚；瑀一件，在珩之下；琚二件，列于瑀之左右，两面饰描金云纹；玉花一件，在瑀之下；璜二件，两面饰描金云纹；冲牙一件，在玉花之下；玉滴一对，垂于玉花之下、冲牙左右。珩及各玉饰之间用穿有玉珠的五组丝线进行串连，珩、瑀、玉花、冲牙的两面都饰有描金云龙纹样。当身体活动时，玉璜、玉滴会因摆动而撞击冲牙，发出清脆的叮当之声，所以明人又将玉佩称为“玎珰”，赵南星《目前集》曰：“玉佩名‘丁珰’，或云‘丁东’。”玉佩下另衬有小绶一对，以黄、赤、白、缥、绿五色丝线织成，用纁色织物衬里。

定陵出土玉佩七副（十四组），其中17号随葬器物箱内有二副（四组），应分别为孝端后、孝靖后礼服所用。两副玉佩的形制基本相同，但玉饰的大小和整体长度存在区别，与制度规定的样式相比差异不大，只是较标准玉佩多出一排饰件（三件）。

较大的两组玉佩编号为X17：4：1与X17：4：2，每组顶部有金钩一枚，下系玉珩一件，珩上有七个小孔，上部二孔穿丝线与金钩相系，下部五孔系丝线五组，中间一组先穿九颗玉珠，然后系委角正方形瑀一件，瑀四边各有一孔，分别与上、下及左右两侧的丝线、玉珠相连，瑀的最外两侧各有琚一件，琚上三孔，分别与上、下及内侧的丝线、玉珠相连。瑀的下边孔系丝线一组穿九珠再系玉花一件，玉花四孔，分别与上下及左右两侧的丝线、玉珠相连，玉花的下边孔系丝线一组穿九珠又系瑀一件，瑀的最外两侧亦各有琚一件，形制与上面的瑀、琚相同。瑀下再穿九珠系冲牙一件，冲牙造型与珩有些接近，故定陵发掘报告上称之为“珩形饰”，瑀两侧玉珠串底部各系半圆形璜一件（发掘报

图 11-1-1-8 **玉佩**（X17：4：2）

图 11-1-1-9 **玉佩**（X17：5、X17：5：1）

告误作“冲牙”），最外两侧玉珠串（琚下所系）底部各系水滴形玉滴一件。全佩通长 49.4 厘米，除金钩外，有珩一、瑀二、琚四、玉花一、冲牙一、璜二、玉滴二，共十三件玉饰，其中玉珩、玉花、冲牙的两面饰描金正面龙纹，其余玉饰两面饰描金花朵或云纹，五组丝线共穿玉珠二百三十六颗（图 11-1-1-8）。

另外二组玉佩编号为 X17：5 与 X17：5：1，玉饰件及玉珠较小，每组丝线所穿玉珠数量也较少，如珩之下中间一组每段只穿玉珠七颗。全佩玉饰也是十三件，共用玉珠一百八十颗，通长 33 厘米（图 11-1-1-9）。

定陵玉佩在出土时，每组玉佩都装在一个黄色纱袋内（纱袋均已朽烂），只将顶部的佩钩露于袋外，袋口用丝线缝合。玉佩上套着的纱袋应该是明代文献里提到的“佩袋”，据《窥天外乘》和《万历野获编》记载，嘉靖初年明世宗升殿，尚宝司卿谢敏行捧宝靠近皇帝，因行走时玉佩晃动，导致与皇帝的玉佩纠缠在一起，明世宗于是下诏，命中外官员都用红纱制成佩袋套在玉佩上，以防再次出现类似事件，但在郊天大礼中不使用佩袋。万历十四年十一月，明神宗在南郊祭天，升坛时，太常寺丞董弘业的玉佩因无佩袋而被鼎耳勾住不能解开，董弘业只好用牙将玉佩的丝线咬断，明神宗为此立等许久，之后董弘业被神宗斥为“转动失仪”而遭夺俸。文献中只提到文武官员使用红纱佩袋，定陵玉佩上的黄色纱袋则说明皇帝以及皇后都使用佩袋。

（二）皇后燕居冠服首饰

1. 制度与发展变化

明代皇后燕居冠服又称为常服[1]，功能仅次于礼服，主要用在各种礼仪场合中，如皇后册立之后，具礼服行谢恩礼毕还宫，宫女请皇后更换燕居冠服，然后升座，接受在内亲属、六尚女官以及各监局内官内使所行的庆贺礼。洪武元年（1368）定：

皇后冠服……燕居则服双凤翊龙冠、首饰、钏镯，以金珠宝翡翠随用，诸色团衫，金绣龙凤文。带用金玉[2]。

到洪武四年（1371）五月，又进一步对中宫妃主的常服做出了规定：

其常服，中宫用龙凤珠翠冠，真红大袖衣，霞帔，红罗长裙，红罗褙子。冠制如特髻，上加龙凤饰，衣用织金龙凤文，加绣饰[3]。

洪武元年所定皇后燕居服首饰为双凤翊龙冠和其他各类首饰钏镯等，使用的材质很丰富，有金、珍珠、宝石、翡翠（翠鸟羽毛）等。从“双凤翊龙”的名称可以推知，冠上应饰有一龙二凤，翊通翼，原指鸟类的双翅，后来引申出辅佐、辅助的意思，历代后妃的徽号、谥号里经常使用“翊圣”“翊天”字样。古人还常引舜帝“凤凰来仪”的典故称颂帝王，

① 《大明会典·卷六十·皇后冠服》：“皇后受册、谒庙、朝会服礼服。燕居则常服。”

② 明太祖实录·卷三十六下.

③ 明太祖实录·卷六十五.

如嘉靖时期续定庆成宴乐章有《上万岁之曲》："圣主垂衣裳，兴礼乐，迈虞唐。箫韶九成仪凤凰，日月中天照八荒……上奉万年觞，胤祚无疆。"舜娶了尧帝的两个女儿娥皇、女英为妻，《列女传·母仪传》便以"有虞二妃"为首，赞美道："嫔列有虞，承舜于下。以尊事卑，终能劳苦。""双凤翊龙"既象征皇后能"进贤才以辅佐君子"，又有赞颂后妃贤德、帝王圣明的寓意。

洪武四年修订的皇后常服制度中，首饰为龙凤珠翠冠，冠体形制如同"特髻[1]"，冠上仍饰以龙凤，虽然没有提到"双凤翊龙"的造型，但此时的"龙凤之饰"应该没有改变原来一龙二凤的形态。

① 宋《事物纪原·卷三·特髻》："燧人始为髻，至周王后首服为副编，郑云三辅谓之'假髻'，今特髻其遗事也。"

洪武二十四年（《大明会典》记为"永乐三年"）更定冠服制度时，皇后燕居冠服又做了一些改动，仍用双凤翊龙冠。《明宫冠服仪仗图·中宫冠服·燕居冠服》记载的首饰、佩饰为：

双凤翊龙冠，以皂縠为之，附以翠慱山[2]，上饰金龙一，翊以二珠翠凤，皆口衔珠滴；前后珠牡丹花二朵，蕊头八个，翠叶三十六叶；珠翠穰花鬓二朵；珠翠云二十一片；翠口圈一副，金宝钿花九，上饰珠九颗；金凤一对，口衔珠结；三慱鬓（左右共六扇），饰以鸾凤，金宝钿二十四，边垂珠滴；金簪一对；珊瑚凤冠嘴一副。

② 慱，同博，即翠博山。

……

白玉云样玎珰二，如佩制，每事上有金钩一，金如意云盖一件，两面钑云龙文，下悬红组五，贯金方心云板一件，两面亦钑云龙文，俱衬以红绮，下垂金长头花四件，中有小金钟一个，末缀白玉云朵五。

双凤翊龙冠又称燕居冠，比礼冠略小，冠口通常只罩住发髻，冠胎的形态也和礼冠不同，从《明宫冠服仪仗图》的彩绘插图来看，颇有些类似皇帝诸王皮弁的造型，冠身宽而圆，前后都有数道凹缝，中部较高，两边向外侧逐渐

图 11-1-1-10　**双凤翊龙冠**
《明宫冠服仪仗图》插图

降低，冠胎表面以及内部都敷以皂色绉纱（縠）。冠上附有翠博山，做成山形，正中与两侧皆高耸如山峰，似乎仍保留了一些汉代皇后步摇冠山题的遗意。博山上饰以整齐排列的点翠云朵二十一片，每片云上镶一颗珍珠，博山正中顶部有一条金质行龙，左右两侧稍低位置各有一只珠翠翔凤（插图画成金凤），面向金龙，龙凤口中都衔着珠滴。

冠正背面的中间各有一朵珍珠穿成的牡丹花（红底），周围有花苞（蕊头）八个（插图未画出）以及翠叶三十六片。冠两侧各有珠翠穰花鬓一朵[1]，以珍珠穿成正面宝相花状的珠花，花朵外侧饰一圈翠云，周围再点缀翠叶。

冠底部亦用翠口圈一副（插图绘为红色），口圈上排列九个金宝钿花，每个镶珍珠一颗，钿花之间饰有带云脚的翠云。冠顶两侧各有金凤簪一件，簪脚较长，朝下插入翠博山中，凤嘴各衔一串用珍珠穿成的花结。

冠背面左右各有博鬓三扇，上饰点翠鸾凤以及金宝钿共二十四个（插图画成红花绿叶），博鬓下方边沿垂有珠滴。另有金簪一对横插于冠底两侧，用以将冠固定在发髻上。此外还有“珊瑚凤冠嘴一副”，所指的具体饰件尚不清楚（图 11-1-1-10）。

明代皇后画像有十三位是穿燕居冠服，明太祖孝慈高皇后马氏和明成祖仁孝文皇后徐氏所戴燕居冠最接近制度。马皇后去世的时间是洪武十五年（1382），但画像上身穿黄大衫，并不是洪武四年所定真红大袖衣，可能绘制时间较晚而使用了后来的形制。

马皇后和徐皇后的燕居冠都仅罩住发髻，冠

①《明宫冠服仪仗图》插图所画珠翠穰花鬓由数朵珠花组成。

图 11-1-1-11 **孝慈高皇后马氏**

图 11-1-1-12 **仁孝文皇后徐氏**

胎中间高两侧低，翠博山比较高大，基本将冠胎完全遮住（徐后冠顶露出一小部分皂色冠胎），博山上满铺翠云，每片翠云的中间都镶嵌了一颗大珍珠，顶部正中有金龙一条，龙下两侧各有一凤，马后的双凤通体镶满珍珠，接近制度上说的“珠翠凤”，徐后双凤（凤身在冠的侧面，画中仅露出头部）则为金质，与《明宫冠服仪仗图》里画的金凤一致，龙凤口中衔着的珠滴都是用小珍珠穿系大珠两颗，徐后冠上金龙所衔为一颗小珠和一颗极大的珍珠。马后冠正面的珠牡丹用珍珠组成花瓣，造型与插图上的珠牡丹相似，徐后冠的珠牡丹花蕊为金镶大红宝石，外围一圈大珍珠，花瓣亦用小珍珠组成，珠牡丹周围都点缀翠叶。珠翠穰花鬓皆为类似宝相花的正面花朵，花蕊由大小珍珠或金镶红宝石加珍珠组成，四周为珍珠花瓣和翠叶。冠上各插金凤簪一对，凤口衔长串珠结，徐后珠结上还有大小不等的十字形金镶宝石饰件。冠底口圈为金质点翠，上镶各色宝石（即金宝钿花）。冠后博鬓均以点翠铺底，上饰鸾凤和镶嵌宝石的金宝钿，每扇博鬓都用珍珠镶边并在底边垂饰珠滴（图 11-1-1-11、12）。

其他几位皇后的燕居冠也和礼冠的情况一样，在不同时期都出现了一些细节上的变化。明仁宗诚孝昭皇后和明宣宗孝恭章皇后画像的燕居冠，双凤都改

图 11-1-1-13 **诚孝昭皇后张氏、孝恭章皇后孙氏、孝庄睿皇后钱氏、孝纯皇后刘氏**

为一对金龙，两支金凤簪也变成了金龙簪。但从英宗孝庄睿皇后开始，金双龙又改回了珠翠双凤（孝纯皇后仍用金双龙），而金龙簪衔珠结则基本成为定式，只有孝贞纯皇后、孝靖皇后和孝纯皇后画像用金凤簪。

制度中没有记载皇后燕居服的耳饰，《大明会典》“皇帝纳后仪”里有“四珠葫芦环一双、八珠环一双、排环一双”，除排环属于皇后礼服外，四珠葫芦环与八珠环都应是皇后燕居服所用耳饰。

马皇后、徐皇后以及诚孝昭皇后、孝恭章皇后、孝庄睿皇后、孝肃皇后、孝纯皇后的画像上，两耳都戴着一对镶有四颗大珍珠的耳环（图 11-1-1-13）。耳环上部为翠玉或绿松石制成的荷叶盖，荷叶之下各用金丝穿两颗硕大的珍珠（上面一颗稍小），形似葫芦，珍珠间隔以珠玉或宝石，耳钩为金质，呈长 S 形。这种耳环便是《会典》所说的“四珠葫芦环”，继承自元代[1]，形制上没有太大变化。孝定皇后（慈圣皇太后）和孝端显皇后礼服像戴的并非珍珠排环，而是镶嵌了四颗圆形宝石的葫芦环，孝

① 见元代皇后画像。

图 11-1-1-14　**孝贞纯皇后王氏、孝康敬皇后张氏、孝静毅皇后夏氏、孝洁肃皇后陈氏**

靖皇后像所戴葫芦环则是由珍珠（上）和宝石（下）组成。

以四珠葫芦环为基础，元代或明代初期又发展出了“八珠环”，孝贞纯皇后、孝惠皇后、孝康敬皇后、孝静毅皇后和孝洁肃皇后画像就是戴的八珠环（图 11-1-1-14）。孝贞后的八珠环耳钩与四珠葫芦环相同，每枚上部为绿松石或翠玉荷叶盖，正中为圆形金镶红宝石，上下左右各点缀翠叶一片，翠叶间嵌珍珠四颗（上面二颗稍小）。其他几位皇后的八珠环除正中镶嵌的宝石略有不同外，形制基本一致。

2. 定陵出土的燕居冠服首饰

定陵随葬的凤冠中有孝端显皇后和孝靖皇后的燕居冠各一顶，根据发掘报告的定名，孝端后为“六龙三凤冠”，孝靖后为“三龙二凤冠”[1]。

“三龙二凤冠”（编号 X14：22）通高 31.7 厘米，上宽 34 厘米，外口径 19 厘米、内口径 17 厘米。用漆竹丝编为冠胎（上部略宽），冠上没有翠博山，所有饰件都直接附着在冠胎上。冠顶正中饰金累丝行龙一条，冠中部左右两侧各有翠凤二只，凤身满镶珍珠，龙凤皆口衔珠宝结（珠滴），每结系珍珠三颗，红、蓝宝石各一块。冠上部

[1] “六龙三凤冠”现藏于定陵博物馆，“三龙二凤冠”收藏于故宫博物院。

图 11-1-1-15　**三龙二凤冠（正面、背面）**

正面与背面共饰翠云八十片，云缝间点缀珍珠。冠前后共有大珠花四朵（前三朵、后一朵）和小珠花数朵。大珠花每朵正中嵌红、蓝宝石一块（镶珍珠两圈）作为花蕊，周围嵌红、蓝宝石六块（各镶珍珠一圈）作为花瓣，花瓣间另外再环绕珠串，并缀以大小不等的翠叶。 小珠花每朵正中嵌宝石一块（镶珍珠一圈）作为花蕊，周围环绕五朵或六朵点翠小梅花，花心各镶珍珠一颗，梅花间环绕珠串并饰翠叶。冠顶两侧各插金龙簪一件，簪脚朝下，簪首为金累丝如意云，两面各嵌红、蓝宝石三颗，云上站立金龙一条，龙头朝向外侧，龙嘴各衔一串珠结，珠结上系有嵌宝石金花三个，上下两个稍小，为多瓣菊花形，花心各嵌红宝石一块，中间一个较大，花瓣呈十字形，嵌宝石五块，珠结两行珠串的底部各缀小红宝石一个。冠背面有金钑龙吞口一对，衔博鬓六扇（左右各三扇），博鬓长 23 厘米、宽 5 厘米，每扇饰金龙一条、翠云一片，嵌宝石二块，底边垂珠串。冠底缘饰金口圈，其上有前后两段红色口圈，金条镶边，前段缀珠宝钿花七个，后段五个，皆与两顶礼冠口圈所饰相同。冠上共嵌红、蓝宝石九十五块，珍珠三千四百二十六颗，总重 2165 克（图 11-1-1-15）。

这顶凤冠实际上应该定名为“双凤翊龙冠”，定陵发掘报告将之称作“三龙二凤冠”并不准确，因为按照明代的制度，表述凤冠上的龙凤数量时不应包括金簪上的凤或龙。

图 11-1-1-16　**六龙三凤冠**

“六龙三凤冠”（编号 X2：19）通高 35.5 厘米，口径 19~20 厘米。结构与“三龙二凤冠”基本相同，冠正面顶部饰金龙一条，中部有珠翠凤三只，一只居中，两只分列左右，冠背面上部并列三条金龙，周围饰有翠云，龙凤皆口衔珠滴。冠正面下部有大珠花三朵，背面有大珠花四朵，都以红、蓝宝石及珍珠串组成花蕊花瓣，细节略有不同，珠花间缀以珍珠花枝、翠叶、镶珠小翠花等。冠顶两侧插金龙簪一对，嘴衔珠结，系有嵌宝石金花，珠结两行珠串底部各缀小蓝宝石一个。冠背面左右饰金钑龙吞口，各衔博鬓三扇，博鬓长 31 厘米、宽 8 厘米，每扇饰金龙一条、翠云四片，嵌宝石二块，周围点缀珍珠小花，底边垂饰珠串。冠底缘饰金口圈，口圈内宽 3.7 厘米，外包边宽 1 厘米，金口圈之上亦有前后两段镶金边红色口圈，共缀金镶红蓝宝石钿花十二个，钿花之间饰有珍珠串成的小花。冠上共嵌宝石一百二十八块（红宝石七十一块、蓝宝石五十七块），珍珠五千四百四十九颗，全冠重 2905 克（图 11-1-1-16）。

发掘报告命名时也是将两件金龙簪计算在龙凤数量内，实际应为“四龙三凤”，但仍然超越了制度所定规格。

燕居冠上还有“金簪一对”，但制度中没有详细描述“金簪”的形制。在放置两顶凤冠的随葬器物箱里，各出土了一对造型相同的镶宝梅花金簪（共四件），簪脚皆为长圆锥形，簪首用金丝编成双层梅花形托，两层之间以插套相

图 11-1-1-17　**镶宝梅花金簪**

图 11-1-1-18　**金系珠石"八珠环"**（X2:18、X2:18:1）

套合，顶层花蕊各镶嵌红宝石一块，其中一件（X14：16）通长 13 厘米，簪首长 1.6 厘米、直径 3.1 厘米。由于燕居冠罩在头顶发髻上，金簪所起的作用就是将冠和发髻进行固定[①]，孝端后与孝靖后的镶宝梅花金簪具体使用方式以及插戴位置还需要进一步研究（图 11-1-1-17）。

定陵出土的皇后燕居冠服耳饰为八珠环（未见四珠葫芦环），共两对，分属孝端后和孝靖后，孝端后的八珠环（编号 X2：18、X2：18：1）保存较好，孝靖后的（编号 X14：17、X14：17：1）则仅存金耳钩。孝端后八珠环顶部为金质 S 形耳钩，长 4.8 厘米，其下各系绿松石制成的荷叶盖一枚，荷叶下缀珍珠四颗，间以花形金隔片，形制与画像中的八珠环基本相同，但正中没有镶嵌宝石（图 11-1-1-18）。

3．皇后燕居冠服中的其他佩饰

A. 霞帔坠子

明代皇后燕居服继承了宋制，有大衫和霞帔，霞

① 朝鲜李圭景《五洲衍文长笺散稿》记录了燕居冠的戴法，"世祖元年，明使尹凤赍诰命冕服来，上遣宦官田畇问凤曰：'中宫受赐冠狭小，又有簪，如何穿着？'凤曰：'梳发后，从顶后分总左右发，交相结上作丫髻，将冠冒其上而仍插簪。'"

帔为并列两条，制度规定用深青色（明前期皇后画像上为红色），织金云霞龙纹，两侧边缘饰以珍珠（或圆珠形纹样），霞帔前段末端裁成尖角并缝合，缀有小横襻，用于悬挂坠子，霞帔坠子多为水滴形或椭圆形，顶端有金钩，挂在霞帔尖角处的横襻上。坠子使用的材质与装饰纹样根据身份等级各不相同，制度所定皇后至郡王妃的霞帔坠子见表 11-1。

表 11-1：皇后至郡王妃霞帔坠子的材质与纹饰

	材　质	纹　饰	备　注
皇　后	玉坠子	瑑龙文（纹）	
皇　妃	玉坠子	瑑凤文（纹）	
皇太子妃	玉坠子	瑑凤文（纹）	
亲王妃	金坠子	钑凤文（纹）	公主、世子妃同
郡王妃	金坠子	钑翟文（纹）	郡主同

图 11-1-1-19　**玉坠子**

定陵出土玉坠子一件（编号 X17：8），坠身呈水滴形，两面皆刻有龙凤戏珠及云纹，纹样内填金，坠顶嵌有金丝编成的四叶形饰，上系五节金链，顶套圆环，通链长 11.2 厘米，宽 3.5 厘米（图 11-1-1-19）。

另外还出土了两件金坠子（编号 X2：16 和 X14：4），分别和孝端后与孝靖后的礼服、燕居服首饰佩饰放在一起，发掘报告中误定为“香薰”。两件坠子形制相同，其中一件（X14：4）通高 16.5 厘米，总重 172.5 克。器身呈桃形，中空，左右两半分制而成，扣合在一起。上端以金链与四叶形盖饰相连，四叶用金丝掐制成细密的叶脉纹，每叶中心嵌宝石一块（有红宝石和蓝宝石各二块），顶部另缀金链连接长柄金钩，钩长 19.1 厘米。坠身两面分别镂刻二龙戏珠、海水江崖和云纹，正面中部嵌珍珠一颗，背面中心鼓起的珠形圆泡上刻有“上”形

图 11-1-1-20　**镶珠宝云龙纹金坠子（X14：4）**

图 11-1-1-21　**镶珠宝云龙纹金坠子（X2：16）**

孔，金钩中部内侧则有一“⊥”形突起，金钩勾住霞帔尖端的横襻后，突起部分可插入“⊥”形孔中固定，使坠子不会因为身体的活动而从霞帔上掉落（图 11-1-1-20、21）。

慈圣皇太后冠服里有“金嵌宝石珍珠云龙坠头一个[①]”，所描述的形制与定陵出土的龙纹金坠子完全一致，可以看出明代后期皇后、皇太后的霞帔上主要使用金坠子（玉坠子仍保留），这一变化的出现可能是出于功能性的需要。出土的金坠子皆为空心，说明坠子的重量需保持在一个合适的范围内，使其不会对织物制成的霞帔造成影响，实心的玉坠子在相同体积下重量要远大于空心的金坠子，若要使重量合适就需要缩小体积，视觉效果上会比大而华丽的金坠子要逊色，所以皇后的帔坠在实际使用时选择了金、玉两种材质，但以金坠子为主。由于云龙纹样的地位要明显高于王妃们的凤纹，所以即使皇

① 坠头即坠子，《大明会典·卷六十·长子夫人冠服》：“珠翠五翟冠，大红纻丝大衫，深青纻丝金绣翟鸡褙子，青罗金绣翟鸡霞帔，金坠头。”

后、皇太后霞帔上用的是金坠子，仍能体现出身份的尊贵。

B. 白玉云样玎珰

皇后大衫之下穿着鞠衣，腰部束大带和玉带，左右两侧悬挂“白玉云样玎珰”一对，即燕居服所用之“佩”，被视作玉佩之属，故称为“玎珰”。白玉云样玎珰顶部各缀金钩一个，下为金如意云盖，外形与玉珩相似，两面钑云龙纹，衬以红绮，底边有五个小孔，系红丝线（组）五根，连接金方心云板一件，两面亦钑云龙纹并衬红绮，下垂金长头花四件和小金钟一个，小金钟缀于方心云板下方正中一根红丝线上，左右四根丝线分别缀金长头花。丝线末端缀白玉云朵五个（图 11-1-1-22）。

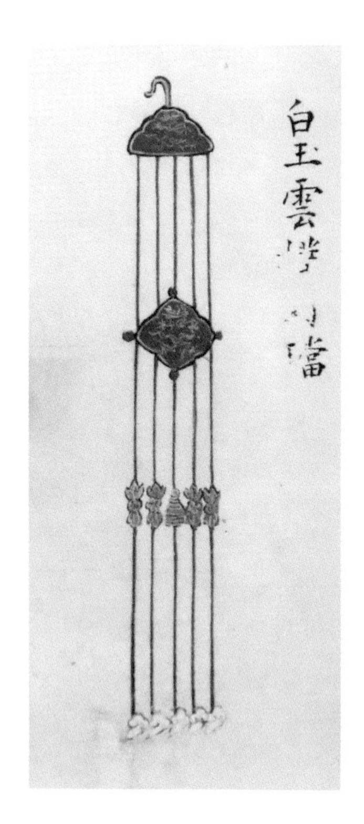

图 11-1-1-22　**白玉云样玎珰**
《明宫冠服仪仗图》插图

白玉云样玎珰和皇后礼服玉佩的形制区别较大，并不拘泥于传统玉组佩的样式，相比礼服玉佩强调的庄重肃穆的庙堂之气，白玉云样玎珰更倾向于华丽的装饰效果，多样的材质与花叶造型的饰件给了工匠更多发挥的空间。

孝端后与孝靖后的“白玉云样玎珰”已经完全不是制度中的样子，定陵博物馆将之定名为“龙纹镶宝鎏金铜钩玉佩饰”。孝靖后的一副（编号 X14：5 和 X14：6）通长 61 厘米，X14：5 顶端缀鎏金铜钩（长 5 厘米）一个，下为荷叶形鎏金铜提头，两面均浮雕云龙纹，每面各嵌红宝石二块、蓝宝石三块，底边有四鼻环，分别系四根黄色丝线（组）穿玉饰件，共有十排。第一、三、五、七、九各排每组系白玉叶形饰两片，玉叶上部穿系黄丝穗一个，多数腐朽不存，第二、四、六、八、十各排穿系不同材质的饰件。第二排为碧玉花和水晶花各二朵，第四排为白玉花四朵，第六排为红玉桃二个、绿玉桃一个、碧玉花一朵，第八排为白玉花一朵、铁蓝石鸳鸯一个、慈姑叶二片，第十排有碧玉蝉、蟾蜍[1]各一件，白玉鸳鸯、鱼各一件。另外在第四排的玉花之下有长条形玉横饰一件，上有四孔，四根丝线分别从孔中穿过（图 11-1-1-23）。X14：6 形制基本相同，第六排用红玉桃二个、绿玉花二朵，第八排则用红玉燧及铁蓝石鸳鸯各一个、铁蓝石及绿松石慈姑叶各一片。

孝端后的一副（编号 X2：11 和 X2：12）通长 64 厘米，上部荷叶形鎏金铜提头所嵌宝石多已脱落不存，仅有红、蓝宝石各二块。X2：11 第六排为红玉、绿玉桃各两个，第八排为碧玉及绿玉花各一朵、铁蓝石慈姑叶两片。X2：12 第四排为白玉花三朵、绿玉花一朵，第六排为红玉桃两个、绿玉桃一个、红玉鸳鸯一个，第八排为铁蓝石鸳鸯两个、绿松石慈姑叶两片（图 11-1-1-24）。

标准的白玉云样玎珰饰件较少，缀在长长的丝组上显得有些稀疏，视觉效果可能不是十分理想，因此在实际制作时对样式不断进行修改，丰富了饰件的造型与种类，金长头花、小金钟以及白玉云朵逐渐演变成了白玉叶和各色玉花、玉桃等饰件。增饰之后的白玉云样玎珰被称为“玉禁步”，如慈圣皇太后冠服中有“金钑云龙嵌宝石珍珠荷叶提头浆水玉禁步一副”，所描述的荷叶提头亦与定陵实物一致。

① 这件“蟾蜍”从报告所绘线图和文物照片来看更像是带萼的花朵。

二 皇太子妃礼服、燕居服首饰

（一）皇太子妃礼服首饰

1．礼冠与首饰

皇太子妃在受册、助祭、朝会等重大场合穿礼服，

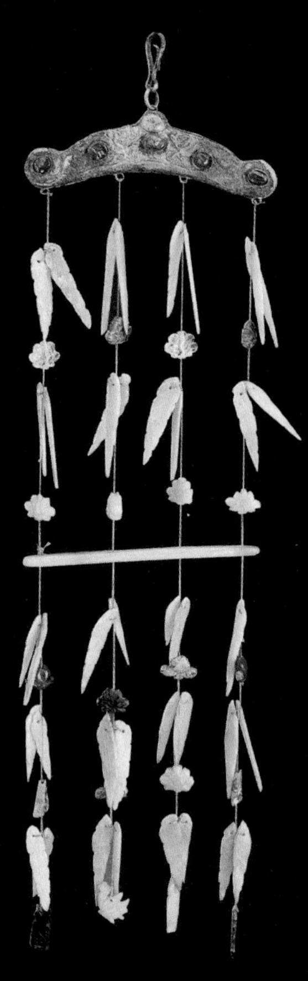

图 11-1-1-23
龙纹镶宝鎏金铜钩玉佩饰（X14：5）

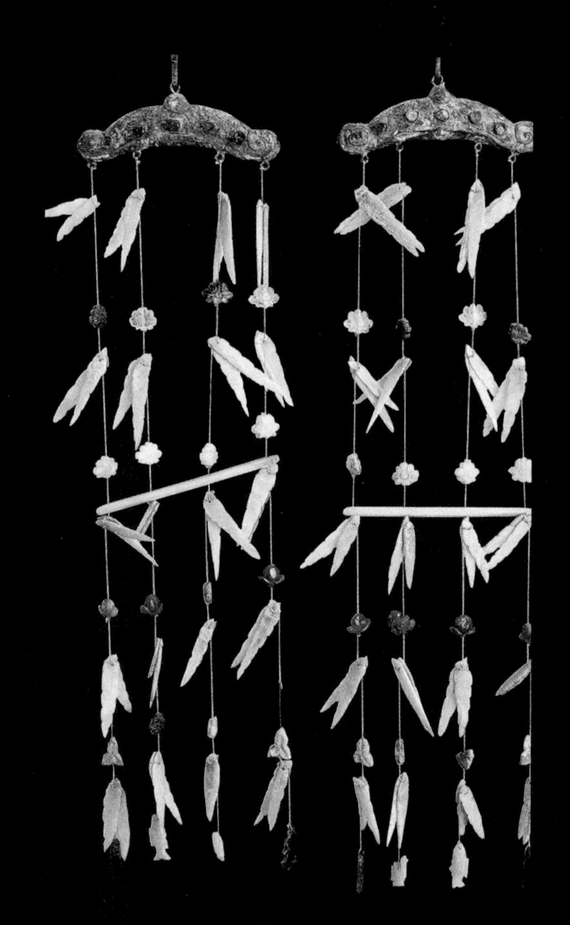

图 11-1-1-24
龙纹镶宝鎏金铜钩玉佩饰（X2：11、X2：12）

洪武元年规定“与皇妃同”，洪武二十四年（《大明会典》记为“永乐三年”）做了修改，《明宫冠服仪仗图·东宫妃冠服·礼服》记载的首饰为：

九翚四凤冠，漆竹丝为圆匡，冒以翡翠，上饰翠翚九、金凤四，皆口衔珠滴；珠翠云四十片；大珠花九树（皆牡丹花，每树花一朵、半开一朵、蕊头二个、翠叶九叶）；小珠花如大珠花之数（皆穰花飘枝，每枝花一朵、半开一朵、翠叶五叶）；双博鬓（左右共四扇），饰以鸾凤，皆垂珠滴；翠口圈一副，上饰珠宝钿花九，翠钿如其数；托里金口圈一副。

珠翠面花五事，珠排环一对。珠皂罗额子一，描金凤文，用珠二十一颗。

皇太子妃礼冠为九翚四凤冠，造型与皇后九龙四凤冠相似，主要区别在于冠上的饰件。

九翚四凤冠的冠胎也是用细竹篾丝编制成圆筐状的冠胎，然后髹漆，外敷织物，再在织物表面粘贴翠鸟羽毛。冠上九翚、四凤的位置与皇后九龙四凤冠相反，四凤在上、九翚在下。冠顶部饰有金凤四只，凤的下方横列满饰珍珠的翠翚九只，《尔雅·释鸟》中说：“伊、洛而南，素质五采皆备成章曰翚（翚亦雉属，言其毛色光鲜，翚音晖）。”皇太子妃礼冠上翚的形态实际与皇妃王妃的珠翟相同，凤与翚的口中都衔挂小珍珠串成的珠滴（末端缀大珍珠一颗）。金凤周围点缀翠云四十片，每片云上镶珍珠一颗。

九翚下有大珠花九树，排列在口圈之上，每树有盛开的珠牡丹花一朵、半开一朵、花苞（蕊头）二个以及翠叶九片。小珠花九枝，穿插于金凤翠翚之间，如缠枝花状，每枝有正面珠花一朵、半开的侧面珠花一朵、翠叶五片。

冠后部左右两侧各缀博鬓二扇（共四扇），博鬓上饰有一鸾一凤（凤在前鸾在后），鸾凤周围满饰花叶，博鬓下方边沿垂饰珠滴。冠底部有翠口圈一副，内用金口圈一副托里，翠口圈上均匀排列九个珠宝钿花，钿花之间以相同数量的翠钿间隔，每个翠钿上镶小珍珠六颗（图 11-1-2-1）。

珠翠面花五件（五事），与皇后的相同，也是额部一件、两靥和两鬓各一件。《大明会典·卷六十八·皇太子纳妃仪》有“珠翠面花四副”，应与“皇帝纳后仪”的“珠面花二副、翠面花二副”一样，是按照材质分成的两类。

耳饰为珠排环一对，各用八颗小珍珠串成珠排，底端缀大珍珠一颗，珠排上方饰珍珠、翠叶，顶部有 S 形金耳钩（图 11-1-2-2）。

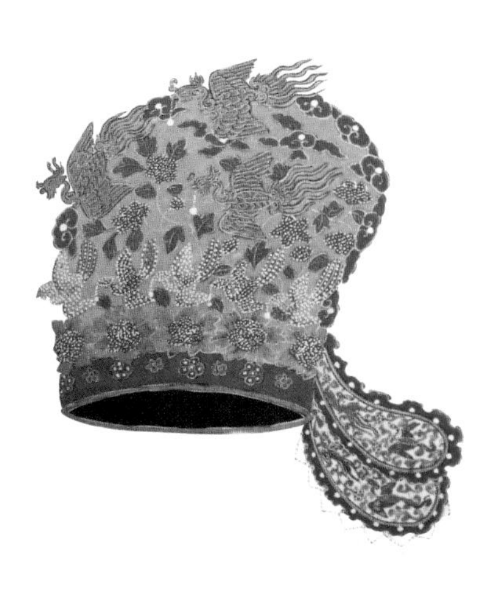

图 11-1-2-1　**九翚四凤冠**
《明宫冠服仪仗图》插图

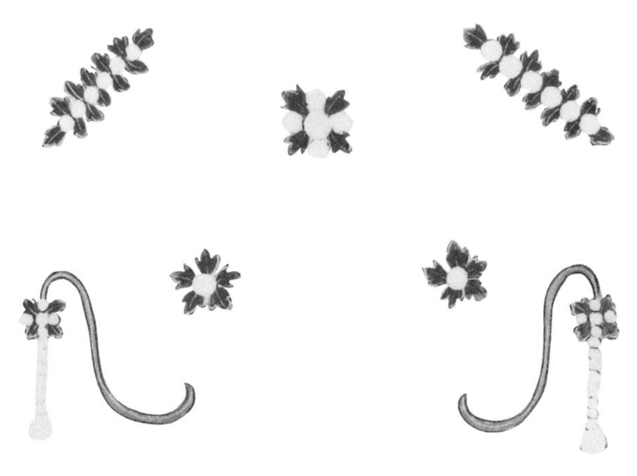

图 11-1-2-2　**珠翠面花和珠排环**
《明宫冠服仪仗图》插图

图 11-1-2-3　**皂罗额子**
《明宫冠服仪仗图》插图

皂罗额子的形制与皇后所用基本一致，以黑色罗制作，正面饰描金云凤纹样，底边镶珍珠二十一颗（《明宫冠服仪仗图》插图未画珍珠），两侧各有系带一根，带上饰描金云纹（图 11-1-2-3）。

2. 其他佩饰

皇太子妃穿礼服时，腰间革带上亦悬挂玉佩二组，《明宫冠服仪仗图·东宫妃冠服·礼服》：

玉佩二，珩以下瑑饰云凤纹，描金，上有金钩，以小绶四采副之，四采：赤、白、缥、绿，纁质，织成。

皇太子妃的礼服玉佩与皇后礼服玉佩形制相同，每组有珩、瑀、琚、玉花、璜、玉滴、冲牙等玉饰共十件，金钩一枚，玉饰间穿五组丝线，串以玉珠。珩、瑀、玉花和冲牙的两面饰有描金云凤纹样（皇后为描金云龙纹）。玉佩下衬小绶一对，以赤、白、缥、绿四色丝线织成，用纁色织物衬里（图 11-1-2-4）。

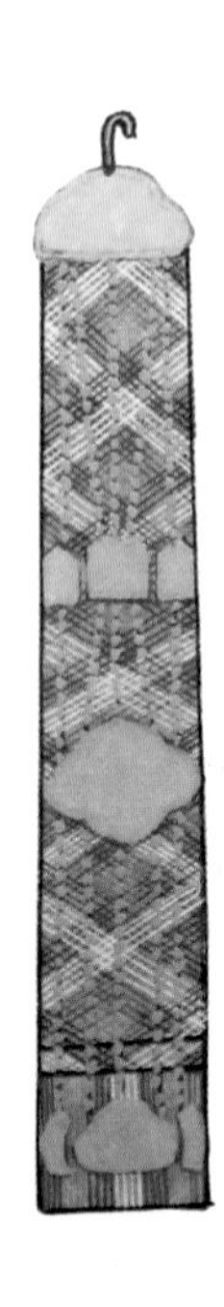

图 11-1-2-4 **玉佩和小绶**
《明宫冠服仪仗图》插图

（二）皇太子妃燕居冠服首饰

1. 燕居冠与首饰

洪武元年制定的皇太子妃燕居冠服较为简略：

其燕居则服犀冠，刻以花凤，余与皇妃同，皆参酌唐宋之制而定之[1]。

洪武四年修改为：

皇太子妃、亲王妃、皇妃常服用山松特髻，假鬓，花钿，或花钗凤冠，真红大袖衣，霞帔，红罗裙，红罗褙子，衣用织金及绣凤文[2]。

洪武二十四年再次更定，《明宫冠服仪仗图·东宫妃冠服·燕居冠服》记载了皇太子妃燕居冠的形制：

燕居冠以皂縠为之，附以翠博山，上饰宝珠一座，翊以二珠翠凤，皆口衔珠滴；前后珠牡丹花二朵、蕊头八个、翠叶三十六叶；珠翠穰花鬓二朵；珠翠云十六片；翠口圈一副，金宝钿花九，上饰珠九颗；金凤一对，口衔珠结；双博鬓（左右共四扇），饰以鸾凤，金宝钿十八，边垂珠滴；金簪一对；珊瑚凤冠觜一副。

燕居冠用竹丝编成有数道凹缝的皮弁状冠胎，外敷皂色绉纱（縠）。冠上附有翠博山，正中与两侧高耸，铺点翠云朵十六片（插图所画翠云多于此数），每片翠云镶珍珠一颗。博山上部有“宝珠”一座，“宝珠”外廓为火焰形，饰以点翠，正中镶嵌大珍珠一颗。宝珠两侧各有珠翠凤一只，头部相向，口衔珠滴。

冠的正面与背面各有一朵红底珠牡丹花，周围有花苞（蕊头）八个以及翠叶三十六片。冠左右侧面各有珠翠穰花鬓一朵，以珍珠串成花瓣（花朵为正

①明太祖实录·卷三十六下.

②明太祖实录·卷六十五.

面状），花蕊点翠并嵌大珍珠一颗，周围饰一圈小珍珠，花瓣旁点缀翠叶。

冠底部用翠口圈一副（插图绘为红色），上饰金宝钿花九个，镶珍珠九颗，钿花之间以带云脚的翠云相间。冠顶两侧插金凤簪一对，簪脚朝下插入翠博山中，凤嘴各衔一串珍珠穿成的花结。

冠后部两侧各缀博鬓二扇，上饰点翠鸾凤以及金宝钿十八个（插图画成花叶），博鬓底沿垂珠滴。另有用来固定冠的金簪一对和“珊瑚凤冠觜（嘴）一副”（图 11-1-2-5）。

图 11-1-2-5　**燕居冠**
《明宫冠服仪仗图》插图

2. 其他佩饰

皇太子妃燕居服穿红大衫，外披霞帔，霞帔上饰织金云霞凤纹，边缘饰以珠，两条霞帔的前段末端缝合，挂玉坠子，瑑凤纹。明后期皇后的帔坠主要用镂空金坠子，很可能皇太子妃也有金帔坠。

皇太子妃的大衫下也穿着鞠衣，腰部悬挂“白玉云样玎珰”一对，与皇后的形制相同，上有金钩，下为金如意云盖，底边垂红丝线五根，贯金方心云板一件，如意云盖和方心云板两面都钑云凤纹并衬以红绮，下缀金长头花四件和小金钟一个，末端有白玉云朵五个。

三 皇妃及王妃公主等礼服、常服首饰

洪武元年拟定冠服制度时，皇后以下从皇妃到皇太子妃、诸王妃等，礼服皆为翟衣（翟纹九等），首饰都用九翚四凤冠（大花钗九树、小花如大花之数、两博鬓、九钿），与皇后礼服的翟衣（翟纹十二等）、九龙四凤冠相对应，构成了一个形式统

一而细节有别的理想化体系。常服（燕居服）也是一样，皇后用双凤翊龙冠和诸色团衫，皇妃用鸾凤冠和诸色团衫，皇太子妃与王妃首饰用犀冠刻以花凤，其余和皇妃相同。洪武四年更定中宫妃主常服，皇后用龙凤珠翠冠、真红大袖衣、霞帔等，皇妃与皇太子妃、王妃则用山松特髻（或花钗凤冠）、真红大袖衣、霞帔等，都与皇后的冠服款式严格对应。

在洪武二十四年重新制定的冠服方案里，这种冠服对应的模式被打破，皇太子妃作为未来的皇后，其礼服、燕居服的形制仍与皇后保持一致。皇妃、王妃的礼服不再使用翟衣，而将原本作为燕居服（常服）的大衫、霞帔升格为礼服，首饰则改用翟冠，以翟数区分等级。

（一）皇妃礼服、常服首饰

1. 翟冠与首饰

皇妃礼服和常服（燕居服）首饰都用九翟冠，《明宫冠服仪仗图·皇妃冠服》记载：

九翟冠二顶，冠以皂縠为之，附以翠博山，饰以大珠翟二、小珠翟三、翠翟四，皆口衔珠滴；冠中宝珠一座；前后珠牡丹花二朵、蕊头八个、翠叶三十六叶；珠翠穰花鬓二朵，承以小连云六片；翠顶云一座，上饰珠五颗；珠翠云十一片；翠口圈一副，金宝钿花九个，上用珠九颗；金凤一对，口衔珠结；金簪一对。

珠翠牡丹花、穰花各二朵，面花二对，梅花环、四珠环各一对。

九翟冠的冠胎亦用竹丝编成，形似皮弁，外敷皂色绉纱（縠），冠上附有翠博山，正中高耸，铺珠翠云十一片，博山上有“宝珠”一座，“宝珠”外形似宝相花，用珍珠串成花瓣，花心饰点翠并嵌珍珠一颗。冠的正背面各有红底珠牡丹花一朵、花苞（蕊头）八个，缀翠叶三十六片。左右侧面各有珠翠穰花鬓一朵，以小珍珠穿成花瓣，花蕊嵌大珠一颗，花下承以六片翠云，连成一圈，周围点缀翠叶。“翠顶云一座”在插图中没有绘出，未知所指。冠正面博山之上饰翔翟九只，有大有小，并根据主要装饰材质分为珠翟和翠翟，从插图来看，珠翟的头身与珠牡丹花一样，红底满饰珍珠，尾部为翠底嵌珍珠，翠翟的头身则用点翠，也饰有珍珠，尾部则为红底嵌珍珠。冠顶两侧插金凤簪一对，凤嘴各衔珠结一串。冠底有翠口圈一副，饰金宝钿花九个，镶珍珠九颗，钿花之间

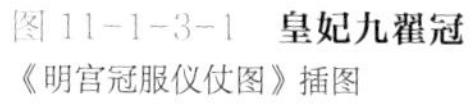

图 11-1-3-1 **皇妃九翟冠**
《明宫冠服仪仗图》插图

图 11-1-3-2 **珠翠牡丹花和穰花**
《明宫冠服仪仗图》插图

饰有翠云，另有固定翟冠的金簪一对。皇妃及王妃、命妇的翟冠均不用博鬓（图 11-1-3-1）。

除翟冠外还有“珠翠牡丹花、穰花各二朵”，插图所画为一对花簪，有金质簪脚，簪首各饰红底珠花二朵，上下排列，一为二朵牡丹花，一为二朵穰花（类似宝相花），每朵珠花周围各缀翠叶五片，叶子的造型也不相同，一为牡丹叶，一为宝相花叶，上下两朵珠花之间另饰小珠翠凤（或翟）一对。这两支花簪佩戴的位置尚不清楚（图 11-1-3-2）。

面花两对，但插图仅画出一对，为正面六瓣花形，饰点翠，花心各嵌珍珠一颗，从面花的大小及形态看应是两靥所用。

耳饰有两对，一对为梅花环，用于礼服中，实际就是珠排环，各用小珍珠七颗串成垂直的珠排，底端缀大珍珠一颗，珠排之上饰有点翠梅花一朵，花心嵌珍珠一颗。另一对为四珠环（即四珠葫芦环），用于燕居服中，各缀翠玉或绿松石制成的荷叶盖一个，下穿大珍珠两颗（上面一颗稍小）。耳环顶部均为 S 形的金钩（图 11-1-3-3）。首都博物馆收藏了一对 20 世纪 50 年代初期出土的金嵌珠梅花环，耳钩末端为一朵金质梅花，直径约 3 厘米，花心与花瓣均镶嵌珍珠（未见点翠痕迹），梅花底部各垂珍珠一串，虽已残损，但仍能想见原本完好的形态，与明初制度规定的形制对比，变化并不是很大（图 11-1-3-4）。

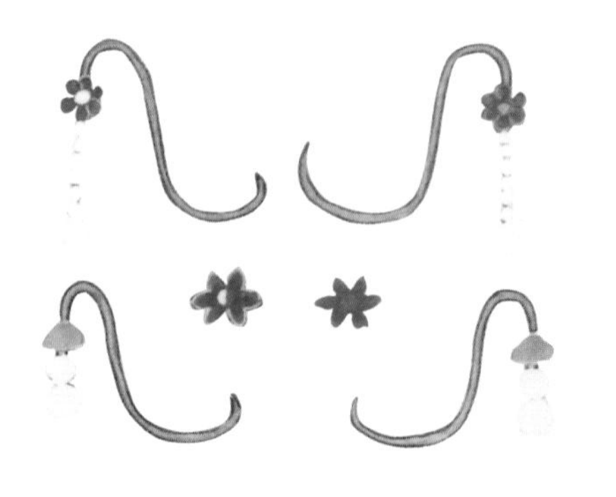

图 11-1-3-3 **珠翠面花和梅花环、四珠环**
《明宫冠服仪仗图》插图

图 11-1-3-4 **金嵌珠梅花环**

2. 其他佩饰

皇妃礼服为红大衫、霞帔，霞帔前段末端挂玉坠子，饰凤纹，后期可能和皇后一样使用金坠子。

《明宫冠服仪仗图·皇妃冠服》载皇妃鞠衣腰部的束带上悬挂玉佩一对："玉佩二，如中宫佩制，珩以下瑑饰云凤文，描金，上有金钩。"皇妃玉佩顶部系金钩，其下各有珩一件、瑀一件、琚二件、玉花一件、璜二件、玉滴二件、冲牙一件，两面皆饰描金云凤纹样，玉饰间穿红色丝线五组，但丝线上不穿玉珠（图 11-1-3-5）。不过在北京西郊董四墓村明代妃嫔墓里，不但出土了穿有玉珠的玉佩，还有与定陵款式类似的"玉禁步"，反映出明代后期制度的变化。

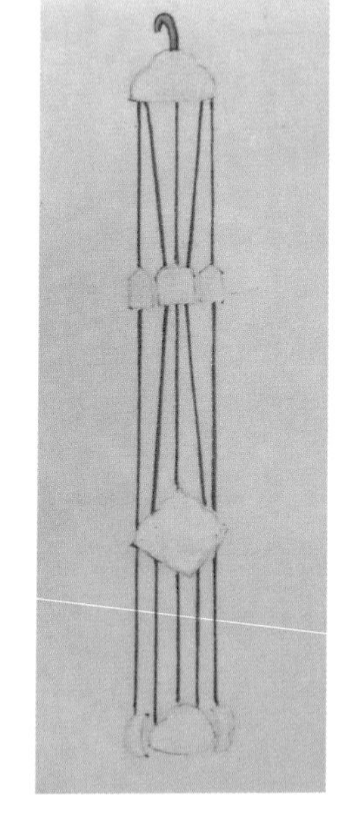

图 11-1-3-5 **玉佩**
《明宫冠服仪仗图》插图

（二）亲王妃、公主礼服、常服首饰

1. 翟冠与首饰

A. 翟冠

亲王妃和公主的冠服亦用九翟冠二顶，形制与皇

图 11-1-3-6 **曹国公主朱佛女画像（局部）**

妃的九翟冠完全相同。

国家博物馆收藏了一幅曹国长公主朱佛女的画像（图 11-1-3-6），画中朱佛女头戴九翟冠，冠体满铺螺旋形翠云，正面饰珠牡丹花一朵，花瓣用珍珠穿成，红底，花下有翠叶两片，叶上嵌珍珠。冠上饰翟鸟九只（冠顶正中一只，左右各四只），无大小之分，材质也完全一样，不分珠翟、翠翟，翟鸟头身皆为红底，满嵌珍珠，翟尾各用珍珠穿成五串尾羽。冠顶露出金花一对，两侧各插一件金凤簪，凤嘴衔挂长串珠结。冠底为金口圈，左右有金簪一对，簪体略呈弧形，镶嵌珍珠。

朱佛女是明太祖朱元璋之姊，在明朝建立前便已去世，朱元璋先后追封她为孝亲公主、陇西长公主、曹国长公主。朱佛女的画像系后来追绘，故身穿公主冠服，而现存画像可能是明中期之后的摹本，因此冠服所反映出的时代特征相对较晚，许多细节与制度规定的形制并不完全相符。

明代对宗室实行分封制，皇子皆封为亲王，需就藩于各自的封地，亲王之妻封亲王妃，朝廷在册封的同时赐予相应冠服。各地发掘的明代藩王墓葬里常有王妃冠服出土，其中就包括翟冠，但由于本身材质与墓葬环境等原因，大都朽坏残损，难以修复。

1979年至1980年，江西南城县发掘清理了益宣王朱翊鈏与王妃李氏、继妃孙氏的合葬墓，两位王妃的棺内各出土了翟冠一顶（发掘报告中称为“凤冠”）。报告对李氏翟冠的描述为：

凤冠一件。又名九翚冠。上装饰翚鸟九只，为银丝编绕，嘴衔珠滴。冠体用铜丝编绕呈圆锥框，表敷一层黑罗纱；前后各竖一扇博鬓（用描金竹篾编织呈舌形）。框下接金口圈，里用锦纻装裱。冠之两侧安有金凤钗一对，凤嘴衔长串珍珠，串中再缀珠花……冠圈口径16.5厘米、通高23.5厘米[1]。

从报告内容可知，这是一顶亲王妃九翟冠（报告误作九翚冠），冠胎用铜丝编成圆筐状，外敷黑色罗纱，冠的前后部竖有竹篾丝编成的舌形“博鬓”，从发表的照片看很可能是翠博山。冠上饰有银丝编绕成的翟鸟九只，衔有珠滴。冠底缀金口圈，饰梅花形的金宝钿花。冠两侧各插金凤簪一件，口衔珠结。其余如翠云、珠牡丹花等可能因朽坏程度较严重，未能做出具体的描述，但在照片上还能看到残留下来的部分痕迹（图11–1–3–7）。

继妃孙氏的翟冠保存状况不佳，报告描述：

凤冠一件。冠里用细毡质制成半球形，下接口圈，表敷一层黑罗绢，以精细的藤篾编织，上描金。冠上满饰朵朵翠云（在裱绫的硬纸上点翠），点翠珍珠共有三千余颗，此种装饰方法与明定陵出土的同类型凤冠相一致。翚鸟尾上共装饰金钿花二十一朵，用发型金丝编绕成，花蕊中串珍珠一颗。花径1.7厘米。冠之两侧插有金凤一对……该凤冠由于不用金属体做框架，所以不如李妃凤冠保存得好。

报告中没有提到孙氏翟冠上翟鸟（报告称为翚

① 江西省文物工作队.江西南城明益宣王朱翊鈏夫妇合葬墓［J］.文物，1982，（8）：16-28.

图 11-1-3-7　**元妃李氏的翟冠**

图 11-1-3-8　**继妃孙氏的翟冠**

鸟）的数量，推测应与李氏一样用九翟，翟鸟尾巴上装饰金花的做法尚未见到其他实例，具体形态不得而知。冠胎用细藤篾编成，编织的方式也是做成六边形网格状，内部衬有细毡，外部敷黑色罗绢。冠上满铺翠云，可能和朱佛女画像上呈现的效果类似，珠牡丹花等饰件镶嵌的珍珠仍可看到。冠两侧也插有金凤簪一对，但凤的造型与李氏凤簪不同（图 11-1-3-8）。

B. 金凤簪

翟冠的冠胎以及点翠、珍珠饰件都是使用的有机质材料，在墓葬中较难保存，而插在冠两侧的凤簪多为金质，受环境影响较小，大都完好无损。

湖北钟祥市梁庄王墓出土了一对王妃魏氏的金凤簪，编号为后：9 和后：10，后：9 通长 23.5 厘米，凤体长 8.7 厘米、高 7.8 厘米、厚 1.9 厘米，重 95 克；后：10 通长 24 厘米，凤体长 8.9 厘米、高 9 厘米、厚 1.9 厘米，重 94.6 克。两件凤簪的簪首皆为镂空立凤，足踏镂空祥云，云尾向后呈飘扬状，簪脚自云内接出，朝云尾端曲屈成弧状再垂直向下。根据发掘报告的介绍，凤簪是分件制造后再金焊合成，凤的身体、翅膀、羽冠、尾羽以及祥云皆用“垒丝法”制成，凤身堆垒成型，翅、尾和云用边丝掐出形状轮廓，再用各种小卷丝分别在轮廓内平填，凤足则用“祥丝”法缠成。凤的头颈是用两枚金片锤鍱成形后扣合在一起，颈后部有飘带状飞羽两片，凤眼缀在靠近头顶的位置，凤嘴留有小孔，用来悬挂珠结。簪脚亦系锤鍱而成（图 11-1-3-9、图 11-1-3-10）。

与这对凤簪造型类似的还有江西南城益端王妃彭氏与益庄王继妃万氏墓内出土的金凤簪。彭氏的凤簪通长 22.5 厘米，凤体长 7.5 厘米、高 7.8 厘米，凤头用金片锤鍱成形，凤眼亦缀于靠近头顶处，嘴部留小孔，头顶用绳状金丝盘曲成羽冠，颈后缀向上飞扬的羽毛两片，颈下用金丝绕出鳞状羽毛。凤身、翅膀、尾羽的制法均和魏氏凤簪相同，但尾羽的排列更加整齐丰满，凤身胸前两侧分别用两根金丝盘成螺旋形小圆饼，再将余下部分朝上绕成逐渐收小的蛇行曲线。凤足用绳状金丝缠绕而成，脚趾踏在祥云上，云内接簪脚，弯曲下伸，簪脚内侧（朝向凤头一侧）錾刻“银作局永乐贰拾贰年拾月内成造玖成色金贰两外焊贰分”24 字楷书款（图 11-1-3-11、12）。益庄王继妃万氏的金凤簪通长 22.3 厘米，单件重 75.7 克，簪脚也錾刻有“银作局永乐贰拾贰年拾月内成造玖成色金贰两外焊贰分”字样，和彭氏的金凤簪如出一辙。

从簪脚上的铭文可以得知，彭氏与万氏的金凤簪都是明成祖永乐二十二年（1424）十月银作局制造。银作局是明代内府八局之一，于洪武三十年（1397）设置，有工匠二百余名，负责打造金银器饰，《酌中志》记载：“银作局，掌印太监一员，管理、佥书数员，写字、监工数十员。专管造金银铎针、枝个、桃杖、金银钱、金银豆叶。”《大明会典・卷二百一》中提到亲王妃有“金册一副、金凤一对、金簪一对、金坠头一个、金宝钿花九个（七翟冠顶上用[1]）、玉革带事件一副、玉佩玎珰钩二个、彩结垂头花叶一副（玉绶花用）”，特别注明“以上银作局办”。后妃冠服

①《会典》原文有误，亲王妃应为“九翟冠”。

图 11-1-3-9　**梁庄王妃魏氏的金凤簪**

图 11-1-3-10　**梁庄王妃魏氏的金凤簪（局部）**

图 11-1-3-11　**益端王妃彭氏的金凤簪**

图 11-1-3-12　**益端王妃彭氏的金凤簪（局部）**

所用首饰佩饰属于长期需求，银作局往往会批量制作，朝廷在弘治七年（1494）册封益端王妃彭氏以及嘉靖二十六年（1547）册封益庄王继妃万氏时，将宫中留存的永乐时期所制金凤簪随冠服一起赐给了她们。

梁庄王妃魏氏亦为继妃，册封时间是宣德八年（1433），距永乐二十二年（1424）仅仅过去九年，她的金凤簪虽未镌铭文，但就造型和工艺而言，应该是同一时期的作品。

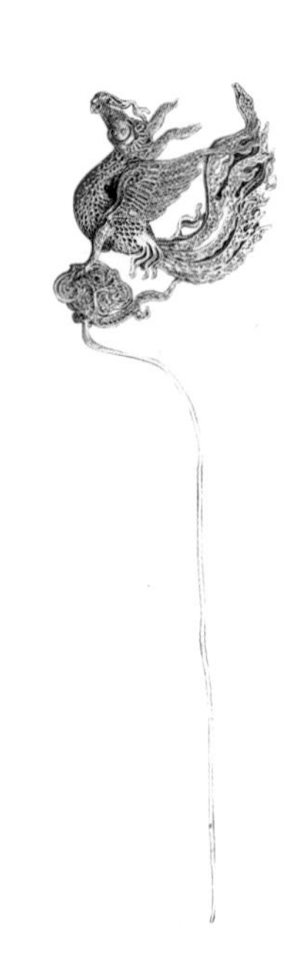

图 11-1-3-13 **金凤簪**
歙县明代贵夫人墓出土。

1993 年安徽歙县黄山仪表厂内发现一座明代墓葬，墓主身份不详，考古人员推测为明代贵夫人，从随葬的首饰、佩饰以及其他器物来看，墓主人应该具有非常高贵的身份，绝非普通命妇。墓中有金凤簪一对，一件通长 21.4 厘米、宽 6 厘米，重 71 克；另一件通长 12.9 厘米、宽 8.5 厘米，重 61 克，簪首皆为立凤踏祥云，簪脚无铭文（图 11-1-3-13）。同时出土的其他金簪上刻有“永乐七年十二月十四日承奉司造八成色金簪一支四钱重”，承奉司是明代亲王府所属的内官机构，说明这些金簪是出自永乐时期某王府的工匠之手，两件金凤簪是王府所造还是朝廷赏赐尚不清楚，但制作年代可能和其他金簪不会相差太远。

首都博物馆收藏了一对北京海淀区青龙桥董四墓村明墓出土的“累丝凤形金簪”，通长 24 厘米，分别重 163 克、158 克，金凤的形态相较梁、益王妃并无二致，时代应不会太晚，在凤翅和祥云上还镶嵌了红、蓝宝石（图 11-1-3-14），其华丽程度又更胜之。

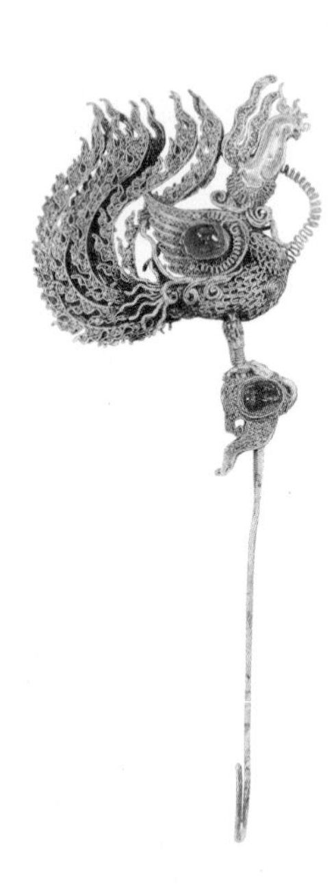

图 11-1-3-14 **金凤簪**
董四墓村明墓出土。

这几件金凤簪与明成祖仁孝文皇后徐氏画像所绘凤簪的细节特征基本一致（图 11-1-3-15），立凤造型优美，做工细致精良，展现出明代前期高超的工艺技术水平。

图 11-1-3-15　**仁孝文皇后画像上的金凤簪**

图 11-1-3-16　**益宣王妃李氏的金凤簪(局部)**

明代中期之后，随着需求量的增加，金凤簪的制作已不像前期那样精细，造型风格也出现很大变化。如益庄王元配王妃王氏随葬凤簪一对，共重 54 克，凤长 6.3 厘米、高 4 厘米，簪脚长 16.2 厘米，凤身及尾羽均用金片锤压而成，凤翅高展，足踏祥云，簪脚下部扁平，由粗渐细，内面刻“银作局嘉靖三十六年四月内造金七钱五分”18 字楷书款。据报告描述凤簪质地为银鎏金，已出现氧化变色现象。益宣王妃李氏翟冠上的凤簪形制和重量与王氏的凤簪相同，簪脚上阴刻铭文“银作局嘉靖二十六年八月内造金七钱五分”（图 11-1-3-16）。两对凤簪都是嘉靖时期内府银作局所制，与永乐时期的凤簪相比，显得过于简单粗糙。

益宣王继妃孙氏翟冠上的凤簪为金质，共重 165 克，通长 27.7 厘米，用金片锤鍱、焊接而成，凤的头部、翅膀刻画细致，身体比例协调，尾羽用五片长条金叶剪成，线条流畅而有动感，尾羽下方和颈部都缀有细长扁金丝卷曲成的飞羽，凤嘴还衔着珠结上残留的珍珠。凤足紧贴腹部，抓着祥云上方的小云头，表现出飞翔的姿态。云底焊接簪脚，簪脚上部呈圆形，下部锤打成略向内凹的扁平形，最宽处 1.2 厘米，由粗渐细，凹面錾刻“大明万历庚辰五月吉旦益国内典宝所成造珠冠上金凤每只计重贰两贰钱八分正”34 字款（图 11-1-3-17）。万历庚辰即万历八年（1580），“益国内典宝所”是益王府下辖的机构之一，孙氏于万历八年六月初十日被册封为益王妃，王府的典宝所在一个月前制作了这对金凤簪，用在孙氏的珠冠（翟冠）上，这说明到了后期，内府各监局的生产能力已经无法满足宗室日益膨胀的需求，朝廷为了缓解压力，允许藩王及王妃冠服中的一部分可由王府自行制作或买办。

图 11-1-3-17
益宣王继妃孙氏的金凤簪（局部）

C. 金簪（压鬓钗）

翟冠是罩在头顶发髻上的，所以需要使用簪钗来保持冠的稳定，通常在翟冠底部左右两侧各插一枚金簪，将冠和发髻固定在一起，即制度里提到的“金簪一对”。这类金簪的簪首和簪脚都比较长，整体略向背面弯曲，形成一定弧度，使之能贴合于头部。明人又将这种金簪称为“钗”或“压鬓钗”，因簪上多镶嵌宝石珠玉，且簪首朝下，故又叫“宝钗”或“倒钗”，在鬏髻上也可使用。

《六书故》说钗是“两股笄也”，《说文解字》曰：“笄，簪也。”钗像叉形，因此古人多以两股者为钗、单股者为簪。到明代钗和簪的概念已无严格区分，将固冠的金簪称作压鬓钗只是沿用前代旧称，如宋词有“压鬓钗横翠凤头”之句。《客座赘语》云：“金玉珠石为华爵，长而列于鬓傍曰‘钗’，古一谓之‘笄’。齐、梁间始有花钗、金钗之名，而实始于汉，前此未之有也。”《三才图会》中画有一幅“钗”的插图，即为压鬓钗，实际是一枚单股的簪（图 11-1-3-18）。

图 11-1-3-18
《三才图会》中的“钗”

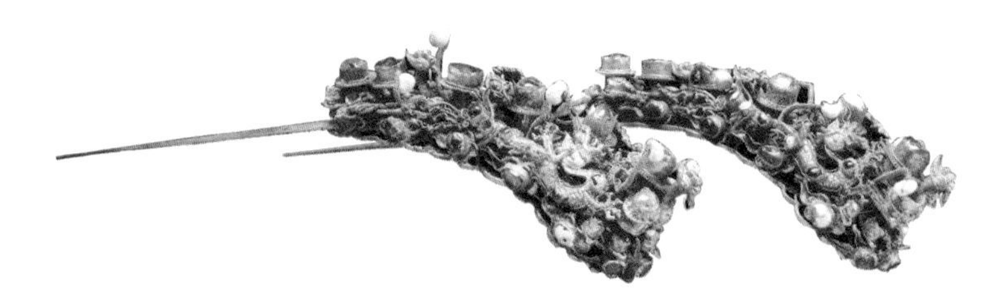

图 11-1-3-19　**镶珠宝龙凤金簪**

图 11-1-3-20　**镶珠宝凤穿花金簪**

曹国长公主像上可以看到插戴金簪的效果，藩王墓中随葬的实物亦比较多，往往不止一对，如益宣王继妃孙氏棺内有镶宝石凤首金簪和镶宝石龙首金簪各一对，蕲春县横车镇荆恭王墓则出土了镶珠宝龙凤金簪、镶珠宝凤穿花金簪和镶珠宝螳螂捕蝉金簪各一对。镶珠宝龙凤金簪通长 20.2 厘米，簪首用金丝盘绕成长云形底板，上面一前一后两只金凤，左右两条金龙，周围衬以小金花和云朵，花心、云朵、龙凤等处都缀有金托，镶嵌红蓝宝石或珍珠，花丛中还伸出数根金簧丝，顶端各系珍珠一颗，显得十分灵动（图 11-1-3-19）。镶珠宝凤穿花金簪的簪脚在簪首底部反折向后，使簪首有悬空之感，造型风格则与前一件一致，簪首上有三只金凤前后排列，周围点缀金花枝叶，花心和凤翅上用金托镶嵌宝石或珍珠，同样点缀了极具动感的金簧（图 11-1-3-20）。两对金簪的材质、工艺以及纹饰设计都充分体现出皇家饰品的华美与尊贵。

D. 耳饰

亲王妃礼服、常服（燕居服）耳饰和皇妃一样，有梅花环、四珠环各一对，公主则只有梅花环一对，但曹国长公主朱佛女画像上却是戴的八珠环。

图 11-1-3-21　**益庄王继妃万氏八珠环**

图 11-1-3-22　**益宣王继妃孙氏八珠环**

各地王妃墓中出土了许多八珠环实物，如益庄王继妃万氏棺内有“镶珠宝金耳环”一对（图 11-1-3-21），共重 23 克。顶部以粗金丝弯为耳钩，耳钩下各缀一颗绿松石，形如荷叶盖，松石下有蝴蝶（或蜜蜂）形金托，嵌红宝石一颗作为蝶身，耳环正中缀菊花形金托，花心镶嵌红宝石一颗。耳环主体用细金丝缠绕成架，上与蝴蝶相连，中间用金丝连缀金菊花，底部金丝向上相交成 X 形，在金丝缠绕的支架上穿有四颗小珍珠（左右各二）。

益宣王继妃孙氏亦随葬“嵌珠宝金耳环”一对（图 11-1-3-22），连珠宝重 27 克，长 8 厘米、宽 3 厘米。顶部为金耳钩，下缀绿松石荷叶盖，荷叶下用极细的金丝穿系四颗大珍珠（左右各二），上下二颗珍珠之间缀有绿松石制成的花形小隔片。耳环正中缀有菊花形金托，花心嵌红宝石一颗。

孙氏的耳环是比较标准的八珠环，选用的珍珠大而圆润，整体效果紧凑饱满，与明代皇后及曹国长公主画像上八珠环的样式基本相同。万氏耳环上的珍珠与宝石相对较小，看上去有些松散，金丝缠绕的支架反倒成了耳环的主要部分。由于珍珠容易腐蚀，一些八珠环出土时大部分珍珠已经脱落，甚至只留下耳钩、金丝支架与绿松石饰件等，如梁庄王妃魏氏与益端王妃彭氏的耳环就是这种情况（图 11-1-3-23、24）。

彭氏棺内与八珠环同时出土的首饰佩饰有金凤簪、金霞帔坠子、玉佩、玉圭等，均系礼服所用，说明八珠环确实是亲王妃和公主礼服耳饰的主要款式。

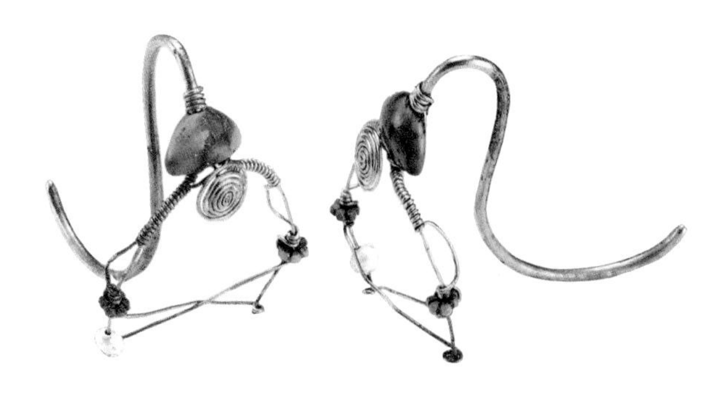

图 11-1-3-23 **梁庄王妃魏氏八珠环**

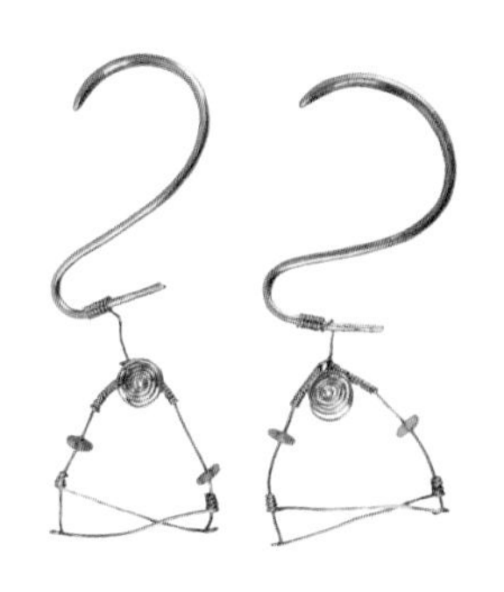

图 11-1-3-24 **益端王妃彭氏八珠环**

2. 其他佩饰

A. 霞帔坠子

亲王妃和公主的霞帔上悬挂金坠子（图 11-1-3-25），皆钑凤纹。梁庄王妃的坠子为金质，通高 14.2 厘米、坠子高 10.2 厘米、宽 7.8 厘米、厚 4.2 厘米，重 72.4 克，体如桃形，中空，两面为镂空云凤纹，顶端缀有金钩，钩内壁錾刻“随驾银作局宣德柒年拾贰月内造柒成色金壹两玖钱”22 字楷书铭文（图 11-1-3-26）。

图 11-1-3-25 **曹国公主画像上的金坠子**

明成祖迁都北京之初，外廷主要机构名称前加“行在”二字，内府各监、司、局则加“随驾”，如梁庄王墓有金锭铭文写作“随驾银作局销镕捌成色金伍拾两重作头季鼎等匠人黄闵弟永乐拾肆年捌月日”。永乐十八年（1420）宣布以北京为京师，各机构不再称“行在”，内府应该也同时去掉了“随驾”字样，因此前面提到的“永乐贰拾贰年”金凤簪铭文只写“银作局”。明仁宗即位后打算还都南京，洪熙元年（1425）三月诏令北京诸司仍称“行在”，内府各监、司、局也再次加上了“随驾”二字。明宣宗虽然搁置了仁宗

图 11-1-3-26
梁庄王妃凤纹金坠子

图 11-1-3-27
益庄王妃王氏金坠子

的还都计划，但没有改变各机构的名称，所以宣德时期银作局所造器物的铭文又写作“随驾银作局”。直到明英宗正统六年（1441）正式定都北京，才彻底去掉了“行在”“随驾”的称呼。

益庄王妃王氏的金坠子通高 16.5 厘米、宽 7.5 厘米，重 71.8 克，两面分别用相同的桃形镂空金片捶压成外鼓状，坠子边缘錾刻双菱纹和小圆圈纹，顶端有孔，穿一直径 0.2 厘米的 S 形金丝，连缀金钩一枚，钩身朝外一面錾刻卷草纹，内面刻“银作局正德九年十月内金一两九钱”15 字铭文（图 11-1-3-27）。王氏是益庄王的元配，嘉靖二十年（1541）被册封为益王妃，二十四年因疾病去世，按照她的身份，坠子应当使用凤纹，但这件坠子上却是装饰的翟纹，很可能是内府负责冠服的人员对纹样识别出现错误所致。

凤纹与翟纹是明代女性礼服、常服（燕居服）中用来区分等级的重要纹样，《三才图会·鸟兽一卷·凤》引用了传统的说法：“凤，神鸟也……鸿前麟后，蛇颈鱼尾，鹳颡鸳思（腮），龙文龟背，燕颔鸡喙，五色备举。”明代的凤纹基本延续了宋元时期的造型，头部前端略呈椭圆形，头顶有红色齿状肉冠，脑后羽毛向上飞扬，形似龙鬃，颔下有须，颈部细长弯曲，有分绺或卷曲的颈羽，身体和双翅的羽毛色彩丰富，尾部覆羽呈火焰或锯齿状，是凤纹的重要特征[1]。翟是古人对雉科中各种长尾鸟类的通称，《说文解字》说翟为“山雉尾长者”，明代皇后翟衣上的翟纹采用的是红腹锦鸡的造型，而首饰、佩饰上的翟纹则不太突出写实性，对细节的处理比较简单。翟的头部较圆，头顶有一绺羽冠，眼睛亦大而圆，颈部与头身相连，略显粗短，没有

[1] 明代鸾纹与凤纹造型相似，但尾羽向两侧翻卷，形如卷草。

图 11-1-3-28 **金坠子**
歙县黄山仪表厂明墓出土。

复杂的颈羽，尾部羽毛为长条形，通常刻画出交错排列的横斑，与雉鸡尾羽类似。不过对于大多数人来说，翟纹看上去就像是简化了的凤纹，很难分辨出两者的区别，到明代中后期，翟冠逐渐被称作凤冠，翟的造型也开始与凤融合。

歙县黄山仪表厂明墓出土的金坠子最宽处 6.5 厘米，厚 2 厘米，重 82 克，顶部金钩内面刻“内宫（官）监造作色金计贰两重钩圈金”14 字铭文[1]，坠身所饰禽纹在发掘简报中被称为“飞雀”，其造型兼有凤、翟二者的特征，头颈和身体等细节均与翟纹无异，但尾羽却做成了类似凤纹的锯齿形，就整体形态而言，似应定为翟纹较妥（图 11-1-3-28）。

B. 玉佩

亲王妃、公主各有玉佩二组，形制与皇太子妃玉佩相同[2]，每组有珩、瑀等玉饰共十件，以五组丝线相连，串以玉珠。

梁庄王墓出土玉佩共三副六组，二副属于梁庄王，一副属于梁庄王妃魏氏。魏氏的玉佩编号为后：8 和后：27，两组玉佩的顶部都缀有金钩，系锤鍱后焊接成器，钩体扁方，正面微凸，背面刻有“银作局洪熙元年正月内造捌成伍色金伍钱”18 字铭文。玉佩为青玉质，后：8 有玉饰十件、玉珠三百九十四颗，复原后通长 68.5 厘米，总重 276.2 克，除两枚玉滴为素面外，其余玉饰均在两面瑑以阴刻花纹，珩、瑀、玉花、冲牙的正面为云凤纹，背面则为如意云纹，两琚与两璜的正背面都为单朵云纹（图 11-1-3-29）。后：27 缺失玉滴、玉璜各一枚，现存玉饰八件、玉珠三百九十三颗，复原后通长 68.3 厘米，玉饰瑑刻的花纹和后：8 相同，但凤纹所朝方向相反。

益端王妃彭氏的玉佩通长 55 厘米，金钩背面刻“银作局弘治六年十月内造金五钱”，琚、璜皆双面阴刻云纹，

① 内官监为明代内府十二监之一，《酌中志》：“内官监……所管十作，曰木作、石作、瓦作、搭材作、土作、东作、西作、油漆作、婚礼作、火药作，并米盐库、营造库、皇坛库、里冰窨、金海等处。凡国家营建之事，董其役；御前所用铜、锡、木、铁之器，日取给焉。”《大明会典·卷五十五》记载：“凡册宝冠服，洪武间定：凡亲王、王世子俱授金册、金宝，宝行印绶监铸给；册行银作局造办；册文行翰林院撰作、中书科书写；冠服仪仗行内官监造……亲王妃用金册、九翟冠服……照亲王例行。”内官监掌管皇家的婚礼妆奁，因此册封亲王妃所需的冠服仪仗也由内官监负责，霞帔坠子作为王妃礼服中的重要配件，除银作局外也可以由内官监来制作。

②《明宫冠服仪仗图·亲王妃冠服》：“玉佩二，如东宫妃制，珩以下瑑云凤文，描金，上有金钩。”《明宫冠服仪仗图·公主冠服》：“玉佩二，如亲王妃制，珩以下瑑云凤文，描金，上有金钩。”

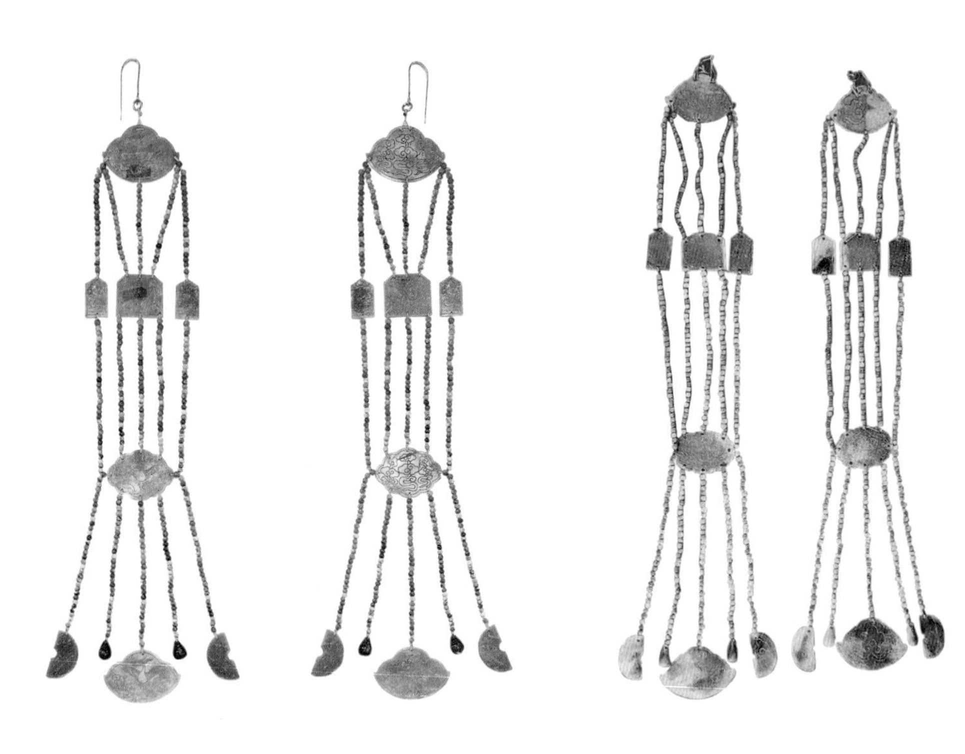

图 11-1-3-29 **梁庄王妃玉佩（后：8）正面和背面**

图 11-1-3-30 **益端王妃玉佩（两组）**

玉滴为素面，其余玉饰正面琢云凤纹，背面为云纹（图 11-1-3-30）。

C. 玉禁步

按照制度的规定，亲王妃和公主并没有“白玉云样玎珰（玉禁步）”，但在不少王妃墓中都出土了此类实物，很可能是用在亲王妃的常服（燕居服）中，以对应皇后、皇太子妃燕居冠服的“白玉云样玎珰（玉禁步）”。

梁庄王妃玉禁步为二组，编号后：2 和后：3，复原后通长 59 厘米和 60 厘米。二组均缺少顶部的“荷叶提头”，现存玉饰件用四根丝线（组）穿连，共有八排。第一、三、五、七排各系四对（八片）玉叶形饰，第二排为玉瓜四个，第四和第六排各系玉桃两个、玛瑙石榴两个，相间排列，第八排为玉鱼、玛瑙鸳鸯各一件。另在第四排下有长条形玉横饰一件（图 11-1-3-31）。其他王妃墓中出土的玉禁步形制大体一致，只是玉叶下所系饰件略有不同，顶部的荷叶提头多为玉质，如益定王妃黄氏墓中发现的六件玉禁步残存饰件，五件为玉叶，一件为荷叶提头，

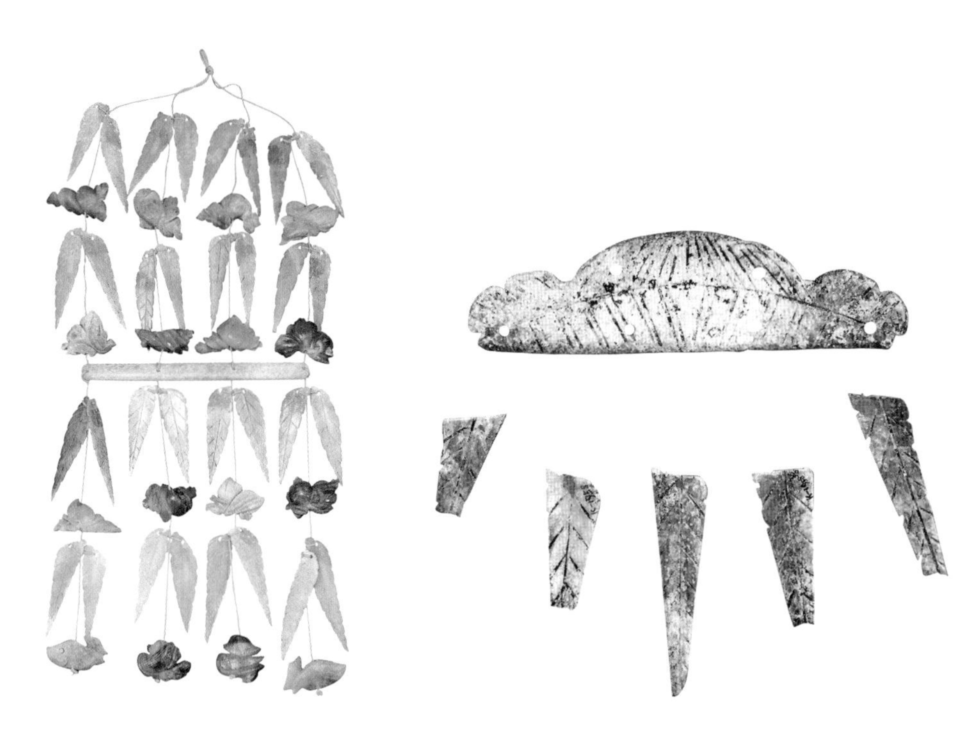

图 11-1-3-31 **梁庄王妃玉禁步（后：2）**

图 11-1-3-32 **益定王妃玉禁步荷叶提头和玉叶**

皆青玉质，提头长 12.2 厘米、宽 3.5 厘米、厚 0.5 厘米，呈倒覆荷叶形，中部用一弧线来表示翻卷的荷叶边缘，弧线上下刻有直线状叶脉（图 11-1-3-32）。

（三）郡王妃、郡主及其他宗室女性礼服、常服首饰

1. 翟冠与首饰

A. 翟冠

明代规定亲王的嫡长子封为世子，将来继承亲王爵位，其余的儿子都封为郡王，妻封郡王妃，亲王的女儿则封为郡主。郡王妃和郡主的礼服、常服（燕居服）都用七翟冠，《明宫冠服仪仗图·郡王妃冠服》记载：

七翟冠二顶，冠以皂縠为之，附以翠博山，饰以大珠翟二、小珠翟三、翠翟二，皆口衔珠滴；冠中宝珠一座；前后珠牡丹花二朵、蕊头八个、翠叶三十六叶；

图 11-1-3-33 **郡王妃七翟冠**
《明宫冠服仪仗图》插图

珠翠穰花鬓二朵，承以小连云六片；翠顶云一座，上饰珠五颗；珠翠云十一片；翠口圈一副，金宝钿花八个，上用珠八颗；金翟一对，口衔珠结；金簪一对。

郡王妃、郡主的七翟冠比亲王妃、公主的九翟冠减少翠翟二只，冠顶两侧插金翟簪一对（插图画成了金凤），翠口圈上的金宝钿花减少一个，宝钿花所用珍珠亦相应减少一颗，其余饰件则完全相同（图 11-1-3-33）。郡王妃、郡主以下的宗室女性，翟冠的翟数按等级递减，如郡王长子夫人、镇国将军夫人、县主用五翟冠；辅国将军夫人、奉国将军淑人、镇国中尉恭人、郡君用四翟冠；辅国中尉宜人、奉国中尉安人、县君、乡君用三翟冠。

永乐元年（1403）朝廷赐朝鲜国王及王妃冠服，其中王妃翟冠按照郡王妃级别赐予珠翠七翟冠一顶，《朝鲜实录》对这顶翟冠的形制做了详细记录。

王妃冠服一部：珠翠七翟冠一顶，结子全。上带各样珍珠四千二百六十颗内，头样大珠一十四颗、大样珠四十七颗、一样珠三百五十颗、二样珠八百五十八颗、三样珠一千二百三十五颗、五样珠四百二十颗、八样珠七百二十颗、九样珠六百一十六颗。金事件一副，内：累丝金翟一对、金簪一对、累丝宝钿花九个。铺翠事件，内：顶云一座、大小云子一十一个、鬓云二个、牧（牡）丹叶三十六叶、穰花鬓二个、翟尾七个。口圈一副、花心蒂二副、点翠拨（博）山一座、皂皱纱冠胎一顶。

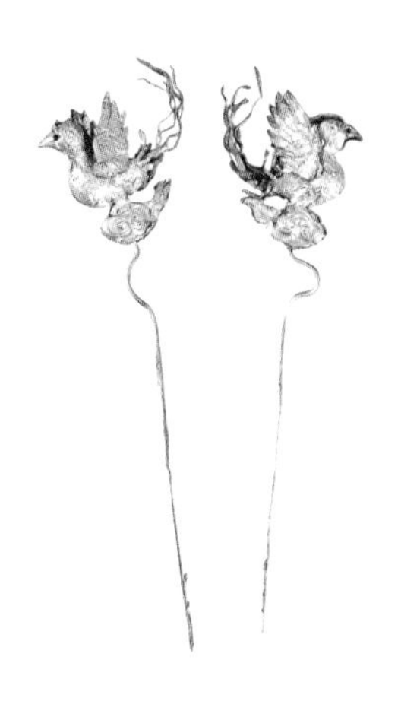

图 11-1-3-34

鎏金翟簪

朱拱禄墓出土。

图 11-1-3-35 **金凤簪**

雨湖村王宣明墓出土。

（局部）

从中不难看出，制作一顶翟冠所耗费的珍珠可谓数量惊人，因而“珠冠”之称是名副其实的。由于翟冠配件繁多、工艺复杂，朝鲜受各种限制难以制作，仁祖二十三年（1645），册礼都监就说，“嫔宫册礼时，既有翟衣则当有翟冠，而我国匠人不解翟冠之制，考诸《誊录》，则宣庙朝壬寅年嘉礼时，都监启以：‘七翟冠之制，非但匠人未有解知者，各样等物，必须贸取于中朝，而终难自本国制造，何以为之？’云则宣庙有‘冠则制造为难’之教。”后来遂用“大首”取代了明式的翟冠。

B. 金翟簪

自七翟冠以下都使用翟簪，材质为金或银鎏金。宁藩石城王府辅国将军朱拱禄[1]墓出土一对夫人樊氏的银鎏金翟簪，通长 12 厘米，共重 46 克，簪首为翟踏祥云，皆系锤鍱成形，云底接簪脚，上端弯曲成拱形，下端垂直。金翟的特征与前文所述相同，头部较圆，头顶缀羽冠，颈项粗短，尾羽呈长条形，嘴有小孔，用来衔挂珠结（图 11-1-3-34）。

不过也有例外的情况，如 2009 年发掘的蕲春县蕲州镇雨湖村王宣明墓，研究人员考证墓主人为荆王府的都昌王朱载塎夫妇，墓中出土了一对金凤簪，通长 25 厘米、宽 7.1 厘米、厚 1.5 厘米，共重 150 克，簪首为立凤踏祥云，凤头前端呈椭圆形，脑后有各朝上下方飘扬的羽毛，头顶为齿状肉冠，凤嘴穿小金环一枚，可系珠结，嘴部下方有须，颈部呈 S 形弯曲，尾部有四条长长的火焰状尾羽。凤身和双翅用累丝制成，凤尾系锤鍱、錾刻成形，簪脚焊接在祥云底部，扁平，上端弯曲（图 11-1-3-35）。这对金凤簪出现在郡王妃墓中，或许也是赏赐冠服时相关人员没有严格区分凤、翟所致，并非制度发生了变更。

① 按《明孝宗实录·卷二百二十一》的记载应为“朱拱禄”。

C. 金簪（压鬓钗）

郡王妃及宗室女性的金簪与亲王妃的大体相同，常见的簪首纹饰有龙凤、花卉等。蕲春县蕲州镇刘家咀永新王墓和蕲州镇雨湖村都昌王夫妇墓均出土了镶珠宝龙首金簪，都昌王墓的金簪通长 21 厘米，簪首宽 1.5、高 3.3 厘米，做成龙吐珠造型，龙头多处及宝珠上有金托，内嵌红蓝宝石，双眼为圆形小金托，原应嵌有宝石或珍珠，簪脚扁平，与龙颈部相连，弯曲微翘，宛如龙身（图 11–1–3–36）。蕲春县西河驿石粉厂镇国将军辅国将军墓有一对镶珠宝花卉纹金簪，造型极为精美，簪首用金丝盘绕成卷草纹底托，正面纵向排列五朵花卉，花心及花瓣上用金托镶嵌红蓝宝石，枝叶间点缀摇动的系珠金簧（图 11–1–3–37）。蕲州镇姚湾荆藩宗室墓出土的镶宝石金簪通长 16.3 厘米，簪首为“蝶恋花”造型，在正面列有四季花之梅花、牡丹、菊花，菊花前有一只金蝴蝶，用金丝做成卷曲的触须，花心和蝶身有椭圆形金托，镶嵌红宝石二颗、蓝宝石二颗，花朵间又间以松石、珍珠等（图 11–1–3–38）。王宣明墓的一对金簪也是相同题材，因簪首宽仅 1.5 厘米，故不如前件精致，但金质簪身与红蓝宝石的搭配仍显得贵气十足（图 11–1–3–39）。

D. 耳饰

郡王妃和郡主的礼服、常服耳饰与亲王妃、公主一样，郡王妃有梅花环、四珠环各一对，郡主只有梅花环一对。标准式样的梅花环（如图 11–1–3–3）尚未见出土实物，可能与点翠等材质不易保存有关，比较常见的梅花环多为金质镶珍珠或宝石，再缀以珍珠串，与皇后礼服画像中的花蝶垂珠耳环形制相类。

甘肃兰州上西园明墓（墓主属肃藩家族）出土“嵌宝石金耳坠”四件，其中二件为梅花环，通长 6.5 厘米，顶部为 S 形金钩，钩下缀如意和对称的犀角（杂宝之一），正面都镶嵌宝石，耳环主体为五瓣梅花，花心及花瓣有圆形金托，内嵌红绿宝石及珍珠，在下方三片花瓣的底部钻有小孔，可以推测出原本应系有三串珠排（图 11–1–3–40）。

宁康王女儿菊潭郡主墓中的梅花环相对简单一些，主体为直径 3 厘米的五瓣梅花，花心与花瓣都錾小孔一对，应为系珠之用，耳钩以 0.2 厘米粗的金丝弯曲成 S 形，下端从梅花背面绕至正面底部将梅花钩住（图 11–1–3–41），若钩的底端也曾悬系一串珠排的话，整体造型就非常接近首都博物馆收藏的金嵌珠梅花环了。

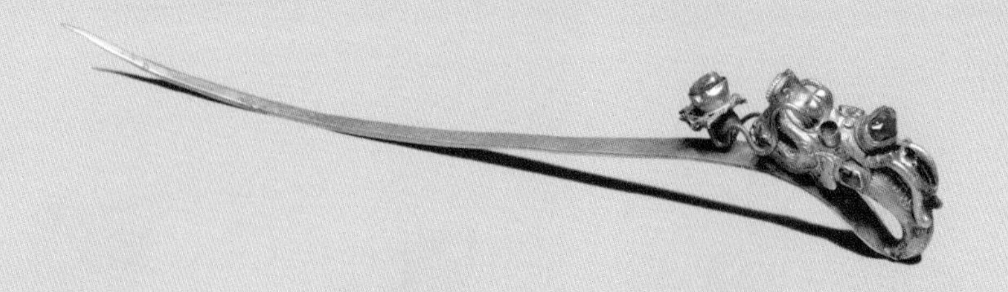

图 11-1-3-36 **镶宝石龙首金簪**

图 11-1-3-37 **镶珠宝花卉纹金簪**

图 11-1-3-38 **镶珠宝蝶恋花金簪**

图 11-1-3-39 **镶珠宝蝶恋花金簪**

图 11-1-3-40　**梅花环**
兰州上西园明墓出土。

图 11-1-3-41　**菊潭郡主梅花环**

图 11-1-3-42　**翟纹金坠子**
兰州上西园明墓出土。

图 11-1-3-43
菊潭郡主翟纹金坠子

2. 其他佩饰

A. 霞帔坠子

郡王妃、郡主、郡王长子夫人和镇国将军夫人的霞帔用金坠子；辅国将军夫人、奉国将军淑人、镇国中尉恭人、县主以及郡君、县君、乡君用抹金银坠子；辅国中尉宜人、奉国中尉安人用银坠子，皆钑翟纹。

上西园明墓和菊潭郡主墓各出土一件翟纹金坠子，二者的尺寸与纹饰风格均十分接近。上西园明墓金坠子通长 16 厘米、坠子长 9.4 厘米、宽 7 厘米，坠身由前后两片扣合而成，两面都饰以镂空云翟纹，顶端有孔，用 S 形金丝连接金钩一枚，钩身扁平内凹，外刻卷草纹，内面錾刻“银造（作）局正德五年八月内造金一两九钱”16 字款。菊潭郡主的金坠子形制相仿，坠子长 9.5 厘米、宽 7.5 厘米、钩长 9 厘米，钩身铭文为“银作局弘治五年八月内造金一两九分”，制作时间比前者早 18 年（图 11-1-3-42、43）。

B. 玉佩

郡王妃和郡主都有玉佩二组，“如亲王（妃）佩制”，顶部缀金钩，自珩以下各玉饰皆瑑云翟纹并

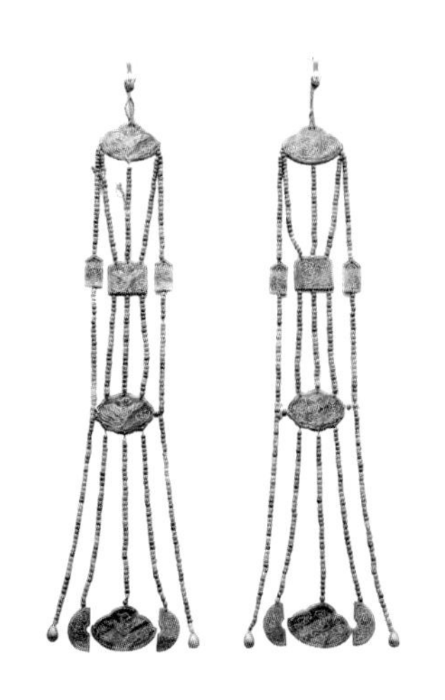

图 11-1-3-44
宁靖王夫人吴氏玉佩

图 11-1-3-45
宁靖王夫人吴氏玉佩上的云翟纹

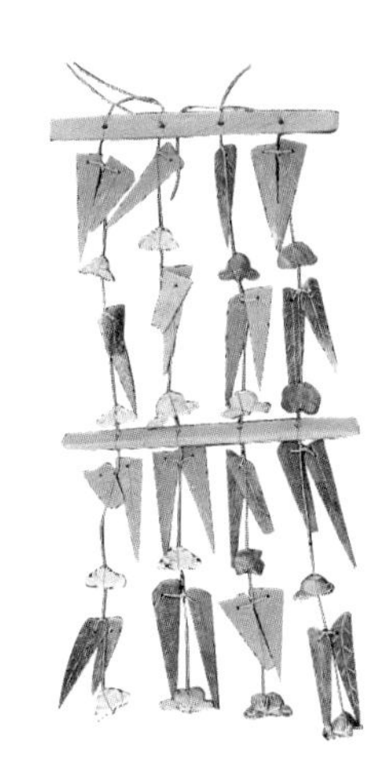

图 11-1-3-46
玉禁步

描金。

南昌宁靖王夫人吴氏墓中有一对云翟纹玉佩，出土时放置在墓主大衫后背两侧，保存相当完整。每组玉佩各有金钩一枚、玉饰 10 件、玉珠 450 余颗，通长 84.2 厘米（图 11-1-3-44）。玉珩、瑀、玉花、冲牙的正面阴刻飞翟和祥云（图 11-1-3-45），纹样内描金，背面皆为如意云纹，琚与璜正背两面均刻云纹，玉滴为素面。吴氏的身份为亲王夫人[1]，地位比亲王妃要低，因此玉佩的形制只相当于郡王妃。

C. 玉禁步

在推测为荆藩郡王夫妇墓的王宣明墓里随葬有玉禁步一对，禁步顶端的提头不是荷叶形，而是和中部一样的长条形玉横饰，有四个小孔，每孔穿丝线一根，玉饰件也是分作八排，四排为成对玉叶，另有四排玉桃等坠饰与玉叶相间排列（图 11-1-3-46），两组禁步共有玉叶 64 片、玉坠饰 32 个。

①《大明会典·卷五十五》："洪武二十五年议准，王妃以下有所出者，称夫人。弘治四年定，亲王庶子受封，其母始封夫人。"

四 命妇礼服、常服首饰

（一）制度

明朝政府力图构建一个完整有序的冠服体系，因此对品官和命妇的服饰制度比较重视，一方面要使之与帝王后妃的服饰形成类别、款式上的对应，另一方面又需要从各个细节上体现出严格的尊卑之别。洪武元年（1368）正月颁布的《大明令》强调："凡官民服色冠带房舍鞍马，贵贱各有等第，上可以兼下，下不可以僭上。"洪武三年（1370）八月，明太祖对廷臣的谕旨中说："古昔帝王之治天下，必定礼制以辨贵贱、明等威……历代皆然。近世风俗相承，流于僭侈，闾里之民，服食居处与公卿无异，而奴仆贱隶往往肆侈于乡曲，贵贱无等，僭礼败度，此元之失政也[①]。"在明太祖看来，明确并维系各阶层的等级差别是关系到政权稳定的一件大事，而官员、命妇又在很大程度上起着"士民表率"的作用。从洪武元年到二十四年，朝廷对官员、命妇的冠服方案作了多次修订，不断对细节内容进行完善，由于命妇礼服、常服的首饰佩饰远比官员复杂，所以更定的次数最多，调整的幅度也最大。

早在《大明令》中就曾对职官妻女的服饰首饰做过初步规定：

> 职官妻女一品至三品，服浑金衣，首饰钏镯用金玉珠宝；四品五品妻女，服金搭子衣，首饰用金玉珠；六品至九品，服销金衣，并金纱搭子，首饰用金珠，惟耳环许用玉珠。以上通用彩绣。

①明太祖实录·卷五十五.

洪武元年十一月，礼部等官员以唐宋制度为参照，正式拟定了命妇冠服方案："首饰两博鬓，饰以宝钿，服用翟衣[1]。"当时将命妇的等级分为一品至七品（八品九品为未命之妇），首饰用不同数量的花钗和宝钿，衣身所绣翟纹的行数也有区别（表 11–2）：

表 11–2：洪武元年拟定的命妇冠服（一品至七品）

品级	首饰			翟衣
	花钗	宝钿	博鬓	
一品	九树	九个	两博鬓	绣翟九等
二品	八树	八个		绣翟八等
三品	七树	七个		绣翟七等
四品	六树	六个		绣翟六等
五品	五树	五个		绣翟五等
六品	四树	四个		绣翟四等
七品	三树	三个		绣翟三等

到洪武四年（1371）时，明太祖提出："古者天子、诸侯服衮冕，故后与夫人亦服袆翟。今群臣既以梁冠绛衣为朝服，而不敢用冕，则外命妇亦不当用翟衣以朝。"于是礼部在更定中宫妃主常服的同时，将外命妇的朝服、常服也做了修改，不再使用花钗、博鬓、翟衣：

命妇以山松特髻、假鬓花钿、真红大袖衣、珠翠蹙金霞帔为朝见之服；以珠翠角冠、金珠花钗、阔袖杂色缘襈为燕居之服[2]。

修订后的命妇（等级从一品至九品）朝服以大袖衣、霞帔上的纹样装饰以及霞帔坠子、首饰的材质来区分品级，具体内容见下表（表 11–3）：

①明太祖实录・卷三十六下 .
②明太祖实录・卷六十五 .

表 11-3：洪武四年更定的命妇朝服（一品至九品）

<table>
<tr><th>品级</th><th>髻</th><th>首　饰</th><th>大袖衣</th><th>霞　帔</th><th>霞帔坠子</th></tr>
<tr><td>一品</td><td rowspan="9">山松特髻</td><td rowspan="4">金玉珠翠</td><td>金绣凤文（纹）</td><td rowspan="2">用金珠翠妆饰</td><td>玉坠子</td></tr>
<tr><td>二品</td><td>金绣云肩大杂花</td><td rowspan="4">金坠子</td></tr>
<tr><td>三品</td><td>金绣大杂花</td><td>用珠翠妆饰</td></tr>
<tr><td>四品</td><td>金绣小杂花</td><td>用翠妆饰</td></tr>
<tr><td>五品</td><td>金翠</td><td>销金大杂花</td><td rowspan="3">生色画绡起花妆饰</td></tr>
<tr><td>六品</td><td rowspan="4">金镀银，间用珠</td><td rowspan="2">销金小杂花</td><td rowspan="2">镀金银坠子</td></tr>
<tr><td>七品</td></tr>
<tr><td>八品</td><td rowspan="2">素罗</td><td rowspan="2">生色画绡妆饰</td><td rowspan="2">银坠子</td></tr>
<tr><td>九品</td></tr>
</table>

洪武五年（1372）四月，礼部再次更定品官命妇的冠服制度，呈交了一份非常详细的方案，获得明太祖批准后颁布施行。方案将命妇冠服分为礼服和常服两类，礼服用大衫、霞帔、褙子等，首饰仍为山松特髻；常服则用长袄、看带、长裙等，首饰为珠翠庆云冠。山松特髻与庆云冠上缀有各类饰件，其材质与数量均按照品级使用（表 11-4）[1]：

表 11-4：洪武五年定命妇礼服、常服首饰

<table>
<tr><th rowspan="2">品级</th><th colspan="2">礼服首饰</th><th colspan="3">常服首饰</th></tr>
<tr><th>山松特髻</th><th>耳饰</th><th>珠翠庆云冠</th><th>耳饰</th><th>其他</th></tr>
<tr><td>一品</td><td>翠松五株，金翟八，口衔珠结。正面珠翠翟一，珠翠花四朵，珠翠云喜花三朵；后鬓珠梭球一，珠翠飞翟一，珠翠梳四，金云头连三钗一，珠帘梳一，金簪二</td><td>珠梭环一双</td><td>珠翠翟三，金翟一，口衔珠结。鬓边珠翠花二，小珠翠梳一双，金云头连三钗一，金压鬓双头钗二，金脑梳一，金簪二</td><td>金脚珠翠佛面环一双</td><td>镯钏皆用金</td></tr>
</table>

①明太祖实录・卷七十三．

续表

<table>
<tr><th rowspan="2">品级</th><th colspan="2">礼服首饰</th><th colspan="3">常服首饰</th></tr>
<tr><th>山松特髻</th><th>耳饰</th><th>珠翠庆云冠</th><th>耳饰</th><th>其他</th></tr>
<tr><td>二品</td><td>金翟七，口衔珠结（余同一品）</td><td rowspan="3">珠梭环一双</td><td>（同一品）</td><td rowspan="3">金脚珠翠佛面环一双</td><td rowspan="3">镯钏皆用金</td></tr>
<tr><td>三品</td><td>金孔雀六，口衔珠结。正面珠翠孔雀一，后鬓翠孔雀二（余同二品）</td><td>珠翠孔雀三，金孔雀二，口衔珠结（余同二品）</td></tr>
<tr><td>四品</td><td>金孔雀五，口衔珠结（余同三品）</td><td>（同三品）</td></tr>
<tr><td>五品</td><td>银镀金鸳鸯四，口衔珠结。正面珠翠鸳鸯一，小珠铺翠云喜花三朵；后鬓翠鸳鸯二，银镀金云头连三钗一，小珠帘梳一，镀金银簪二</td><td rowspan="5">小珠梭环一双</td><td>小珠翠鸳鸯三，镀金银鸳鸯二，挑珠牌。鬓边小珠翠花二朵，（镀金银）云头连三钗一，（镀金银）梳一，（镀金银）压鬓双头钗二，镀金银簪二</td><td rowspan="5">银脚珠翠佛面环一双</td><td>镯钏皆用银镀金</td></tr>
<tr><td>六品</td><td rowspan="2">翠松三株，银镀金练鹊四，口衔珠结。正面银镀金练鹊一，小珠翠花四朵；后鬓翠梭球一，翠练鹊二，翠梳四，银云头连三钗一，珠缘翠帘梳一，银簪二</td><td rowspan="2">镀金银练鹊三，又镀金银练鹊二，挑小珠牌（余同五品）</td><td rowspan="4">镯钏皆用银</td></tr>
<tr><td>七品</td></tr>
<tr><td>八品</td><td rowspan="2">用小珠翠庆云冠</td><td rowspan="2">银间镀金银练鹊三，又银间镀金练鹊二，挑小珠牌。银间镀金云头连三钗一，银间镀金压鬓双头钗二，银间镀金脑梳一，银间镀金簪二</td></tr>
<tr><td>九品</td></tr>
</table>

另外，官员的祖母、母亲以及其他共同居住的近亲女性，礼服与常服均依照本官所居官职品级，首饰通用漆纱珠翠庆云冠，山松特髻只允许受封诰敕的妇女使用。官员的次妻亦以本品珠翠庆云冠作为礼服首饰。

洪武十八年（1385）六月，又颁命妇翠云冠制于天下：

其制饰以珠翠，前用珠菊花三，珠菊蕊二，翠叶二十七叶，上翠云五，云上用大珠五；后用珠菊花一，珠菊蕊三，翠叶一十四。两旁插金翟，口衔珠结一双。金翟惟公、侯、一品、二品命妇用之，三品、四品则用金孔雀，五品用银鸳鸯，六品、七品用银练鹊，俱镀以金，衔珠结一双，八品、九品用银练鹊，以金间抹之，衔小珠桃牌一双[1]。

相关文献没有记载翠云冠所属的服饰类别，具体使用场合尚不清楚。

洪武二十四年（1391）对命妇冠服做了全面修订，山松特髻、珠翠庆云冠以及翠云冠等都不再使用，礼服与常服首饰均改为翟冠，以冠上珠翟的数量和各饰件的材质来体现等级的差别（表 11–5）：

表 11–5：洪武二十四年定命妇礼服首饰、佩饰

<table>
<tr><th rowspan="2">品级</th><th colspan="5">翟　冠</th><th rowspan="2">霞帔坠子</th></tr>
<tr><th>事件</th><th>珠翟</th><th>其他饰件</th><th>翟　簪</th><th>口　圈</th></tr>
<tr><td>公侯伯一品</td><td rowspan="4">金事件</td><td>五个</td><td>珠牡丹开头二个，珠半开三个，翠云二十四片，翠牡丹叶一十八片</td><td rowspan="4">金翟二个，口衔珠结二个</td><td rowspan="4">翠口圈一副，上带金宝钿花八个</td><td rowspan="4">钑花金坠子</td></tr>
<tr><td>二品</td><td rowspan="3">四个</td><td rowspan="3">珠牡丹开头二个，珠半开四个，翠云二十四片，翠牡丹叶一十八片</td></tr>
<tr><td>三品</td></tr>
<tr><td>四品</td></tr>
<tr><td>五品</td><td rowspan="5">抹金银事件</td><td rowspan="2">三个</td><td rowspan="2">珠牡丹开头二个，珠半开五个，翠云二十四片，翠牡丹叶一十八片</td><td rowspan="5">抹金银翟二个，口衔珠结二个</td><td rowspan="5">翠口圈一副，上带抹金银宝钿花八个</td><td rowspan="5">钑花银坠子</td></tr>
<tr><td>六品</td></tr>
<tr><td>七品</td><td rowspan="3">二个</td><td rowspan="3">珠月桂开头二个，珠半开六个，翠云二十四片</td></tr>
<tr><td>八品</td></tr>
<tr><td>九品</td></tr>
</table>

（二）翟冠与首饰

1. 翟冠

顾起元《客座赘语》中说：“今留都妇女之饰，在首者翟冠，七品命妇服之，古谓之‘副’，又曰‘步摇’。”将翟冠看作是古代步摇冠的遗制。命妇的翟冠与皇妃以下宗室女性的翟冠在大体形制上基本一致，但冠上的装饰要相

①明太祖实录·卷一百七十三.

图 11-1-4-1 **明代命妇画像上的翟冠**

对简单一些，没有翠博山、翠翟、宝珠、翠顶云、珠翠穰花鬓等饰件。和宗室女性不同的是，命妇的翟冠并非由朝廷赐予，因此民间工匠在制作时很容易出现细节上的变化，各饰件的材质和数量不会完全与制度一致。从传世的明代命妇画像来看，翟冠的冠体大多近似桃形，底部窄，中部宽，顶部稍尖，冠胎满铺翠云，云朵多呈螺旋形，正面有珠牡丹开头，用珍珠穿成花瓣，有的还在花心装饰数朵小花，周围点缀翠叶，牡丹之上环列珠翟，冠顶两侧插翟簪，口衔长串珠结，冠底口圈上有些会另外饰一圈翠云（图 11-1-4-1）。

兰州西郊上西园彭泽夫妇合葬墓出土了一顶保存完整的翟冠，为彭泽夫人吴氏所戴，考古人员称之为“凤冠”，在清理报告中对冠的形制做了简要描述：

凤冠一件，通高 38 厘米，通体为五凤组成，头身翅尾均清晰可辨，凤身凤尾都用小珠串缀，下衬绿色金边云朵一周。冠前下部正中有一圆形金饰，边作火焰形，中间用细金丝盘成小蝶，花朵镶有宝石多粒，极为精细。冠后尚有其他各形金银簪钗甚多[1]。

① 甘肃省文物管理委员会. 兰州上西园明彭泽墓清理简报［J］. 考古，1957，（1）：46-49.

图 11-1-4-2 **彭泽夫人吴氏的翟冠**

冠上的“五凤”实为五个珠翟，翟身、双翅和尾部均嵌满珍珠，与命妇画像上描绘的珠翟样式一致。冠前部的“珠牡丹开头”似有残损，但仍能看到各式小花朵、蝴蝶和翠叶。冠底饰一圈云朵，也和画像所绘相同。冠下扎有包头，正中另缀火焰形嵌宝石金饰一件（图 11-1-4-2）。吴氏系“诰封一品夫人”，冠用五翟与制度吻合。

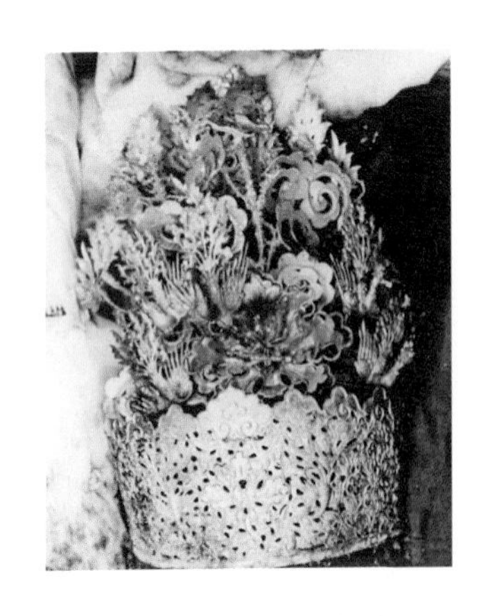

图 11-1-4-3 **顾从礼夫人锡冠**

上海卢湾区顾从礼夫妇墓中的翟冠比较特殊，冠与包头均为锡质，应是用来随葬的明器，但大小、形制等都与真实的翟冠相同。锡冠正面有大牡丹花一朵，牡丹旁环列翟鸟五只，周围饰螺旋形云朵和叶片（图 11-1-4-3）。顾从礼夫人的棺盖上罩着铭旌，上书“诰封宜人光录（禄）寺少卿顾汝由夫人墓”，汝由系顾从礼的字，光禄寺少卿为正五品官职，其妻封为宜人[①]，顾从礼夫人按品级只能用三翟，她的锡冠上装饰五翟显然超越了制度规定。

翟冠以珠翟作为识别命妇品级的最主要标志，制度规定公、侯、伯及一品命妇用珠翟五个、二品至四品用珠翟四个、五品六品用珠翟三个、七品至九品用珠翟二个，但在实际执行时往往出现“僭越”的情况，如八世临淮侯夫人徐氏的画像，身穿礼服（大衫霞帔），头戴翟冠，冠上饰珠翟七个，规格相当于郡王妃（图 11-1-4-4）。李复初妻郭氏的画像也是身穿礼服，大衫下着圆领，胸前缀獬豸补子，应是李复初担任御史时所绘，但郭氏翟冠上的珠翟却有五个，相当于一品夫人（图 11-1-4-5）。故宫博物院收藏的一幅明代七品命妇画像，身穿大红

①《明史·志第四十八·职官》记载：“外命妇之号九，公曰某国夫人，侯曰某侯夫人，伯曰某伯夫人，一品曰夫人，后称一品夫人，二品曰夫人，三品曰淑人，四品曰恭人，五品曰宜人，六品曰安人，七品曰孺人。因其子孙封者，加太字，夫在则否。”

图 11-1-4-4 **八世临淮侯夫人徐氏画像（局部）**

图 11-1-4-5 **李复初妻郭氏画像（局部）**

图 11-1-4-6 **明代七品命妇画像（局部）**

圆领，胸前缀鸂鶒补子，翟冠则饰珠翟三个（图 11-1-4-6），与五品六品命妇相同。明朝官方对命妇翟冠逾制的现象一直保持着默许的态度，没有进行过多干预。在出土的翟冠实物和命妇画像中极少见到四翟冠与二翟冠，珠翟数量大都为单数，即一翟居中，其余对称分布于左右两边，这种排列方式也许和当时的审美习惯有关。此外，民间将翟冠称作“凤冠”的现象也没有被禁止，《天水冰山录》就记有“珍珠五凤冠六顶”“珍珠三凤冠七顶”，都是指的命妇翟冠，“凤冠霞帔”也就渐渐成了命妇身份的代称。

2. 翟簪

命妇的翟簪有两种材质，公、侯、伯及一品至四品命妇用金翟簪一对，五品至九品用抹金银翟簪一对，簪上悬挂珍珠编成的珠结。

首都博物馆收藏了一对永乐时期的金翟簪，出土于北京右安门外明墓（明宪宗万贵妃父母的合葬墓），通长 21.2 厘米，用金片锤鍱焊接而成，簪首为金翟，圆头圆眼，嘴部有小孔，头顶缀一绺波浪形羽冠，颈部较短，双翅向后展开，头身和翅膀上都錾刻细纹来表现羽毛，尾部缀五根长条状的尾羽，亦弯曲成波浪形，尾羽上刻有交错排列的横斑，双脚踏在祥云上，云底焊接簪脚，下端扁

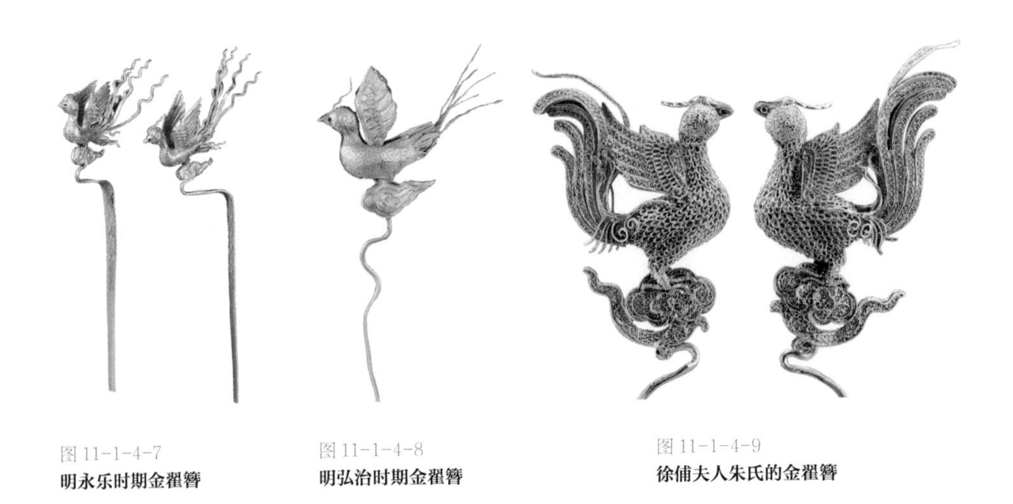

图 11-1-4-7
明永乐时期金翟簪

图 11-1-4-8
明弘治时期金翟簪

图 11-1-4-9
徐俌夫人朱氏的金翟簪

平，一侧刻铭文“银作局永乐贰拾贰年拾月内成造玖成色金壹两贰钱伍分外焊伍厘”（图 11-1-4-7）。这对金翟簪与前文提到的益端王妃彭氏、益庄王妃万氏的金凤簪都是永乐二十二年（1424）十月由内府银作局制造，两者在制作工艺和精细程度上均有明显不同，体现出明显的等级差别。

北京艺术博物馆收藏的弘治时期金翟簪长 24.2 厘米、宽 8 厘米，簪首为飞翟和祥云，簪脚錾刻铭文“银作局弘治拾年七月内造八成色金七厘五分重”（图 11-1-4-8）。这件翟簪也是由内府制作，造型与永乐时期基本相同，但细节稍显粗糙。

南京玄武区板仓村徐俌夫妇墓中有一对金翟簪，属于徐俌元配夫人朱氏，出土时仍和其他簪钗一起插在翟冠上。两件翟簪一长 22.3 厘米，簪首长 9.2 厘米、宽 6.1 厘米；一长 22.5 厘米，簪首长 8.9 厘米、宽 6.2 厘米。金翟、祥云以累丝、盘丝等工艺制成，使用了细如毫发的金丝和小若粟米的金珠，翟首与翟爪用炸珠结焊成，羽毛部分采用搓花丝垒编而成，极为精致，簪脚末端朝上弯曲成钩状，与通常形制不同，应是出于固定的需要（图 11-1-4-9）。

明代中期之后，民间对翟、凤的造型不再严格区分，一些命妇的翟簪也变成了凤簪，如韩雍《挽柳御史母孺人》诗云：“冠簇翠珠双凤结，袍明霞帔五云章。”湖州安吉县鄣吴镇吴麟夫妇墓发现的一对银簪，簪首即为凤纹（图 11-1-4-10）。很多命妇画像上也反映出翟冠使用凤簪的现象，说明这一变化并非个例（图 11-1-4-11）。

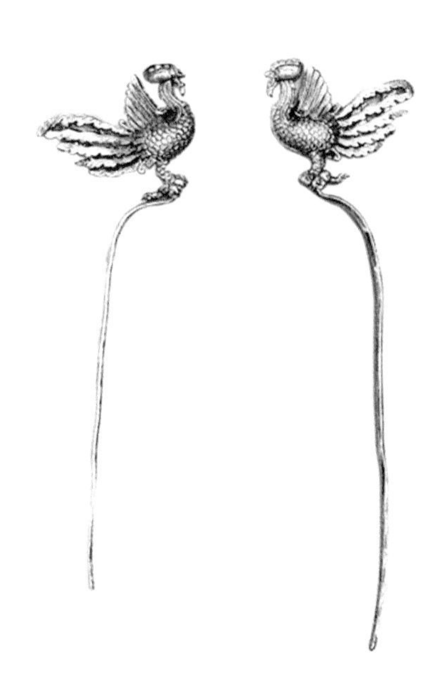

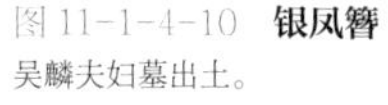

图 11-1-4-10 **银凤簪**

吴麟夫妇墓出土。

图 11-1-4-11 **吴江周氏四代家堂像（局部）**

3. 金簪（压鬓钗）

命妇的翟冠上也有一对金簪（压鬓钗），实物出土较多，常见的簪首纹饰与诸王妃基本相同，有穿花龙凤或蝴蝶花卉等。

徐俌元配夫人朱氏翟冠上插有一对金簪，簪首皆为凤穿花题材，但纹饰并不相同，一件通长 16.9 厘米，簪首长 7.5 厘米、最宽处 1.8 厘米，纹饰为凤穿菊花，另一件通长 18.4 厘米，簪首长 8 厘米、最宽处 1.5 厘米，纹饰为凤穿牡丹，均采用盘丝、累丝、焊接等工艺制作，细致精巧（图 11-1-4-12）。徐俌继配夫人王氏墓中也出土了一对金簪，通长 17.3 厘米，簪体呈扁平状，略向下弯曲，簪首各镶五个累丝金托，随簪首宽度从大到小排成一列，金托中镶嵌红宝石两块、绿松石一块、蓝宝石一块，最小的金托应是嵌有珍珠一颗，现已无存（图 11-1-4-13）。明代命妇的画像上常能看到类似款式的金簪，如安徽博物院收藏的万历时期《中山孺人汪氏容像》，翟冠底部左右两侧各插一支嵌宝金簪，簪首镶三个花形金托，内嵌红宝石、蓝宝石及绿松石各一块，造型与装饰风格都很接近王氏的金簪，其他命妇画像上还能看到各种不同样式的金簪（图 11-1-4-14、15）。这类金簪（压鬓钗）不仅用在翟冠上，还可以作为鬏髻头面使用。

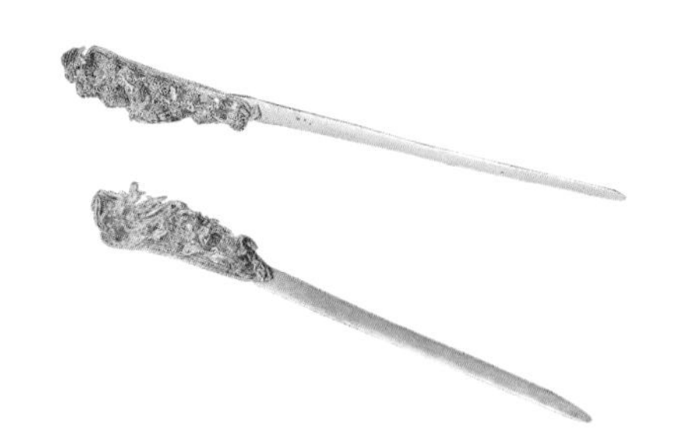

图 11-1-4-12　**徐俌夫人朱氏的金簪（压鬓钗）**

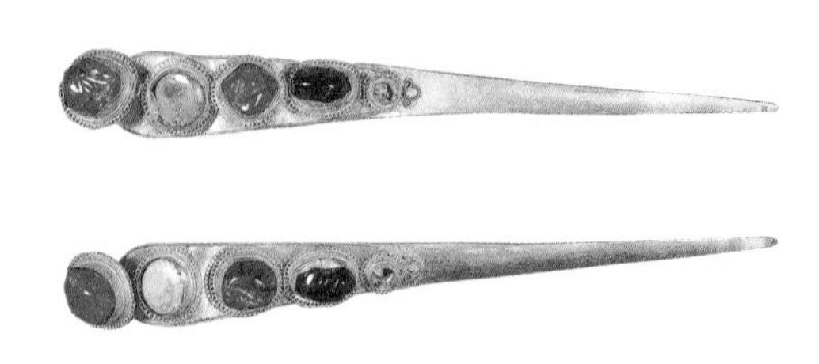

图 11-1-4-13　**徐俌夫人王氏的金簪（压鬓钗）**

图 11-1-4-14　**中山孺人汪氏容像局部**

图 11-1-4-15　**孙太君像局部**

4. 耳饰

洪武初年制定命妇冠服时没有提到所用耳饰，直到洪武五年才规定，一品至四品命妇礼服用珠梭环一双，常服用金脚珠翠佛面环一双；五品至九品命妇礼服用小珠梭环一双，常服用银脚珠翠佛面环一双。由于缺乏相关的图像、实物资料，珠梭环与珠翠佛面环的具体形制尚不得而知。洪武二十四年更定的命妇冠服方案中没有涉及耳饰，从实际佩戴的情况来看，礼服、常服的耳饰款式较为丰富，与吉服、便服耳饰基本相同，比如最常见的葫芦环、灯笼环以及各

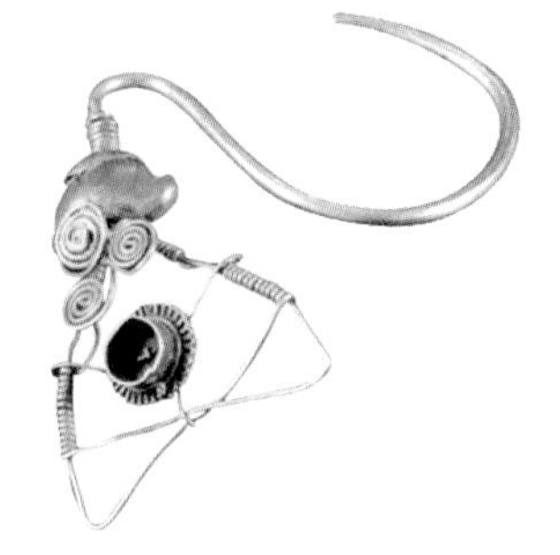

图 11-1-4-16
彭泽夫人吴氏的八珠环

图 11-1-4-17
佚名风宪官命妇像中的霞帔坠子

式嵌珠宝耳环等。

彭泽夫人吴氏墓中出土了四对金耳环，其中有一对八珠环，形制与亲王妃的八珠环相同，顶端为S形金钩，下缀绿松石荷叶盖，主体为金丝编成的支架，所镶珍珠大都朽坏无存，仅余下一颗，其中一件的支架正中还用金丝连接菊花形金托一个，另一件的金托与连接的金丝都已脱落。这对八珠环应是吴氏穿礼服时所戴耳饰（图 11-1-4-16）。

（三）其他佩饰

1. 霞帔坠子

洪武四年（1371）将命妇朝服改为大衫霞帔，定帔坠为四等：一品用玉坠子、二品至五品用金坠子、六品七品用镀金银坠子、八品九品用银坠子。洪武二十四年更定的命妇帔坠只有二等：一品至四品用钑花金坠子、五品至九品用钑花银坠子。不同时期的霞帔坠子在大小与造型上都出现了一些变化，甚至从单个帔坠发展为成组的霞帔饰件。坠身装饰的图案也很丰富，主要有本品级的禽纹或兽纹、四季花卉（一年景）以及穿花鸾凤等。如一幅明代佚名风宪官命妇画像，头上戴五翟冠，身穿獬豸纹云肩通袖膝襕袍，肩披孔雀纹霞帔，霞帔末端悬挂金坠子一枚，坠身饰獬豸纹（图 11-1-4-17）。

上海黄浦区陈所蕴夫妇墓出土了陈所蕴妻王氏的一套霞帔饰件，共四件，其中两件系明后期霞帔前段末端的装饰物，上面挂有各类小坠饰，另外两件为镀金银坠子，形制、大小完全相同，坠身饰花卉纹，有茶花、菊花等（图 11-1-4-18）。王氏卒于“万历己亥（1599）”，生前封安人（六品），使用钑花银坠子与制度相符。

图 11-1-4-18
陈所蕴妻王氏的霞帔坠子

上海卢湾区顾东川（顾从礼之父）夫妇墓中的霞帔坠子为二件，一件“银鎏金白玉鸡心形帔坠”放置在霞帔的胸腹部，另一件“木嵌玉宝石六边形帔坠”放置在霞帔的底部（图 11-1-4-19），此外还有七件银瓜果六边形小坠饰系在霞帔末端。“银鎏金白玉鸡心形帔坠”高 9.5 厘米，背面镂刻牡丹双凤图案，正面中心位置镶嵌一块圆形花鸟纹白玉饰件，周围装饰一圈花朵，花心各嵌红、蓝宝石一颗（图 11-1-4-20）。“木嵌玉宝石六边形帔坠”高 13.5 厘米，由上下两个六边形组成，上窄下宽，各在中心位置镶嵌一块镂雕白玉饰件，上面一块图案为松树梅花鹿，下面一块图案为缠枝牡丹和一对练鹊，周围饰以花叶纹并嵌红、蓝宝石（图 11-1-4-21）。顾东川夫妇皆穿六品服色，两件霞帔坠子虽然装饰了贵重的宝石玉饰，但主体为银质，仍在制度规定的范围内。

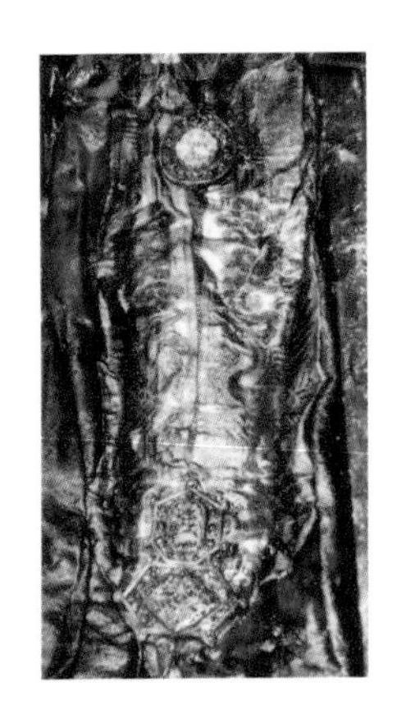

图 11-1-4-19
顾东川夫妇墓霞帔坠子

图 11-1-4-20
银鎏金白玉鸡心形帔坠

图 11-1-4-21
木嵌玉宝石六边形帔坠

2. 玉禁步

命妇冠服制度中并没有使用玉禁步的规定，但山东阳信县文物管理所收藏的明代《毛思义妻》画像中，清晰地画出了一副形制标准的玉禁步（图11-1-4-22），由数排成对玉叶以及各式小玉坠、玉横饰组成，与出土的后妃禁步无异。这种看似“僭越”的现象应非个例，《金瓶梅词话》第四十三回描写吴月娘：“穿大红五彩遍地锦百兽朝麒麟缎子通袖袍儿，腰束金镶宝石闹妆；头上宝髻巍峨，凤钗双插，珠翠堆满；胸前绣带垂金，项牌错落；裙边禁步明珠。”明代命妇的玉禁步后来也被清代汉命妇所继承，形制不断发展变化（图 11-1-4-23）。

值得注意的是，刘氏像的玉禁步在每对玉叶的上部都缀有红丝穗，而出土的玉禁步原本附属的丝织物大都腐朽无存，因此很难反映出原本的真实状态。清宫旧藏的明晚期玉禁步（故宫定名为“玉组佩”）则是一件难得的实例，该件禁步通长 53.6 厘米，由 53 件玉饰串成，题材为“八仙捧寿”，顶部有寿星骑鹤式玉坠和金质双龙提头，下垂 4 串玉件，每串由上下 5 组构成，上 4 组玉饰每串各为 3 件，其中 2 件为玉叶，1 件为玉镂件，玉镂件造型有凤、卍字、寿字、双鱼、寿桃、戟磬等，第 5 组应是八仙人物，各玉件用黄色丝线穿连，以盘长结相间，上部与底部均缀有黄色丝穗，可见玉禁步上装饰丝穗是当时通行的做法（图 11-1-4-24）。

图 11-1-4-22
毛思义妻像

图 11-1-4-23
七十三代衍圣公元配毕夫人像

图 11-1-4-24
明代晚期玉禁步

第二节 | 明代妇女吉服、便服首饰

一 头饰

（一）䯼髻

䯼髻是明代已婚女性的重要首服，用在日常便服以及吉服、丧服中，性质颇似成年男子的巾帽[1]。䯼髻通常罩在头顶的发髻上，其外多敷黑纱，故也被视作假髻，《客座赘语》云："俗或曰'假髻'，制始于汉晋之大手髻，郑玄之所谓'假紒'，唐人之所谓'义髻'也。"口语中还称作"壳儿"或"壳子"。明《如梦录·街市纪第六》提到"布花壳儿"，下有注云："即妇人所戴小髻。壳，汴中语若'苛'。"女性成婚之后才可以戴䯼髻，因此䯼髻又成了婚姻的象征，李开先《词谑》中收录了一首《山坡羊》，句云："熬这顶䯼髻如同熬纱帽，想这纸婚书如同想官诰，听的人家来通媒行礼，患病的得了一贴灵丹妙药。"这是模拟盼嫁少女的口气，用熬䯼髻、想婚书来表达对婚姻的期待。

䯼髻的外形多呈圆锥状，早期顶部略向前弯曲，如《真武灵应图册》中所绘妇女，头上戴着的䯼髻便是尖顶而略弯的样子（图 11-2-1-1）。明宪宗《新年元宵景图》里妃嫔宫娥们的䯼髻已无明显弯曲，但仍能看出顶部是稍稍向前方倾斜的（图 11-2-1-2）。此后的䯼髻逐渐发展出多种造型，但最常见的仍是这种上窄下宽的圆锥形样式。作为女性最主要的头饰，䯼髻必然会受到不同时期流行审美的影响，其大小、高矮总在不断变化着。朝鲜官员崔溥所撰《漂海录》记录了他看到的弘治元年时江南妇女的䯼髻形态：

首饰则宁波府以南，圆而长而大，其端中约华饰；以北，圆而锐，如牛角然，或戴观音冠，饰以金玉，照耀人目。

而浙江长兴人吴琉编著的《三才广志（记）》则有"低髻"条云："成化末弘治初，妇人髻高不过二寸，如一小冠，京师皆此样。"弘治初年的䯼髻外

---

[1] 䯼髻的考证与定名见扬之水先生、孙机先生的文章及著作：扬之水 . 明代头面 [J]. 中国历史文物，2003(4)：24-39；孙机 . 明代的束发冠、䯼髻与头面 [J]. 文物，2007(7)：62-83.

图 11-2-1-1
《真武灵应图册》中的女性形象

图 11-2-1-2
《新年元宵景图》中的女性形象

观上仍保持了成化或更早时期的特征，但逐渐趋于小巧，南北皆然。《太康县志》亦提到弘治时期的䯼髻仅高寸余，到正德年间逐渐增高，嘉靖初期䯼髻已高如官帽，“皆铁丝胎，高六七寸，口周面尺二三寸余”。范濂《云间据目抄》说：“妇人头髻，在隆庆初年，皆尚员褊（圆扁）。”又说：“自后翻出挑尖顶髻，鹅胆心髻，渐见长员（圆）。”由此可知，嘉靖后期䯼髻的高度开始下降，到隆庆初年以圆而扁的造型为美，之后随着新样式的出现，䯼髻又慢慢增高。明末清初人叶梦珠在《阅世编》中记载了他所看到的晚明松江地区䯼髻的变化：

余幼见前辈冠髻高逾二寸，大如拳，或用金银丝挽成之……其后变式，髻扁而小，高不过寸，大仅如酒杯，时犹以金银丝为之者……银丝髻内映红绫，光彩焕发，且别于素色也。崇祯之末，髻愈大而扁，惟以乌纱为质，任人随意自饰珠翠，不用金银。

叶梦珠出生于天启年间，他幼年时看到的䯼髻冠子“高逾二寸”，大小如拳头，后来又变得扁而小，高不过一寸，崇祯《松江府志》里也说：“女子髻亦时变，近小而矮如发髢。”到崇祯末年则变成大而扁的样子，这种变化一直到清初仍然持续着。

制作䯼髻的材质十分丰富，最常用的有金、银、铁等金属丝，亦可使用马尾、竹篾丝乃至头发等。明代中期之后，随着社会经济的发展，风俗日渐侈靡，用金银丝制成的鬏髻成了主流款式，《金瓶梅词话》第二十回写李瓶儿从箱子里取出一顶九两重的金丝鬏髻，问西门庆："上房他大娘众人（指吴月娘等人），有这鬏髻没有？"西门庆道："他们银丝鬏髻倒有两三顶，只没编这金鬏髻。"于是李瓶儿说："我不好带出来的，你替我拿到银匠家毁了……"说明金丝鬏髻最为贵重，即使富人家女子也不一定人人都有，而银丝编成的鬏髻使用得更多一些。至于竹篾丝、头发等材质制作的鬏髻则价值较为低廉，《金瓶梅词话》第二回中还是武大之妻的潘金莲，头上只戴着"黑油油头发鬏髻"。第二十五回宋惠莲对西门庆说："爹你许我编鬏髻，怎的还不替我编？恁时候不戴到几时戴？只教我成日戴这头发壳子儿。"西门庆道："不打紧，到明日将八两银子，往银匠家替你拔丝去。"宋惠莲本是下人来旺之妻，家中并不富裕，故只戴头发编成的鬏髻，与西门庆勾搭上之后，就盼着他给自己编银丝鬏髻，并很不屑地将头发鬏髻称作"头发壳子儿"，西门庆答应了宋惠莲的请求，拿出八两银子让银匠抽成银丝来编织鬏髻。明代八两合 292 克左右，折去损耗工费，仍远远超过目前考古发现的各式银丝鬏髻的重量，可能是作者为了表现富家豪侈而做了一些艺术夸张，因为从小说的描写看，《词话》里的鬏髻并非高大厚重的样式，第二回潘金莲的头发鬏髻下"一径里垫出香云一结"，第二十二回宋惠莲初来西门府上，看到孟玉楼、潘金莲等人的打扮，也"把鬏髻垫得高高的"，可见书中的鬏髻只是罩住部分发髻，下面还垫着一层头发，发髻梳得越高，鬏髻也就垫得越高。

《西游记》也多处提到鬏髻，如第八十二回中猪八戒在陷空山打探师父下落，忽然看到两个女怪在井边打水，作者用诙谐的语气写道："他怎么认得是两个女怪？见他头上戴一顶一尺二三寸高的篾丝鬏髻，甚不时兴。"《西游记》的创作时间约在明中期，应该正值鬏髻由高变矮的时候，女怪头上戴的鬏髻使用的是不值钱的篾丝而非金银丝，且高度达到一尺二三寸，在当时看来已经非常"落伍"，所以猪八戒立刻判断出她们是久居山林跟不上流行风尚的妖怪。

1975 年在无锡市郊区出土了一顶明代金丝鬏髻，通高 9.3 厘米，重 64 克，由髻顶和底沿两部分组成，均用细如发丝的金线编织成形，再连缀成整体，底沿的前后左右各有一小孔，用来穿插簪钗等首饰（图 11-2-1-3）。江阴博物馆收藏有一顶银丝鬏髻，1977 年出土于青阳明墓，墓主人姓邹，卒于正德十六年（1521），银丝鬏髻通高 12.7 厘米、底径 13.6 厘米，重 67 克，也是分

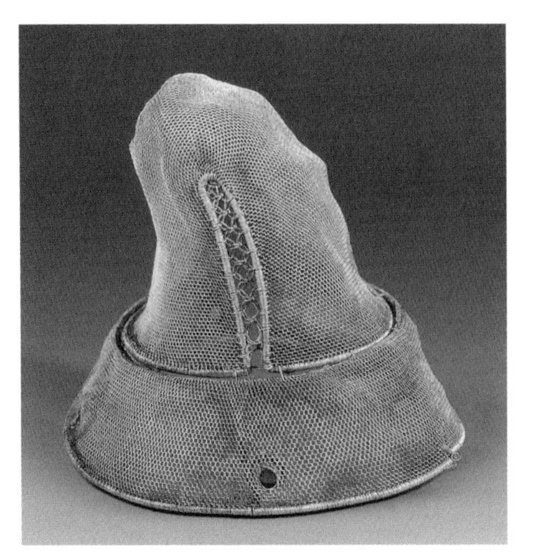

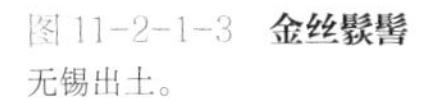

图 11-2-1-3 **金丝鬏髻**
无锡出土。

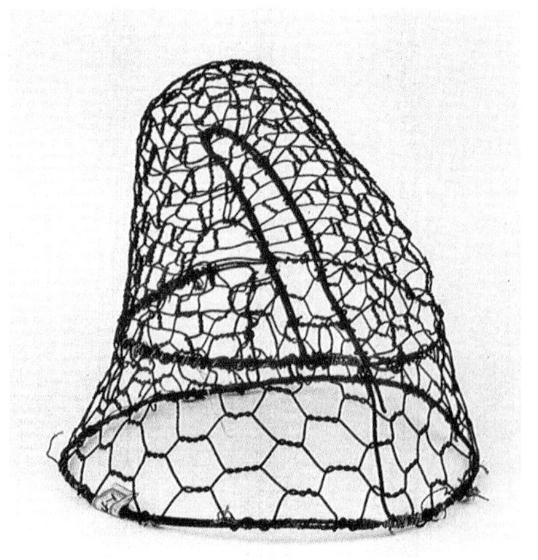

图 11-2-1-4 **银丝鬏髻**
青阳出土。

成髻顶和底沿两个部分，先以直径 1 毫米银丝为框，再用 0.8 毫米的银丝编结成六角形和长方形等大小不同的网格，髻顶一侧编有角形镂空装饰，另一侧编有一半圆形孔（图 11-2-1-4）。这顶银丝鬏髻的高度约合明代裁衣尺三寸七分，比《太康县志》提到的弘治时期鬏髻尺寸（寸余）要高，但仍低于嘉靖初年的高度（六七寸），是正德年间鬏髻逐渐增高的实物证明。上海浦东新区陆深家族墓出土的随葬品中也有一顶银丝鬏髻，通高 10 厘米，工艺较为精细（图 1-1-3-3），据研究者推测应系陆深夫人梅氏之物，梅氏在嘉靖三十二年（1533 年）有捐田献银的记载，故去世时间当在此之后。嘉靖后期鬏髻的高度又开始下降，梅氏的银丝鬏髻不及三寸，正是这一变化的体现。

女性吉服、便服所戴鬏髻用黑色或金银本色，若遇丧礼则要戴白色的鬏髻，称为“孝髻”，如《金瓶梅词话》第六十三回写李瓶儿去世后，吴月娘等人“皆孝髻，头须系腰，麻布孝裙，出来回礼举哀”。《警世通言》第二十八卷“白娘子永镇雷峰塔”中，白娘子扮作上坟祭扫亡夫的少妇，“头戴孝头髻，乌云畔插着些素钗梳，穿一领白绢衫儿，下穿一条细麻布裙”。孝髻的形制与普通鬏髻相同，一般外覆白色织物或白纸，明代富春堂刊本《商辂三元记》第十六折“秦亲家祭婿商霖”的插图描绘了祭吊的场景，逝者之母头上就戴着白色的孝髻（图 11-2-1-5）。此外，用白色的“孝巾”缠裹鬏髻或发髻也是平民女子在丧礼中比较常见的做法。万历时期山西巡抚吕坤在《实政录·禁约风俗》里还提道：“妇人䯼髻……或无丧乱戴白色。”女子在无丧礼的情况下戴白色䯼髻，反映出明代后期各地风俗之多变，男女服饰好异求新，以至出现很多在传统士大夫看来必须禁止的“服妖”现象。

图 11-2-1-5　**明刊传奇《商辂三元记》**

（二）冠

又称冠子、冠儿、梁冠[1]，是从䯼髻中分化出来的一种款式，外形模拟男子的冠巾，也常被称作“髻”（䯼髻亦可称为“冠”），如崇祯《松江府志》云：“有梁者为官髻。”《三才图会》中“髻”（䯼髻）的插图就是一顶有梁的冠（图 11-2-1-6）。上海徐汇区宛平南路三品官员夫妇墓出土了一件银丝鎏金“发罩”，高 11 厘米，底沿直径 11.5 厘米（图 11-2-1-7），用银丝编成，髻顶部分饰有两道竖梁，看上去颇像束发冠的样子，与《三才图会》所画之“髻”亦十分接近，该墓年代虽然较晚（约在万历时期），但这件银丝髻可能仍然延续了早期冠式䯼髻的造型。

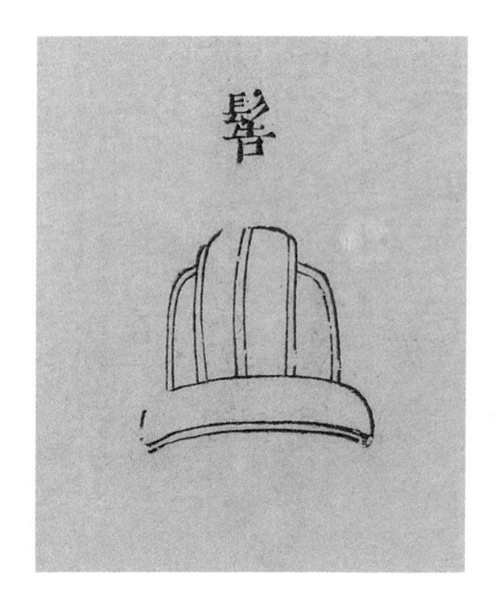

图 11-2-1-6　**《三才图会》中的“髻”**

女冠样式不拘一格，最常见的有两种，一种仿自士人男子的束发冠，另一种仿自官员戴的忠静冠。男子在束发冠外还要戴其他巾帽，所以冠的形态大都矮而宽。女冠没有头巾的约束，高矮皆随所好，有的女冠非常小巧，仅罩在女子发髻顶端，看

[1] 因冠上饰有梁纹故有此称，与官员朝服祭服所戴梁冠（进贤冠）并非一物。

图 11-2-1-7 **银丝鎏金“发罩”**

图 11-2-1-8 **明无款夫妇容像局部**

图 11-2-1-9 **明无款妇女像局部**

图 11-2-1-10 **金丝冠**

图 11-2-1-11 **金丝冠**

上去另类而别致，成为一段时间的流行（图 11-2-1-8、9）。

1973 年中国人民银行无锡支行拨交无锡博物院的一顶金丝冠，冠顶有两道金梁，两侧用粗金丝扭成向后旋转的曲线，与男子束发冠的基本特征一致，其高度为 8.5 厘米，较一般束发冠略高（图 11-2-1-10）。南京栖霞山明墓出土的金丝冠与无锡这顶造型相似，高 9.2 厘米、宽 7.8 厘米，重约 81.5 克，冠顶饰四道金梁，侧面用细金丝扭成旋转曲线，正面金梁下嵌有细金丝盘成的牡丹花，另在冠背面装饰了类似男冠“后山”的结构（图 11-2-1-11）。

明世宗于嘉靖七年（1528）设计并颁布了文武官员的“忠静冠服”，冠以乌纱冒之，两侧呈方形，后部列两山，冠顶压金线三道（很多实物不止三道），边缘亦饰金线或浅色丝线（图 11-2-1-12）。到明代后期，模仿忠静冠造型的女冠逐渐成为主流款式，其制作工艺与䯼髻大体相同，一般先编成内胎再外敷乌纱，或者不敷乌纱直接显露金银丝的本色，而用金银薄片锤鍱而成的冠也大量出现。由于女冠只罩住发髻，其体量要比忠静冠小很多，冠的高矮宽窄也和鬏髻一样随着流行而变化，如万历时期姚宗仪《常熟县私志》中便有“女髻发梁如冠，今平而矮，不能一寸”的记载。

图 11-2-1-12 **忠静冠**
王锡爵墓出土。

浙江临海王士琦墓出土的金丝冠通高 5.8 厘米、宽 6.8 厘米，重 111.5 克，全冠用金丝编成，底沿较宽，前后左右都留有插簪的小孔，孔眼外缘用金丝掐出花朵作为装饰，冠顶为忠静冠样式，压三道金梁，正面有簪孔，饰金丝牡丹纹，两侧饰有金线盘曲的云纹，冠后插两山，缀有金丝掐成的“福”“寿”二字（图 11-2-1-13）。类似的实物还有杭州桃源岭明墓出土的金丝冠，高度为 11.4 厘米，重 236.5 克，用粗金丝制成冠梁和冠体各部分轮廓，冠后两山合为完整的一片，细节装饰较为简单，仅两侧饰金线云纹（图 11-2-1-14）。

图 11-2-1-13 **金丝冠**
王士琦墓出土。

因冠上饰有金线（梁），所以这类女冠又被称作“金线梁冠”或“金梁冠”，最初只有命妇才能戴，后来民间亦纷纷效仿①，吕坤认为“二线金梁便有品级，三镶云履原是朝靴，俱非未仕者之服”，对本地妇女鬏髻“比照梁冠式样”的做法严行禁止。但到晚明时，不仅普通妇女皆戴梁冠，一些妓女也公然戴着招摇于市，《醒世姻缘传》第二十六回曾讽刺这一现象说：“若有几个村钱，那庶民百姓穿了厂衣，戴了五六十两的帽套，把尚书侍郎的府第都买了住起，宠得那四条街上的娼妇都戴了金线梁冠，骑了大马，街中心撞了人竞走。”

图 11-2-1-14 **金丝冠**
桃源岭明墓出土。

①《日知录》卷二十八引《内丘县志》曰：“先年妇人非受封不敢戴梁冠、披红袍、系拖带，今富者皆服之。”

图 11-2-1-15
明天启《綦明夫妇像》局部

明代后期，一些未受诰封的妇女会仿效命妇的装束作为吉服，如身穿大红圆领或通袖袍等，因不能戴翟冠，就用金线梁冠为首服，两旁插一对悬挂珠结的金翟簪（或凤簪）。《金瓶梅词话》第九十一回写孟玉楼改嫁知县之子李衙内（时为国子监监生），上轿时便身穿大红通袖袍，头戴金梁冠儿，“插着满头珠翠、胡珠子”。故宫博物院所藏明天启五年（1625）《綦明夫妇像》，画中年轻男子名“綦明”，身旁女子为其妻韩氏，綦明十八岁那年夫妇相继离世，这幅画像应是二人死后为祭祀而绘，綦明身为儒生，故着头巾道袍，韩氏虽未受封，却用圆领玉带，头上则金梁冠加凤簪、珠结，几与命妇无异（图 11-2-1-15）。

丧礼时的女冠亦为白色，如《金瓶梅词话》第七十五回，吴月娘等人到应伯爵家吃满月酒，因在李瓶儿的丧期内，西门庆让她们仍换孝装，五个妇人“都是白䯼髻，珠子箍儿，用翠蓝销金绫汗巾儿搭着，头上珠翠堆满……惟吴月娘戴着白绉纱金梁冠儿，海獭卧兔儿，珠子箍儿，胡珠环子”。

明代佛道信仰非常兴盛，而宗教对于女性从来都有着极高的吸引力，往往是她们生活中最重要的精神寄托，于是一些带有鲜明宗教特色的元素也出现在女子的冠髻上。云南呈贡王家营沐崧夫妇合葬墓中，有一顶夫人徐氏的镶宝石金冠，通高 15.5 厘米、底径 11 厘米，冠身呈椭圆形，底边之上围嵌八组（每组四片）如意云形金片，大小由外向内递增，金片上锤打錾刻出云纹、漩纹等，

图 11-2-1-16 **镶宝石金冠**
云南呈贡王家营沐崧夫妇合葬墓出土。

图 11-2-1-17 **金冠**
蕲春县彭思镇张滩村明墓出土。

上嵌红、蓝宝石，冠两侧各插一对镶红、蓝宝石的金簪，冠顶竖插一枚如意形嵌宝石金簪（图 11-2-1-16）。徐氏金冠的外形与道士所戴芙蓉冠颇为相似，很有可能受到了道教的影响。湖北蕲春县彭思镇张滩村明墓出土的金冠底沿部分锤鍱双龙戏珠纹，冠顶近圆球形，饰有花卉等图案，冠顶上另缀一头巾状金片（图 11-2-1-17），从金片的造型看，应是模拟道家的纯阳巾（也叫乐天巾），崇祯《松江府志》就提道："有云而覆后者为纯阳髻。"明代《列仙全传》画的女仙谌母便戴着类似的头巾（图 11-2-1-18）。

此外，还有称为"珠髻"者，如《天水冰山录》提到"珍珠髻二顶，连胎，共重六两四钱"，大概是在冠髻内胎之外用珍珠作为装饰。《醒世姻缘传》第七十二回描写程大姐的打扮是："松花秃袖单衫，杏子大襟夹袄……云鬟紧束红绒，脑背后悬五梁珠髻；雪面不施白粉，耳朵垂贯八宝金环。"晚明时，女性的"三绺梳头"变得宽大蓬松，中绺的额发部分愈加高耸，《阅世编》云："崇祯之间，始为松鬓扁髻，发际高卷，虚朗可数，临风栩栩，以为雅丽。"原本在头顶的发髻逐渐后移，若戴上䯼髻、冠子便像"后悬"一般。此时的"珠髻"主要是将珍珠点缀于金梁压缝处，在黑色冠胎的衬托下显得格外醒目，清初的女性画像中常可看到这种"珠髻"（图 11-2-1-19），而《红楼梦》里凤姐戴的"金丝八宝攒珠髻"则又是更加富丽华贵的样式了。

图 11-2-1-18 **《列仙全传》中的谌母**

图 11-2-1-19 **六十五代衍圣公侧室陶夫人像局部**

（三）䯼髻头面

䯼髻上插戴着各种样式的簪钗，统称为“头面”，是明代妇女最具代表性的首饰。经过不断发展，䯼髻头面已从寻常头饰演变为具有一定规则的首饰组合，每一件都有特定的造型、名称以及佩戴位置，《云间据目抄》就曾提道：“顶用宝花，谓之‘挑心’，两边用‘捧鬓’，后用‘满冠’倒插。”万历时期的《诸书直音世事通考·首饰类》中记录了掩鬓、压发、围发、挑心等名称。其他主要的䯼髻头面还有钿儿、分心、花顶簪以及各类草虫簪等。

1. 钿儿

钿儿又称花钿，“钿”原指花形金饰[①]，明代的钿儿戴在䯼髻前方底部，背面通常有垂直向后的簪脚，也有些不用簪脚，而是在左右两端连缀系带或用其他方式进行固定。钿儿上可镶嵌宝石、珍珠或饰点翠，《金瓶梅词话》

①《说文解字》：“钿，金华也。”

图 11-2-1-20　**银鎏金钿儿**
余杭超山明墓出土。

图 11-2-1-21　**银丝鬏髻**
李惠利中学明墓出土。

第十五回写李桂姐“家常挽着一窝丝杭州攒，金累丝钗、翠梅花钿儿、珠子箍儿、金笼坠子”，第六十八回中吴银儿头上戴着白绉纱鬏髻和翠云钿儿等。

明人常将鬏髻的花钿（钿儿）与魏晋时期后妃命妇所用“蔽髻”联系在一起，《客座赘语》就说：“花钿戴于发鼓之下，古之所谓‘蔽髻’也。”以蔽髻的钿数区别身份等级的做法一直被历代沿用，明初曾参考唐宋制度拟定命妇首饰用博鬓、花钗、宝钿等，之后经多次修改，确定为金或抹金银宝钿花八个，装饰在翟冠的口圈上。作为吉服与便服首饰的鬏髻头面，或多或少会受到礼服常服首饰的影响，部分饰件可能会被人们有意识地制造出对应关系，《客座赘语》的观点便是这样产生的。不过鬏髻钿儿更有可能是从宋元的花钿式簪发展而来，其样式也不像宝钿花那样有明确的制度规定，因此明代钿儿的造型非常丰富，常见的有花卉、云朵、龙凤、仙人等。

青阳邹氏墓出土的金嵌宝四季花钿儿通长 11.2 厘米，总重 65 克，钿身呈向后弯曲的弧形，正面焊接金片制成的牡丹、菊花等花卉共九朵，间缀小金叶，花心镶嵌红、蓝宝石九颗（相间排列），背面正中为扁条形银质簪脚（图 1-1-5-2），在佩戴时将簪脚从鬏髻正面底部的小孔或网格空隙中插入，在一定程度上还能起到固定鬏髻与发髻的作用。浙江余杭超山明墓出土的银鎏金牡丹花钿儿外形窄而细长，背面用焊接扁管的方式穿系银条，正面并排装饰十余朵鎏金牡丹花，周围点缀叶片（图 11-2-1-20）。这种细长型的钿儿是比较多见的款式，如上海卢湾区李惠利中学明墓有一顶保存完好的银丝鬏髻，髻底边缘所缀杂宝纹金钿儿即为窄条状（图 11-2-1-21），它和超山明墓钿儿的背面

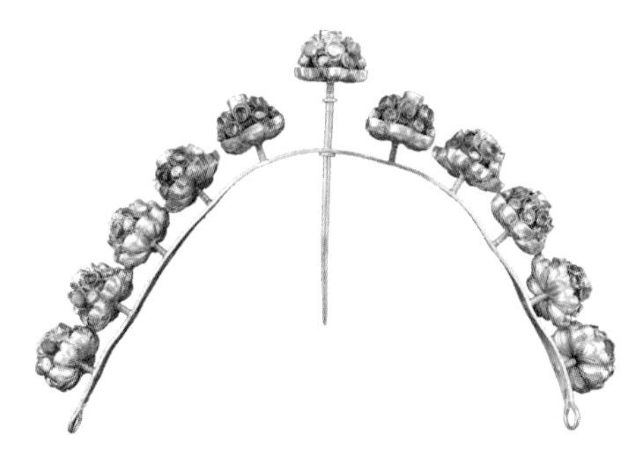

图 11-2-1-22 **金嵌珠宝钿儿**

图 11-2-1-23 **镶宝嵌玉八仙庆寿金钿儿**

均无簪脚。

荆恭王朱翊钜及王妃胡氏合葬墓的一件金嵌珠宝钿儿，长 13 厘米，簪首主体为一根横向的扁平金条，两侧顶端制成环状，正中有穿孔，插入一支金嵌珠宝花顶簪，金条左右亦各焊接五朵金花，造型大同小异，每朵的花蕊与花瓣上都有圆形小金托，内嵌红、蓝宝石和大小珍珠（大部分珍珠已不存）。花顶簪的簪脚为长圆锥形，它也是整件钿儿的簪脚，可插入鬏髻中，而金条两端的圆环能连缀系带，从而使钿儿能更加牢固地戴在鬏髻上（图 11-2-1-22）。

钿儿的纹样装饰中，最精美别致的应属“八仙庆寿”题材，如益宣王继妃孙氏的镶宝嵌玉八仙庆寿金钿儿，长约 21 厘米、高 4.5 厘米，钿身分两层，底层用金片制成镂空錾花并焊有凸边的九组祥云形背板，后侧焊接四个方形扁管，穿系银条一根。云形背板前有九个用金片捶压成的小龛，小龛四周装饰寿山福海及祥云花纹，并有圆形或椭圆形的小金托镶嵌宝石珍珠，每龛内各立一个白玉仙人，正中略大的是寿星，两侧分别排列八仙，寿星左侧为汉钟离、张果老、曹国舅、韩湘子，右侧为铁拐李、吕洞宾、何仙姑、蓝采和。这件钿儿背面也没有簪脚，但银条两侧有弯钩可用来系带（图 11-2-1-23）。

相同题材的钿儿还见于王士琦墓中，只不过被拆分成了独立的九个小饰件，每件高度约 4.2~4.5 厘米，宽约 2.4~3.5 厘米，均为玉雕人物，背饰金质衬景。其中一件雕刻的是高额长须的拄杖老人，即南极寿星，用金片打成葫芦衬背，并向前伸出金丝绕在寿星腰部作为绦带，带结处镶嵌红宝石一颗，寿星周围饰以松枝仙草和头光，左侧立一仙鹤，右侧立一梅花鹿，底部为祥云。其余八仙雕刻粗率，几难辨识，衬景用松、竹、梅、桃各二，底部饰以海水波浪，海中有圆形金托，可能原本镶嵌珍珠，惜已朽落未存，八仙腰部皆绕有金丝绦带，但不嵌宝石（图 11-2-1-24）。王士琦墓出土的金丝冠体量较小，这组钿儿应该不是直接缀在冠上，很可能另有所附之物，故与一般鬏髻钿儿的形制不太相同。《天水冰山录》载有多组八仙庆寿首饰，如金镶珠玉首饰类有“金镶玉寿星首饰一副（计一十件，共重二十五两一钱）”，金镶珠宝首饰类有“金镶八仙庆寿玉鹤首饰一副（计一十件，共重一十七两九钱）”“金镶松竹梅寿星珠首饰一副（计八件，共重一十九两一钱五分）”“金八仙庆寿大珍珠首饰一副（计一十四件，共重一十七两零五分）”“金镶香八仙庆寿首饰一副（计八件，共重一十二两六钱）”等。

以九为单位的钿儿还有《金瓶梅词话》里多处提到的“九凤钿儿”，根据书中的描写，钿身应是横向排列九只金凤，每只凤的嘴里都衔着一串镶有红蓝宝石和珍珠的金牌，十分奇巧贵重。直到清代，这种样式的凤钿仍非常流行。

2. 分心

在鬏髻前方的中心位置，一般插戴一件簪首呈正面或对称造型的簪子，《金瓶梅词话》中将其称作“分心”[1]，如第十九回写潘金莲头上戴着“银丝鬏髻，金镶玉蟾宫折桂分心，翠梅钿儿”，第二十回李瓶儿让西门庆把金丝鬏髻拿到银匠家毁了，先打一件“金九凤钿根儿”，剩下的再打一件“照依他大娘正面戴的金镶玉观音满池娇分心”，第七十五回吴月娘戴上冠儿，“头上止摆着六根金头簪儿……正面关着一件金蟾蜍分心。”分心都是单件使用，既不成对也不戴在鬏髻的后面，《金瓶梅词话》第九十回里曾出现“前后分心”的说法：

（来旺儿）打开箱子，用匣儿托出几件首饰来，金银镶嵌不等，打造得十分奇巧。但见：孤雁衔芦，双鱼戏藻。牡丹巧嵌碎寒金，猫眼钗头火焰蜡。也有狮子滚绣球，骆驼献宝。满冠擎出广寒宫，掩鬓凿成桃源境。左右围发，利市相对荔枝丛；前后分心，观音盘膝莲花座。

围发和掩鬓一样都是成对佩戴，第八十五回就提到“一对大翠围发”，故

[1] 扬之水先生定名为“挑心”，见扬之水．中国古代金银首饰 [M]. 北京：故宫出版社，2014：500.

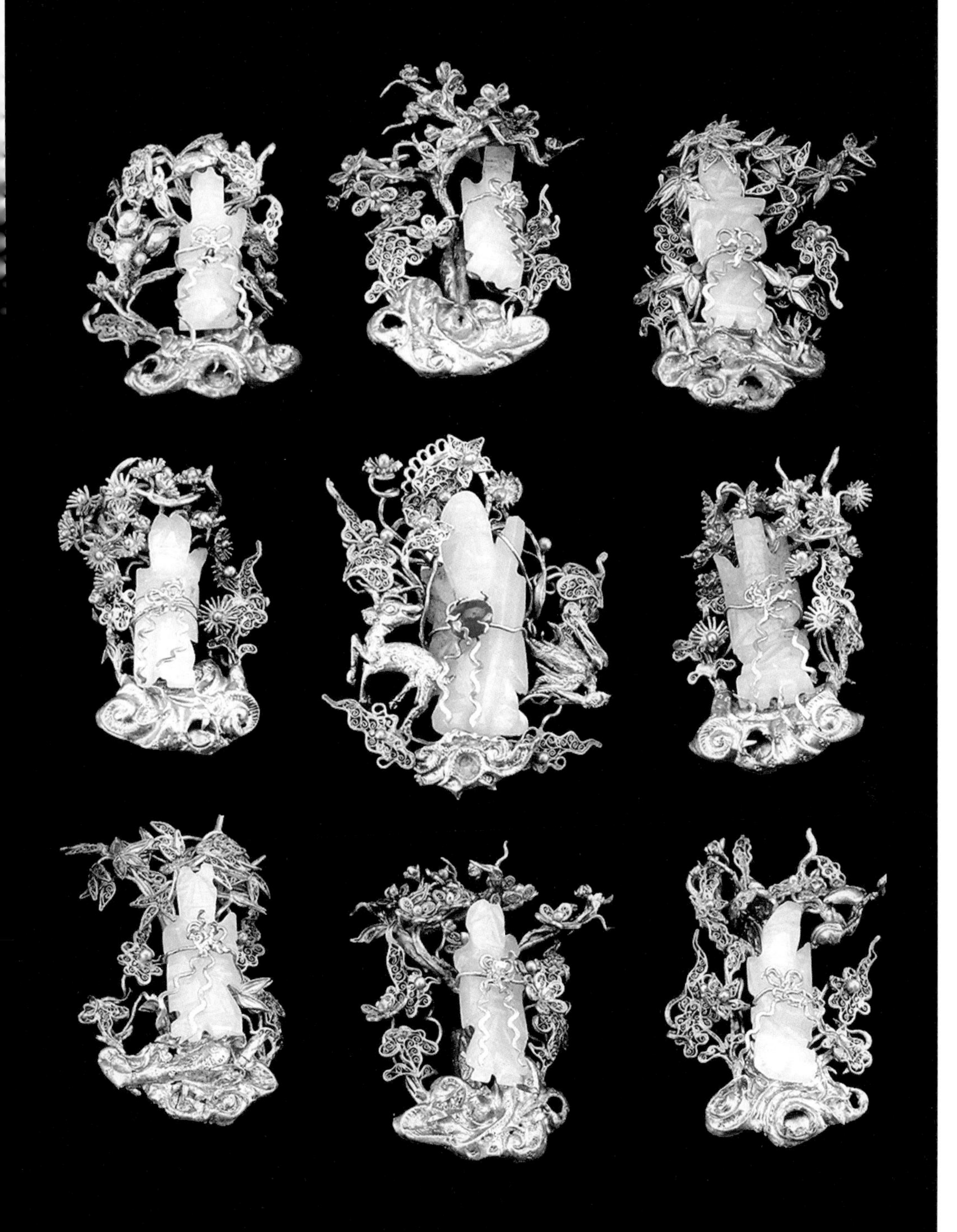

图 11-2-1-24 **八仙庆寿钿儿**
王士琦墓出土。

分左右，而分心并未写过有戴在髻后的，这里所说“前后”可能是为了与“左右”相对而使用的修辞手法。

分心的样式有佛像、观音、梵字、花卉及神仙人物等，以观音最为流行，崔溥《漂海录》就特别提到妇女戴“观音冠”。1987年在甘肃兰州白衣寺多子塔出土了两件观音造型的分心，一件为金镶玉送子观音满池娇分心，另一件为金镶玉鱼篮观音分心，均收藏于兰州市博物馆。金镶玉送子观音满池娇分心通高6.5厘米、最宽处5厘米，簪首中央以青白玉雕成观世音菩萨，怀抱一幼儿坐在鳌背上，四周以金累丝制成衬景，底部为束腰仰莲座，两侧饰花叶枝蔓，镶嵌珍珠及各色宝石，花叶间缀有烧蓝金莲蓬和慈姑叶，元明时期将这类“池塘小景”题材称作“满池娇”。背面为银质簪脚，长7.5厘米，扁长形，有阴刻铭文三行：“肃藩王妃熊氏施，崇祯伍年捌月初十日，伴读姚进兼装”（图11-2-1-25）。金镶玉鱼篮观音分心通高6.5厘米、宽4.5厘米，中央用青白玉镂雕成火焰形背光，前方立一鱼篮观音，观音头绾发髻，身着衣裙，两肩有披帛飘舞，左手向下作提裙状，右手持一竹篮，四周亦用金累丝制成衬景，底部为束腰仰覆莲座，两侧饰莲花枝蔓，以红宝石五颗嵌作莲蕊，并用金丝做成细小的金簧，顶端镶有珍珠。背面为银质扁长簪脚，长6.9厘米，刻有相同的铭文（图11-2-1-26）。

从铭文内容可知两件观音分心是崇祯五年（1632）肃王妃熊氏施舍给白衣寺之物，白衣寺建造于崇祯四年，寺内供奉白衣观音。

图11-2-1-25
金镶玉送子观音满池娇分心

图11-2-1-26
金镶玉鱼篮观音分心

唐宋时期，观音信仰已经有了广泛的传播，到明代逐渐渗透到各个阶层，形成“处处弥陀佛，家家观世音”的盛况，民间供奉的观音多为白衣观音、杨柳观音、送子观音和鱼篮观音等本土化的女身形象。对送子观音的崇拜与中国民间传统的生育观念密不可分，“不孝有三，无后为大”。东汉赵岐进一步阐述了这句话的含义：“于礼有不孝者三事，谓阿意曲从，陷亲不义，一不孝也；家穷亲老，不为禄仕，二不孝也；不娶无子，绝先祖祀，三不孝也。三者之中，无后为大。”因此生育子嗣历来是人们非常现实的需求，尤其对男权社会中的妇女而言，能否“传宗接代”往往会直接影响到她们的家庭地位以及未来的生活。而具有救世法力的观音菩萨自然能够满足人们对生育的渴望，《妙法莲华经·观世音菩萨普门品》中说：“若有女人，设欲求男，礼拜供养观世音菩萨，便生福德智慧之男；设欲求女，便生端正有相之女。”《正法华经》也说：“若有女人，无有子姓，求男求女，归光世音（即观世音），辄得男女。”关于观音送子的故事也非常多，早在南朝梁王琰所撰《冥祥记》里就有这样一则：“宋孙道德，益州人也，奉道祭酒，年过五十，未有子息，居近精舍。景平中，沙门谓道德曰‘必愿有儿，当至心礼诵《观世音经》，此可冀也。’德遂罢不事道，丹心投诚，归诵观世音。少日之中，而有梦应，妇即有孕，产男。”山西万荣县博物馆陈列有隋文帝仁寿三年（603）观音菩萨造像一区，菩萨高27厘米，直立在一片厚1.5厘米、宽9厘米的莲瓣形基座上，左手握净水瓶，瓶上站一袖手裸体幼童，右手持莲子长柄，莲子上盘坐一幼童，神态安详，菩萨左右两侧侍立二弟子，高11厘米，不到菩萨的一半。有研究者认为这尊菩萨像是目前所知最早的送子观音造像。南宋洪迈的《夷坚志》写京师人翟楫年届五十而无子，于是“绘观世音像，恳祷甚至”，其妻怀孕，梦见“白衣妇人以盘擎一儿，甚韶秀”，妻子准备上前接过来，却被一头牛挡住，结果生下一个男孩刚满月就夭折了，于是又向观音祷告求子，有人告诉翟楫，这是他爱吃牛肉所致，翟家遂不再食用牛肉，果然观音又送来一个儿子，顺利养大成人。这个故事一方面劝告人们多修善福勿造恶业，另一方面也突出了观音送子的灵验，同时故事中还明确提到送子观音为白衣女身形象。安徽博物院于1957年在皖南征集到一尊明代德化窑白釉送子观音，高17厘米，观音坐在石座上，身体微侧，双手抱一男童置于右膝，神情安详可亲。这尊观音的造型与金镶玉送子观音满池娇分心非常相似，都是明代最常见的白衣观音形象（图11-2-1-27）。

图 11-2-1-27
明代德化窑白釉送子观音

在三十三观音中，有马郎妇观音和鱼篮观音，二者虽各为一身，但故事却同出一源。唐代李复言《续玄怪录》写到一个“延州妇人”，说她“白皙颇有姿貌，年可二十四五，孤行城市，年少之子，悉与之游，狎昵荐枕，一无所却”，数年之后妇人死去，人们将她埋葬在道路旁。唐代宗大历年间，有西域来的胡僧见到此女之墓，“敬礼焚香，围绕赞叹”，并告诉大家：“斯乃大圣，慈悲喜舍，世俗之欲，无不徇焉。此即锁骨菩萨，顺缘已尽，圣者云耳。不信即启以验之。”众人开墓验看，妇人的遗骨果然“钩结皆如锁状”，于是建塔供奉。到北宋叶廷珪《海录碎事》中，延州妇人就变成了“马郎妇”，“释氏书：昔有贤女马郎妇，于金沙滩上施一切人淫，凡与交者，永绝其淫，死葬，后一梵僧来，云：‘求我侣。’掘开，乃锁子骨，梵僧以杖挑起，升云而去。”虽然故事中的女子仍有“施一切人淫”的行为，但目的在于“永绝其淫”，具有了明显的教化意义。南宋志磐《佛祖统纪》记载的马郎妇故事，女主人公完全成为正面形象，她以结婚为条件，让大家习诵佛经，先后授《普门品》《般若经》和《法华经》，独马氏子得通，遂与之成亲，“妇至，以疾求止他房，客未散而妇死，须臾坏烂，遂葬之”，数日后有紫衣老僧来到葬所，用锡杖拨女子之尸，挑出金锁骨对大家说：“此普贤圣者，闵（悯）汝辈障重，故垂方便。”这几个故事里的妇人或马郎妇都未说明是观音，而是称作“锁骨菩萨”或“普贤圣者”，但黄庭坚《观世音赞六首》第一首有句云：“设欲真见观世音，金沙滩头马郎妇。”可见马郎妇为观世音化身的说法至迟在北宋时期就已经出现。《全宋词》收有寿涯禅师的《渔家傲·咏鱼篮观音》，明确将马郎妇与鱼篮观音合二为一：

图 11-2-1-28
泸山观音阁《鱼篮观音》造像碑拓本

深愿弘慈无缝罅，乘时走入众生界。窈窕丰姿都没赛，提鱼卖，堪笑马郎来纳败。　清冷露湿金襕坏。茜裙不把珠缨盖。特地掀来呈捏怪，牵人爱，还尽许多菩萨债。

关于马郎妇的形象，《释氏稽古略》里有一首赞诗说是“丰姿窈窕鬓欹斜”。明代宋濂《鱼篮观音像赞》序中所写故事与《佛祖统纪》的马郎妇大体相同，描述女主人公为“美艳女子，挈篮鬻鱼”。《西游记》第四十九回将鱼篮观音融入小说情节，演绎成精彩的降妖除魔故事，作者对观音的形象作了详细描写：

远观救苦尊，盘坐衬残箬。懒散怕梳妆，容颜多绰约。散挽一窝丝，未曾戴璎珞。不挂素蓝袍，贴身小袄缚。漫腰束锦裙，赤了一双脚。披肩绣带无，精光两臂膊。

西昌泸山观音阁有一通明代万历年间御制《鱼篮观音》造像碑，所刻观音与《西游记》的描写颇为接近，在观音的身旁还站立着善财童子（图 11-2-1-28）。都昌王朱载塎夫妇墓出土的金嵌宝鱼篮观音分心，与造像碑的画面如出一辙，簪首通高 8.6 厘米，底部为莲花座，莲瓣嵌红宝石三颗、蓝宝石二颗，莲花座上立有鱼篮观音和善财童子，观音绾髻跣足，身穿长衣，腰束锦裙，左手提裙裾，右手挈鱼篮（已经脱落），面部朝向左侧，微微低头，慈祥地注视着身边的善财童子，童子躬身合掌，神态虔诚，似在聆听菩萨教诲。簪首背部另有一个可拆卸的背板，背板上方取观音头肩手臂轮廓，下方做成祥云状，一侧有上翘的云尾，衬于童子身后（图 11-2-1-29）。这件分心没有刻意突出人物的神性，而是表现得宛如人间母子一般，充满了亲切、温馨的气息。

图 11-2-1-29　**金嵌宝鱼篮观音分心**

都昌王墓还有一件金镶宝石摩利支天分心，通

图 11-2-1-30 **金镶宝石摩利支天分心**

图 11-2-1-31
《准提净业》“唵”字插图

图 11-2-1-32 **圆明布列梵书图**

高 11.7 厘米、底部宽 8.8 厘米，总重 129.9 克，簪首为摩利支天乘猪车造型，摩利支天现三面八臂，头顶毗卢遮那佛像，身后有月轮形背光，两臂高举，手托红、蓝宝石镶嵌的日月，其余六手分别持有金刚铃、剑、弓、箭、幡等法器，盘腿端坐在仰覆莲花座上，座下为双轮宝车，车前驭有金猪九头，车下有五瓣莲花托底，莲瓣上分别镶嵌红、蓝宝石五颗，车轮两侧各立一护法使者，足踏祥云，手持法轮和宝剑。簪脚为长扁形，以方扁管固定在素面背板上（图 11-2-1-30）。“摩利支”为梵文音译，本义为“光”，或翻作“阳炎”，《佛说摩利支天陀罗尼咒经》说摩利支天“无人能见无人能捉，不为人欺诳不为人缚，不为人债其财物，不为怨家能得其便”，凡能知摩利支天名者，亦能获得如是护持，经文还说：“行时书写是陀罗尼，若有着髻中、若着衣中随身行，一切诸恶不能加害，悉皆退散无敢当者。”将摩利支天的形象做成头面，便可“着髻中”随身而行，以祈求菩萨庇佑，不受诸恶所害。

其他比较常见的佛教图案还有梵文真言字，如六字大明咒中的“唵”“吽”等。明代谢于教所著《准提净业》中称“唵”字为“真言之母”，强调“此字具含无量法门，释迦如来及过去如来，皆因观想此字而得成佛。如观九圣字，先观此字分明，余皆现前”（图 11-2-1-31）。《七俱胝佛母所说准提陀罗尼经会释》云：“即想自心如满月，湛然清净，内外分明，以唵字安月心中，以折隶主隶准提莎嚩诃字，从前右旋，次第周布轮缘（图 11-2-1-32）。”

图 11-2-1-33　**“唵”字金分心**
常州钟楼区出土。

图 11-2-1-34　**嵌宝梵字金头饰**
陆润夫妇墓出土。

图 11-2-1-35　**梵字金分心**

图 11-2-1-36
梵字鎏金银分心

图 11-2-1-37
明《蒋孺人像》局部

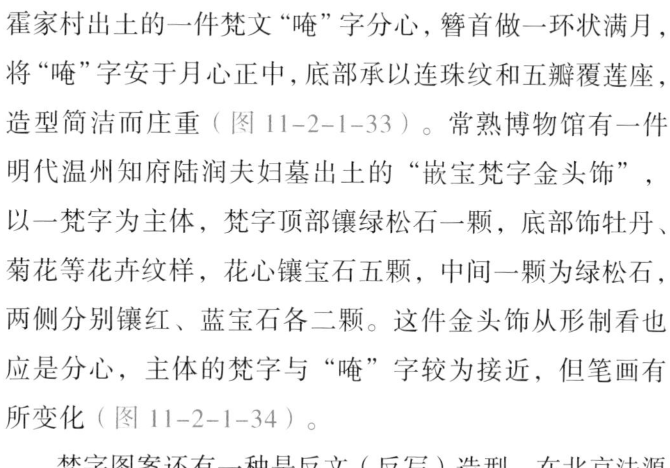

并说“唵字为毗卢遮那佛根本”。常州市钟楼区永红街道霍家村出土的一件梵文“唵”字分心，簪首做一环状满月，将“唵”字安于月心正中，底部承以连珠纹和五瓣覆莲座，造型简洁而庄重（图 11-2-1-33）。常熟博物馆有一件明代温州知府陆润夫妇墓出土的“嵌宝梵字金头饰”，以一梵字为主体，梵字顶部镶绿松石一颗，底部饰牡丹、菊花等花卉纹样，花心镶宝石五颗，中间一颗为绿松石，两侧分别镶红、蓝宝石各二颗。这件金头饰从形制看也应是分心，主体的梵字与“唵”字较为接近，但笔画有所变化（图 11-2-1-34）。

梵字图案还有一种是反文（反写）造型，在北京法源寺所藏辽乾统七年傅章石棺上，便可看到用正反写的梵字对称装饰的做法。武进博物馆收藏的一件明代梵字金分心（图 11-2-1-35）和一件梵字鎏金银分心（图 11-2-1-36），均为反写的“唵”字，明代《蒋孺人像》鬏髻正面就戴着一件反文分心（图 11-2-1-37）。

首都博物馆所藏嵌宝石莲瓣纹梵字金分心，通长 12.5 厘米、底宽 9.6 厘米，总重 102.6 克，出土于北京丰台区右安门外明墓，簪首为梵文“吽”字，下托以莲花枝叶，文字与莲瓣上满嵌各色宝石及珍珠（图 11-2-1-38）。墓葬主人为万贵和妻子王氏，是明宪宗宠妃万贵妃的父母，历官锦衣卫指挥使，《明宪宗实录》记载：“（万贵）颇知礼法，每受重赏，辄忧形于色。”他担心贵妃失宠会给家族带来灾祸，经常告诫自己的儿子要把宫中赏赐的物品登记造册，不要挥霍，以防将来朝廷追索。成化十一年（1475）万贵去世，宪宗命有司“给赙并葬祭，视常例加隆”，王氏则卒于成化十四年，宪宗亦遣官谕祭，这件金分心及其他首饰很有可能来自宫中的赏赐。“吽”字分心也有做成反文的，实物可见云南省博物馆的一件白玉雕分心，莲花上的“吽”字就是反写（图 11-2-1-39）。由于梵文不易识别，常常被误定为“寿”字纹样。

图 11-2-1-38
嵌宝石莲瓣纹梵字金分心

图 11-2-1-39 **“吽”字玉分心**

宗教题材的首饰当然少不了道教神仙元素，如《金瓶梅词话》第七十五回如意儿对西门庆说：“迎春姐有件正面戴的仙子儿，要与我。”指的就是仙人造型的分心。首都博物馆藏明代嵌宝石仙人金分心通长 13 厘米，簪首为圆形光轮，底部用金丝盘成祥云，缀小金托五个，原应镶有宝石，光轮正中是一位身穿法服、手执宝剑的道教仙人，身旁左侧有青龙，右侧有白虎，类似的组合在道教绘画里常能见到（图 11-2-1-40、41）。益宣王继妃孙氏的头面里有一件金镶宝石王母青鸾分心，簪首长约 10 厘米、宽 4 厘米，簪脚长 10 厘米，青鸾正面昂首，双翅舒展若飞翔状，翅膀各缀一菊花形金托，内嵌大红宝石，背部金托则嵌蓝宝石一颗，尾羽上共有金托七个，残存红宝石与蓝宝石各二颗。尾羽正中为西王母像，王母头戴凤冠，身披云肩，背饰一圈圆光，双手托持如意，盘腿端坐于鸾背

图 11-2-1-40
嵌宝石仙人金分心

图 11-2-1-41 **明成化《御制全真群仙集》插图**

图 11-2-1-42 **金镶宝石王母青鸾分心**

之上（图 11-2-1-42）。这件分心应与八仙庆寿金钿儿等首饰一同佩戴，组合成完整的祝寿主题。

在中国传统神话中，和西王母相关的不死药、蟠桃的传说都反映出古人追求长生不老的愿望，因此王母逐渐成了长寿的象征。明代教坊编排的《瑶池会八仙庆寿》杂剧，是在皇帝万寿节期间演出的吉庆戏目，剧中金母（即西王母）因蟠桃成熟，请来天上天下三界群仙并上八洞神仙同赴瑶池蟠桃会，因“正遇着万寿圣节”，于是金母率八仙、寿星等“与圣主祝延上寿”。清代梨园则将南戏《牧羊记》“庆寿”一折改编成八仙祝贺王母寿诞的《八仙上寿》，专为寿筵祝觞及作为开场例戏演唱。明清时期许多织物器物上都有八仙（或群仙）庆寿图案，表现的场景大同小异，通常画面上方为王母驾凤乘鸾，下方是八仙与福禄寿星等各路神仙，益宣王继妃孙氏的头面戴在鬏髻上的效果恰与此相同。

还有一类金镶宝石鸾凤纹分心，造型类似金镶宝石王母青鸾分心的青鸾，如青阳邹氏墓的嵌宝石金凤分心，簪脚为银质，簪首用金叶锤压而成，金凤正面展翅，昂首挺胸，颈、胸、腹、翅等处饰鳞片状羽毛，翅羽和部分尾羽上刻画有极细的线条，尾部锤鍱成十一朵花形，花心皆为金托，内嵌宝石，金凤通

图 11-2-1-43 **嵌宝石金凤分心**

图 11-2-1-44 **金嵌珠宝慈姑叶分心**

体共嵌红、蓝宝石十九颗（图 11-2-1-43）。值得注意的是，凤嘴处留有小孔，原本应该衔着珍珠串，《天水冰山录》里的“金镶珠宝大凤衔珠首饰”或即此类样式。从明末及清初的一些绘画来看，鸾凤纹分心除了用作鬏髻头面以外，还可以直接戴在发髻上。

徐俌夫妇墓有一件金嵌珠宝慈姑叶分心，属于继配夫人王氏，高 7.7 厘米、宽 6.7 厘米，簪首正中锤鍱成一片大慈姑叶，并錾刻出细小的叶脉，叶心缀花形金托，嵌茶晶一颗，三片叶尖上分别用金托镶嵌红宝石一颗、蓝宝石二颗。慈姑叶周围衬以缠绕的枝叶，底部缀金托嵌红宝石一颗，其上有小金托嵌绿松石一颗，另在宝石之间还有四个对称的小圆形金托，为镶嵌珍珠之用，珠已不存（图 11-2-1-44）。慈姑因其独特的叶片形状又被称作剪刀草、槎丫草、燕尾草等，李时珍《本草纲目》云：“慈姑，一根，岁生十二子，如慈姑之乳诸子，故以名之。”慈姑一株可生长十余个球茎，具有多产性，因此被古人视为“多子”的象征，将之做成女性首饰，其中蕴含的寓意自然不言而喻。

“分心”这一名称，除《金瓶梅词话》外，其他文献中很少见到，大都以簪首的主体纹样来称呼，如《醒世姻缘传》第七十八回写道：“徐太太当中戴一尊赤金拔丝观音……吴太太当中戴一枝赤金拔丝丹凤，口衔四颗明珠宝结。”两位太太的鬏髻正面一戴观音一戴丹凤，皆属分心无疑，但都用簪首造型称之，应是当时的习惯。《诸书直音世事通考 · 首饰类》列有“火焰”一项，大约是指簪首做成火焰形的首饰，这类造型多与佛教中的摩尼宝珠（如意珠）有关，

图 11-2-1-45 **火焰祥云纹金簪**

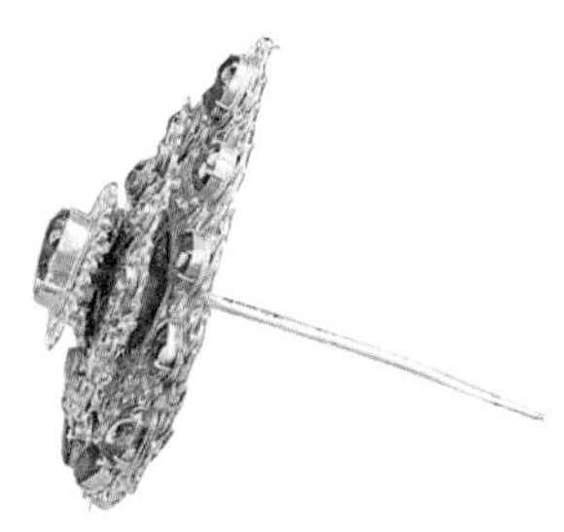

图 11-2-1-46 **梅氏的金嵌宝火焰分心**

图 11-2-1-47
荆藩宗室墓的金嵌宝火焰分心

如刘娘井明墓出土的火焰祥云纹金簪，簪首底部为左右对称的祥云，云上托着一颗圆形的摩尼宝珠，宝珠顶部和两侧饰有向上的火焰（图 11-2-1-45）。

在明代许多装饰纹样中，摩尼珠的火焰部分常被重点突出，北京昌平银山塔林残碑所刻宝珠，火焰延伸至珠顶上方，汇聚成桃形，比宝珠本身要大出数倍。南京江宁将军山沐斌夫人梅氏墓中的分心外观亦为桃形火焰，簪首径 11.2 厘米，分作三层，每层之间以套管相连，顶层为椭圆形双重菊花纹金托，花心处焊抱爪三根，内嵌大红宝石一块；中层为一组稍小的火焰，有圆形空金托十一个，原本可能镶嵌珍珠；底层为一组大火焰，有金托十二个，嵌随形蓝宝石及红宝石各六颗。簪脚呈圆锥状，长 12.3 厘米，整件分心共重 115.4 克（图 11-2-1-46）。类似的还有蕲州镇黄土岭村荆藩宗室墓出土的金嵌宝火焰分心，簪首也分三层，每层皆为火焰形，镶嵌有大小不等的红、蓝宝石，但整体的精致程度略逊于梅氏分心（图 11-2-1-47）。

3. 挑心

挑心是戴在鬏髻顶部的一枚大簪，即《云间据目

图 11-2-1-48 **金嵌宝菊花祥云挑心**

图 11-2-1-49 **金嵌宝菊花挑心**

抄》所说："顶用宝花，谓之挑心。[1]"出土的明代挑心实物大部分与《云间据目抄》的描述相符，簪首常做成一朵或一组花的造型，花蕊多镶嵌宝石珠玉等。挑心的簪脚较宽，垂直向下插入髻顶内部，或者将簪脚上部弯曲后固定在鬏髻侧边，仍使簪首处于髻顶的中心位置。

青阳邹氏墓的金嵌宝菊花祥云挑心通长 15.6 厘米，重 36 克，簪首顶部用金片制为小花瓣，组成一朵菊花，正中缀花蕊状金托，内嵌红宝石一块，菊花下衬以两层祥云，云朵呈螺旋状，形似小花。簪脚扁长，上部弯曲，外侧錾刻卷草云纹（图 11-2-1-48）。都昌王夫妇墓出土的菊花挑心更加华丽精美，簪首直径为 6.7 厘米，顶部饰一朵大菊花形金托，用金丝弯曲成双层花瓣，花心镶嵌大蓝宝石一块。菊花下方环绕八朵小花，花心皆嵌小红宝石，花瓣以金累丝制成。小花之下环绕八朵菊花，花瓣为单层，花心嵌红、蓝宝石，相间排列，菊花周围又用金丝掐成藤蔓枝叶和小花等。最底层是用金片打造的八瓣花萼，每瓣背面錾刻出不同的四季花卉，花萼下方连接有中间起棱的扁长形簪脚（图 11-2-1-49）。

沐斌夫人梅氏的挑心簪首形似宝相花，顶部做成椭圆形花蕊状金托，中心嵌大红宝石一块，菊花下为三层花瓣，自上而下逐渐增大，均为金片锤鍱而成，

① 扬之水先生定名为"顶簪"，见扬之水．中国古代金银首饰 [M]．北京：故宫出版社，2014：542.

图 11-2-1-50
金嵌宝石挑心（正面、背面）

边缘刻有花纹，每个花瓣上皆焊有花形金托，内嵌宝石，底层花瓣有金托十四个，存嵌蓝宝石六颗、红宝石四颗，颜色相间排列；中层花瓣有金托十个，呈圆形，原本应镶嵌珍珠，皆已不存；上层花瓣有金托十个，呈椭圆形，嵌蓝宝石与红宝石各五颗，亦相间排列。簪脚为金质，顶部插入焊接在簪首背面中央的套管内，然后向一侧弯曲成弧状（图 11-2-1-50）。款式相似的还有北京右安门外明墓中的金嵌宝莲花挑心，簪首顶部也是做成花蕊状的金托，内嵌黄色宝石，下面为两层莲瓣（皆八瓣），上层莲瓣较小，每瓣有金托一个，全部镶嵌红宝石，下层莲瓣较大，相间嵌以红、蓝宝石，簪脚与梅氏的不同，为长圆锥形，在簪首底部正中，插戴方式是垂直插入髻顶（图 11-2-1-51）。

图 11-2-1-51 **金嵌宝莲花挑心**

挑心使用了很多当时流行的花卉相关题材，如“蝶恋花”“蜂赶菊”等。菊花的形态一般为一圈短而椭圆的花瓣，花蕊较大，多饰以网格纹路，状如蜂窠，其原型可能是白甘菊，古人也称为“回蜂菊”，宋代郑克已有诗曰：“今年种得回蜂菊，乱点东篱玉不如。”将女性饰物做成甘菊的样子，大概是因为“回蜂”二字所蕴含的特别寓意。常熟虞山宝岩明吏部郎中丁奉墓出土了一件“金镶银金蜂采蜜发簪”，簪首中心镶嵌一朵椭圆形银质菊花，花蕊上落着一只金蜜蜂，菊花周围用金打制成两重细密花瓣，底部焊接簪脚（图 11-2-1-52）。这件发簪从形制看应是䯼髻的挑心，簪首采用了生动写实的“蜂赶菊”造型。常熟虞山明温州知府陆润夫妇墓也出土了一件“蜂赶菊”挑心，通长 11.8 厘米，重 14.3 克，簪首用白玉雕刻成椭圆形菊花和一只蜜蜂，花蕊位置有一空托，原本可能镶嵌珍珠，已无存，簪脚金质，

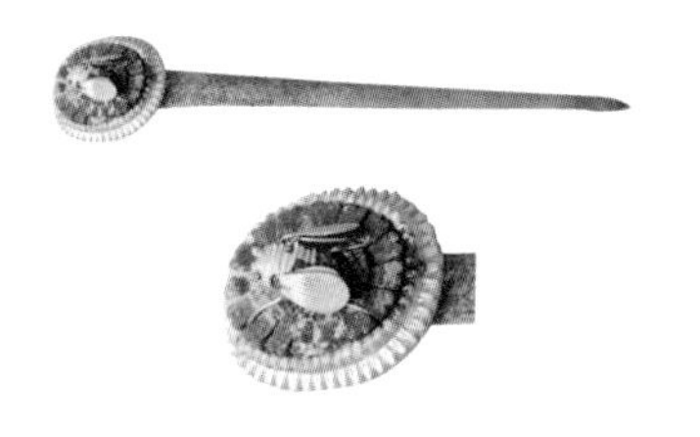

图 11-2-1-52
金镶银金蜂采蜜发簪

图 11-2-1-53 **金嵌白玉挑心**
陆润夫妇墓出土。

图 11-2-1-54 **嵌红蓝宝石金挑心**

弧形扁平，上部锥刺出卷草花纹（图 11-2-1-53）。两件挑心的材质、工艺虽然有别，但所追求的写生意趣却是相同的。

陆润夫妇墓这种椭圆形簪首的挑心在明代中后期十分常见，首都博物馆收藏了多件明墓出土的挑心实物，大部分都采用类似的簪首造型，如其中一件嵌红蓝宝石金挑心（编号 1-124），通长 16 厘米，簪首宽约 3.7 厘米，主体部分做成一朵椭圆形大菊花，正中为椭圆形金托，镶嵌大红宝石一颗，周围环绕一圈圆形小金托，原应镶嵌珍珠或小宝石，现已无存，大菊花的一端还饰有三朵小菊花，呈“品”字形排列，均有金托，但仅存小蓝宝石一颗，另有一朵小金花点缀于三朵菊花之间（图 11-2-1-54）。定陵出土的两位皇后的挑心，簪首形态亦属此类，只是更加复杂精美。

4. 满冠

满冠戴在鬏髻的背面，基本造型与宋元时无异，外观类似山峦或笔架，上下缘皆呈波浪状，顶部正中高耸，有尖拱突起，两边逐渐降低，末端亦尖。为了适应鬏髻的轮廓，整体向后呈一定弧度的弯曲，背部有长簪脚，用以插入鬏髻中。关于满冠[①]的得名，《三才图会》中这样解释：“若满冠，不过以首饰副满于冠上，故有是名耳。”并配有满冠的插图（图 11-2-1-55）。女子冠髻背面对装饰的需求相对弱一些，但既不能完全没有饰物，又不必像正面那样复杂烦琐，满冠很好地解决了这个问题。在整套鬏髻头面里，满冠通常是最大的一件，

① 扬之水先生分作“满冠”与“分心”二式，见扬之水．中国古代金银首饰 [M]. 北京：故宫出版社，2014：536.

能与正面的钿儿、分心等形成呼应，使冠髻背面看起来饱满稳重，同时还省去了插戴多件首饰的麻烦。

满冠的簪首部分比其他簪钗要宽大很多，便于工匠发挥创意，因此样式极多。江苏常州茶山群力王家村明墓出土的金满冠，外形与《三才图会》所绘插图十分相似，簪首宽 13 厘米，最高处 3.9 厘米，重 25 克，所饰纹样为“双凤穿花”，在中心位置錾刻了一朵盛开的牡丹，左右饰一升一降两只翔凤，两端另饰以菊花等缠枝花卉（图 11-2-1-56）。沐斌夫人梅氏的满冠也是“双凤穿花”，簪首底板为弯弧状金片，边缘饰连珠纹，正面以折枝花卉为地纹，焊接花形金托，正中一枚最大，两边依次减小，金托近椭圆形，四周锤鍱出花瓣，并以金丝编成花蕊状，其内相间嵌以蓝宝石四颗、红宝石三颗，正中金托的左右两侧饰升降翔凤一对。花形金托周围对称焊接小金托十六个，存嵌蓝宝石四颗、红宝石十一颗。簪脚长 10 厘米，垂直焊接于底板背部，扁平状，末端尖细（图 11-2-1-57）。南阳靳岗乡东石膏坑村明代溵水郡主[①]墓所出金满冠，凤鸟造型稍有不同，簪首系用整块金片锤鍱而成，宽 16.5 厘米、高 7.5 厘米，中间是上下排列的两朵牡丹，左右为一凤一鸾，头部相向，周围饰缠枝花叶和灵芝等，图案錾刻精细，层次分明，颇具生气（图 11-2-1-58）。

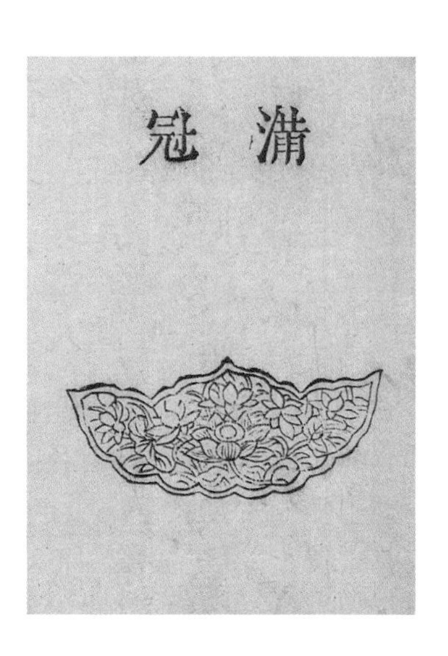

图 11-2-1-55
《三才图会》的“满冠”插图

图 11-2-1-56　双凤穿花金满冠

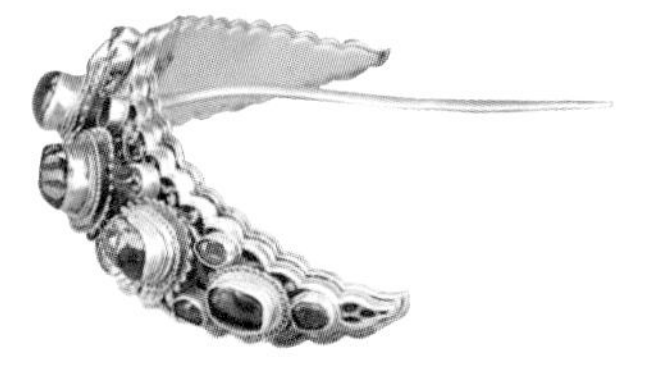
图 11-2-1-57　金嵌宝双凤穿花满冠

图 11-2-1-58　鸾凤穿花金满冠

① 溵水郡主为明代唐宪王次女，生于天顺五年（1461 年），卒于弘治五年（1492 年）四月，弘治六年十二月葬于南阳城西。

图 11-2-1-59　**孔雀穿花金满冠**

图 11-2-1-60　**金累丝镶宝石青玉镂空双鸾鸟牡丹满冠**

在“凤穿花”图案的基础上又衍生出其他禽纹与花卉的组合，如广州番禺茅山岗明墓出土的孔雀穿花金满冠，簪首正中錾刻一簇牡丹花，两边对称饰以展翅回首的孔雀及缠枝花（图 11-2-1-59）。梁庄王墓出土的王妃魏氏金累丝镶宝石青玉镂空双鸾鸟牡丹满冠也是属于同类题材，簪首宽 12.6 厘米、高 4 厘米，用金累丝工艺做成卷草纹的背衬，正面镶嵌一枚镂空的“双鸾鸟牡丹花”纹青玉片，玉片外廓为标准的满冠造型，中心镂刻牡丹花，左右两侧各有一只“鸾鸟”，左侧的作头下尾上展翅飞翔状，右侧的为站姿，转首回顾。玉片周围饰金累丝缠枝花叶和十八个椭圆形金托，托内共存镶小宝石十七颗：红宝石十颗、蓝宝石四颗、绿松石二颗和锆石一颗。背面有一条横向小金梁，垂直焊接一根簪脚（图 11-2-1-60）。

荆恭王及王妃合葬墓出土了一件金累丝嵌珠宝鸾凤双龙纹满冠，簪首宽 14 厘米、高 6 厘米，正中饰一只金累丝飞鸾，口衔金环，双翅展开，尾羽朝上，在翅膀、身体和尾部都用菊花形金托镶嵌大小不同的红、蓝宝石，飞鸾两侧各有一条累丝金龙，龙身作盘曲舞动状，龙后又各有一只金凤，龙凤周围满饰菊

图 11-2-1-61 **嵌珠宝梵字金满冠**

图 11-2-1-62 **金镶宝三大士满冠**

花形金托，均嵌有红、蓝宝石和珍珠，花间另缀以金丝绕成的弹簧枝，顶端各饰珍珠一颗，簪首背面焊接一根垂直向后的簪脚。这件满冠不但造型精美、装饰华丽，还以龙凤作为主体图案，充分体现出使用者的高贵身份（图 1-6-3-3）。

除花卉、龙凤外，各类宗教元素也大量应用在满冠的设计中。北京右安门外明墓出土的嵌珠宝梵字金满冠，显然与同出的梵字金分心成套佩戴，满冠正中为梵文“吽”字，下饰莲花，与分心的造型一致，莲瓣和“吽”字顶部均嵌宝石，两端则饰缠枝西番莲纹样，亦有金托镶嵌宝石或珍珠（图 11-2-1-61）。

以宗教人物为主要造型的满冠则充分利用了簪首宽大的优势，较之分心更为复杂多变，比较典型的如都昌王夫妇墓中的两件宗教人物满冠，一件簪首宽 14 厘米、高 12 厘米，背面为镂空球路纹山形背板，上饰火焰，正面底部缀五枚花形金托，花心镶嵌红宝石二块、蓝宝石三块，宝石之上有三菩萨与二侍者，系佛教造像中的“三大士”组合，观音菩萨居中，右手侧与左手侧分别侍立着善财童子和龙女，观音右边手持如意者为普贤菩萨，左边手捧贝叶经者为文殊菩萨，菩萨脑后均有圆形头光，上方饰祥云和华盖，嵌以大小不同的红、蓝宝石（图 11-2-1-62）。另一件簪首形制基本相同，宽 13 厘米、高 10.5 厘米，背板底边有明显的弧度，正面为三教祖师像，居中者是佛陀释迦牟尼，身旁站立二胁侍，佛陀右边为道祖老子，手展书卷，左边凝神端坐者为先师孔子。人物的上下方亦饰有祥云、华盖和金花等，均镶红、蓝宝石（图 11-2-1-63）。

图 11-2-1-63
金镶宝三教祖师满冠

三教合一的思想形成于唐代，宋元之后逐渐成为社会思想发展的主流，北宋天台宗僧人智圆就认为“释道儒宗，其旨本融”，他在《谢吴寺丞撰闲居编序书》中说：“夫三教者，本同而末异，其于训民治世，岂不共为表里哉！”宋孝宗在《原道辩》（后改《三教论》）里提出“以佛修心，以道养生，以儒治世”的观点，金代兴起的全真教也倡导“三教一家”，《重阳真人金阙玉锁诀》云：“三教者如鼎三足，身同归一，无二无三……喻曰：似一根树生三枝也。”明宪宗朱见深绘有一幅《一团和气图》，取“虎溪三笑”的典故，将陶渊明和道士陆修静、高僧慧远画在一起，合抱如一人，《图赞》提道：“合三人以为一，达一心之无二。忘彼此之是非，蔼一团之和气。”即位不久的明宪宗借此图表达了对政局稳定的期许，同时也流露出他对“三教一体”的认同。由于中国民间宗教一直保持着多神崇拜的信仰模式，因此在三教合一的实践层面上，民间社会体现得更加鲜明与彻底，很多庙宇宫观都容纳了三教诸神，儒释道三位祖师常常共居一殿，接受信众的香火供奉，都昌王墓的金镶宝三教祖师满冠正是这一现象的缩影。

其他常见的人物题材满冠主要表现历史或文学戏曲中的故事，往往人数众多，姿态各异，并饰有车马、器具或建筑等，画面虽小，但纤毫毕具，生动逼真。蕲州镇黄土岭村荆藩宗室墓出土的四马投唐金满冠，簪首宽 14.5 厘米、高 7

厘米，背景为城墙城楼，城门紧闭，门前站立一人作恭迎状，前方为两队人马，分列左右，左边有二人身穿铠甲，头戴凤翅盔，骑马而行，马旁一卒执幡旗，旗面用锥点纹錾出“四马投唐”字样；右边亦有二人骑马，皆穿圆领，在前者头戴翼善冠，在后者戴三山帽，马旁一卒手持三檐伞盖（图 11-2-1-64）。《脉望馆钞校本古今杂剧》收录了明代的《长安城四马投唐杂剧》，卷末附有人物穿戴说明的“穿关”，其中提到李密戴三山帽、王伯当戴奓檐帽、柳周臣和贾闰甫戴凤翅盔，四人都穿蟒衣曳撒、袍、项帕等。满冠上的人物装束在穿关基础上做了一些改变，左边戴凤翅盔的二人应为柳周臣和贾闰甫，身上改穿铠甲，凸显出英武之气。右边居前者为李密，他在剧中出场时是魏王，故将他的穿戴改为明代亲王的翼善冠和圆领袍，三山帽则给了身后的王伯当，二人一君一臣的身份便可一望而知（图 11-2-1-65）。

姚湾荆藩宗室墓出土的金镶宝三英战吕布满冠，大小、形制均与前件相近，簪首图案为三国故事里的“刘关张三战吕布”，背景仍是城门城楼，当系虎牢关，沿城楼横向排列七个四脚云形金托，内嵌红、蓝宝石（尚存五颗）。城门

图 11-2-1-64　**四马投唐金满冠**

图 11-2-1-65　**四马投唐金满冠上的人物**

图 11-2-1-66 **金镶宝三英战吕布满冠**

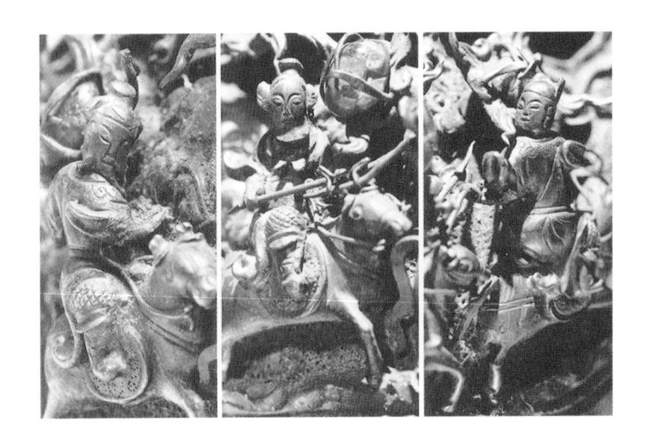

图 11-2-1-67
金镶宝三英战吕布满冠上的人物

外有四武将骑马追逐，最前方手持方天画戟回身交战者为吕布，头戴三山帽，身穿长袍；紧随其后的是张飞，头戴凤翅盔身穿铠甲，手中长矛正刺向吕布；张飞之后为关羽，头戴青巾，面有三绺长须；最后是刘备，也戴三山帽，穿圆领袍，手提双股剑（图 11-2-1-66、67）。三国故事在隋唐之前已流传甚广，到宋元时期成为极受欢迎的民间艺术题材，对后世文学、戏曲的创作产生了重要影响，孟元老《东京梦华录》提到京城瓦肆中有艺人霍四究专门说“三分”，高承《事物纪原》“影戏”条记载：“宋朝仁宗时，市人有能谈三国事者，或采其说，加缘饰作影人，始为魏吴蜀三分战争之像。”元至治年间建安虞氏《新刊全相平话三国志》里就绘有“三战吕布”的插图，画中人物形象及动态与满冠图案颇为相似（图 11-2-1-68）。

鬏髻头面中还有一类楼阁题材的首饰，吸收了传统界画的表现方式，将原本作为背景的建筑进行了重点突出，人物则偏向于静态造型，不太强调图案的故事性，《天水冰山录》中的“金镶楼阁群仙首饰”“金镶累丝楼台人

图 11-2-1-68　**元至治建安虞氏刻本《新刊全相平话三国志》“三战吕布”插图**

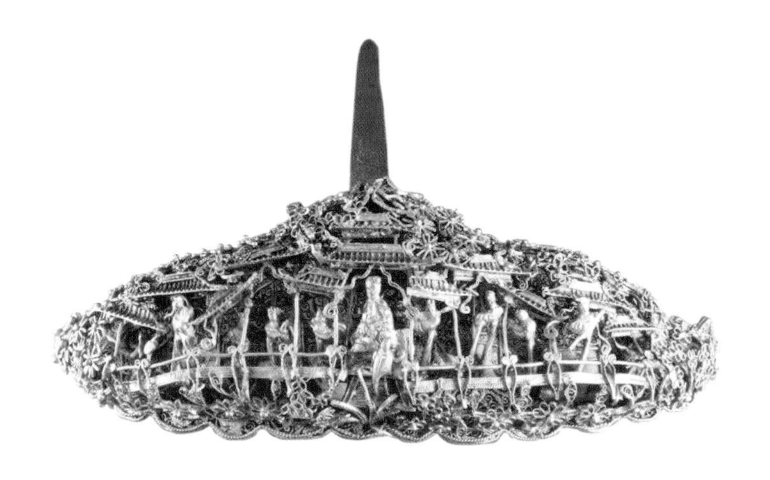

图 11-2-1-69
楼阁人物金满冠
长泾明墓出土。

物首饰”“金楼台殿阁嵌大珍宝首饰”等便属此类。江阴长泾明代夏彝夫妇墓出土了 4 件楼阁人物金簪，其中一件为满冠，簪首宽 10 厘米，采用模压、钻刻、焊接、累丝缠绕等工艺制成，背面用金累丝做成卷草纹样，正面以建筑为主体，做成联排的亭台廊榭，下有栏杆，周围以花草点缀。建筑内有人物，共十人，正中端坐者形象高大，神态庄严，绾髻披云肩，前立一仙鹤，左右各有四名侍女，或持扇或捧物，情态各异，另有一人立于踏步上（图 11-2-1-69）。益庄王继妃万氏棺内随葬的楼阁人物金满冠，是整套同题材头面中的一件，簪首呈“山”形，带有明显弧度，宽 9.5 厘米、高 5.1 厘米，正面饰并排的三组殿阁，皆为三开间，楹高间阔，轩峻壮丽，上有大小重檐，下则勾栏围护，每殿正中端坐一人，似为神像，身旁各立有二侍者（图 1-6-3-4）。这两件楼阁人物满冠造型复杂精巧、立体生动，充分显示了明代工匠的高超技艺。

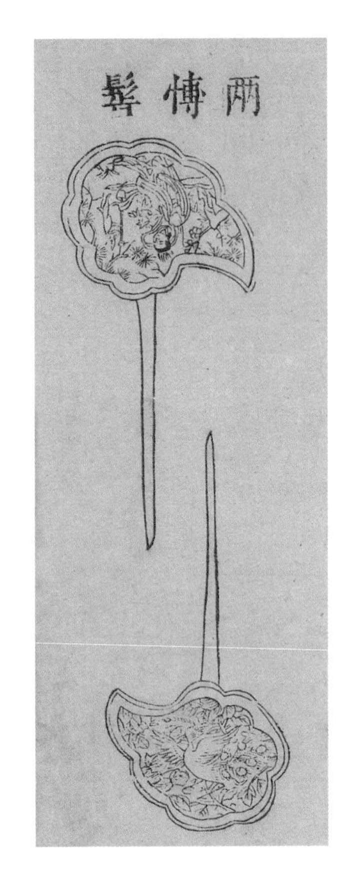

图 11-2-1-70

《三才图会》的掩鬓插图

图 11-2-1-71　**双凤穿花金掩鬓**

在很长时间里，女性都有髻后插梳的习惯，因此同样戴于䯼髻后部的满冠被看作是梳子的替代品，《三才广志（记）》有：“满冠笄以代梳者，后世以金银为之，或以珠玉。”此说未必准确，但却反映出了明人最直观的感受。

5. 掩鬓

掩鬓又称捧鬓，簪首的外形通常做成带尾的云朵状，簪脚朝上，插戴于左右鬓发的上方，因此是两件成对。掩鬓不仅用作䯼髻头面，还可以和翟冠搭配，故明人常将掩鬓与明初命妇首饰里的博鬓联系起来，将二者混为一物，如《客座赘语》：“掩鬓，或作云形，或作团花形，插于两鬓，古之所谓‘两博鬓’也。”《三才图会》中直接将掩鬓的插图标为“两博鬓”（图 11-2-1-70），下用文字标注：“两博鬓，即今之掩鬓。”但掩鬓和博鬓之间是否存在直接关系，尚没有确切资料可以证明。

江西南昌青云谱老龙窝明墓出土的一对双凤穿花金掩鬓，通长 15.5 厘米、宽 6.8 厘米，簪首左右相对，呈云形，皆由前后两枚金片用细金丝固定而成，正面金片錾刻镂空图案，中间饰牡丹花，两旁有翔凤一对，四周点缀缠枝花叶，背部金片为素面，焊接簪脚（图 11-2-1-71）。石城王府辅国将军朱拱禄（㯟）墓的银鎏金云凤纹掩鬓，形制、工艺和前件相近，簪首图案为一前一后两只翔凤，周围则饰如意云纹（图 11-2-1-72）。

梁庄王墓出土了三件金累丝镶宝石青玉镂空鸾鸟牡丹掩鬓，其中两件（编号后：29、后：

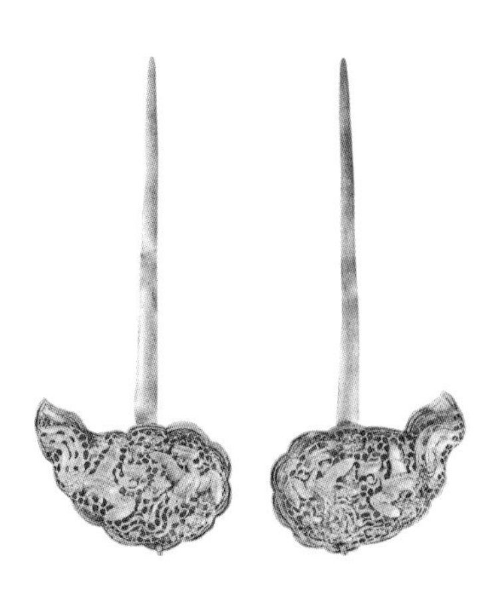

图 11-2-1-72 **银鎏金云凤纹掩鬓**

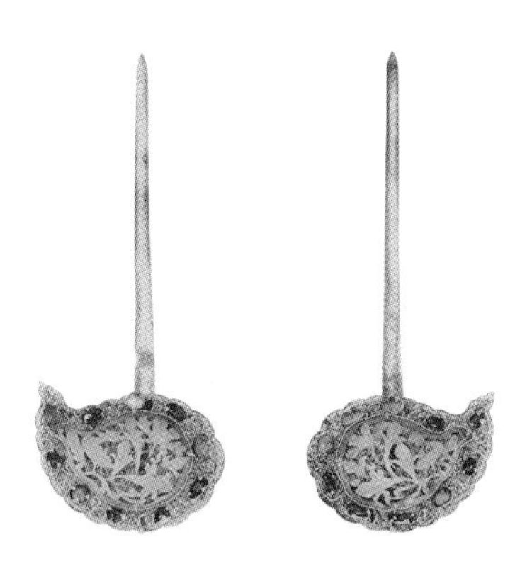

图 11-2-1-73
金累丝镶宝石青玉镂空鸾鸟牡丹掩鬓

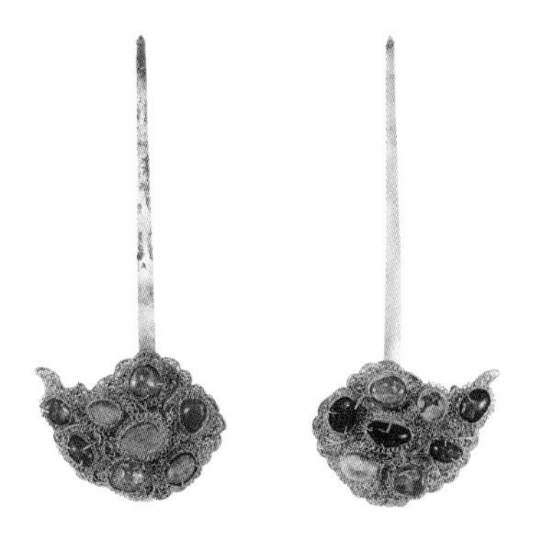

图 11-2-1-74 **金累丝镶宝石掩鬓**

30）为一对，通长 15.5~16 厘米，簪首宽 6.6~6.7 厘米、高 4.3~4.5 厘米，中心位置是云形的金托，内嵌相同形状的青玉片，玉片镂刻“回首鸾鸟牡丹花”纹，周围饰金累丝卷草纹和椭圆形小金托，托内镶嵌红、蓝宝石和绿松石等（图 11-2-1-73）。另有五件金累丝镶宝石掩鬓，分为两对和一个单件，形制大体相同，一对（编号后：50、后：51）通长 15.2~15.3 厘米，簪首宽 6.7 厘米、高 4.9~5 厘米，全用金累丝制作，各缀菊花形小金托八个，六个居中，两个靠近尾部，托内嵌有各色宝石，十分华贵（图 11-2-1-74）。沐斌夫人梅氏的掩鬓也是相同款式，簪首宽 8~8.5 厘米，为左右相对的云形，但两件的轮廓和纹饰细节等均有明显区别，原本应非一对，系后来搭配。一件簪首的背面用金累丝制成卷草纹底板，正面以金丝绕成卷草纹，缀小金托九个，金托周围是细金丝编成的菊花花瓣，托内存嵌红宝石、蓝宝石、水晶及绿松石等共八颗，底板焊接一根扁平状簪脚，长 14 厘米。另一件簪首的底板用素面金片制成，正面为枝叶纹，缀小金托八个，金托周围是锤鍱成的花瓣，托内嵌红宝石、蓝宝石、猫睛石等共七颗，底板焊接有近梯形的扁状套管，簪脚应插在套管内，现已缺失（图 11-2-1-75）。

都昌王墓的金镶宝双凤穿花掩鬓更像是将前面的两款样式进行了结合，在金累丝制成的云形簪首中心缀有重瓣菊花形金托，托内镶嵌大红宝石一块，两旁各有一只翔凤，凤身亦各嵌一颗小红宝石，周围沿掩鬓轮廓排列着十个小菊花形金托，内嵌红宝石与蓝宝石各五颗。簪首背面有金焊槽，槽内插簪脚（图 11-2-1-76）。

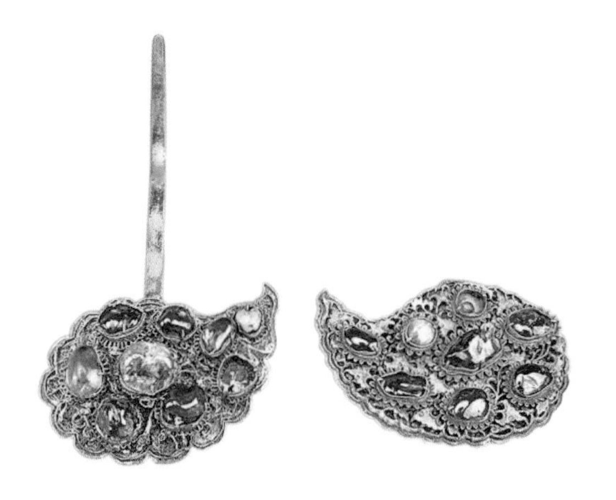

图 11-2-1-75　**梅氏的金嵌宝掩鬓**

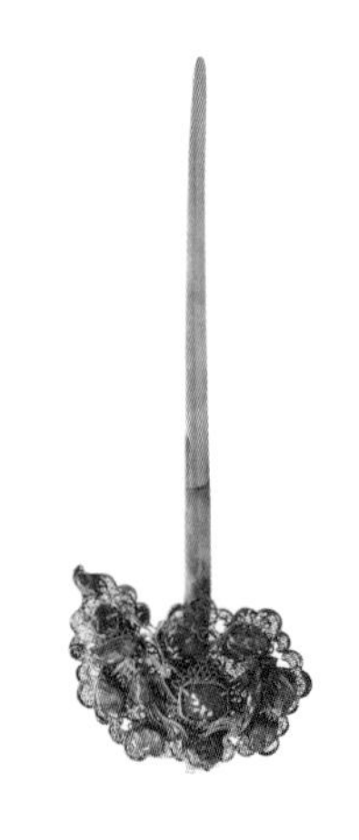

图 11-2-1-76　**金镶宝双凤穿花掩鬓**

图 11-2-1-77　**五毒艾虎金掩鬓**

图 11-2-1-78　**明代五毒艾虎补子**

青阳邹氏墓的掩鬓，簪首用整块金片锤鍱而成，画面背景为松树、山石，前有一仙人，骑坐于老虎背上，周围有三足蟾蜍、蜈蚣、蝎子等，象征“五毒”[1]，簪首背面焊接银质扁平簪脚（图 11-2-1-77）。“五毒”是明代端午节使用的应景纹样，张岱《夜航船》中说：“（五毒）官家或绘之宫扇，或织之袍缎，午日服用之，以辟瘟气。”图案中常加入艾叶和老虎组成“艾虎”，用来消灭毒物，有驱邪避害的寓意。宫眷内臣从五月初一日至五月十三日穿五毒艾虎补子蟒衣，民间妇女则在端午当天换穿饰有五毒纹样

① 明代“五毒”指蛇、蝎、壁虎、蜈蚣、蟾蜍等五种古人认为有毒的动物。

图 11-2-1-79
金镶宝人物掩鬓

的新纱衣（图 11-2-1-78）。《酌中志》在描述“铎针”使用的节令题材时提到“端午则天师”，端午节供张天师的习俗由来已久，北宋吕希哲《岁时杂记》载：“端午都人画天师像以卖，又合泥做张天师，以艾为头，以蒜为拳，置于门户之上。”明代宫中于门上悬挂吊屏，画天师或仙子、仙女执剑降毒的故事。《天水冰山录》里有“金镶天师骑艾虎首饰一副”，主体纹饰大约就是张天师手执宝剑骑虎斩五毒的形象，邹氏掩鬓上的骑虎仙人被发跣足，双肩和腰部围着兽皮或草叶，一手提篮，一手握锄，与常见的天师造型不同，但这对掩鬓应属于端午节首饰当无疑问。

图 11-2-1-80
楼阁人物金掩鬓（之一）

人物故事和楼阁建筑自然是掩鬓不可缺少的题材，前者如姚湾荆藩宗室墓出土的金镶宝人物掩鬓（图 11-2-1-79），后者则可以益庄王继妃万氏的楼阁人物金掩鬓为代表。万氏的掩鬓有两对，图案相似但簪首的形态却不一样，一对的簪首为常见的云朵形，主体图案是一座正面三开间殿阁（左右还各有一侧间），阁内共有五人，殿阁周围遍饰花叶（图 11-2-1-80）；另一对的图案是两层楼阁，上层为一大间，设有槅扇及栏杆，内居三人，下层屋宇与前件相同，亦有五人，因此簪首也相应增加了高度，变成拉长的云形（图 11-2-1-81）。

图 11-2-1-81
楼阁人物金掩鬓（之二）

首都博物馆的一对嵌宝石菊花金掩鬓则改变了原本的云纹形态，将簪首设计为一朵圆形的重瓣菊花，在菊花的左侧或右侧衬以枝叶，既显得新颖别致又保持了人们熟悉的掩鬓轮廓（图 11-2-1-82）。

图 11-2-1-82　**嵌宝石菊花金掩鬓**

图 11-2-1-83　**凤穿花金掩鬓**

图 11-2-1-84
金累丝镶宝石掩鬓

图 11-2-1-85　**金掩鬓**
常州王家村明墓出土。

掩鬓的造型除了一侧带尾的云形外，还有一种所谓的“团花形”，簪首轮廓左右对称，近似如意云头，如明衡山王墓出土的如意云形金掩鬓，通长 14.7~15 厘米，簪首宽 4.2 厘米，为正面如意云形，尖端朝上，饰以镂空的鸾凤穿花图案（图 11-2-1-83）。梁庄王墓的一对金累丝镶宝石掩鬓（编号后：55、后：56），通长 14.7~13.9 厘米，簪首宽 3.8~3.7、高 4.2~3.9 厘米，各缀五个菊花形金托，内嵌红、蓝宝石，周围饰枝叶（图 11-2-1-84）。常州王家村明墓的金掩鬓以“云”为主题，簪首用锤鍱、錾刻等工艺制成，正中为上下排列的两朵如意云，周围对称环绕九朵螺旋状小云，背面焊接银质簪脚（图 11-2-1-85）。

大部分掩鬓的簪脚为单股，但也有一些是双股簪脚，如 1963 年南京太平门外板仓出土的仙人金掩鬓和 1966 年南京太平门外蒋王庙出土的婴戏莲金掩鬓，两件掩鬓的大小、风格都很接近，簪首背面均焊接双股扁平簪脚（图 11-2-1-86、87）。溆水郡主墓

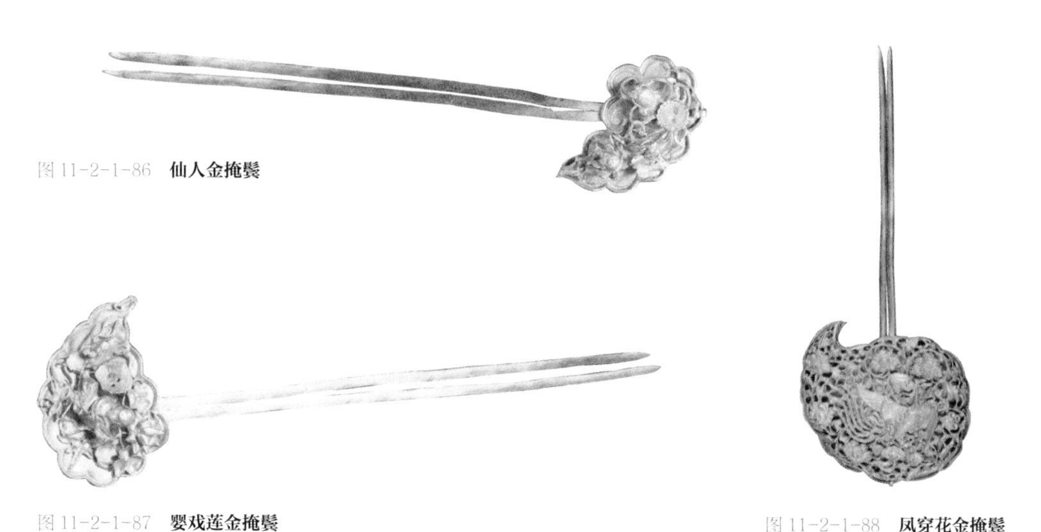

图 11-2-1-86　**仙人金掩鬓**

图 11-2-1-87　**婴戏莲金掩鬓**

图 11-2-1-88　**凤穿花金掩鬓**

图 11-2-1-89　**金镶宝石镂空掩鬓**

的另一件金掩鬓通长16.8厘米，簪首宽6.9厘米、高5.7厘米，图案为单凤穿花，背面焊接的簪脚亦为双股（图11-2-1-88）。兰州上西园彭泽夫妇墓出土的金镶宝石镂空掩鬓，簪首硕大，宽约9.3厘米，满饰缠枝四季花卉，花心处皆为金托，原嵌红、蓝宝石十五颗，现存九颗，簪首底部用薄银片做成半圆形托，焊接双股扁平银质簪脚（图11-2-1-89）。这些掩鬓采用双股簪脚应是基于功能性的考虑，使之能像发卡一样牢固地插在发鬓或鬏髻上。

6. 花顶簪

明代将簪首部分称为“顶”或“头”，若簪首为金，簪脚为银，便可叫作“金顶银脚簪”或“金头银脚簪”。《天水冰山录》“金簪”一项记有各式簪钗的名称，如金镶玉瓜头簪、金玉顶梅花簪、金镶玉梅花簪、金镶玉圆头簪、金镶玉方头簪、金镶玉银脚簪、金镶珠宝银脚簪、玉头金脚簪、金桃花顶簪、金桃花

图 11-2-1-90 **金花顶银脚簪**
青阳明墓出土。

图 11-2-1-91 **金花顶簪**
青阳明墓出土。

图 11-2-1-92 **金花顶银脚簪**
盛氏墓出土。

珠顶簪、金菊花宝顶簪、金镶珠宝顶簪、金点翠梅花簪、金宝石顶簪、金顶银脚簪、金宝顶桃花簪、金珠顶菊花簪、金宝头簪等。从这些名称不难发现，“某某顶簪”表述的都是簪首的样式，因此不能将“顶簪”理解为“（鬏髻）顶部的簪子”。类似的名称亦见于文学作品中，如《金瓶梅词话》提到了“金裹头簪子（第十二回）”“金头簪儿（第七十五回）”“金头莲瓣簪儿（第八十二回）”“金头银脚簪（第九十五回）”等。

鬏髻上的花顶簪通常成对出现，数量可根据鬏髻的高度增减，从一对至多对不等，插在鬏髻的左右两侧，除了作为装饰外也能起到固定的作用。簪首一般为金质（或银鎏金），亦可镶嵌玉、宝石、珍珠等，大多做成四季花卉的造型。青阳邹氏墓出土的金花顶簪分为两种，一种为金顶银脚簪，共有三对（六件），通长约 13.1 厘米，簪首分别錾刻成牡丹、宝相花等不同花形，长圆锥形簪脚。另一种皆为金质，共三件，通长 8.85~9 厘米，簪首分别为葵花、单瓣莲花和复瓣莲花（图 11-2-1-90、91）。这两种花顶簪的区别仅体现在簪脚材质上，样式则基本相同，看似简约但不失精致，因此颇具代表性，常州市武进区横山桥镇明代王洛家族墓王洛之妻盛氏墓出土的金花顶银脚簪（图 11-2-1-92）和长泾夏彝夫妇墓出土的金花顶簪都是属于这一类型。夏彝夫妇墓的金花

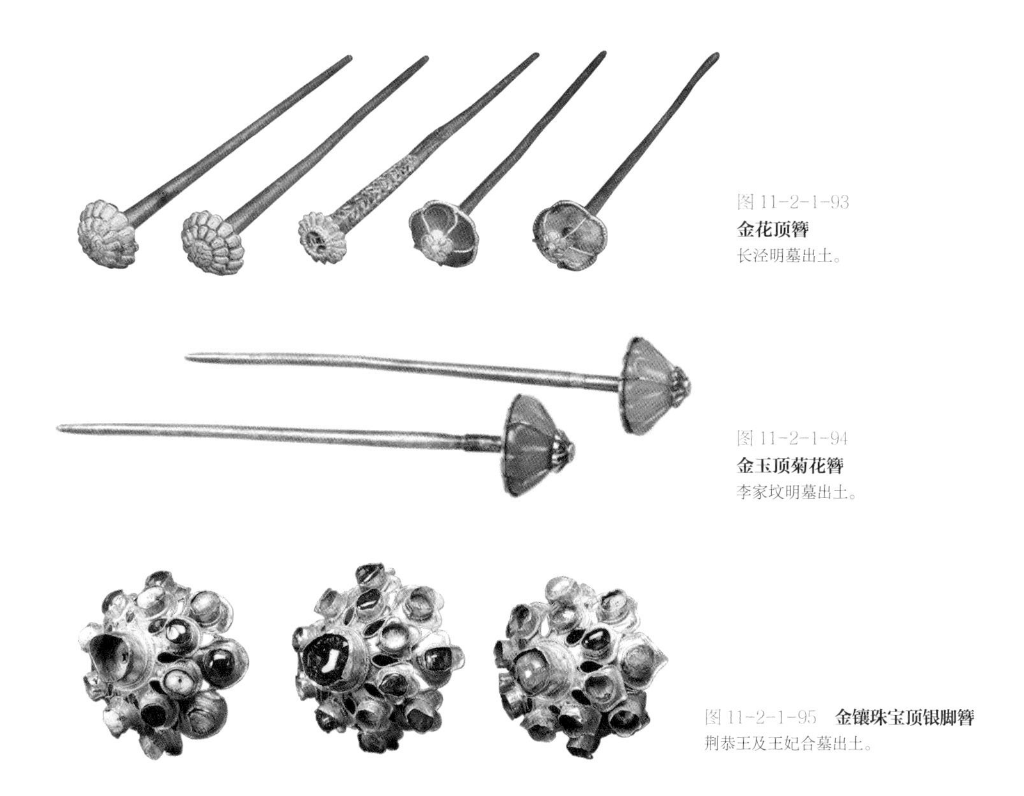

图 11-2-1-93
金花顶簪
长泾明墓出土。

图 11-2-1-94
金玉顶菊花簪
李家坟明墓出土。

图 11-2-1-95 **金镶珠宝顶银脚簪**
荆恭王及王妃合墓出土。

顶簪中有一对的簪首做成梅花形，内嵌玉质花瓣，似可称作“金玉顶梅花簪”（图 11-2-1-93），在嘉兴市王店李家坟明墓里也出土了一对形制相似的花顶簪，簪首为菊花形，内嵌白玉，底接银质簪脚（图 11-2-1-94）。这几个墓葬的时代分别为正德（青阳、长泾明墓）、嘉靖（盛氏墓）、万历（李家坟明墓），可见该类样式的花顶簪在明代中后期相当长的时间里都非常流行，应是当时最常见的基本款式。

由于花顶簪没有太多的题材变化，工匠们将主要精力放到工艺技术上，而对于大部分贵族官员家庭的女性来说，富丽精美的簪钗显然更受欢迎。荆恭王及王妃合葬墓出土四对（八件）金镶珠宝顶银脚簪，形制相似，簪首直径 3.2 厘米，呈伞状复瓣花形，花心各嵌红、蓝大宝石一颗，花瓣形态各异，象征不同的花卉，每瓣均有小金托，镶嵌珍珠与红、蓝宝石。簪首底部有垂直的金管，可插入银质簪脚（图 11-2-1-95）。蕲春县彭思镇张滩村都昌惠靖王朱祁鉴妃袁氏墓出土的三对花顶簪皆用金片打造成大小不等的一圈牡丹花瓣，再层层叠

图 11-2-1-96　**袁氏墓出土的金镶宝牡丹顶银脚簪**

图 11-2-1-97　**金累丝镶宝牡丹花顶簪**

图 11-2-1-98　**金镶玉嵌宝牡丹花顶簪（正面、背面）**

图 11-2-1-99　**金镶宝花顶簪**

银簪脚（图 11-2-1-96）。杭州桃源岭明墓的牡丹花顶簪也是花心用圆形金托镶嵌红、蓝宝石，绕以金丝花蕊，花瓣用金累丝制成，整体造型突破了程式化的做法，有较强的写实感（图 11-2-1-97）。临海王士琦墓的金镶玉嵌宝牡丹花顶簪则以华贵取胜，簪首用玉雕成牡丹花瓣，花心处嵌有圆形金托和金花蕊，托内镶宝石，周围饰金累丝制成的小花瓣以及缠绕的枝叶，簪首底部用金片做成七瓣花萼，每瓣顶端另接一枝小金花，点缀于玉花瓣隙间，花萼正中焊有一节金管，可插银簪脚，惜已断缺（图 11-2-1-98）。

都昌王朱载塎夫妇墓中的一对金镶宝花顶簪与常制不同，簪首分别做成三朵联排的镶宝金花，插上鬏髻后看上去似乎有三对花顶簪，既保持了头面的组合效果，又让插戴变得更加方便（图 11-2-1-99）。

7. 草虫簪

草虫是明代非常流行的首饰题材[①]，簪首做成昆虫等小动物的样子，辅以

① “草虫簪”的论述可参考扬之水 . 明代头面 [J]. 中国历史文物，2003(4)：24-39。

花草枝叶，常见的有蝉、虾、螳螂、蝴蝶、蟾蜍、蜘蛛、螃蟹、蜻蜓、螽斯等，大都采用写实的造型，极为生动可爱，冯梦龙《山歌·卷九·烧香娘娘》里写“张大姐有个涂金蝴蝶，李三阿妈借子点翠个螳螂”，即指此类簪钗。

草虫簪款式丰富，大小不一，既可以一件单独佩戴，也可以成对用在䯼髻或冠子上，甚至由多件组成全副的头面，如《天水冰山录》记载有金镶玉草虫嵌宝首饰一副（计十二件，共重十五两八钱）、金镶大珠宝草虫首饰一副（计十件，共重二十二两六钱）、金镶珠宝累丝草虫首饰一副（计十一件，共重十四两三钱五分）、金镶摺丝草虫珠宝首饰一副（计九件，共重十三两五钱）、金镶草虫点翠嵌宝首饰一副（计十二件，共重十八两八钱）等。《金瓶梅词话》也提到各种草虫首饰，如第二十回潘金莲帮李瓶儿抿头，看到她头上戴着一副“金玲珑草虫儿头面”，对她说：“李大姐，你不该打这碎草虫头面，只是有些抓住了头发，不如大姐姐头上戴的这金观音满池娇，是揭实枝梗的好。”第六十一回写王六儿头戴银丝䯼髻，周围则插着“碎金草虫啄针儿”。

将草虫制成首饰，不仅为女性冠髻增添了一丝生气，还蕴含着许多与爱情、婚姻相关的寓意。《诗经·国风·召南》有一首《草虫》，首章云：“喓喓草虫，趯趯阜螽。未见君子，忧心忡忡。亦既见止，亦既觏止，我心则降。”《毛诗正义》的解释是：“作《草虫》诗者，言大夫妻能以礼自防也。经言在室则夫唱乃随，既嫁则忧不当其礼，皆是以礼自防之事……笺云：草虫鸣，阜螽跃而从之，异种同类，犹男女嘉时以礼相求呼。”朱熹《诗经集传》则说：“南国被文王之化，诸侯大夫行役在外，其妻独居，感时物之变，而思其君子如此。”今人认为这是一首妻子想念行役丈夫的诗，用草虫鸣叫、阜螽跳跃相从来比喻男女相慕相求的情状，从而引发思妇的忧伤。南宋朱继芳有《草虫便面》诗，其意亦颇相类：“蝶舞蜂歌倦，蜻蜓看未休。谁知织妇意，方夏已思秋。”无论绘画还是制作首饰，取诗意为题乃是自来成格，如上海卢湾区李惠利中学明墓的银丝䯼髻，在顶部两侧插着一对草虫簪，簪首为金质蚱蜢，亦即《草虫》中的“阜螽”（图11-2-1-100）。即墨博物馆藏《蓝氏五世祖妣像》上，䯼髻正面分心的两侧有一对金蝉，很直观地表现出草虫簪通常的佩戴位置（图11-2-1-101）。

南京市博物馆收藏了一件金嵌宝石蜘蛛形簪，出土于南京中华门外邓府山佟卜年妻陈氏墓，通长10.3厘米，簪首宽约2.7厘米，镶嵌红、蓝宝石各一颗，以红宝石为头胸、蓝宝石为腹部，用金丝弯曲成蛛足，簪首底部焊接横向细长

图 11-2-1-100 **银丝䯼髻与金草虫簪**

图 11-2-1-101 **蓝氏五世祖妣像局部**

图 11-2-1-102 **金嵌宝石蜘蛛形簪**

簪脚（图 11-2-1-102）。万历《福州府志》云："蜘蛛空中结网，小者丝垂者，俗呼为喜蛛。"蜘蛛，又叫喜子、喜母或报喜蛛，古人认为喜蛛出现预示喜乐之瑞，是吉兆，欧阳修诗云"拂面蜘蛛占喜事，入帘蝴蝶报家人"。

青阳邹氏墓有一对金嵌宝螳螂捕蝉簪，形制相同，簪首各饰一只金螳螂，形态矫健，前肢紧扣金蝉，螳螂和蝉的身体翅膀上都有大小不等的金托，各嵌宝石十颗（一件存六颗，一件存两颗），螳螂腹底焊接银质扁平簪脚，长 8.9 厘米（图 11-2-1-103）。与之相似的还有荆恭王墓镶珠宝螳螂捕蝉金簪，簪长 14.5 厘米，簪首宽 2 厘米，前端为卧于花丛中的金蝉，身后有一只螳螂，二者与身下花丛都嵌有红蓝宝石或珍珠（图 11-2-1-104）。"螳螂捕蝉"出自《庄子》，本身的含义并不算美好，但在民间早已成为妇孺咸知的俗语，将之做成首饰，反让人觉得俏皮有趣。

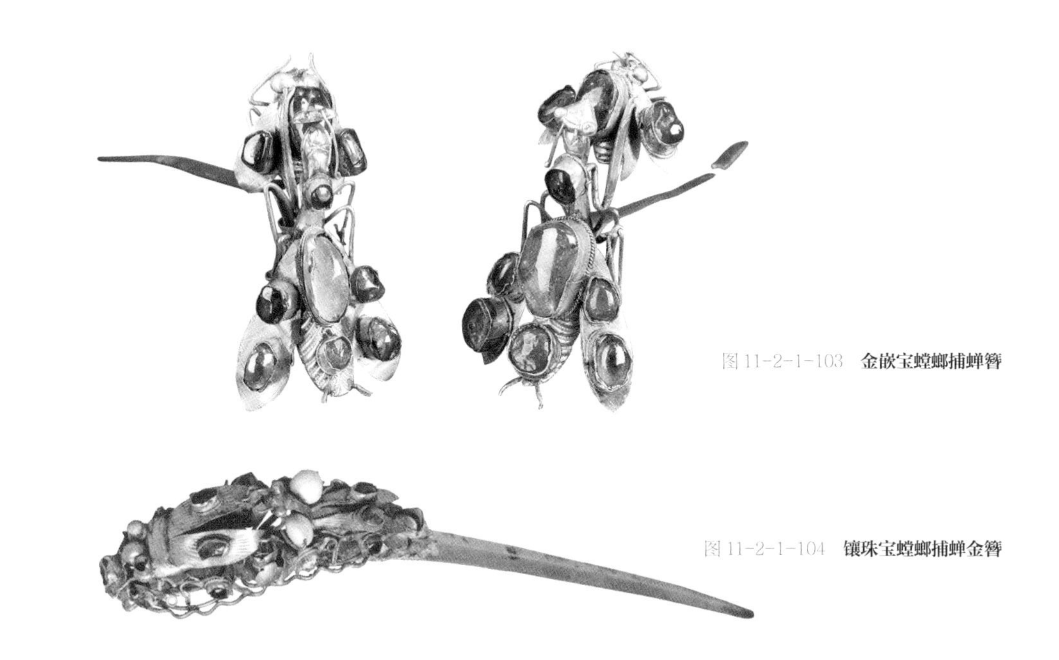

图 11-2-1-103　**金嵌宝蝗螂捕蝉簪**

图 11-2-1-104　**镶珠宝蝗螂捕蝉金簪**

图 11-2-1-105　**金蝉玉叶簪**

苏州五峰山博士坞明弘治年间进士张安晚家族墓出土的金蝉玉叶簪，簪首用新疆和田所产羊脂白玉雕琢成一片树叶，长 5.2 厘米、宽 3.2 厘米，叶面伏着一只栩栩如生的金蝉（图 11-2-1-105）。古人认为“蝉饮露而不食”，故以之象征清高，簪首的玉叶晶莹冰润，金蝉栖憩于上，似待露水凝结，虽然所用材质非金即玉，却给人以雅致清素之感。这件金蝉玉叶簪工艺复杂精细，设计颇见巧思，堪为明代草虫首饰的代表之作。

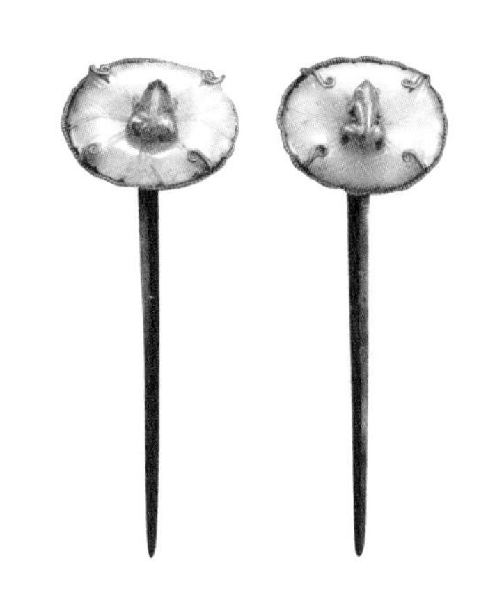

图 11-2-1-106　**金蛙嵌玛瑙银脚簪**

常州和平新村明墓的一对金蛙嵌玛瑙银脚簪，通长 10 厘米，簪首宽 3.4 厘米、高 2.8 厘米，构思与金蝉玉叶簪类似，簪首用金片制成椭圆形底托，上嵌白色玛瑙雕成的荷叶，叶心伏一金蛙，小巧可爱，宛如张镃诗中描写的“浅侧荷盘绿尚新，一蛙危坐压荷唇”，若是与莲花顶簪等一同插戴，便可构成一幅动人的池塘小景（图 11-2-1-106）。无

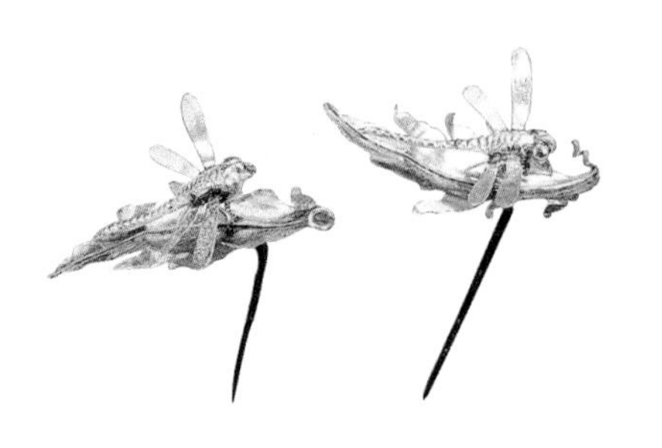

图 11-2-1-107 **金蜻蜓簪**

图 11-2-1-108 **银鎏金螳螂簪**

锡鸿声镇前房桥钱氏家族墓中的金蛙嵌玉荷叶银脚簪，形制与前件几乎一样，该墓还出土了一对金蜻蜓簪，簪首用金片做成花叶，叶片上用弹簧形细金丝连接着一只展翅欲飞的蜻蜓（图 11-2-1-107）。上海宝山区顾村镇朱守城夫妇墓出土的银鎏金螳螂簪，也是用弹簧形银丝连接花叶与螳螂，当簧丝摆动时，螳螂也随之浮腾跳跃，远远望去几可乱真（图 11-2-1-108）。

（四）䯼髻头面的组合

在已发掘的明代女性墓葬中，出土了一些相对完好的金丝或银丝䯼髻，能比较直观地了解各式头面的插戴方式和位置。如嘉兴市秀洲区王店镇李家坟明墓出土的一顶䯼髻，用直径1毫米的银丝编结而成，直径10.3厘米、高11.5厘米，䯼髻上缀有一套完整的银鎏金头面，皆以花卉为主要纹饰，并镶嵌各色玻璃珠或宝石。䯼髻正面底部是长条形的钿儿，钿儿之上正中位置为花叶形分心，髻顶是四层花朵形挑心，背面底部为满冠，左右两侧上部是花顶簪，底部则插有掩鬓一对（图 11-2-1-109）。

义乌博物馆藏倪仁吉绘《吴氏先祖图册》中有一幅画像，像主头戴黑色䯼髻，除正中饰一件火焰形背光的观音分心以及未描绘具体纹样的钿儿外，其余头面均是花卉题材，如顶部的挑心做成一朵大牡丹花，左右为带枝叶的花顶簪，髻下的压鬓钗亦是一组花叶的造型。颇有趣味的是在花顶簪周围画有悬空的蝴蝶和花朵，实物的状态应和前面提到的银鎏金螳螂簪一样，在蝴蝶底部有簧丝与簪首相连，使之能在花叶间舞动，满头花繁蝶飞，盎然如春（图 11-2-1-110）。

武进王洛家族墓出土了两顶䯼髻，分别属于王洛之妻盛氏和王昶之妻徐氏，盛氏卒于明嘉靖十九年（1540），徐氏生卒年失考，研究人员推测其墓葬年代为嘉靖至万历年间。盛氏的䯼髻高 13.5 厘米，徐氏的䯼髻高度只有 5.6 厘米，这与文献中嘉靖时䯼髻尚高而隆庆时则尚圆扁的记载是吻合的。盛氏䯼髻用银丝编成，外敷黑绉纱，两侧各插三根鎏金银花顶簪，将之与发髻固定。䯼髻前方正中饰一金观音坐像，观音身下为莲花座，两旁有善财、龙女以及净瓶等。髻顶插金挑心，簪脚固定在䯼髻侧边，簪首分三层，底层为十朵祥云（发掘报告称为"小花"），云上缀菊花，花心有金托镶嵌大绿松石一颗。䯼髻后部下方为山形金满冠，錾刻精美的云龙图案（图 11-2-1-111）。徐氏䯼髻亦用银丝编成，覆黑绉纱，两侧各插二根鎏金银花顶簪，前方正中饰金佛像分心，趺坐

图 11-2-1-109　**䯼髻头面**

图 11-2-1-110　**《吴氏先祖图册》之一（局部）**

图 11-2-1-111　**盛氏䯼髻头面**

图 11-2-1-112 **徐氏鬏髻头面**

图 11-2-1-113
《吴氏先祖图册》之二（局部）

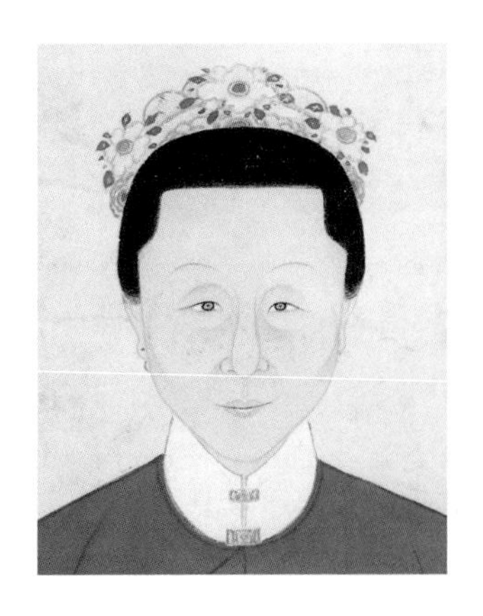

图 11-2-1-114
《吴氏先祖图册》之三（局部）

莲花座上，分心之下为金梅花钿儿，横向排列梅花十一朵，各嵌珍珠一颗。髻顶挑心以多层金莲花居中，周围环绕四朵小莲花和四只蜜蜂，底部缀金叶四片为衬托。髻后部饰金满冠，造型及纹样与盛氏的满冠大同小异（图 11-2-1-112）。

《吴氏先祖图册》另一幅画像所绘鬏髻头面以佛像和祥云为主题，髻前插火焰形金分心，内饰坐佛图案，两旁各有一枚长云形金簪，分心之下为仰覆莲瓣形金钿儿，髻两侧上方各插两根金如意云顶簪，下方靠近钿儿两端处各插一根金花顶簪，髻顶为四合云形金挑心，簪脚亦做成长云形，固定在鬏髻侧边，此外在鬏髻底部还插有花卉纹金压鬓钗一对（图 11-2-1-113）。

随着鬏髻形态的变化，所戴头面的样式与组合也发生了很大的改变，如《吴氏先祖图册》中戴金冠的女子，除冠底部仍有类似钿儿的金簪外，其余首饰均和鬏髻头面不同，在金冠正中及两侧，各插有一朵似用白玉制成的牡丹花，花心嵌红宝石，花瓣周围饰点翠叶片。而挑心、满冠等不再用于冠上（图 11-2-1-114）。山西大同南郊明

图 11-2-1-115　**孙柏川夫妇墓出土的金冠**

图 11-2-1-116
明万历《夫妇像轴》局部

图 11-2-1-117
佚名命妇像局部

代甘固总兵孙柏川夫人朱氏墓出土的金冠，前后左右分别插有金嵌宝重瓣莲花、菊花顶银脚簪各一对，在小巧冠体的衬托下，簪首显得格外硕大，尽管金冠的造型与《吴氏先祖图册》中的并不相同，但所插花簪的效果却极为类似（图 11-2-1-115）。

在较为隆重的场合，鬏髻、冠子上还可插戴一对口衔珠结的金翟或金凤簪。《醒世姻缘传》第八十五回描写薛素姐随夫狄希陈祭祖时的打扮："梳了光头，戴了满头珠翠，雪白大圆的珠子挑牌，拔丝金凤衔着……外穿大红绉纱麒麟袍，雪白的素板银带，裙腰里挂着七事合包，下穿百蝶绣罗裙，花膝裤，高底鞋。"这种搭配多见于未受诰封的妇女，相关形象可在明人肖像画中看到，有些甚至还将鬏髻、冠子装饰成翟冠的效果（图 11-2-1-116、117）。

刘娘井明墓出土了一顶非常华丽的金鬏髻，与一般鬏髻不同的是，髻身用粗金丝做成圆锥状框架，所有头面都以饰件的形式直接固定在上面，成为不可拆分的整体（图 11-2-1-118）。墓主人刘氏是荆端王朱厚烇之妾，生于弘治九年（1496），卒于嘉靖三十九年（1560），享年 65 岁，生有一子一女，

图 11-2-1-118 **金䯼髻**
刘娘井明墓出土。

图 11-2-1-119 **金凤簪**
刘娘井明墓出土。

子为朱载墭，是荆端王的庶长子，封永定王，于嘉靖二十九年去世。嘉靖三十二年荆端王薨，朱载墭的长子朱翊钜被立为荆王世孙，三十四年袭封荆王。嘉靖三十八年，明世宗应朱翊钜之请，进封其嫡祖母、荆端王妃孟氏为太妃，祖母刘氏为次妃。按照制度，次妃"止请敕知会，不给诰命、冠服"，因此刘氏没有亲王妃的翟冠，遂用装饰了嵌宝金凤的金䯼髻加一对衔有珠结的金凤簪作为礼服、吉服的首饰（图 11-2-1-119）。

（五）其他簪钗

除了䯼髻上的几款主要头面外，还有一些形态各异的小型簪钗，有的纯为装饰点缀，有的则具有一定实用功能，是男女挽发或固定冠髻时不可缺少的组件。这些簪钗也有专门的名字，大多见于明人笔记或小说中，由

图 11-2-1-120　**玉簪**
顾叙夫妇墓出土。

于缺少图示，只能通过少量的文字描述进行推测，目前尚不能全部确定它们的具体样式。

1. 掠子

掠子又叫掠儿、挑掠，因能用来整掠发鬓得名。《客座赘语》云："其差小于钗者曰'掠子'，或谓即古搔头，义取掠发，疑有类于古之所谓导也。"方以智《通雅》也认为搔头"即今掠子"，又说："疑即古之导，按导以导发入于冠，因簪之。"《客座赘语》所说的钗是指压鬓钗，实际为单股的簪，可知掠子也是一种小簪，两书都提到古代男子冠帻上的"导"，说明掠子还有一个重要作用就是"导发入冠"。对照明代妇女的画像，在戴翟冠或鬏髻时，冠髻底部还可另插多枚小簪，《金瓶梅词话》第六十八回写吴银儿头戴白绉纱鬏髻，便是"周围撇一溜小簪儿"。比较常见的一种小簪是将簪首做成方形或小花状，簪首之下有长而细的凸弦纹颈，簪脚为四棱或六棱的尖锥形。这一类型的小簪有大量实物出土，如上海卢湾区顾叙夫妇墓出土的四枚玉簪，有三枚属于顾叙元配妻子，其中一枚碧玉簪长 11 厘米，簪首呈四方形，细颈，四方棱簪脚，造型极似古时簪导。另外两枚为一对，簪首做成小巧的仰覆莲瓣形，颈稍短，六棱簪脚，均残断修复，外用金属固定（图 11-2-1-120）。

南京太平门外板仓徐达家族墓出土的菊花形金簪与顾叙夫妇墓的碧玉簪外形相近，通长 11.5 厘米，簪首以金累丝做成委角四方形，另用细金丝盘出两重菊花瓣（图 11-2-1-121）。南京尧化门出土的莲瓣形金簪亦为一对，长 13 厘米，簪首为金累丝仰覆莲瓣，顶端有金托，原应嵌有珍珠或宝石，凸弦纹颈，六方棱簪脚（图 11-2-1-122）。湖南凤凰县沱江镇老官祖古墓群出土的明代梅花形金簪，长 12.8 厘米，簪首较大，分作两层，每层五瓣，组合成一朵盛开的梅花，花蕊正中有圆形金托，镶嵌玛瑙一块。这件金簪非常像鬏髻上的花顶簪，但簪首之下为凸弦纹细颈和六方棱簪脚，应与前几件同属一类（图 11-2-1-123）。

多棱尖锥形的簪脚末端尖锐，不易弯折，可在粉墙或木质栏杆上刻画痕迹，这也正是文学作品中掠子的另一“用途”。《金瓶梅词话》第三十五回里，书童唱了一支南曲《玉芙蓉》，内有句云：“人别后，山遥水遥。我为你，数尽归期，画损了掠儿梢。”第四十四回吴银儿唱的《傍妆台》也有相似的曲词：“从别后岁月深，画划儿画损了掠儿金”，两支曲子都是描写女子盼郎归来，每日用掠子画痕计期，时间一久，簪脚也就渐渐磨损，“画损掠儿”的描写将闺中思妇寂寞幽怨的情态表现得淋漓尽致。

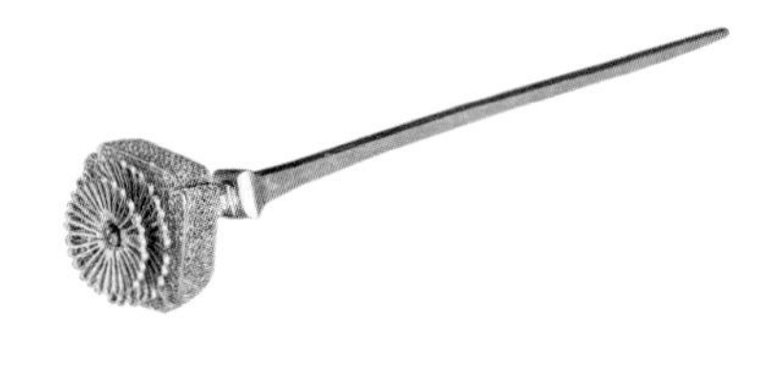

图 11-2-1-121 **菊花形金簪**

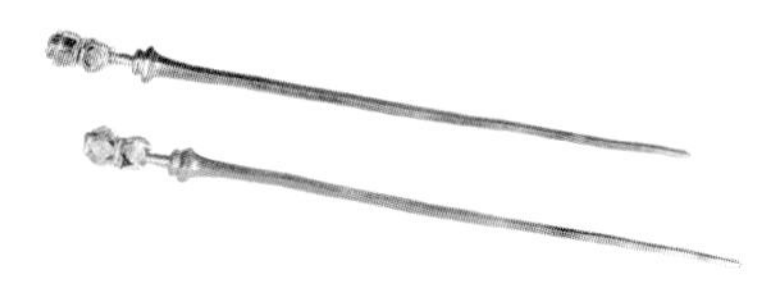

图 11-2-1-122 **莲瓣形金簪**

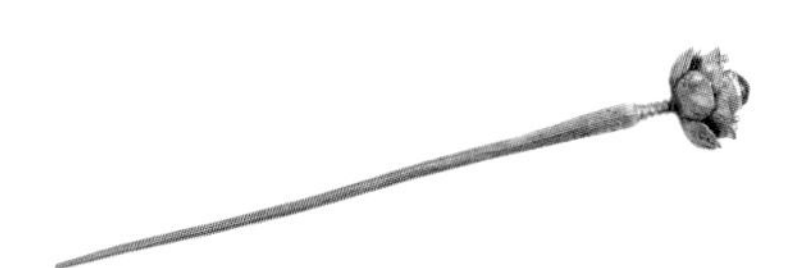

图 11-2-1-123 **梅花形金簪**

明代还有一类专门用来整理鬓发的工具叫“抿（刡）子”，是一种小刷，多用兽骨为材质，一端装有鬃毛，《三才图会》中说：“刷与刡其制相似，俱以骨为体，以毛物妆其首。刡以掠发，刷以去齿垢。”因抿子外形纤细小巧，被人们称作“骨簪”或“眉掠”，很容易与“掠子”联系到一起，实际上二者并非一物（图 11-2-1-124）。

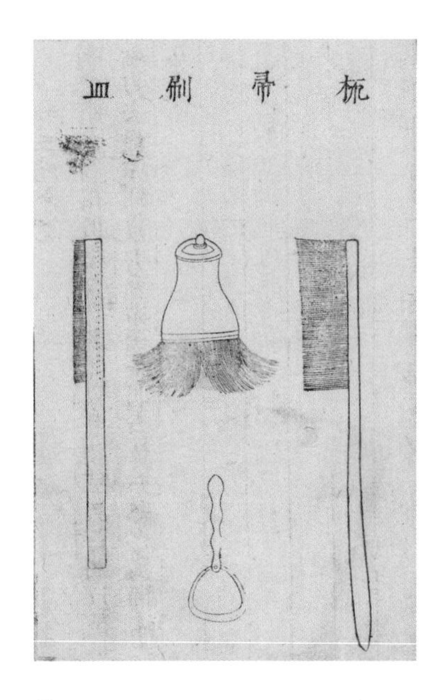

图 11-2-1-124
《三才图会》中的“梳帚刷皿（刡）”插图

2. 一点油

各类小簪的簪首既有设计极繁的也有造型至简的，如“一点油”簪，簪首只是一个小小的蘑菇头，看上去宛如一滴油珠，故名[①]。陕西西安北关明墓出土的一点油金簪长 10 厘米，簪首为中空半球形蘑菇头，凸弦纹细颈，六方棱锥形簪脚，与前述疑似掠

① 扬之水 . 中国古代金银首饰 [M]. 北京：故宫出版社，2014：436.

子的小簪形制相同（图 11–2–1–125），而浙江余杭塘栖镇超山明墓的一点油金簪，簪脚则为长圆锥形，没有边棱（图 11–2–1–126）。梁庄王墓的一点油金簪长仅 8.4 厘米，造型更加简约，除簪脚为长圆锥形外，颈部也未做纹饰（图 11–2–1–127）。徐俌继配夫人王氏墓出土了两枚一点油金簪，一枚长 9.7 厘米，与梁庄王墓的样式一致，另一枚长 8.9 厘米，簪首稍大，下接圆锥形簪脚，无细颈，形若长钉（图 11–2–1–128）。

这种长钉状的一点油簪也很常见，南京中华门外板桥谷城郡主墓中就有一枚，同时出土的还有一枚花形金簪，簪首做成牡丹花的造型，但仍能看出蘑菇头的形态（图 11–2–1–129），梁庄王墓所出牡丹花形金簪亦属此类（图 11–2–1–130）。

一点油簪小巧素雅，男女冠髻上皆可使用，《金瓶梅词话》第八回写潘金莲从西门庆头上拔下一根簪子，“却是一点油金簪儿，上面钑着两溜子字儿：‘金勒马嘶芳草地，玉楼人醉杏花天。’却是孟玉楼带来的”。江西婺源太白乡明代汪鋐墓出土的一顶白玉束发冠，横贯其中的就是一枚一点油金簪（图 11–2–1–131）。南京中华门外邓府山明墓出土的金杂宝纹女冠，则是在左右两边各插一枚一点油簪，可将金冠稳稳地固定在发髻上（图 11–2–1–132）。

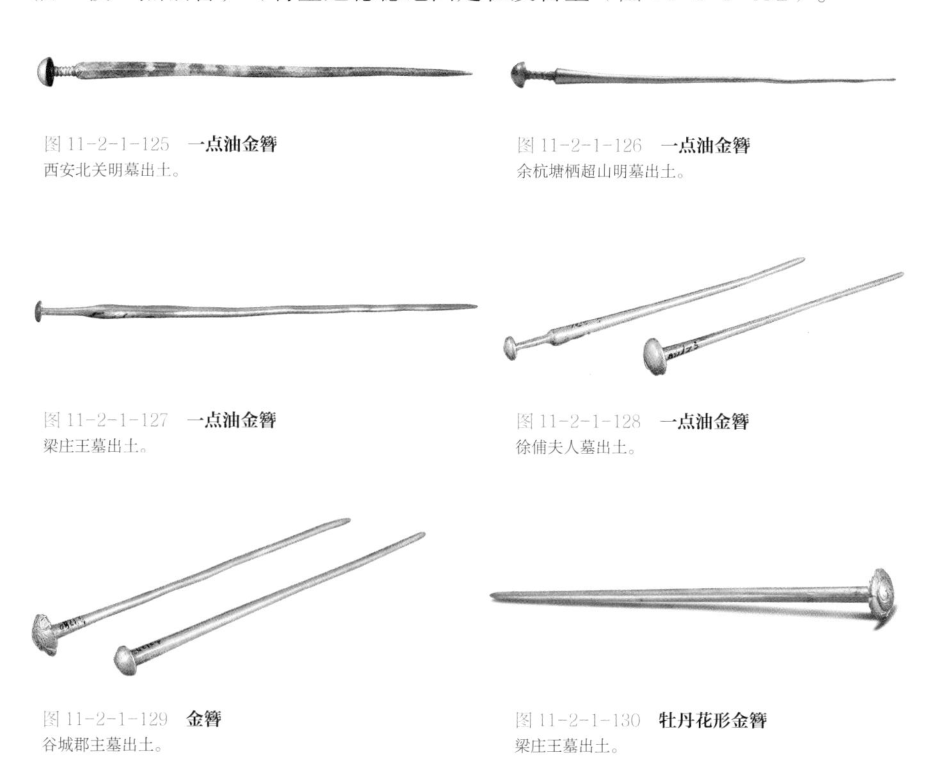

图 11–2–1–125　**一点油金簪**
西安北关明墓出土。

图 11–2–1–126　**一点油金簪**
余杭塘栖超山明墓出土。

图 11–2–1–127　**一点油金簪**
梁庄王墓出土。

图 11–2–1–128　**一点油金簪**
徐俌夫人墓出土。

图 11–2–1–129　**金簪**
谷城郡主墓出土。

图 11–2–1–130　**牡丹花形金簪**
梁庄王墓出土。

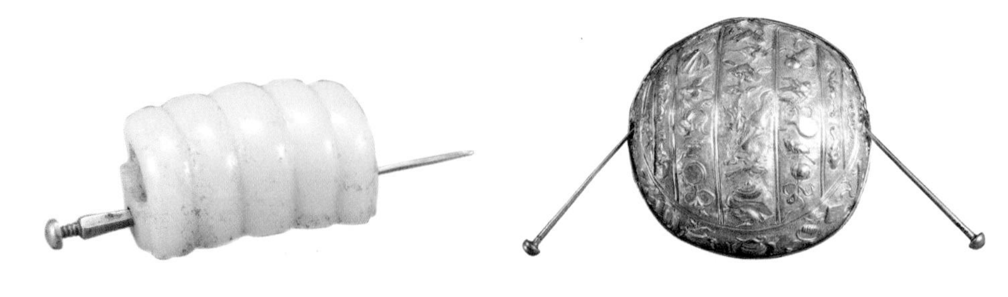

图 11-2-1-131　**白玉束发冠和金簪**

图 11-2-1-132　**杂宝纹金冠和金簪**

3. 碗簪

《金瓶梅词话》第九十回曾提到“金碗簪一对”，《阅世编》中说：“碗簪所以定冠髻，初尚极大，玉质，镶金银装珠，后尚小，而以蜜珀镶金缀珠。”碗簪可能是从固冠的一点油类小簪发展而来，其大小也随着女性冠髻而不断变化，一度流行“极大”的样式。变大的蘑菇头簪首因其圆而中空，故以“碗”来形容，丹麦国家博物馆收藏的王孺人画像，鬏髻高耸，髻底两侧各插着一枚硕大的圆头金簪，大概就是碗簪之属（图 1-1-2-2-7）。

图 11-2-1-133　**金耳挖**
老官祖古墓群出土。

4. 耳挖簪

耳挖又叫挖耳、耳爬或耳扒，因其小巧实用，颇受人们的喜爱。耳挖簪的簪首通常保持了挖耳勺的特征，簪脚形态多样，与其他小簪无异[1]。沱江老官祖古墓群出土的金耳挖长 8.8 厘米，颈部饰凸弦纹，簪脚为扁平状，正面刻有“景泰贰年十贰月拾贰日”铭文（图 11-2-1-133），可知为明前期之物。上海松江区华阳桥镇明武略将军杨四山夫妇墓的耳挖簪长 8.2 厘米，簪首及颈为金质，焊接尖锥形银簪脚（图 11-2-1-134），这枚耳挖簪出土时插在男墓主杨四山的发髻上，系挽发之用。上海嘉定江桥镇

① 扬之水．中国古代金银首饰 [M]. 北京：故宫出版社，2014：416.

图 11-2-1-134 **耳挖簪**
杨四山墓出土。

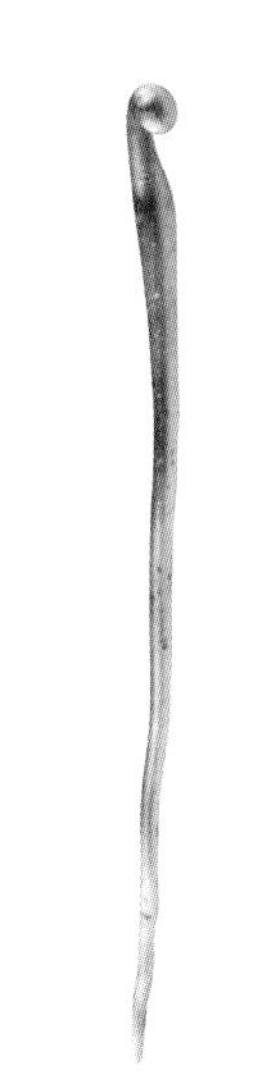

图 11-2-1-135 **金耳挖簪**
李新斋墓出土。

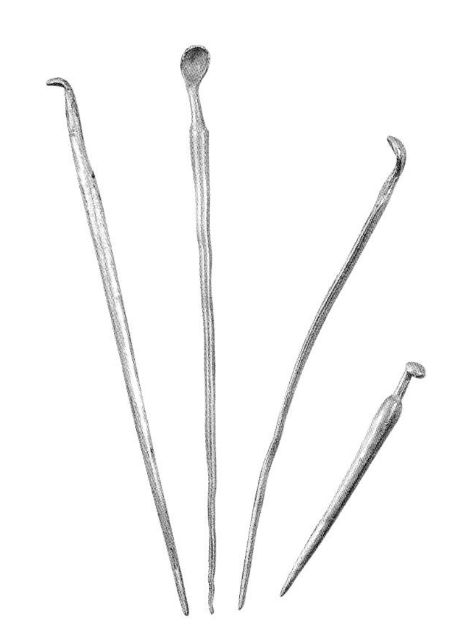

图 11-2-1-136 **金耳挖簪**
南京郊区出土。

图 11-2-1-137 **孝靖皇后发髻**

明登州府同知李新斋墓的金耳挖簪也是插于墓主的发髻中，造型非常简单，除颈部收细外没有任何纹饰，南京郊区出土的一组金耳挖簪亦属同一类型，长度从 4.8 厘米至 10 厘米不等（图 11-2-1-135、136）。明神宗孝靖皇后的发髻在盘绕之后插上各类小簪进行固定，其中就有金耳挖簪三件，形制与前述者相同，长约6.6厘米，均为细颈圆锥形簪脚（图 11-2-1-137）。

用金银制成的耳挖等小簪，插在发中不易失落，遇到特殊情况时还能充作货币应急（图 11-2-1-138）。徐霞客《楚游日记》里记载，他在湘江遇强盗而堕水，获救后周身无一物，仅发髻中尚有银耳挖一事，以之酬谢赠给自己衣裤的戴姓客人，徐霞客感慨道："余素不用髻簪，此行至吴门，念二十年前从闽返钱塘江浒，腰缠已尽，得髻中簪一枝，夹其半酬饭，以其半觅舆……此行因换耳挖一

图 11-2-1-138 **银耳挖簪**

图 11-2-1-139　**玉耳挖簪**
朱守城夫妇墓出土。

事，一以绾发，一以备不时之需。及此堕江，幸有此物，发得不散。”

此外，还有用玉琢制的耳挖簪，如上海宝山区顾村镇朱守城夫妇墓出土了一对青玉耳挖簪，系朱守城夫人杨氏之物，两簪一长一短，簪身有棱，整体形态与金银耳挖簪相近（图 11-2-1-139）。

（六）梳背

明代延续了宋元时期的包镶式金银梳背，由于女性冠髻与首饰的插戴方式已经发生较大变化，梳子在头饰中的重要性相比前代大为降低，不过从已发现的明代梳背来看，其装饰工艺丝毫不逊色于其他头面。《金瓶梅词话》第二十回写李瓶儿头上“戴着一副金玲珑草虫儿头面，并金累丝松竹梅岁寒三友梳背儿”。古人认为冬季百花凋谢，唯松、竹长绿，梅花盛开，丝毫不屈服于严寒，俨然有君子之节，故将它们列为“岁寒三友”。谢一夔《岁寒三友图诗序》中赞道：“夫植物之品汇甚繁，而至坚贞者，莫松竹梅若也。”南京市博物馆收藏了两件梅花纹与竹节纹的梳背，梅花纹金梳背长 12 厘米、宽 1.2 厘米，整体呈弧形，正面图案为一株梅树，枝头点缀梅花数朵，清隽淡雅，别具韵味（图 11-2-1-140）。竹节纹金梳背长 8.5 厘米、宽 1 厘米，正面模拟竹子的形态，錾刻出十八节竹节纹，造型简约大方（图 11-2-1-141）。

不过明代梳背最常见的纹饰还是四季花（一年景）题材。武进博物馆的一件金梳背，正面图案呈对称布局，以一朵牡丹居中，两边为莲花、菊花各一朵以及梅花两朵，左右两端又饰相向的蜜蜂一对，构成“游蜂绕花戏”的画面（图 11-2-1-142）。若追求更加华丽的效果，则少不了珠玉宝石的装饰，江苏无锡大墙门出土的明代木梳，整体保存完好，脊部饰有嵌宝石金梳背，正面为五朵缠枝菊花，花心缀椭圆形金托，镶嵌各色宝石，正中一朵菊花嵌蓝宝石一块，其余皆为红宝石（图 11-2-1-143）。

图 11-2-1-140 **梅花纹金梳背**

图 11-2-1-141 **竹节纹金梳背**

图 11-2-1-142 **四季花金梳背**

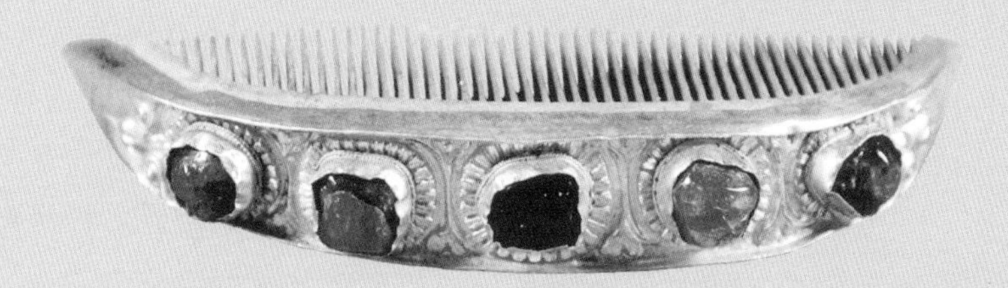

图 11-2-1-143 **嵌宝金背木梳**

二 耳饰

明代的耳饰名称有三种：耳环、耳坠、耳塞。《天水冰山录》有“耳环耳坠”一项，所登记的内容便包括这三类耳饰。《客座赘语》云：“耳饰在妇人，大曰‘环’，小曰‘耳塞’，在女曰‘坠’，古之所谓耳珰也。”耳塞即明人经常提到的“丁香儿”，尺寸最小，耳环与耳坠外形非常相似，文献中也没有严格的定义，研究者一般以装饰部分与耳钩（脚）的连接处是否活动来区分二者，固定不能摆动者为耳环，悬坠可摇晃的则为耳坠[1]。吉服、便服所使用的耳饰没有制度的约束，因此款式非常丰富，如葫芦、灯笼、仙人以及花卉蔬果等均是常见的题材。

（一）耳环

1. 葫芦耳环

葫芦耳环是明代最有代表性的耳饰款式，可用在女性不同类别的服饰中，蒙学读物《新编对相四言》中“镮（环）”的插图便是一对葫芦耳环（图11-2-2-1）。

将两颗一大一小的珠子串成葫芦的造型是最简单的做法，因一对需用珠四颗，故称作“四珠环”或“四珠葫芦环”，当然也可以从单只计数呼为“二珠环”，《金瓶梅词话》第九十六回吴月娘见春梅时便是“头上五梁冠儿，戴着稀稀几件金翠首饰，耳边二珠环子”。这类葫芦耳环往往更强调材质而非制作工艺，像后妃佩戴的四珠环大都以硕大的珍珠制成，在当时乃属贵重难得之物，一般的官员贵族女性则多选用相对易得的玉石或水晶为饰，或做成圆珠或直接加工成葫芦的形状，如陆润夫妇墓与无锡安镇出土的金镶玉葫芦耳环，二者顶部均为长S形金质耳钩，明人称作“金脚”，主体部分用白玉做成圆珠葫芦状，与耳钩相连处饰有金叶，葫芦底部则承以金花托（图11-2-2-2、3）。嘉兴王店李家坟明墓出土的葫芦耳环，每只穿有六边形水晶珠两颗，上小下大，用金片相隔，造型颇为别致（图11-2-2-4）。

---

① 扬之水．中国古代金银首饰 [M]. 北京：故宫出版社，2014：416.

纯以金制不镶珠宝的葫芦耳环则更为多见。《天水冰山录》里就有金葫芦耳环、金光葫芦耳环、金摺丝葫芦耳环、金累丝葫芦耳环、金宝葫芦耳环、金珠宝葫芦耳环等。金光葫芦耳环当指光素无纹的样式，宛如四颗金珠，南京江宁开发区将军山出土的葫芦耳环与南京中华门外铁心桥出土的葫芦耳环皆属此类（图 11-2-2-5、6）。

在金光葫芦的基础上又可以加工出数量不等的棱瓣，这一样式早在元代便已出现，徐俌继配夫人王氏墓与南京太平门外尧化门出土的葫芦耳环，主体部分都是中空的瓜棱形葫芦（图 11-2-2-7、8）。当棱瓣变得多而密集时，就出现了所谓的“摺丝葫芦”，只不过根据研究者的分析，大部分实物并不是真的

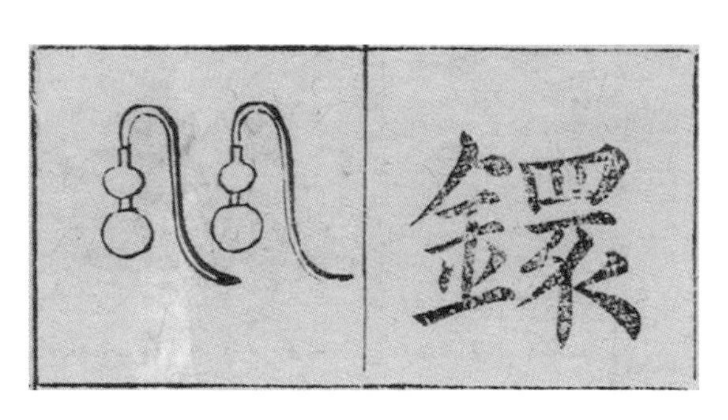

图 11-2-2-1 **耳环插图**
《新编对相四言》

图 11-2-2-2 **葫芦耳环**
陆润夫妇墓出土。

图 11-2-2-3 **葫芦耳环**
无锡安镇出土。

图 11-2-2-4 **葫芦耳环**
李家坟明墓出土。

图 11-2-2-5 **葫芦耳环**
南京江宁将军山出土。

图 11-2-2-6 **葫芦耳环**
南京中华门外铁心桥出土。

图 11-2-2-7 **葫芦耳环**
徐俌夫人王氏。

图 11-2-2-8 **葫芦耳环**
南京太平门外尧化门出土。

图 11-2-2-9 **金摺丝葫芦耳环**
王宣明墓出土。

图 11-2-2-10 **金摺丝葫芦耳环**
无锡市大墙门出土。

图 11-2-2-11 **金累丝葫芦耳环**
长泾明墓出土。

图 11-2-2-12 **金累丝葫芦耳环**
长泾明墓出土。

采用“摺丝”工艺，而是以片材攒聚或錾刻出纹理形成“摺丝”的视觉效果，王宣明墓与无锡大墙门出土的金摺丝葫芦耳环，主体部分均用金片围扎而成，整齐细密，亦属佳制（图 11-2-2-9、10）。金累丝葫芦更见精巧，主体部分以极细的金丝编成各种图案的花珠，如长泾明墓的两对金累丝葫芦耳环，一对将每颗花珠的金丝分上下两部分纵向编连，似模拟摺丝葫芦的纹理（图 11-2-2-11），另一对用金丝编成复杂的镂空球纹，玲珑剔透，殊为可爱（图 11-2-2-12），同类形制的还有无锡大墙门出土的金累丝葫芦耳环（图 11-2-2-13）。

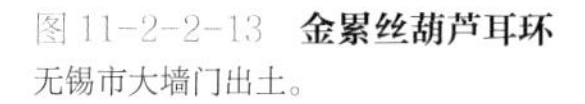

图 11-2-2-13　**金累丝葫芦耳环**
无锡市大墙门出土。

图 11-2-2-14
唐白云夫人像（局部）

图 11-2-2-15　**金宝葫芦耳环**
青阳明墓出土。

除珠玉之外，葫芦耳环自然少不了用红、蓝宝石进行点缀，其工艺主要为金托镶嵌，故名之曰金宝葫芦耳环或金珠宝葫芦耳环。安徽博物院收藏的唐白云夫人画像便绘有一对金宝葫芦耳环，原本耳钩下方的蒂、叶变成了三个嵌有宝石的小圆形金托，主体则是由两个大圆形金托组成，内嵌红、蓝宝石各一颗，周围另饰有小金托和宝石（图 11-2-2-14）。与前几类相比，金宝葫芦耳环不再追求细节的写实性，这使得工匠有了更多发挥的空间，青阳明墓的嵌珠宝金耳环与唐白云夫人像中画的十分接近，但葫芦叶部分做成一只展翅的蝴蝶，以小蓝宝石嵌为蝶身，主体为两朵菊花，花心用椭圆形金托镶嵌红宝石两颗，菊花周围饰有小圆形金托，原或嵌有珍珠，整件耳环的外形仍可看出葫芦的轮廓，纹饰则改为“蝶恋花”题材，可谓构思巧妙，独具匠心（图 11-2-2-15）。

《酌中志》还提到当时有用“真正小葫芦如豌豆大者”做成首饰佩戴，名曰“草里金”，这种小葫芦二枚便价值二三两不等，算得上是奢侈消费了。

2. 灯笼耳环

葫芦与灯笼是明代非常流行的节令装饰纹样，葫芦又称大吉葫芦或葫芦景，用于年节前后，灯笼又称灯景，用于元宵节期间。由于节日时间相近，两种图案在形态上又有相似之处，故而人们很自然地把二者融合到一起，形成了葫芦灯笼纹（图 11-2-2-16、17）。这些纹样均出现在明代的耳饰上，如亳州博物馆收藏的一对明代金灯笼耳环，耳钩下方为花瓣形多角小盖，垂饰杂佩，盖下有一小一大两枚灯球，使其外形仍保留了葫芦耳环的特征（图 11-2-2-18）；故宫博物院藏明代女像轴画的亦为相似款式，只是两个灯球大小一致，更接近现实灯笼的造型（图 11-2-2-19）。

还有一类灯笼耳环将小盖所垂杂佩或流苏改为小珍珠穿成的长串，即《天水冰山录》提到的“金摺丝珠串灯笼耳环”或“金珠串灯笼耳环”，山东博物馆所藏《邢玠夫妇画像轴》中有非常写实的描绘（图 11-2-2-20）。耳环上的杂佩与珠串常被称作“络索”，《三宝太监西洋记》第七十二回写道：“（竹步国、卜剌哇国、木骨都束国）妇人头发盘在脑背后，黄漆光顶，两耳上挂络索数枚。”这里的“络索”就是形容耳环的垂饰。

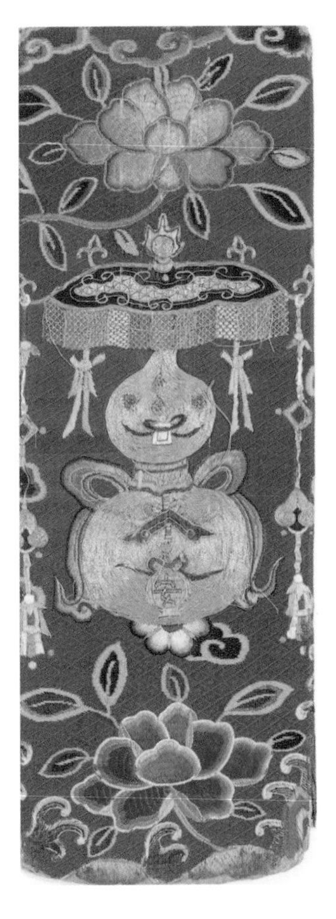

图 11-2-2-16　**明代葫芦灯笼纹经皮**

图 11-2-2-17　**明代金地缂丝灯笼仕女袍料局部**

图 11-2-2-18 **金灯笼耳环**

图 11-2-2-19 **明代女像轴**

图 11-2-2-20 **明代徐玠夫妇像（局部）**

图 11-2-2-21 **明代命妇像轴**

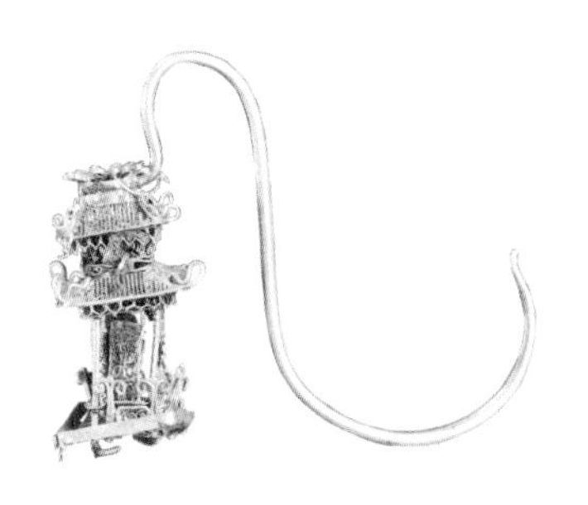

图 11-2-2-22 **亭阁形金耳环**

3. 楼阁耳环

楼阁人物也是常见的耳饰题材。故宫博物院收藏的一幅明代命妇像轴便画有一对金楼阁耳环，主体部分做成六角重檐亭阁，下有栏杆与台基，阁中似端坐一人（图 11-2-2-21）。同类实物有徐达家族墓出土的亭阁形金耳环，亭阁高 3 厘米，宽 1.5 厘米，四角重檐，顶部用金丝编成一朵菊花，斗栱下有四根立柱，亭的一面为屏风，其余三面是可启闭的双扇门，工艺极为精湛，檐角用金丝扭出环形，似可悬挂珠串等垂饰。《天水冰山录》所记金摺丝楼阁人物珠串耳环、金珠串楼台人物耳环等大约就是这类样式（图 11-2-2-22）。

4. 仙人耳环

耳环上的仙人通常是宗教或民间传说中的神仙人物，如属于佛教题材的“化生童子”，在明代织物纹样里多与缠枝牡丹或四季花卉搭配，作手攀花

图 11-2-2-23
黄缎方领女夹衣纹样
定陵出土。

枝状（图 11-2-2-23），耳饰中则以手持莲花的形象为主，称作“童子攀莲”，《天水冰山录》云“金镶珠宝童子攀莲耳环”。无锡大墙门出土了一对金童子攀莲耳环，童子的动作左右相对，脚下踏有莲叶，双手握着一枝并蒂莲，一朵盛开一朵含苞待放（图 11-2-2-24）。

化生童子在隋唐的佛教绘画里已出现多种造型，既有表现莲花化生的莲花童子，又有飞天童子、供养童子、嬉戏童子等，宋代之后在世俗文化的影响下，逐渐演化为丰富多彩的婴戏图像。

莲花童子除了表现净土化生外，还被赋予了多子的寓意。《杂宝藏经·鹿女夫人缘第九》说雌鹿生下的鹿女，足迹所到之处皆生莲花，被梵豫国王立为第二夫人，怀孕后产下千叶莲花，“一叶有一小儿”，遂得千子，是为贤劫千佛。这样的情节恰好迎合了古人祈求子孙繁盛的心理，受此影响而产生的故事在民间广为流传，唐释道宣《续高僧传》卷第十六载：“释法京，姓孙，太原人，寓居江陵。母将怀孕，梦入莲池捧一童子，端正可喜，因而有娠。”宋方勺《泊宅编》卷六说吏部尚书曾楙初娶吴氏，生子辄不育，于是听异人之劝不食“子物”，后娶李氏为妻，“李氏尝梦上帝诏与语，指殿前莲花三叶赐之，曰：‘与汝三子。’已而果然”。宋章炳文《搜神秘览》则记录了另一个版本，陈谏议（陈省华）年老无子，听术者之言，往大慈寺求告木星，木星从所执莲花上取莲花三叶给他吃下，并说：“自此当生三贵子。”后来便生下陈尧叟、陈尧佐、陈尧咨三兄弟，尧叟、尧咨皆中状元，尧佐亦登进士。

图 11-2-2-24　**金童子攀莲耳环**

图 11-2-2-25　**金镶玉仙人耳环**

“三陈”的传说是典型的多子且贵，基于这样的美好愿望，人们又将童子与代表富贵的牡丹组合到一起，形成新的装饰主题。童子攀莲耳环延续了莲花童子的传统形象，作为女性的首饰，显然更强调“连生贵子”的宜男之端，而原本带有宗教指向的“化生”意义已渐渐淡化。

同为无锡大墙门出土的金镶玉仙人耳环，主体部分用白玉雕成小巧的人像，镶嵌在依轮廓打造的金托之内，左右饰以金丝飘带，底部做成一朵金莲花，使玉人站立其上。虽然玉人的造型较为庄重，但从整体形象来看，应该也属于莲花童子题材（图 11-2-2-25）。

图 11-2-2-26　**银嵌琉璃茄子耳环**

5. 茄子耳环

茄子耳环从元代的天茄耳环发展而来，天茄原指丁香茄，明周定王朱橚撰《救荒本草》中说：“丁香茄儿亦名天茄儿……结小茄如丁香样而大。”《遵生八笺》“天茄儿”条亦云：“草本，状若茄子差小，色青，长寸许。”天茄耳环因形似丁香茄而得名，明代称为茄子耳环，造型也更偏向茄子了，主体部分一般镶嵌椭圆形宝石，顶端饰有叶片状的宿萼，杨四山家族墓出土的银嵌琉璃茄子耳环即标准样式（图 11-2-2-26）。有些还在萼上另缀花形金托，内嵌宝石或珍珠，更显华丽精美，如《三才图会》所画“镮（环）”的插图便是一枚增饰了花叶的茄子耳环（图 1-2-1-3-3），《天水冰山录》里亦记有“金珠茄子耳环”，类似的实物可见无锡市中桥葛巷出土的金嵌宝镶水晶茄子耳环（图 11-2-2-27）。徐俌夫人朱氏墓出土了一对嵌宝石金茄子耳环，通长 4.3 厘米，形制相同，耳钩为 S 形，末

图 11-2-2-27　**金嵌宝镶水晶茄子耳环**

图 11-2-2-28 **嵌宝石金茄子耳环**

图 11-2-2-29 **黄缂丝十二团龙十二章衮服局部（复制）**

端饰双层叶状宿萼，正面缀椭圆形金托，周围用金丝绕成小花瓣，托内嵌红宝石，萼下为茄形金托，嵌有大蓝宝石一块（图 11-2-2-28）。

6. 寿字耳环

古人将长寿视作五福之首，以“寿”字纹样为装饰在明代非常盛行，与单纯的图案相比，直白的吉语文字更能引起人们心理上的强烈共鸣，因此在服饰、织物以及器物上被大量使用，明神宗定陵出土的缂丝十二团龙十二章衮服以卍字、寿字、蝙蝠和如意等为底纹，寓意“万代福寿如意”（图 11-2-2-29）。《天水冰山录》提到的寿字耳饰有金累丝寿字耳环、金摺丝寿字耳环以及金玉寿字耳坠，出土的寿字耳环多为金镶玉形制，如益庄王妃万氏随葬的一对金玉寿字耳环，通高 5 厘米，耳钩为金质，曲成圆环状，主体部分是青玉雕琢的“寿”字，字高 2.6 厘米、宽 1.8 厘米，顶部包金皮，用一根金丝穿连固定在耳钩末端（图 11-2-2-30）。晋城博物馆收藏的铜鎏金镶玉寿

图 11-2-2-30 **金玉寿字耳环**

字耳环，则是将青玉寿字包镶在依形而制的鎏金铜托内，虽材质略逊于前件，但洁润的玉字在金色衬托下，仍不失富丽之感（图 11-2-2-31）。

图 11-2-2-31　**金镶玉寿字耳环**

（二）耳坠

1. 葫芦耳坠

目前发现的明代葫芦形耳坠的数量远不及葫芦耳环，镇江博物馆收藏了一对金葫芦耳坠，耳钩为圆环状，坠子部分做成小巧的金葫芦，刻出浅浅的瓜棱，顶部为环扣，耳钩末端反扭，将葫芦挂上去之后再焊接一片小金叶，以防止葫芦脱出，整个耳钩部分宛如一根藤蔓，构思十分精妙（图 11-2-2-32）。

图 11-2-2-32　**金葫芦耳坠**

2. 灯笼耳坠

由于灯笼上悬挂有杂佩、流苏或珠串等垂饰，做成可活动的耳坠后便又更添了几分动感。《金瓶梅词话》里多处写到女眷们耳戴“金灯笼坠子”，《天水冰山录》记录的灯笼耳坠样式也非常丰富，有金灯笼珠耳坠、金累丝灯笼耳坠、金玉灯笼耳坠、金摺丝灯笼耳坠、金摺丝珠串灯笼耳坠、金镶珠累丝灯笼耳坠等。

南京鼓楼区出土的一对金累丝灯笼耳坠，主体部分宽仅 1.8 厘米，上部为六角形小盖，角坠剑带形垂饰，顶有小环挂在耳钩末端，下部是金丝编成的八角形灯毬，通体饰小花与金托等，金托内嵌有极小的红、蓝宝石，底饰方形灯座。这对耳坠的造型模拟明代最常见的球灯，精致而写实（图 11-2-2-33、34）。陕西凤翔县范家寨镇明墓出土的金累

图 11-2-2-33　**金累丝灯笼耳坠**

图 11-2-2-34
《新年元宵景图》中的灯笼

图 11-2-2-35　金累丝灯笼耳坠

丝灯笼耳坠则为葫芦灯笼形，在小盖与八角形灯毬之间另缀一圆形小灯球，小盖上的垂饰皆已不存，原本可能悬挂有珠串（图 11-2-2-35）。兰州上西园肃藩家族墓的金累丝嵌玉葫芦灯笼耳坠样式更为典型，金累丝小盖上悬挂六串杂宝纹佩饰，盖下穿缀两颗白玉圆珠，与四珠葫芦环制法相同，金饰细巧玲珑，玉珠洁白光润，足令观者赏心悦目（图 11-2-2-36）。

灯笼或葫芦灯笼是新年、元宵期间使用的纹饰，灯笼耳坠自然是节日里最应景的首饰。《金瓶梅词话》第十五回写正月十五元宵节，李桂姐头挽一窝丝杭州攒，戴着金累丝钗、翠梅花钿儿和珠子箍儿，耳畔便是一对“金（灯）笼坠子”。第二十三回里宋惠莲和西门庆勾搭上之后，装扮越发招摇，正月里“头上治的珠子箍儿，金灯笼坠子，黄烘烘的”。到正月十六的晚上，众女眷相约出门“走百病”，宋惠莲“又用一方红销金汗巾子搭着头，额角上贴着飞金，三个香茶面花儿，金灯笼坠子”（第二十四回）。

图 11-2-2-36　金累丝嵌玉葫芦灯笼耳坠

灯笼耳坠或耳环既热闹又好看，到清代仍然很受女性的青睐，但却招致了一些推崇“精雅”的男性文人的批评。李渔在《闲情偶寄》里就说：“时非元夕，何须耳上悬灯，若再饰以珠翠，则为福建之珠灯、丹阳之料丝灯矣。其为灯也犹可厌，况为耳上之环乎？”不过这种完全基于个人审美而提出的观点，对流行事物的影响显然是极为有限的。

3. 毛女耳坠

毛女又称“毛女仙姑”，其传说最早见于《列仙传·卷下·毛女》：

毛女者，字玉姜，在华阴山中，猎师世世见之。形体生毛，自言秦始皇宫人也，秦坏，流亡入山避难，遇道士谷春，教食松叶，遂不饥寒，身轻如飞，百七十余年，所止岩中有鼓琴声云。

毛女本名玉姜，是秦始皇的宫人，秦亡后逃入华阴山中，在道士谷春的指点下以松叶为食，于是形体生毛，不饥不寒，即使过了一百七十多年，她居住的山岩中还传出鼓琴之声，可知其已成仙不死。《列仙传·卷上》中有一个相似的人物——偓佺：

偓佺者，槐山采药父也，好食松实，形体生毛，长数寸，两目更方，能飞行逐走马……松者，简松也。时人受服者，皆至二三百岁焉。

偓佺与毛女虽时代不同，但均居处深山，一食“松实”一食“松叶”，身上都长有数寸长的毛发，且身轻能飞，极为长寿，因此二人常被相提并论。如明代李一楫《月令采奇》便有“偓佺食松实而飞，毛女食柏叶而寿”之语。东晋葛洪《抱朴子内篇·仙药》里的毛女故事情节又更加丰富，汉成帝时有猎人在终南山中见到一人“无衣服，身生黑毛”，行走如飞，将其捉住后说：“我本是秦之宫人也，闻关东贼至，秦王出降，宫室烧燔，惊走入山，饥无所食，垂饿死，有一老翁教我食松叶松实，当时苦涩，后稍便之，遂使不饥不渴，冬不寒，夏不热。”现已二百多岁，猎人们将毛女带回去，“以谷食之”，二年后身毛脱落，却“转老而死”，作者感叹道：“向使不为人所得，便成仙人矣。”之所以加入这段由仙返俗的情节，是为了告诫人们在修仙求道时一定要苦心坚志、持之以恒，若半途而废，必致前功尽弃。

到唐代，毛女的形象又有了升华，晚唐裴铏《传奇·陶尹二君》云：唐宣宗大中初年，有陶太白和尹子虚两位老人，“多游嵩华二峰，采松脂茯苓为业”。

一日携酒坐在芙蓉峰大松树下，遇到两位仙人，“一丈夫，古服俨雅；一女子，鬟髻彩衣”，古丈夫自称是“秦之役夫”，女子即毛女，“乃秦之宫人”，二人逃脱骊山之祸，在山中“食松脂木实，乃得延龄”，“岁久日深，毛发绀绿，不觉生之与死，俗之与仙”。古丈夫与毛女教给二公食木实之法，又赠与万岁松脂和千秋柏子，二公和酒吞下，后来“巢居莲花峰上，颜脸微红，毛发尽绿，言语而芳馨满口，履步而尘埃去身。云台观道士，往往遇之，亦时细话得道之来由尔”。此时的毛女身边又有了一位“古丈夫”相伴，虽然“形体改易，毛发怪异”，但已经是鬟髻彩衣的翩翩仙子了，不仅自身得道，还能帮助凡人长生。《修真十书·武夷集》则记载了毛女的另一个版本：

其后有如鱼道超、鱼道远，皆秦时之女真，入此而隐焉。然此地其深邃不可言，四围皆生毛竹，人有樵采而见之者，因毛竹而目此二鱼为毛女，至今称之。

二鱼的传说将毛女由一人增为二人，而之所以叫毛女，也只是因其地生长毛竹，并非浑身长毛，此说似乎在一定程度上影响了人们对毛女形象的塑造。苏轼《题毛女真》诗曰：“雾鬓风鬟木叶衣，山川良是昔人非。只应闲过商颜老，独自吹箫月下归。”对毛女外貌的描述已不再提及“形体生毛”的特征了。

明代汪砢玉所著《珊瑚网》里收录了历代毛女图画上的题跋，如《唐人作毛女图》画有毛女“一双”，谢翱题诗：“结草为衣类鹤翎，初来一味服黄精。”脉望生识曰：“丰姿端丽，错着彩缯树皮，背绊筠篮插花枝，纷披如幕，咸握一偃月钩，其亭亭玉立者，丰趺着草兜，其皎皎傲雪者，系袜至胫，穿芒鞋。”宋人钱选（字舜举）则绘制了四幅毛女图，人物形态各不相同：“女形甚伟，貌多丰艳，或披翠羽，或遮锦裈，或编瑶草，或挂琼叶，五彩烂然；有络鞮者，有靳角者，有两两踹骈趾者，手各有执，为铲、为筐、为画卷、为云母；肩各有负，为琴、为扇、为书帙、为药物、为花果；又各有所随，为鹤、为鹿、为猿、为貍。”此外还提到元人画的《瑶岛群真图》，“卷后女真数队……俱作毛女装束”，汪氏还为此列出了“毛女女谱”，将她们分为六类，可见这时的毛女已从玉姜、二鱼演变成一群装束独特的道教仙女。

存世的毛女图画多为山中采药的野仙形象，如山西省朔州市应县佛宫寺释迦塔出土的辽代《毛女图》，画中毛女高髻跣足，眉目姣好，身披长毛兽皮，

图 11-2-2-37
毛女图

图 11-2-2-38
《列仙全传》中的毛女和古丈夫

图 11-2-2-39
采兰图

图 11-2-2-40
金嵌宝毛女耳坠

下着布袴，腰围草叶短裙，一手拿药锄，一手持灵芝，背负药篓木杖，杖上挂着拂子、葫芦、雨笠等物（图 11-2-2-37）。明代《列仙全传》中的毛女一身褴褛，外遮兽皮羽裙，一手挎花篮，一手持松枝，就连“形体生毛”的特点也被如实刻画了出来（图 11-2-2-38）。故宫博物院收藏的《采兰图》在毛女药篓内支着一柄茅草伞盖，盖下悬挂着彩结垂饰，这些细节点缀使毛女区别于寻常采药人，体现出仙家气象（图 11-2-2-39）。

徐达家族墓出土了一对金嵌宝毛女耳坠，耳钩末端各悬一六瓣花形小盖，花瓣上焊小金托，原本应镶嵌有宝石或珍珠，花瓣尖端有金丝弯成的环钩，可垂挂珠串等饰件，毛女头绾发髻，颈戴项圈，身穿双层草叶衣裙，绕以飘带，手持药锄，背负药篓，篓内插着灵芝，毛女脚下踏着花座，花瓣亦缀小金托（图 11-2-2-40）。耳坠上的毛女造型与画中相同，通过由凡而仙的毛女、长生不老的灵药来表达古人期盼健康长寿的美好心愿。

图 11-2-2-41　**金镶玉嵌宝茄子耳坠**

4. 茄子耳坠

《天水冰山录》里提到的茄子耳坠有“金镶玉茄耳坠”“金镶珠宝茄耳坠”等。益宣王妃李氏棺内随葬了一对金镶玉茄子耳坠，通长 6.6 厘米，圆环状耳钩，坠子部分长 3.7 厘米，样式与茄子耳环基本相同，坠身为白玉质地，顶端饰四瓣叶状宿萼，以金累丝制成，每瓣缀一椭圆形小金托，内嵌宝石一颗（图 11-2-2-41）。

图 11-2-2-42　**金累丝嵌珠宝耳坠**

首都博物馆收藏的一对金累丝嵌珠宝耳坠则属于“金镶珠宝茄耳坠”，通长 5.7 厘米，耳钩直径 2 厘米，坠身为蓝宝石，其上宿萼部分做成了金累丝蝴蝶，缀有椭圆形金托，内嵌红宝石，顶端还穿有一颗珍珠（图 11-2-2-42）。

（三）丁香（耳塞）

耳塞是明代耳饰中最小巧的一种[1]，《客座赘语》认为：“塞即古之所谓‘瑱’也。”耳塞的造型类似现代的“耳钉”，钉头部分可繁可简，最常见的是做成类似一点油簪首的半球形蘑菇头，精致一些的也可以做成一朵小花，形态很像丁香，故明人习惯将耳塞称作“丁香儿”。古人所说的植物丁香分为两种，一种是供人们观赏的丁香花，另一种是用作药物的丁香（公丁香和母丁香），两种丁香都有细长如

① 扬之水 . 中国古代金银首饰 [M]. 北京：故宫出版社，2014：616

钉的特征，将之作为耳塞的别称可谓十分形象。

由于耳塞简约轻便，无论行动或休息皆无妨碍，因此各阶层女性都在日常生活中佩戴。清代仍是如此，李渔《闲情偶寄》云："饰耳之环，愈小愈佳，或珠一粒，或金银一点，此家常佩戴之物，俗名'丁香'，肖其形也。若配盛妆艳服，不得不略大其形，但勿过丁香之一倍二倍。既当约小其形，复宜精雅其制，切忌为古时络索之样。"

《金瓶梅词话》里多处描写了"丁香儿"，如第四十二回："看见王六儿头上戴着时样扭心鬏髻儿，羊皮金箍儿……描的水鬓长长的，紫膛色，不十分搽铅粉，学个中人打扮，耳边带着丁香儿。"第六十一回还是写的王六儿："头上银丝鬏髻，翠蓝绉纱羊皮金滚边的箍儿，周围插碎金草虫啄针儿……耳边金丁香儿。"第六十八回："不一时，吴银儿来到。头上戴着白绉纱鬏髻、珠子箍儿、翠云钿儿，周围撇一溜小簪儿，耳边戴着金丁香儿。"第七十七回："月娘方动身梳头儿，戴上冠儿……耳边带着两个金丁香儿，正面关着一件金蟾蜍分心。"这些人物的身份各异，所处场合与穿着打扮也不相同，但耳上都戴着一对"丁香儿"，从中可以看出明代女性对耳塞的喜爱程度。

耳塞的材质多选用金银，但贫穷人家也常以铜锡代之。《醒世恒言》第八卷《乔太守乱点鸳鸯谱》里写道："第二件是耳上的环儿，此乃女子平常时所戴，爱轻巧的，也少不得戴对丁香儿，那极贫小户人家，没有金的银的，就是铜锡的，也要买对儿戴着。"而镶嵌宝石珠玉的耳塞亦不少见，《云间据目抄》就提到"（妇人）耳用珠嵌金玉丁香"；《天水冰山录》也记有"金镶珠耳塞一双"。

故宫博物院藏的《董姬像》便在耳垂上画有一枚耳塞（图 11-2-2-43）；《吴氏先祖图册》有多幅像主都是戴的金耳塞，就连耳钩部分也被细致地表现出来（图 11-2-2-44）。南京中华门外邓府山王克英夫人墓出土的金耳塞长 1.5 厘米，"钉头"部分捶打成蘑菇头状，光素无纹，耳钩相比耳环、耳坠要小一些（图 11-2-2-45）。邓府山出土的另一对金耳塞亦长 1.5 厘米，"钉头"做成如意云形，然后在正面錾刻出兔纹（图 11-2-2-46）。李家坟明墓出土的鎏金耳塞长 3 厘米，"钉头"用五片鎏金花瓣组成一朵小花，花心有圆形金托，内嵌珍珠一颗，材质虽贵重却不掩造型之清雅（图 11-2-2-47）。

图 11-2-2-43 **明《董姬像》**

图 11-2-2-44 **《吴氏先祖图册》之四（局部）**

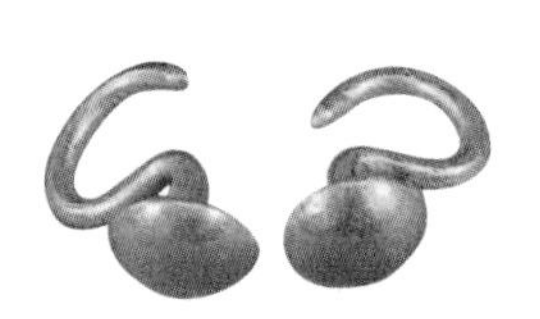

图 11-2-2-45 **金耳塞**

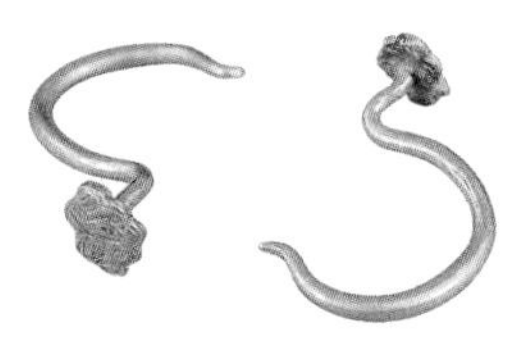

图 11-2-2-46 **兔纹金耳塞**

图 11-2-2-47 **鎏金镶珠耳塞**

三 手饰

明代的手饰主要为戒指，又称戒子、指环（镮），男女都可佩戴。都卬《三馀赘笔》云："今世俗用金银为环，置于妇人指间，谓之戒指。"《客座赘语》则将戒指分为两种："金玉追炼约于指间曰'戒指'，又以金丝绕而箍之曰'缠子'，即繁钦诗之所谓'约指一双银'也。"繁钦为东汉人，可知当时的戒指已流行成对的样式，并因此衍生出了象征男女爱情的寓意。晋宋时人戴祚的《甄异传》里有一篇故事，写沛郡人秦树夜遇一女子同宿，次日秦树将离去，女子流泪相别，"以指环一双赠之，结置衣带"，便是用成对的戒指作为二人的信物。

图 11-2-3-1　**金镶宝石戒指**
宁靖王夫人墓出土。

图 11-2-3-2　**金镶宝石戒指**
梁庄王墓出土。

明代戒指延续了成对制作以及用之表达爱意的做法，《金瓶梅词话》第八十五回陈经济托薛嫂给潘金莲递信，薛嫂让金莲“回个记色与他”，潘金莲拿了方白绫帕写上一首词，又取出一个“金戒子儿”，一并让薛嫂交给陈经济。《喻世明言》第四卷《闲云庵阮三偿冤债》写殿前太尉陈太常之女陈玉兰因爱慕对邻阮三郎，将手上的一对“金镶宝石戒指儿”取下一枚，让丫鬟碧云悄悄交给三郎，由此引发了一出悲喜故事。

明代的金镶宝石戒指出土实物甚多，宁靖王夫人墓出土了五枚金镶宝石戒指，形制基本相同，直径 2~2.2 厘米，戒面宽 1.1~1.7 厘米，分别镶嵌红、绿、蓝色宝石，环上錾刻折枝花卉纹样，这几枚戒指出土时分别戴在墓主左右手的中指和无名指上（图 11-2-3-1）。梁庄王墓出土的三枚金戒指均镶嵌宝石，其中一枚戒面做成葫芦形，焊有一小一大两个金托，小托嵌一颗桃红色尖晶石，大托嵌一颗蓝宝石，托底侧缘及环首端外壁錾刻出短线、小蛇和云纹等；第二枚戒面为椭圆形素托，内嵌绿松石一颗，环首端外壁有凸起的双叶纹；第三枚戒面亦为椭圆形金托，焊有抱爪三根，嵌红宝石一颗，托底侧缘饰一圈短线纹，环首端外壁錾刻云纹（图 11-2-3-2）。相同或相近式样的金镶宝石戒指在其他明墓中屡有发现，如南京江宁殷巷沐晟墓的嵌蓝宝石金戒指，椭圆形金托上焊抱爪四根，内嵌蓝宝石，周围饰一圈连珠纹，环首

图 11-2-3-3
嵌蓝宝石金戒指
沐晟墓出土。

图 11-2-3-4 **嵌蓝宝石金戒指**
南京中华门外西善桥出土。

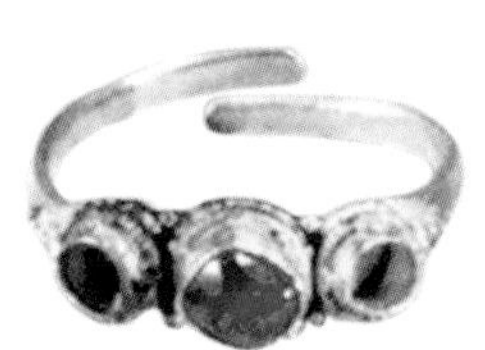

图 11-2-3-5 **金镶宝石戒指**
李惠利中学明墓出土。

图 11-2-3-6
金镶宝石花卉戒指
永新王墓出土。

端外壁錾刻如意云纹（图 11-2-3-3）。南京中华门外西善桥出土的嵌蓝宝石金戒指，戒面做成菊花形，有一圈细密的花瓣，花心为金托，外饰一圈短线纹（图 11-2-3-4）。还有一类是戒面并排镶嵌三颗宝石或珍珠，居中者大，两侧略小，上海卢湾区潘允徵夫妇墓与李惠利中学明墓出土的金镶宝石戒指均为此式（图 11-2-3-5）。蕲春县永新王墓的金镶宝石戒指将三颗宝石的金托都做成花形，正中大花的花瓣是一圈圆形小金托，内嵌珍珠，两侧小花用金片制成花瓣，上刻纹理，极为华丽精美（图 11-2-3-6）。

纯以金银打造的戒指自是最常见的款式，《天水冰山录》记有“金戒指一十个，共重一两三钱”“金戒指二十八个，共重三两六钱七分”以及“乌银戒指五十个，共重四两七钱[①]”。其至简者仅将金银打作外弧内平的细条，内外壁皆光素无纹，再围成指

① 乌银即黑色的银，《本草纲目》中说：“藏器曰：今人用硫黄熏银，再宿泻之，则色黑矣。工人用为器，养生者以器煮药，兼于庭中高一、二丈处，夜承露醴饮之，长年辟恶。”

图 11-2-3-7 **明代金戒指**

图 11-2-3-8 **《明宣宗射猎图轴》中的马镫**

图 11-2-3-9 **金马镫戒指**
宛平南路三品官夫妇墓出土。

图 11-2-3-10 **白玉马镫戒指**
顾叙夫妇墓出土。

图 11-2-3-11 **金长命富贵马镫戒指**
孙孺人墓出土。

图 11-2-3-12 **白玉蟾蜍马镫戒指**
李新斋夫妇墓出土。

径大小的一圈，或为活口或焊成闭口，均与今制无异（图 11-2-3-7）。《金瓶梅词话》提到了一种“金马镫戒指”，书中第十五回写道：“那潘金莲一径把白绫袄袖子搂着，显他遍地金掏袖儿，露出那十指春葱来，带着六个金马镫戒指儿。”从名字来看，这类戒指的造型应与马镫相似（图 11-2-3-8），戒面一般做成长方形平面，两端各饰小三角形，比环部稍宽，既可用素面亦可錾刻简单的花纹。上海徐汇区宛平南路三品官夫妇墓出土的金马镫戒指和顾叙夫妇墓出土的白玉马镫戒指都是较为典型的样式（图 11-2-3-9、10）。上海黄浦区“永郡孙氏孺人”墓出土的一对金马镫戒指，戒面分别刻有楷书“长命”“富贵”字样（图 11-2-3-11），李新斋夫妇墓的一对白玉马镫戒指则在戒面上雕刻出立体的蟾蜍，构思颇为新颖（图 11-2-3-12）。

图 11-2-3-13　**菊花形金戒指**

大部分金银戒指戒面都喜欢用图案或吉语文字进行装饰。如南京中山门外马群出土的菊花形金戒指，戒面錾刻成一朵盛开的菊花，下端镂出枝叶，环壁亦饰以叶纹（图 11-2-3-13）。潘允徵元配赵氏墓的一对菊花形金戒指，出土时左右手各戴一枚,戒面中心为圆形,分别饰“松”“柏”二字，周围刻一圈菊花花瓣，“松柏”有长寿的寓意，南宋度正《太孺人生朝》诗曰：“天上神仙谁羡慕，人间真乐我团栾。愿如松柏坚刚寿，相与年年保岁寒（图 11-2-3-14）。”南京江宁谷里出土的灵芝纹戒指为马镫式，戒面呈椭圆形，錾刻灵芝图案，亦为长寿之意（图 11-2-3-15）。南京中华门外西善桥出土一对金戒指，戒面较宽，所刻图案为荷花、慈姑叶、鹭鸶等，当属“满池娇”题材（图 11-2-3-16）。

图 11-2-3-14　**菊花形松、柏金戒指**

图 11-2-3-15　**灵芝纹金戒指**

南京市博物馆收藏了一对明代的“渔樵耕读”纹金戒指，戒面呈长方形，两端收为尖角，均饰以人物场景，一枚戒指上是骑着耕牛的农人和挑着柴的樵夫，象征“耕”“樵”；另一枚是屋中读书的士子和树下垂钓的渔夫，象征“读”“渔”（图 11-2-3-17）。“渔樵耕读”选取了乡野生活中最有代表性的四件事，用来表达身居闹市的士大夫们远避俗嚣、超然物外的内心渴望，是明清时期十分流行的绘画与装饰题材。

图 11-2-3-16　**满池娇纹金戒指**

明代戒指中最别致的当属“双转轴戒指”，元代散曲家张可久《南吕·一枝花·牵挂》就写道：“一简书写就了情词，三般儿寄与娇姿：麝脐薰五花瓣翠羽香钿，猫眼嵌双转轴乌金戒指，獭髓调百和香紫蜡胭脂。”李惠利中学明墓出土的金“安”字转轴戒指即为典型一

图 11-2-3-17　**渔樵耕读纹金戒指**

图 11-2-3-18
金“安”字转轴戒指（两面）

图 11-2-3-19
金“忍耐”转轴戒指（两面）

图 11-2-3-20
圈纹金戒指
镇江博物馆藏。

图 11-2-3-21　**金双龙连珠纹戒指**

例，戒面为委角方形，边框刻卷云纹，正中戒心以转轴与边框相连，可以两边翻动，一面以粗金丝拼成“安”字，另一面錾刻人物故事图（图 11-2-3-18）。江苏太仓牌楼万家队王忬墓也出土了一枚金转轴戒指，戒面做成团花状，戒心为圆形，设有转轴，一面焊“忍”字，另一面焊“耐”字（图 11-2-3-19）。王忬字民应，太仓人，王世贞之父，明嘉靖二十年进士，《万姓统谱》说他“为人峻爽廉察，多读书，尤精于法”，屡破倭寇，历官至兵部右侍郎兼都察院右佥都御史，总督辽蓟军务，因积怨严嵩而被严氏父子构陷，终遭冤杀。古人常以“忍”字自戒，唐张公艺曾书百余“忍”字献给高宗；陆游诗中也说:“农书甚欲从师授，忍字常须作座铭。”元代更出现了《忍经》《劝忍百箴》等书。王忬的“忍耐”戒指一方面反映了“忍文化”在士大夫间的盛行，另一方面也记录了他在严嵩擅权时身处官场的真实心境。

另有一类戒指的造型似乎受到了手镯的影响，如镇江博物馆的一枚金戒指，整体为圆环状，环身錾刻均匀细密的圈纹（图 11-2-3-20）。李惠利中学明墓的一对金双龙连珠纹戒指，环身饰以连珠，两端锤鍱錾刻成龙首，更是完全仿照了龙头连珠镯的样式（图 11-2-3-21）。

四 臂饰

明代女性受服饰形制与审美观念的影响，手臂露出的部分很少，因此佩戴的臂饰不是很丰富，主要为手钏与手镯两种，款式上大多继承前代旧有的形制，但在工艺与装饰方面仍体现出自身的时代特点。

（一）手钏

手钏又名条脱、条达或跳脱、臂环等，古又谓之“缠臂金”，明代的手钏与宋元时期相比形制区别不大，主要分为“金钑花钏”与“金光素钏（金素钏）”两种。《大明会典》记载了皇家婚礼中给后妃的“纳征礼物”，皇后有“金钑花钏一双、金素钏一双”，皇太子妃、亲王妃亦有“金钑花钏一双 、金光素钏一双”，各为二十两重。

比较典型的金钑花钏有梁庄王墓出土的一对实物（编号后：12、13），两件金钏均用一条宽 0.7 厘米、厚 0.1 厘米的金条缠绕成 12 个相连的圆圈，一件（后：12）圈径 6.5~6.7 厘米，另一件（后：13）圈径 6.5~7.5 厘米，首尾两圈末端缠以细密的金丝，与次圈套连固定，金钏内壁光洁，外壁满饰缠枝卷草纹，总重 587.6 克，约合明代的十六两（图 11-2-4-1）。相似款式的金钑花钏还见于北京右安门外明墓，同墓另出土了一件金光素钏，圈径 6.2 厘米，缠绕 11 圈，外壁为素面，未饰花卉等图案（图 11-2-4-2、3）。

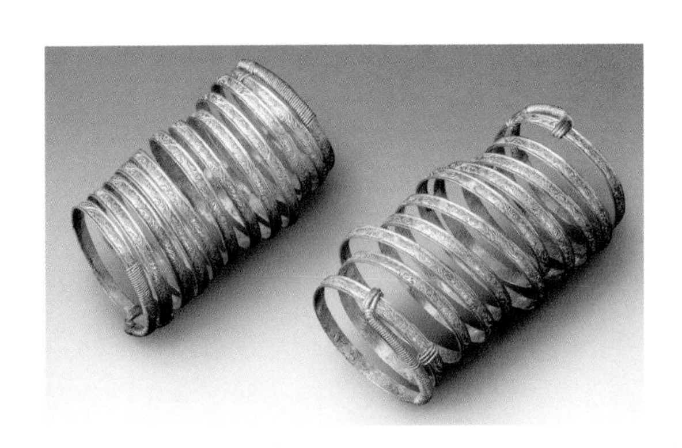

图 11-2-4-1　**梁庄王墓出土的金钑花钏（后：12、后：13）**

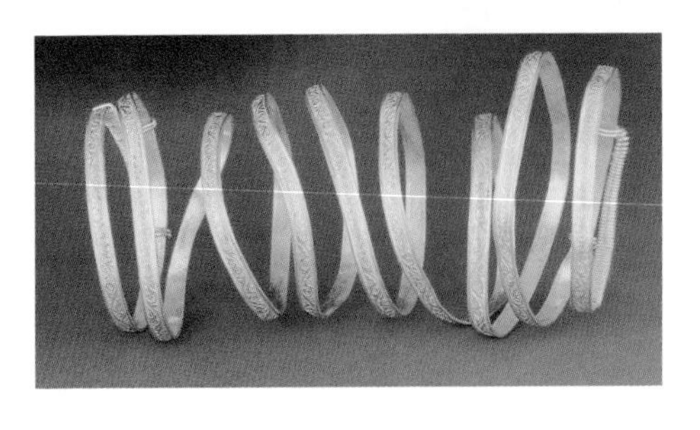

图 11-2-4-2　**金钑花钏**
北京右安门外明墓出土，首都博物馆藏。

图 11-2-4-3 **素面金钏**
北京右安门外明墓出土。

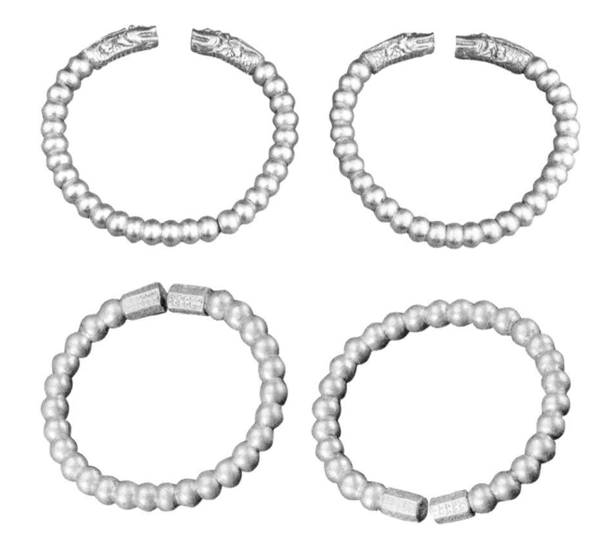

图 11-2-4-4 **金龙头连珠镯**

图 11-2-4-5 **金连珠镯**

（二）手镯

手镯是明代女性最常见的臂饰，又称镯头或压袖，多用金、银、玉等材质制成。双龙（兽）头手镯作为经典样式在明代依然流行，此类手镯又可分为两款，一款是龙头连珠镯，一款是龙头圈镯。

金银材质的龙头连珠镯多为开口式，镯身主体做成串珠状，珠形则正圆、椭圆不拘，两端各有一龙头（或兽头）。青阳邹氏墓出土的一对金龙头连珠镯堪称标准式样，两镯共重 229.76 克，镯身做成相连的二十八颗扁珠，两端是相向对望的龙头，阔鼻方唇，颈部錾刻鳞片（图 11-2-4-4）。

还有一类方头连珠镯，应是在龙头（兽头）的基础上，简化为立体的长方形或多边形，造型颇具现代感。如北京永定门外南苑明墓出土的金连珠镯，镯身为二十六颗圆珠相连，两端各有一六棱形短柱，每面皆錾刻花纹，精美程度并不逊于龙头镯（图 11-2-4-5）。在后妃的“纳征礼物”中，皇后有“金连珠镯一双”，皇太子妃、亲王妃各有“金龙头连珠镯一双”。

龙头圈镯则是将镯身的连珠造型省去，只做成或圆或扁的素圈。南京江宁殷巷沐昌祚墓出土的双龙纹金镯和蕲春彭思镇张滩村猪头嘴明墓出土的双龙戏珠金镯均属此类（图 11-2-4-6、7）。

图 11-2-4-6　**双龙纹金镯**

图 11-2-4-7　**双龙戏珠金镯**

玉质的手镯因无法拉伸，同时还要防止断裂，大都做成闭口式，双龙（兽）头玉镯通常在两个龙头之间雕刻一颗宝珠使两端相连，亦有龙头圈镯与龙头连珠镯两式（图 11-2-4-8、9）。首都博物馆还收藏了一对白玉龙咬尾纹镯，直径约 7.7 厘米，雕刻成龙头咬住龙尾的形态，很像西方的“衔尾蛇（Ouroboros）”，设计十分独特（图 11-2-4-10）。另一类玉镯则不饰龙头，采用素圈或连珠造型。如南京博物院收藏的一对明代玉镯，镯身为串连的二十颗椭圆形珠，圆珠之间又以雕出薄片相隔，造型清新雅致，与女性温婉秀美的气质极为相称（图 11-2-4-11）。

皇太子妃、亲王妃的“纳征礼物”里还有“金八宝镯一双（八两重、外宝石一十四块）”，“八宝镯”以外镶宝石而得名，与其他手镯相比最为华丽贵重。梁庄王墓出土了一对金八宝镯，都由两个半圆形金片合成，其中一端作“活页式”连接，另一端用一根插销连接，因此手镯可以自由开合，方便佩戴，只需抽起插销便能将手镯打开，反之则可扣合固定。镯身高 2.6 厘米，内壁光滑，外壁用掐丝法做出花纹，焊有八个花丝金托，内嵌各色宝石（图 11-2-4-12）。这对金八宝镯与前面提到的金钑花钏（后：12、13）可能是配套使用，原本同置于一件漆木匣中，被放在王妃的棺内。

南京江宁殷巷沐叡墓的嵌珠宝金龙头镯将双龙头式镯与八宝镯结合到一起，镯身为扁平状，宽 0.7 厘米，两端錾刻龙头，头顶有圆形小金托，原应嵌有珍珠，龙头内壁还用线条刻画出下颌特征，镯身外壁焊有金托，内嵌红、蓝宝石和珍珠（已朽）等，金托之间饰以枝叶纹样（图 11-2-4-13）。

钏与镯的搭配出现很早，曾广泛传播于东西方各文明中。新亚述时期萨尔贡二世王宫的浮雕上就可以看到双兽头镯、镶宝手镯等与多圈手钏共同作为臂饰的形象（图 11-2-4-14）。

图 11-2-4-8 **青玉龙头镯**

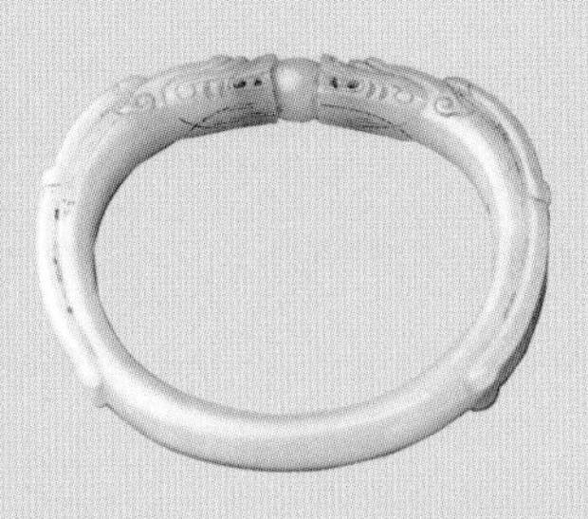

图 11-2-4-9 **青玉龙头连珠镯**

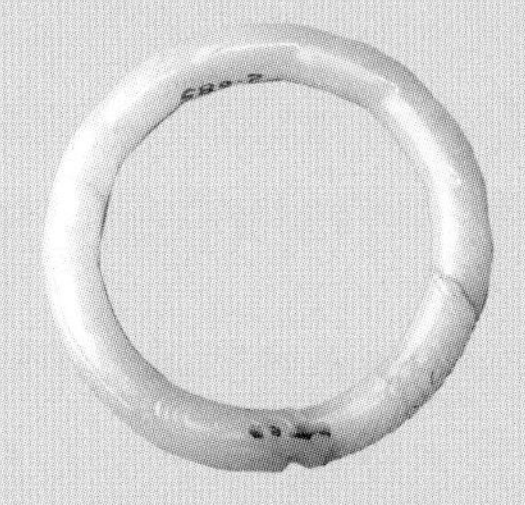

图 11-2-4-10 **白玉龙咬尾纹镯**

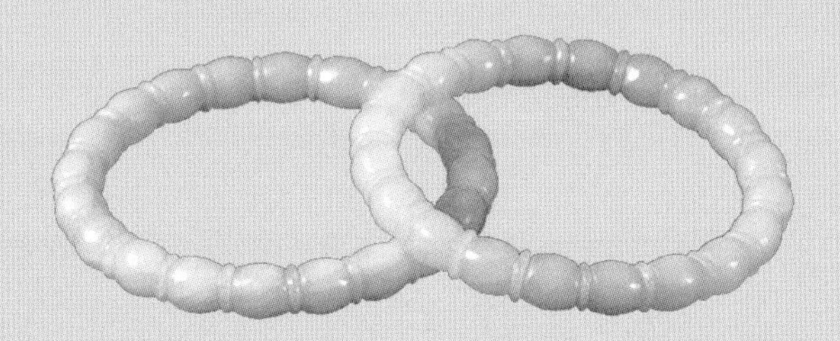

图 11-2-4-11 **连珠形玉镯**

图 11-2-4-12 **金八宝镯**
梁庄王墓出土。

图 11-2-4-13 **嵌珠宝金龙头镯**

图 11-2-4-14
亚述萨尔贡二世王宫浮雕人物摹绘

钏、镯的外形虽有明显不同，但生活中人们对二者的称呼却未做严格区分，往往将手镯也称作“钏”或“条脱”，传统文学作品里经常写到“玉钏”“玉条脱”，就材质的特性而言，多圈缠绕式的手钏显然难以用玉来制作，故应是指的手镯。《三才图会》里有一幅标为“钏”的插图，实际上画的是一对龙头圈镯，可见呼镯为“钏”与呼簪为“钗”一样，在明代是相当普遍的现象（图1-4-1-1-2）。

五 颈胸饰

明代女装大都有着高而宽的领部，并在此基础上发展出包住脖子的“竖领（立领）”，用纽扣将领口牢牢锁住，《酌中志》就特别提到“凡脖领亦不许外露……只宫人脖领则缀纽扣”。服装的形制往往会对饰品的佩戴产生一定影响，因此明代女性颈项处的装饰物种类非常少。

（一）项圈、璎珞、项牌

项圈又称颈圈，多为儿童所戴，《金瓶梅词话》第三十九回里，吴道官给西门庆之子官哥儿的礼物中便有“一副银项圈条脱”。少女戴的项圈逐渐发展为女性的佩饰，但普遍流行似乎在清代以后。

璎珞又作缨络，通常是指各类用珠玉串成的垂饰，既可用在器物上，也可作为首饰或佩饰。《明史·五行志》载：“正德元年，妇女多用珠结盖头，谓之璎珞。”宗教绘画中的神仙人物，大都将身上装饰的宝珠璎珞系在项圈上（图11-2-5-1），于是项圈也被称为“璎珞”。《三才广志（记）》说：“璎珞，妇人颈上饰也。”当是指项圈而言。《红楼梦》里多处将项圈写作“璎珞”或“璎珞圈”，如第八回：“（薛宝钗）从里面大红袄上将那珠宝晶莹、黄金灿烂的璎珞掏将出来。”甲戌本此处有夹批：“按璎珞者，头饰也，想近俗即呼为项圈者是矣。”

项牌亦为颈胸饰的一种，出现于元代，《三才广志（记）》云：“项牌，以玉为之，坠于项者。”明代儿童常戴此物，材质并不限于用玉，金、银等皆可为之，吴道官送给官哥儿的银项圈上就挂着“银脖项符牌儿”，正面打着“金

图 11-2-5-1
宝宁寺明代水陆画“大威德菩萨众”局部

图 11-2-5-2
唐寅款《吹箫图》局部

玉满堂，长命富贵”八个字，背面刻法名“吴应元”。此外还有“寄名锁（符）”之类，均是后来长命锁的前身。在出土或传世的明代佩饰里，项圈、项牌一类极为罕见，仅在一些非写实的仕女画中有艺术化的表现（图 11-2-5-2）。

（二）事件、坠领、坠胸

明代有一种金银制成的实用性佩饰，将耳挖、挑牙（剔牙棒）、镊子等小型工具穿在一条长链上，俗呼“事件”或“事儿”，也可以按工具数量称作“二事”“三事”等[1]。长链一端有小环，日常将其拴在手帕的角上，一同放在衣袖里，方便随时取用，《梼杌闲评》第四回说：“打开看时，却是一条白绫洒花汗巾，系着一副银挑牙。”《金瓶梅词话》第五十九回也有类似描写：“西门庆向袖中取出白绫双栏子汗巾儿上一头拴着三事挑牙儿，一头束着金穿心盒儿……又掏出个紫绉纱汗巾儿，上拴着一副拣金挑牙儿。”

① 扬之水．中国古代金银首饰 [M]. 北京：故宫出版社，2014：654.

最简单的“事件”就是将小工具穿在一起，系于长链的末端，很像今人使用的钥匙链。如上海奉贤区广西道监察御史宋蕙家族墓出土的一件银三事，链长19.5厘米，一端将挑牙、镊子、耳挖组合在一起，不用时合拢，用时可逐一打开（图11-2-5-3）。李惠利中学明墓的金事件更为精致，金链长24厘米，中段缀一枚小金葫芦，一端套在金环内，另一端连接着金钱形提系，下有小环栓挑牙、耳挖二事，挑牙长4.8厘米，耳挖长5厘米，内侧平整，可合为一体（图11-2-5-4）。

“事件”随身携带，既要保证卫生，又要防止尖锐部分损伤衣料，于是就在长链上加一个可活动的圆柱形小筒，底部为开口式，小工具旁另拴一个小“塞子”，不用时将工具拉入圆筒中，用“塞子”封住筒底开口，就成了一个小型收纳盒，《型世言》第五回写道：“（耿埴）就将袖里一个银挑牙，连着筒儿把白绸汗巾包了，也打到妇人身边。”出于美观的需要，圆筒外壁饰有各种图案花纹，而王士琦墓出土的金事件将圆筒做成了一个手捧寿桃的娉婷仕女，“塞子”也是做成连枝叶的大桃，造型生动，工艺精湛，不仅具有实用功能，还可以当作装饰物佩带（图11-2-5-5）。

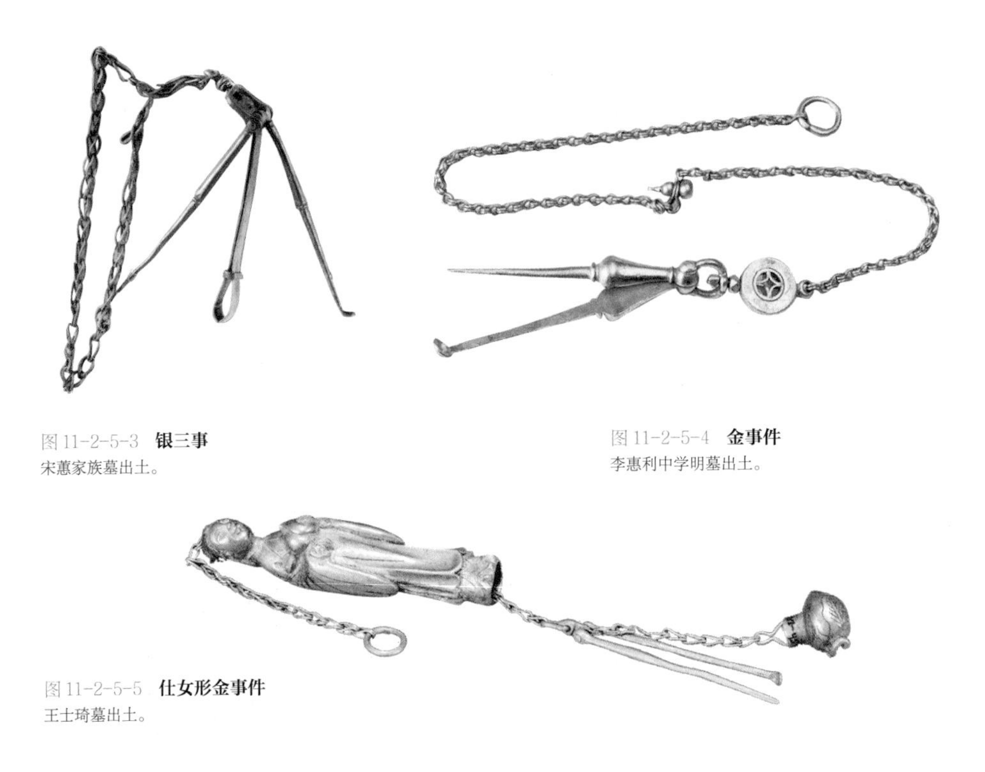

图11-2-5-3 **银三事**
宋蕙家族墓出土。

图11-2-5-4 **金事件**
李惠利中学明墓出土。

图11-2-5-5 **仕女形金事件**
王士琦墓出土。

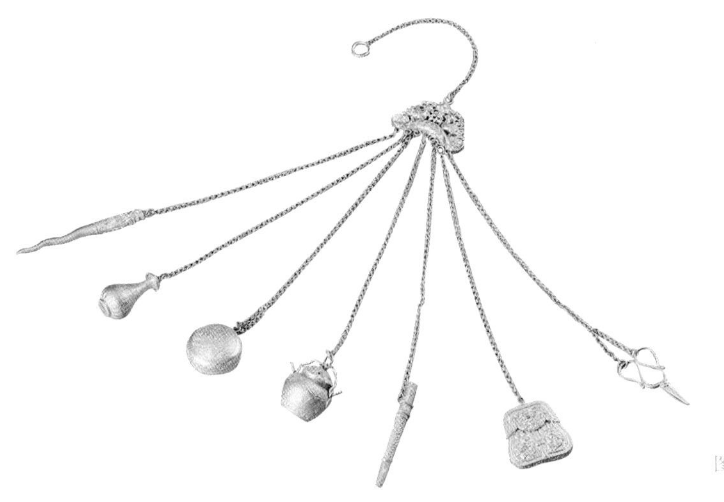

图 11-2-5-6 **錾花金七事**

另一类与“事件”相似的佩饰也是从随身携带的小工具演变而来，最迟在元代就已完全装饰化，所挂工具大都变成金银打制的小模型，北京右安门外明墓出土的錾花金七事即是其中的代表。这件金七事通长 52 厘米，重 294.5 克，以一枚金荷叶提头居上，荷叶呈倒覆状，叶上饰花卉和一对相向的鸂鶒，提头顶部有小环，系一条金链，链端为一枚大金环，提头底部并列七个小环，连缀七根金链，链端分别系着金质的剪刀、荷包、小刀、罐、盒、瓶、龙头解锥等七事，并錾刻出细腻精美的图案（图 11-2-5-6）。《客座赘语》对此类佩饰有详细的介绍：

以金珠玉杂治为百物形，上有山云题、若花题，下长索贯诸器物，系而垂之。或在胸曰‘坠领’，或系于裾之要曰‘七事’。又以玉作珮，系之行步声璆然，曰‘禁步’。皆古之所谓‘杂佩’也，古取其用，今取其饰也。

从描述可以看出，“坠领”与“七事”形制相仿，但佩带位置不同。“七事”系在衣裾腰部或悬在革带上，多用作未受诰封妇女的吉服佩饰，故被看成玉佩、禁步之属，称为“玎珰七事”或“禁步七事”，《金瓶梅词话》里孟玉楼改嫁李衙内时，腰间即“系金镶玛瑙带、玎珰七事”。“七事”并不一定是七个饰件，或五或三皆可。江苏溧阳城西公社明墓出土的一件便只有三事，全件通长约 40 厘米，在金荷叶提头下连缀三根金链，末端各系一事，居中为小刀，只余镂花刀鞘，小刀和左右两事均已遗失，其样式与所系饰件都与前面提到的

图 11-2-5-7 **金三事**

挑牙三事不同，当属于“七事”一类（图 11-2-5-7）。

“坠领”是垂在胸前的饰物，系于领部，因此顶端金链的长度比“七事”要短，总体的装饰性则更强。坠领比较明显的特点是在“长索”中段增加了一件圆形的牌饰，其灵感似乎来自“玉花”或“金方心云板”，“长索”上的“诸器物”逐渐摆脱了对工具的模仿，纹饰的选择更加自由。刘娘井明墓出土的金坠领长 37 厘米，重 76.47 克，上部为金荷叶提头，提头上方系短金链，下方缀有三环，悬挂三组用金链串连的饰件，居中一组自上而下系有嵌宝小桃花、小梅花、菊花纹金圆牌、小菊花、方胜和衔结双鱼，金圆牌两侧各有小环套住旁边的金链，左右两组饰件相同，分别为葫芦、石榴、瓜、桃和荔枝（图 11-2-5-8）。徐达家族墓的一串挂嵌宝石镶玉金坠领长 48 厘米，提头为半月形的“花题”，饰以缠枝花叶，一面有三个椭圆形金托镶红、蓝宝石，另一面嵌有透雕的秋葵纹玉片，提头上方缀一金环，下方三个小环分别悬挂三组金链和玉饰件，有葫芦、玉环、古钱、蝴蝶、金锭、金莲花托玉童子等，圆牌亦为金镶玉式，内嵌透雕灵芝纹玉板（图 11-2-5-9）。

《金瓶梅词话》将坠领称作“揲领”，第十九回写道：“妇人一面摘下揲领子的金三事儿来，用口咬着。”第三十四回写潘金莲“上穿着丁香色南京云紬揲的五彩纳纱喜相逢天圆地方补子对衿衫儿……胸前揲带金玲珑揲领儿”；第七十八回吴月娘身穿“白绫对衿袄儿，沉香色遍地金比甲，玉色绫宽襴裙……胸前带着金三事揲领儿”。“揲领”用的“金三事”可能相对简单，而像出土实物那样繁丽的样式在文中也可看到，第七回西门庆初见孟玉楼时，只听到环佩叮咚，玉楼“上穿翠蓝麒麟补子妆花纱衫，大红妆花宽栏；头上珠翠堆盈，凤钗半卸……二珠金环，耳边低挂；双头鸾钗，鬓后斜插。但

图 11-2-5-8　**金坠领**
刘娘井明墓出土。

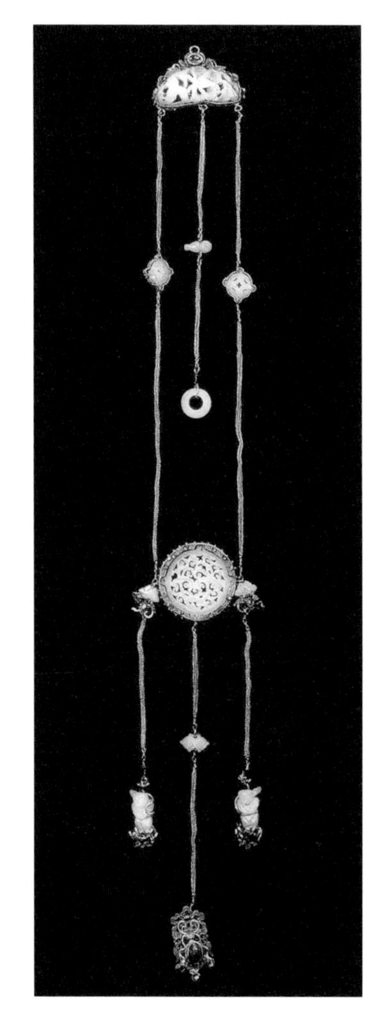

图 11-2-5-9　**嵌宝石镶玉金坠领**

行动，胸前摇响玉玲珑”。佩挂于胸前的“玉玲珑”显然是一串镂金嵌玉的坠领，丹麦国家博物馆收藏的李孺人画像非常直观地表现了坠领的佩戴效果（图 11-2-5-10）。

《天水冰山录》有“坠领坠胸事件”一项，其中坠领的数量最多，款式也最丰富，如金嵌点翠珊瑚珠玉坠领、金镶玉鱼摺丝珊瑚宝石坠领、金镶玉芝摺丝珊瑚宝石坠领、金镶玉仙摺丝珊瑚宝石坠领、小玉坠领、金练螺钿坠领、金练圆玉坠领、金镶玲珑玉芝坠领、金摺丝宝盖楼阁坠领、金累丝宝坠领等等。所列"七事"和"事件"有金凤牡丹七事、金素七事、金镶宝玉七事、金镶宝玉四事以及金镶石榴事件等。另外还有"坠胸"两款，分别是金摺丝坠胸（五挂）和金摺丝珠坠胸（四挂）。明代文献里没有具体说明坠领和坠胸的区别，可能也是佩带的位置不同，从而产生了一些细节差异。《阅世编》云：

图 11-2-5-10 **李太孺人像局部**

环佩，以金丝结成花珠，间以珠玉、宝石、钟铃，贯串成列，施于当胸。便服则在宫装[1]之下，命服则在霞帔之间，俗名"坠胸"，与耳上金环，向惟礼服用之，于今亦然。

这里所说的"环佩"或曰"坠胸"与坠领之制十分接近，通常用在命妇礼服的霞帔上，但在明人画像里尚未发现有确切的"坠胸"形象，而清代命妇画像中则比较常见（图 11-2-5-11），似可为探究明代的"坠胸"提供一些线索。

图 11-2-5-11
七十一代衍圣公元配陈夫人像

第三节 | 明代男子首饰

一 簪

明代男子皆束发绾髻，需要使用发簪来固定，因此簪是各阶层男士必不可少的首饰。谢肇淛《五杂组》提道，"笄不独女子之饰，古男子皆戴之，《三礼图》：笄，士以骨，大夫以象。盖即今之簪耳。"男簪的种类与样式大都见于女簪中，但有些在材质选择与细节装饰上会体现出男性的特色。

---

①《阅世编 · 卷八》："内装领饰，向有三等：大者裁白绫为云样，披及两肩，胸背刺绣花鸟，缀以金珠、宝石、钟铃，令行动有声，曰'宫装'；次者曰'云肩'；小者曰'阁髫'。其绣文缀装则同。近来宫装惟礼服用之。"

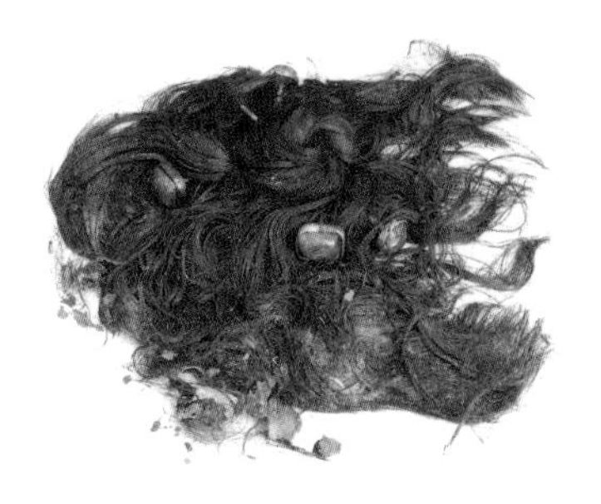

图 11-3-1-1 **明神宗发髻**

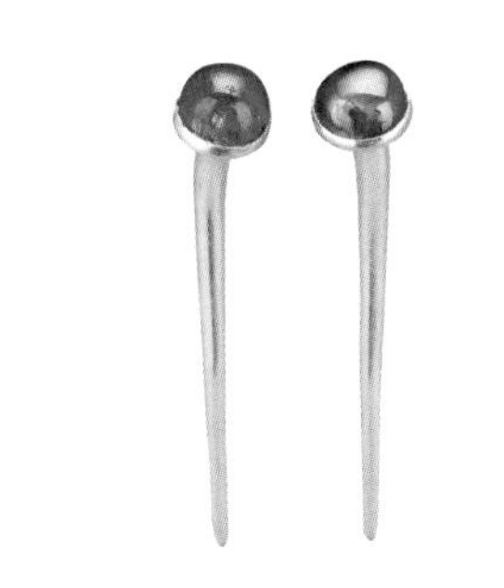

图 11-3-1-2 **镶宝金簪**
（W15：28、W15：35）

图 11-3-1-3 **镶猫睛石金簪**
（W15：14、W15：19）

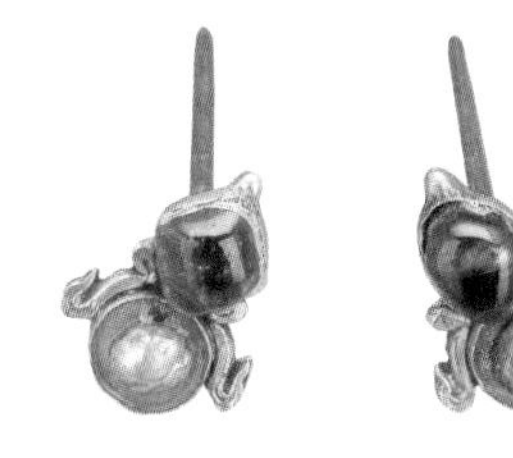

图 11-3-1-4 **葫芦形顶镶珠宝金簪**
（W15：37、W15：38）

男子常用的固发小簪有耳挖、掠子、一点油等，兹不赘述。明神宗定陵还有一类镶嵌珠宝的小簪，大都成对，部分出土时仍插在明神宗的发髻上（图 11-3-1-1）。根据定陵发掘报告的描述，神宗的头发先用带扎成一束，自右向后，再向左、前盘绕一周，余发披于脑后，用金簪横穿别住。这类小簪的长度多在 5~9 厘米之间，以金质为主，簪脚纤细，簪首较大，做成内嵌宝石的金托，呈不规则的圆形或椭圆形，皆与宝石的轮廓相适。如编号 W15：28、W15：35 为一对，簪首为圆托，分别镶嵌红宝石与蓝宝石各一块，颈部稍曲，通长 8.2 厘米（图 11-3-1-2）。镶宝金簪中有 14 件是镶嵌的猫睛石，如编号 W15：14 和 W15：19，通长 6.3 厘米，簪首金托内各嵌猫睛石一块，托的底部还浅刻有菊花纹（图 11-3-1-3）。

另有几对将簪首金托做成吉祥图案，如玉兔、寿桃或葫芦等（图 11-3-1-4），其中一对镶紫晶兔金簪（编号 W15：26、W15：27）的造型尤为可爱，簪长 7.1 厘米，簪首高 0.7 厘米、宽 1.7 厘米，用紫晶雕刻成伏卧回首的玉兔，左右相对，眼部嵌绿宝石，金托亦依形而制，在玉兔嘴前焊接一朵小金灵芝，作口衔状（图 11-3-1-5）。玉兔是传说中月宫的神兽，其毛色白，寿可千岁，被古人视作长寿的象征，在纹饰里多以口衔灵芝的形象出现。定陵的红织金妆花奔兔纱匹料就饰有正向与回首的奔兔，所衔灵芝上分别托着“卍”字、团鹤以及变体寿字，意为“万寿”（图 11-3-1-6）。明神宗朱翊钧生于嘉靖四十二年（1563 年）八月十七日，这天是他的“万寿圣节”，皇帝的万寿节包括前后各三日在内，神宗的生日恰与中秋节重叠。而明代中秋的应节纹样也是玉兔，具有中秋与庆寿双重寓意的玉兔在万历时期应是很受欢迎的。

图 11-3-1-5　**镶紫晶兔金簪**
（W15：26、W15：27）

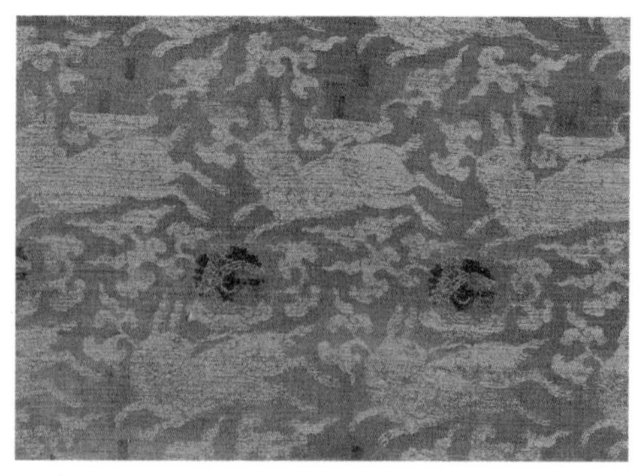

图 11-3-1-6　**红织金妆花奔兔纱匹料**

图 11-3-1-7　**嵌蓝宝石金簪**

图 11-3-1-8　**《增补易知杂字全书》中的“簪”**

沐叡墓出土的一对嵌蓝宝石金簪，形制与定陵的镶宝金簪基本一致，一件通长 11.9 厘米，一件通长 12.4 厘米，长圆锥形簪脚，簪首金托内各嵌一块蓝宝石（图 11-3-1-7）。

男簪中最有代表性的当属曲项式簪，其特点是簪首与簪脚相连处呈弯曲状，《增补易知杂字全书》中“簪”字旁就画着这样一枚簪子（图 11-3-1-8）。正如插图所绘，簪首做成半球形蘑菇头是曲项簪最基本的样式，因孔子有“君子比德于玉”的名言，故男簪常选用玉为材质，如平武博物馆收藏的白玉曲项式簪，长 9.9 厘米，温润光素，朴质无华（图 11-3-1-9）。而在簪身琢刻纹饰亦是通行的做法，安徽灵璧县高楼公社窖藏出土的一件玉簪，长 7.5 厘米，簪首饰浅浮雕盘螭纹，簪脚一面雕螭虎，另一面分两行阴刻“言念君子，温其如玉”篆体铭文，原句出自《诗经·秦风·小戎》，是一首女子赞美和思念远征丈夫的诗，将之刻在男子的发簪上，所传递的情意远胜过言语的表达（图11-3-1-10）。螭虎纹玉簪存世实物很多，如南京博物院的一件，长9.4厘米，簪上刻“文彭赏·子冈制”款，出自万历年间许裕甫墓。南京郊区出土了一件螭虎纹玉簪，长度达16厘米，但雕刻的图案仍大同小异（图11-3-1-11）。南京中华门外出土的一对螭虎纹金簪，应是对同类玉簪的模仿，长度分别为11.8厘米和11.9厘米，簪体中空，簪顶錾盘螭，簪脚饰两螭相对，一向下游动，一侧身前攀，颇有“喜相逢”的意趣（图11-3-1-12）。顾起元《说略》载：“螭虎，其形似龙，性好文彩。”正好迎合了士大夫们的精神追求，所以螭虎纹簪的流行也就不难理解了。

其他表现君子节操的纹饰，如松、竹、梅等，都可用作男簪的题材，尤其竹子外形“劲节棱棱”，很适合用簪来表现。沐叡墓中有一对碧玉质地的梅花竹节纹玉簪，颜色与青竹相似，仍保留曲项的特征，但没有蘑菇头簪首，整体雕作竹节的形状，以数朵梅花为点缀，簪脚末端刻成竹子斜削后的截面，看起来小巧逼真，惹人喜爱（图11-3-1-13）。益定王夫妇墓随葬了一枚竹节形青玉簪，簪长9.7厘米、直径0.4-1厘米，青玉质，簪身亦雕为竹节，簪首微翘，刻成竹箢状，饰有竹叶三片（图11-3-1-14）。这枚玉簪出自益定王朱由木棺内，可能是定王生前所用之物。

不过这些典型的男簪实际上仍是男女通用的，像前文提到的明万历御制《鱼篮观音》造像碑，观音的发髻上便插着一枚竹节纹曲项簪（图11-2-1-29）；而上海嘉定区江桥镇李先芳夫妇墓中，李先芳夫人头上则插着一枚白玉螭虎纹曲项簪，均与男簪无异。

二 束发冠和紫金冠

（一）束发冠

明代士人以上阶层的男子多在发髻上罩一顶束发冠，其样式继承自宋元时期的“小冠”（或曰“二寸冠”），《三才图会》云：“冠名曰束发者，亦以

图 11-3-1-9　**曲项式玉簪**

图 11-3-1-10　**螭虎纹玉簪**

图 11-3-1-11　**螭虎纹玉簪**

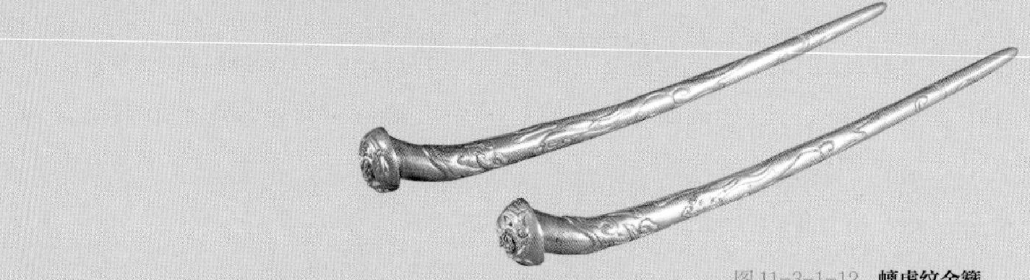

图 11-3-1-12　**螭虎纹金簪**

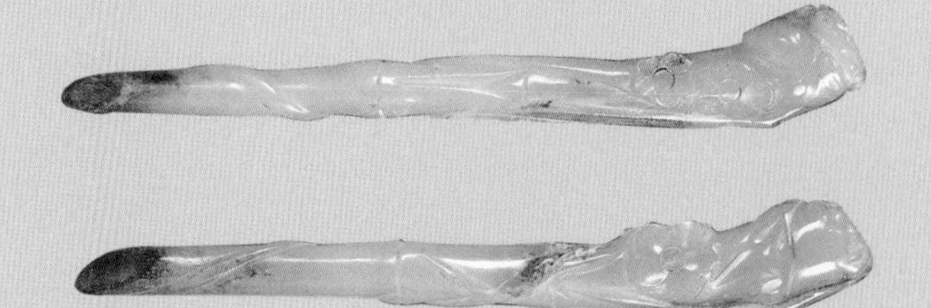

图 11-3-1-13　**梅花竹节纹碧玉簪**

图 11-3-1-14　**竹节形青玉簪**

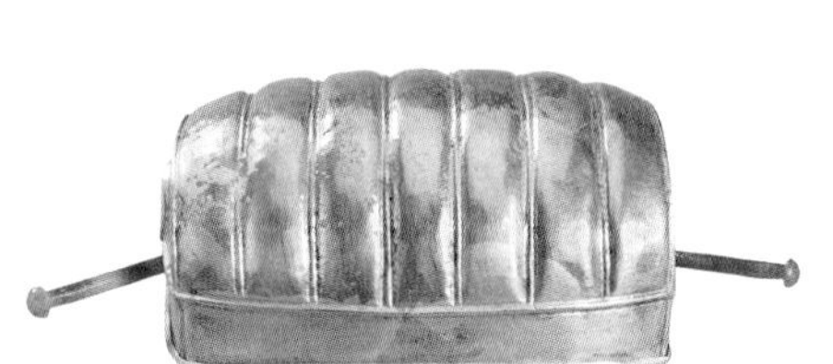
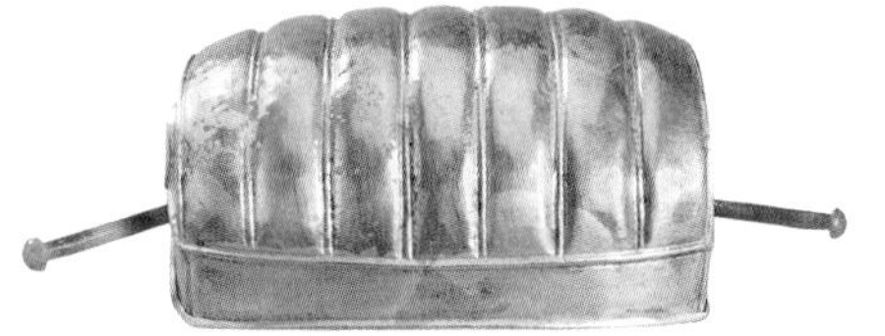

图 11-3-2-1　**金束发冠**

图 11-3-2-2　**元《张雨题倪瓒像》局部**

厘能撮一髻耳。”束发冠使用的材质多种多样，文震亨《长物志》中说：“铁冠最古，犀、玉、琥珀次之，沉香、葫芦者又次之，竹箨、瘿木者最下。制惟偃月、高士二式，余非所宜。”《天水冰山录》里则记录了金镶束发冠、玉冠、玛瑙冠、水晶冠和象牙冠等，大部分材质的束发冠在历年考古发掘中均有发现。

金束发冠多见于贵族官员墓中。如南京中华门外郎家山宋朝用墓的一顶，阔 7.8 厘米，高仅 4 厘米，冠顶后卷，中部起五道梁，两端缘边处各起一梁，底部左右两侧有圆孔，可插簪固定。宋朝用卒于洪武十七年（1384），这顶金冠是难得的明初束发冠实例。沐昌祚墓出土的金束发冠则属明中后期之物，但基本形制无大改作，冠底阔 10.9 厘米、高 4.5 厘米，冠顶后卷，以六道金梁压缝，两端亦各有一梁，底部两侧圆孔中尚插着一对“一点油”碧玉簪，簪长 10.3 厘米（图 11-3-2-1）。后卷分梁造型的束发冠在宋元时已流行，此或即《长物志》之“高士式”，所饰冠梁数目未作规定，皆随意而制，与官员朝服梁冠上的梁数毫无关系，并没有象征身份等级的意义（图 11-3-2-2）。

银束发冠则有南京太平门外岗子村明初安庆侯仇成墓之一例，原本鎏金，但大部分已脱落，冠长 8.3 厘米、宽 5.1 厘米、高 3.4 厘米，中部有五道凸梁压缝，但背面并不是向内卷收，而是做成披幅状（图 11-3-2-3）。此式在明代并不鲜见，重庆中国三峡博物馆藏陈洪绶《晞发图》和故宫博物院藏杜堇《题竹图》

图 11-3-2-3　**鎏金银束发冠（正面和背面）**

图 11-3-2-4　**陈洪绶《晞发图》局部**

图 11-3-2-5　**杜堇《题竹图》局部**

图 11-3-2-6　**水晶束发冠**

图 11-3-2-7
益宣王琥珀束发冠

中描绘的束发冠均是这种造型（图 11-3-2-4、5）。

相比金银，用玉、玛瑙或水晶雕成的束发冠质地莹润澄澈，更为士人钟爱。如国家文物局收藏的一顶水晶束发冠，阔 6 厘米，高 4 厘米，以整块白水晶雕制，晶莹清透，洁若凝冰（图 11-3-2-6）。益宣王墓随葬了一顶琥珀束发冠，阔 4.5 厘米、高 3.5 厘米，冠顶分六缝，不饰梁，后部内卷若诸葛巾式，正面底部阴刻花纹，有小块残损（图 11-3-2-7）。谢肇淛《滇略》曾提到各种琥珀的品质："琥珀产缅甸诸西夷地，相传松脂入地千年所化……其直（值），火珀及杏红为上，血珀、金珀次之，蜡珀最下，又其下者，可供药饵而已。"益宣王琥珀冠的色泽质

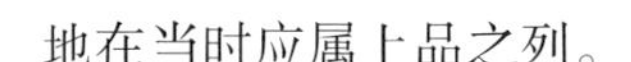

图 11-3-2-8
木束发冠

地在当时应属上品之列。

竹木虽不及金玉贵重，但出自天然，亦别有逸致。杨四山家族墓、上海宝山区冶炼厂李氏墓以及上海闵行区吴泾镇塘湾乡莺湖村何文瑞家族墓中均出土了木质束发冠。何文瑞家族墓的木束发冠阔 6 厘米，冠顶后卷，中有四缝，无凸梁，两侧上部镂空，下有插簪的圆孔（图 11-3-2-8）。李氏墓的木冠与前件款式相近，阔 7 厘米，高仅 2.5 厘米，两侧插着一对木簪，杨四山家族墓的木冠则是用一对“一点油”金簪固定。

束发冠之“偃月式”者，盖指其外形如弦月倒覆，故称作“偃月冠”。屈大均《广东新语·卷十六·器语》“瘿冠”条云：“广多木瘿，以荔支瘿为上，多作旋螺纹，大小数十，微细如丝。友人陈恫屺得其一以作偃月冠，大仅寸许，有九螺。”出土的偃月式束发冠多用玉石或玛瑙制作，如苏州虎丘王锡爵墓出土了一顶偃月式玛瑙束发冠，系用茶色玛瑙雕成，阔 9 厘米，高 3.5 厘米，形如半月，中部有孔，贯骨制小簪一枚（图 11-3-2-9）。李惠利中学明墓 M2 男墓主穴室内有青玉束发冠一顶，阔 5.5 厘米，高 2.5 厘米，也系偃月式，簪孔开在两端（图 11-3-2-10）。

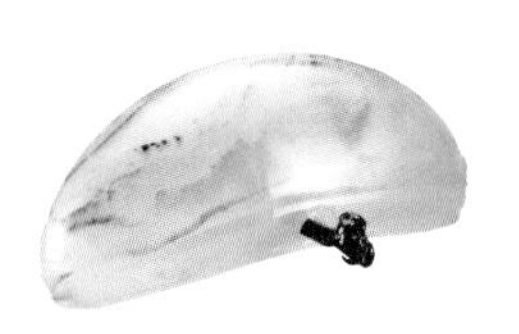

图 11-3-2-9
偃月式玛瑙束发冠

男子的束发冠主要起到束发的作用，虽然材质与造型多种多样，但在相对正式的场合里并不单独使用，仍需在外面罩一顶冠帽或头巾。

（二）紫金冠

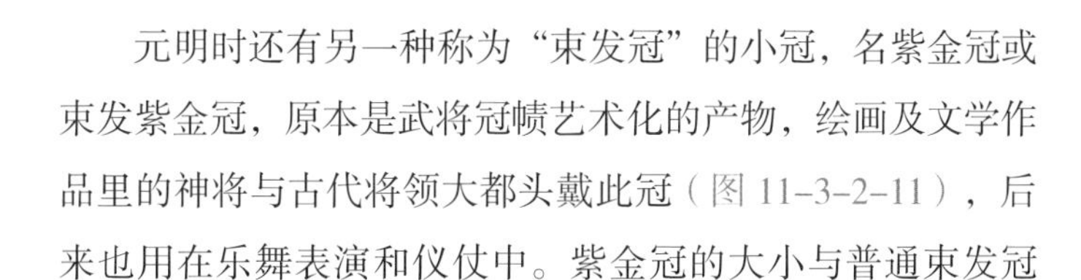

元明时还有另一种称为“束发冠”的小冠，名紫金冠或束发紫金冠，原本是武将冠帻艺术化的产物，绘画及文学作品里的神将与古代将领大都头戴此冠（图 11-3-2-11），后来也用在乐舞表演和仪仗中。紫金冠的大小与普通束发冠

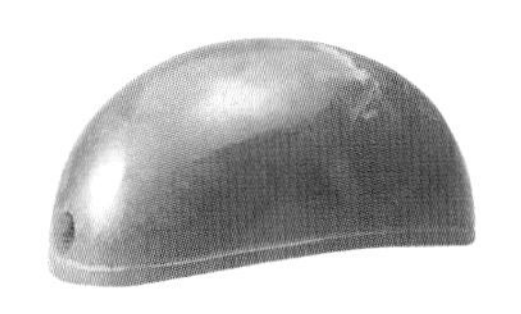

图 11-3-2-10
偃月式青玉束发冠

图 11-3-2-11
永乐宫壁画之“白虎君”（局部）

束髮冠

此即古制嘗見三王畫
像多作此冠名曰束髮
者亦以厪能撮一髻耳

图 11-3-2-12
《三才图会》中的“束发冠”

图 11-3-2-13
明万历《出警图》局部

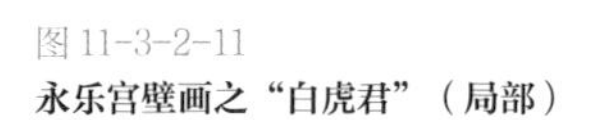

接近，冠顶分缝起梁，细节装饰非常丰富，通常有博山、帻耳、朱缨等诸多配件，冠身錾刻各种图案，或镶珠嵌玉，靡所不具。《三才图会》里“束发冠”的插图就是一顶紫金冠（图 11-3-2-12）。《酌中志 · 卷十九 · 内臣服佩纪略》“束发冠”条描述的也是紫金冠：

其制如戏子所戴者，用金累丝造，上嵌睛绿珠石。每一座值数百金，或千余金、二千金者。四爪蟒龙在上蟠绕，下加额子一件，亦如戏子所戴，左右插长雉羽焉。凡遇出外游幸，先帝圣驾尚此冠，则自王体乾起，至暖殿牌子止，皆戴之。各穿窄袖，束玉带，佩茄袋、刀帨，如唱“咬脐郎打围”故事。

秦徵兰《天启宫词一百首》所记内容大致与其相同：“内臣所戴金丝束发冠旧有此式，至当时而加奢矣，蟒龙蟠绕，下加翠饰，额插雉尾，前捧朱缨，旁缀宝玉。”内官们的这种装束在台北故宫博物院收藏的明代《出警图》里有非常写实的描绘（图 11-3-2-13）。

紫金冠制作精美，装饰繁复，年少者戴之更显俊秀，戏曲舞台上常用于青年武将角色，明清时期还将之做成儿童戴的童冠、童帽，《红楼梦》中贾宝玉戴着的“累丝嵌宝紫金冠”便是由此而来。

图 11-3-3-1 清《松江邦彦像册·夏允彝父子像》局部

三 巾帽装饰

（一）巾饰

明代士人（及以上阶层）男子日常皆戴头巾，造型各异，名类繁多，但大都用织物制成，除本身材质外别无所饰，以素雅为尚。不过到了明代后期，部分头巾上出现装饰图案，乃至缀以金玉之物，如《客座赘语》提到“南都服饰”时说：

近年以来，殊形诡制，日异月新。于是士大夫所戴其名甚伙，有汉巾、晋巾、唐巾、诸葛巾、纯阳巾、东坡巾、阳明巾、九华巾、玉台巾、逍遥巾、纱帽巾、华阳巾、四开巾、勇巾。巾之上或缀以玉结子、玉花瓶，侧缀以二大玉环。

崇祯《松江府志》则载：

今士人已陋唐晋诸制，少年俱纯阳巾，为横折，两幅前后覆之；为披巾，止披巾后一幅；又如将巾，以蓝线作小云朵缀其旁，复缘其所披者以蓝；为云巾，前系以玉作小如意为玉结，制各不一。

所谓玉结，通常是一块玉片，造型有椭圆形、如意云形等，或光素或雕镂花纹，明人肖像中多见于飘巾上。飘巾又称飘飘巾、飘摇巾，是明后期非常流行的士人男子首服。《胡氏杂抄·姚氏记事编》云：“明季服色……又有一等士大夫子弟，戴飘飘巾，即前后披一片者。”描述的就是飘巾的形态,即巾顶部前后各缀一大小相等的方形片，质地轻软，行动或有风吹来时，巾片可随风飘动，故而得名。清徐璋绘《松江邦彦像册》中的“夏允彝父子像”，夏允彝之子夏完淳头戴飘巾，前巾片上缀着一枚椭圆形的玉结（图 11-3-3-1）；明曾鲸画《顾梦游像》所戴飘巾上的玉结隐约可见是雕有花纹的（图 11-3-3-2）；《徐

图 11-3-3-2 明《顾梦游像》局部

渭像》中的玉结较前者更大，在云形玉片上镂刻龙蟒穿花图案，十分精美（图 11-3-3-3）。

头巾两侧装饰的玉瓶、玉环等，在画中很难被清楚完整地表现出来，《松江邦彦像册》之“顾正心像”头戴唐巾，巾左右画有玉饰局部，或许就是瓶、环一类（图 11-3-3-4）。这些玉饰如果不是附着在头巾上，就很容易与其他玉质佩饰混淆，难以区分，因此目前尚未见到确切的巾饰实物。

图 11-3-3-3
明《徐渭像》局部

（二）帽饰

1. 帽顶、帽珠、帽缨

帽顶又称顶子，是男子冠帽顶部的一种装饰物；帽珠则缀于帽下原本的系带处，二者皆流行于元代蒙古贵族间，明初仍延续其制，上至帝王下至士庶都可以使用。洪武六年（1373）四月对官员庶民的帽顶、帽珠材质作出规定：

职官一品二品……帽顶、帽珠用玉；三品至五品……帽顶用金，帽珠除玉外随所用；六品至九品……帽顶用银，帽珠玛瑙、水晶、香木；庶民……帽不用顶，帽珠许用水晶、香木[1]。

图 11-3-3-4 **清《松江邦彦像册·顾正心像》局部**

帝王的帽顶则多用大块宝石为饰。《南村辍耕录》卷七记载，元成宗大德年间有本土巨商卖给官府一块大红宝石，重约一两三钱，估价为中统钞一十四万，被皇帝嵌在帽顶上，此后的几代皇帝“相承宝重”，每年正旦及天寿节大朝贺等重要场合，都要戴着这件红宝石帽顶。梁庄王墓随葬了六件帽顶，均出自梁庄王的棺床上[2]，有四件为金镶宝石帽顶（编号为棺：28、31、35 和后：96），其中金镶无色蓝宝石帽顶（棺：28）通高 7.5、直径 4.8 厘

①明太祖实录·卷八十一.

② 梁庄王朱瞻垍，明仁宗第九子，生于永乐九年（1411 年），薨于正统六年（1441 年）。

米，下部为金镶宝石五重瓣一覆一仰莲花形底座，覆莲瓣上有椭圆形大金托五个，存嵌宝石四颗（红宝石一颗、蓝宝石三颗），仰莲瓣上有五个小金托，各嵌小红宝石一颗，座顶端镶嵌硕大无色蓝宝石一颗，用金丝固定（图 11-3-3-5）。金镶淡黄色蓝宝石帽顶（棺：31）、金镶蓝宝石帽顶（后：96）等与前件的形制大致相同，都由金质镶宝石莲花形底座与宝石顶饰组成，细部造型稍异（图 11-3-3-6、7）。在明宣宗、宪宗行乐图里，皇帝所戴宝石帽顶与梁庄王墓实物十分接近，对比元代皇帝画像可以看出，明前期的帽顶仍然继承了元代的标准样式（图 11-3-3-8、9）。

图 11-3-3-5　**金镶无色蓝宝石帽顶**

宫中内官因常随皇帝左右，宝石帽顶自然是不能少的。《雍熙乐府》卷五有一支“点绛唇”就唱道：“宝殿朱扉凤墀丹陛，做着个中官职……常傍衮龙衣，穿一套飞仙海马，系一条正透山犀……戴一个镂金厢帽顶鸦鹘石[1]。”虽然唱词袭自元曲，但描写明代内官亦无甚不妥（图 11-3-3-10）。明中期以后，官员的帽上也多缀宝石帽顶，明世宗曾赐给严嵩一顶烟墩帽，上有金镶宝石帽顶一座，严嵩特地赋诗为纪：“赐来大帽号烟墩，云是唐王古制存。金顶宝装齐戴好，路人只拟是王孙。”记录严嵩父子被抄家产的《天水冰山录》里列有“帽顶”一项，共计三十五个，除金镶玉帽顶一个和金镶珠帽顶三个外，其余均为金镶宝石或珠宝帽顶，数量最多的是金镶青宝石帽顶，有十三个，其次是金镶红宝石帽顶（五个），另外还有金镶绿宝石、金镶黄宝石帽顶等。这么多的宝石帽顶当然不会全部来自御赐，说明洪武初期的帽顶制度到这时已不再严格执行，官员可根据自身财力制作或购买各种宝石帽顶，皇帝的赏赐也从侧面反映出朝廷对此是

图 11-3-3-6　**金镶淡黄色蓝宝石帽顶**

图 11-3-3-7　**金镶蓝宝石帽顶**

①《格致镜原》引《事物绀珠》云：“鸦鹘石又名鸦忽，有五色，出西洋。”

图 11-3-3-8
《明宪宗调禽图》局部

图 11-3-3-9
《元文宗像》局部

图 11-3-3-10
《王琼事迹图·经略三关》局部

持默许态度的。《金瓶梅词话》里李瓶儿从梁中书家带出的贵重物品中有一件“金镶鸦青帽顶子”，第九十回来旺儿售卖的“金银生活”亦有“帽顶高嵌佛头青”。所谓“高嵌”，正是明后期帽顶的典型特征。如北京海淀区青龙桥董四村明墓出土的银镀金镶宝石帽顶，通高9.2 厘米，下部仍是金质覆莲形底座，但莲瓣部分变得宽而圆，状似穹顶，莲瓣内饰有精美的宝相花图案和“唵嘛呢叭弥吽”六字真言，莲瓣上方有翔云托着一颗椭圆形金珠，金珠之上又有六棱橄榄形小柱，柱顶为覆仰小莲瓣，内镶红宝石一颗（图 11-3-3-11）。这类造型的帽顶出土实物较多，底座自下而上，层层叠累，用“高嵌”二字来形容真是再贴切不过（图 11-3-3-12）。

图 11-3-3-11 **银镀金镶宝石帽顶**

梁庄王墓中还有金镶宝石嵌玉帽顶二件(编号为棺：32、33)，通高 6.3~7 厘米，下部是

图 11-3-3-12
錾花金帽顶座

图 11-3-3-13
金镶宝石白玉镂空龙穿牡丹帽顶

图 11-3-3-14
金镶宝石白玉镂空云龙帽顶

椭圆形单层八重瓣覆莲形底座，每片莲瓣上都有金托镶嵌红宝石、蓝宝石或绿松石等，上部各镶白玉镂空雕龙纹顶饰一件，一为龙穿花，一为云龙，均有明显的元代风格，有学者认为可能是用的元人旧物（图 11-3-3-13、14）。龙穿花帽顶（棺：32）底座的后端另缀有如意云头形金片，上连两根金质圆形短管，管内可插翎羽。元人素来珍爱玉雕帽顶，《南村辍耕录》卷十五说河南王卜怜吉歹出游郊外，因天热易凉帽，左右捧笠而侍，被大风吹堕石上，打碎了“御赐玉顶”，卷二十三又记一相公打扮为“刺绣衣服，琢玉帽顶”。成书于高丽末期的汉语会话读本《朴通事谚解》里写到两个“舍人”的打扮，其中一人头上戴着“江西十分上等真结综帽儿，缀着上等玲珑羊脂玉顶儿，又是个鵽鸰翎儿”。虽然明初制度规定官员一品二品用玉帽顶，但明代的玉帽顶实物似乎并不多见，传世的元代帽顶大都被改作其他用途，如嵌在香炉的盖顶上，成了“炉顶”，文震亨《长物志》卷七“香炉”条云：“炉顶以宋玉帽顶及角（甪）端、海兽诸样，随炉大小配之，玛瑙、水晶之属旧者亦可用。”文震亨认为玉帽顶系宋人之物的看法在晚明并非个例，沈德符《万历野获编》对此记录甚详：

近又珍玉帽顶，其大有至三寸、高有至四寸者，价比三十年前加十倍，以其可作鼎彝盖上嵌饰也。问之，皆曰此宋制，又有云宋人尚未办此，必唐物也。竟不晓此乃故元时物。元时除朝会后，王公贵人俱载大帽，视其顶之花样为等威。尝见有九龙而一龙正面者，则元主所自御也。当时俱西域国手所作，至贵者值数千金。本朝还我华装，此物斥不用。无奈为估客所昂，一时竞珍之，且不知典故，动云宋物，其耳食者从而和之，亦可哂矣。

图 11-3-3-15 **金镶玉帽顶**

图 11-3-3-16 **明代青玉炉木盖**

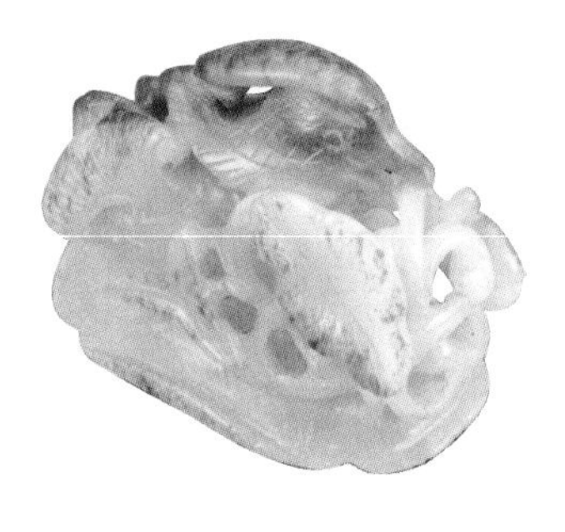

图 11-3-3-17 **鸳鸯荷莲纹白玉纽**

元代玉帽顶尺寸大，又极具装饰性，用作鼎炉盖纽的确非常合适，故为晚明士人所珍视，商人为了抬高价格，号称是“宋物”，浅识者人云亦云，乃至有说成“唐物”者。沈德符虽然知道是元人的帽顶，但说“本朝”斥而不用，显然和士庶“帽不用顶”有关，明代举人、监生等都戴大帽，但帽上是没有帽顶的，普通人看到帝王官员佩戴帽顶的机会也不多，因此各式精美的元代玉帽顶在很多明人看来就显得十分陌生了。

炉盖镶玉顶的做法到清代依然盛行，清宫旧藏的大量鼎簋香炉上都配有镶嵌玉顶的木盖，这些玉顶既有元明两代遗物，也有相当一部分是后世的仿制之作。内蒙古博物院曾征集到一件元代金镶玉帽顶，下部是金嵌宝覆莲形底座，上部为白玉镂雕鸳鸯荷莲纹顶饰（图 11-3-3-15），而在台北故宫收藏的明代青玉炉上，同一题材的玉顶已成为木质炉盖的盖纽（图 11-3-3-16）。益宣王墓中也出土了一件鸳鸯荷莲纹玉顶，江西省博物馆后定名为“玉纽”，这件玉顶原本放置在益宣王的棺内，周围并未发现香炉或木盖等物，很有可能是作为帽顶随葬的（图 11-3-3-17）。

帽珠在元人口语里被称作“珠儿”，高丽末期另一汉语会话读本《老乞大》提到了男子帽上帽珠、帽顶的搭配：

头上戴的帽子，好水獭毛毡儿、貂鼠皮檐儿、琥珀珠儿、西番莲金顶子，这般一个帽子结裹二十锭钞。又有单桃牛尾笠子，玉珠儿、羊脂玉顶子，这般笠子通结裹三十锭钞有。又有裁帛暗花纻丝帽儿、云南毡海青帽儿、青毡

图 11-3-3-18　**《元仁宗像》局部**

图 11-3-3-19　**鲁荒王墓出土帽珠**

图 11-3-3-20　**蓝氏祖先像局部**

钵笠儿，又有貂鼠檐儿皮帽，上头都有金顶子，又有红玛瑙珠儿。

玉帽顶配玉帽珠，金帽顶则适合各种材质的帽珠，这些搭配法则对明初的帽顶帽珠制度产生了直接影响。书中还记有“烧珠儿五百串、玛瑙珠儿一百串、琥珀珠儿一百串、玉珠儿一百串、香串珠儿一百串、水精珠儿一百串、珊瑚珠儿一百串”等，这些成串的珠儿应该都是做帽珠的材料。

明代帽珠的形制与元时差别不大，通常由枣核形大珠和圆形小珠相间串连而成。永乐二十二年（1424）八月，即位不久的明仁宗赠给弟弟汉王朱高煦部分明成祖冠服遗物，内有黑毡直檐帽[①]一顶，上配金钑花帽顶和茄蓝间珊瑚金枣花帽珠一串。从名称推测，帽珠应为茄蓝（伽南香）制成，枣核形，上有金丝镶嵌，并用珊瑚珠间隔，和元仁宗画像上的帽珠样式相同（图 11-3-3-18）。鲁荒王墓出土了一条明初帽珠实物，据发掘报告称，帽珠系果核和红色珊瑚珠各十二颗相间串成，核珠为六棱形，长 2 厘米，对角直径 1.7 厘米，棱脊上各附一条双股拧成的金线。鲁荒王墓中有三顶直檐式“笠帽”，这串帽珠原本应缀在其中一顶帽上，后因穿绳朽坏而脱落（图 11-3-3-19）。山西博物院藏宝宁寺水陆画和即墨博物馆藏蓝氏祖先像上都绘有戴直檐帽、垂挂帽珠的男子形象（图 11-3-3-20）。明代中后期，男子的帽上就基本不见帽珠了，可能和朝廷的干预有关。明英宗正统七年（1442）十二月，礼部尚书胡濙等上奏：

向者山东左参政沈固言：中外官舍军民，戴帽穿衣习尚胡制，语言跪拜习学胡俗，垂缨插翎、尖顶秃袖，以中国之人效犬戎之俗，忘贵从贱，良为可耻……今山东右参政刘琏亦以是为言，请令都察院出榜，俾

① 直檐帽即明人所说“大帽”一类，又称遮阳（荫）帽，状如笠，底部有一圈宽而圆的帽檐。

巡按监察御史严禁[1]。

奏文所言“垂缨插翎”即指帽珠和帽顶，古人将冠下的系带称为“缨”，《说文解字》云：“缨，冠系也。”《释名》：“缨，颈也，自上而系于颈也。”明代冕弁梁冠上都有缨，不过已经是礼仪性的组件，并不承担系冠的功能，只是打成结虚悬于颔下。帽珠作为装饰物也是如此，所以用“垂缨”代指。胡濙等官员认为这些沿自前代的冠服元素属于“胡制”，请朝廷予以禁止，获得英宗的批准，大概从这时开始，帽珠就逐渐退出了明代男子的首服系统。

元代的笠帽和帽顶、帽珠还曾传入朝鲜半岛，对高丽及朝鲜王朝服饰产生了重要影响。朝鲜人也将帽珠视同冠缨，称作“笠缨”或“缨子”，而除前引胡濙等人奏文用“垂缨”指帽珠外，元明文献里很少有称帽珠为“缨”的，这是因为元代笠帽上还有一种特别的饰物——红缨（图 11-3-3-21），用来固定红缨的事件叫压缨，如《老乞大》里的“红缨一百颗”和“压缨儿一百副”，明英宗正统四年（1439）赐给瓦剌可汗脱脱不花的冠服中有金嵌宝石绒毡帽一顶，包括“金钑大鹏压缨等事件”“伽蓝香间珊瑚帽珠”等。《明太祖实录》卷二记载了一个太祖早年的故事。

图 11-3-3-21
蒲城县洞耳村元墓壁画局部

(太祖) 复假寐，俄有蛇缘上臂……上视之，蛇有足，类龙而无角。上意其神也，祝之曰：“若神物，则栖我帽缨中。”蛇徐入绛缨中，上举帽戴之，遂诣敌营，设词喻寨帅，寨帅请降，乃还师……上归喜，因忘前蛇，坐久方悟，脱帽视之，蛇居缨中自若……人咸以为神龙之征。

故事虽是有意神化朱元璋，但对帽缨的描述还是很清楚的，正因“绛缨”在帽的顶部，故需脱帽方

①明英宗实录·卷九十九.

图 11-3-3-22
明人绘《入跸图》局部

能视之。明代普通的巾帽上不再缀帽缨，但军士的毡帽、头盔上依然使用，称为“盔缨”（图 11-3-3-22）。

2. 铎针、枝个、桃杖

《酌中志·卷十九·内臣服佩纪略》提到三种内官官帽上插戴的帽饰——铎针、枝个和桃杖。

铎针：金银、珠翠、珊瑚皆可为之。年节则大吉葫芦、万年吉庆，元宵则灯笼，端午则天师，中秋则月兔，颁历则宝历万年——其制则八宝荔枝、卍字、鲇鱼也，冬至则阳生、绵羊引子、梅花。重阳则菊花，遇万寿圣节则万万寿、洪福齐天之类。洪福者于“齐天”字之傍，左右各有红蝙蝠一枚，以取意耳。凡遇诞生、婚礼及尊上徽号、册封大典，皆万万喜。此所谓铎针者，单一枚，有镈居官帽中央者是也。

枝个：其制随景如铎针，但减小偏向成对耳。

桃杖：亦随景如前，而珍珠、珊瑚，自镈端下垂，或间以宝石、金方胜、卍字耳，下有垂脚。世庙时亦间以三种赐辅臣大臣，神庙初年亦间赐江陵相公云。

图 11-3-3-23　**银“宝历万年”枝个**

图 11-3-3-24　**金“万寿”枝个残件**

三种帽饰都用于时令节日和各类吉庆场合。其中最大、最精美者当属铎针，用金银镶嵌珠翠、珊瑚等组成各种应景的图案，下部有类似簪脚的“錞”，用以插入官帽中央。錞有两读，一音“纯”，为古代乐器的一种；一音“对”，指戈矛长柄底端所镶金属套。《说文解字》云：“錞，矛戟柲下铜，鐏也。”铎针之錞当系后者。枝个、桃杖和铎针一样采用“随景”的装饰，但枝个形制较小，并且大都成对使用，桃杖则在顶端垂有珍珠、珊瑚、宝石等串成的坠饰。嘉靖、万历时期，皇帝还将这三种帽饰赏赐给大臣，《明实录》中亦有记载，如万历三十六年（1608）皇太后万寿节期间，明神宗赐给三位辅臣各“金万寿枝个二副”和“银万寿枝个二副”。

明代男子每逢喜庆仪式要在帽上簪花，此亦宋元旧俗。明时多使用一对绒花，制作精良者以金、银乃至点翠为枝叶，实际上是一种花形的簪饰。铎针、枝个等很可能是在宫中簪花基础上发展而来的“豪华版本”，除冬至梅花、重阳菊花尚存初制外，其他均采用不同内容的立体图形或文字，为宫中节日增添了不少亮色。

由于铎针等仅在宫廷范围内使用，赏赐外臣的数量十分有限，所以留存的实物并不多。首都博物馆收藏了数对明墓出土的金银枝个，造型相对简单，因有细而长的簪脚，故被博物馆定名为“簪”，主体图案以吉语为主，如一件银“宝历万年”枝个，通长 12.2 厘米、宽 1.5 厘米，在簪脚顶端饰“宝历”二字，“历”字下方穿孔，用小银环拴挂“万年”二字（图 11-3-3-23）。另有金万字、寿字及簪脚残件，似可依前制组合成金“万寿”枝个（图 11-3-3-24）。

附 | 定陵出土首饰综述

定陵位于北京市昌平区境内的天寿山麓，是明神宗与孝端、孝靖两位皇后的合葬墓，为明十三陵之一。定陵的发掘工作始于 1956 年 5 月，至 1958 年 7 月结束，历时两年多，清理出土各类器物总计 2648 件。

根据《定陵》发掘报告提供的资料，定陵出土的首饰共有二四十八件，按照报告的分类，有簪一百九十九件、钗五件、耳坠十件、耳挖三件、金环八件、火焰形金饰一件、围髻一件、抹额一件、“棕帽”四顶、网巾匣一件、素网巾十二条、纱巾两条、纱带一条。这些首饰和配件主要发现于明神宗与孝端显皇后、孝靖皇后棺内头部及其周围，少部分出自随葬器物箱。由于未遭盗扰，帝后遗体虽仅剩骨骸，但穿戴的服饰基本保持了入殓时的状态，两位皇后的大部分首饰仍插在“棕帽”上，根据发掘所获取的信息，可以相对完整地还原出神宗帝后生前的装束。

一 明神宗随葬首饰一览（图 11- 附 -1-23）

定陵随葬首饰中属于明神宗的有七十三件，主要出于棺内一角的首饰匣内，少数金簪插在神宗发髻上。从发掘报告的描述可知，这些首饰除个别簪外，绝大多数都镶嵌着宝石和珍珠，特别是镶嵌猫睛石者为上品。神宗的首饰与两位皇后的相比，形制上要简单得多，主要分为簪和钗两类。除首饰之外，神宗常服、吉服所戴翼善冠也用珠翠金玉进行装饰，充分体现出天子的尊贵。

（一）首饰

1. 簪

簪类共七十一件，《定陵》报告依材质分为金簪、琥珀簪、玳瑁簪和玉簪四种。

A 金簪

金簪数量最多，有五十六件，报告按簪首形制和镶嵌饰件的不同，分作五

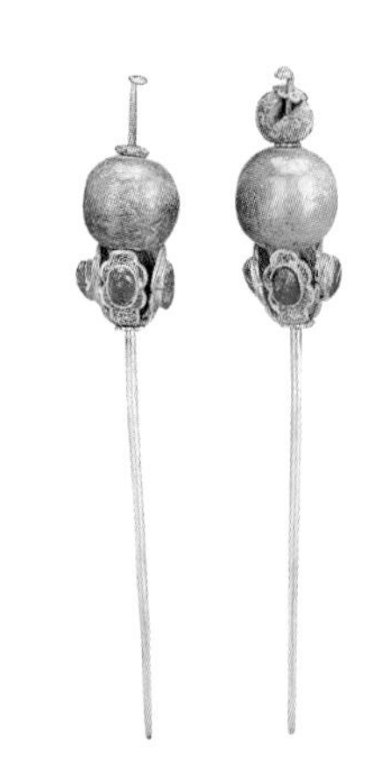
图 11- 附 -1-1
I 型 1 式镶珠宝金簪
（W15：48、W15：49）

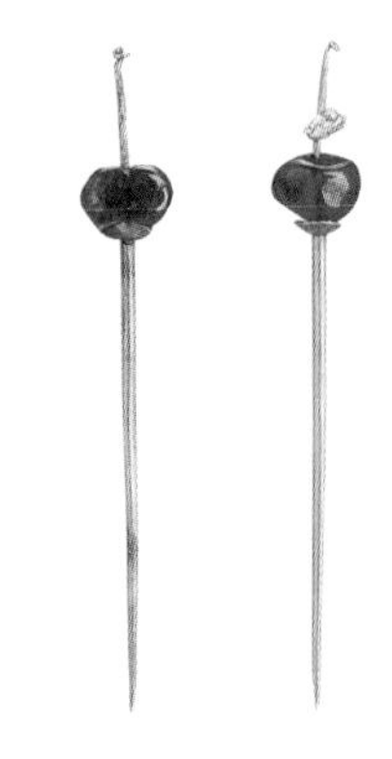
图 11- 附 -1-2
I 型 1 式镶珠宝金簪
（W15：47、W15：50）

图 11- 附 -1-3
I 型 2 式镶珠宝系串饰金簪

型：Ⅰ型镶珠宝金簪、Ⅱ型白玉顶嵌宝金簪、Ⅲ型葫芦形顶镶珠宝金簪、Ⅳ型镶琥珀金簪、Ⅴ型镶动物形金簪。

Ⅰ型镶珠宝金簪又分为四式：

1 式为镶珠宝金簪，共七件，形制相同，均为细长圆锥形簪脚。两件（编号 W15：48、W15：49）簪首饰宿萼状花丝托，萼片上嵌椭圆形宝石，托内镶大绿玉珠一个、小珍珠一颗（图 11- 附 -1-1）。五件簪首缀圆形小金托，上用金丝穿以宝石和珍珠，如其中二件（编号 W15：47、W15：50）簪首各嵌石榴子形红宝石一颗、小珍珠一颗（已朽）（图 11- 附 -1-2）。另一件（编号 W15：59）簪首缀梅花形花丝小金托，顶端垂宝石串饰，尚存黄色宝石和花形紫色宝石各一块，间以四片花形金隔片。

2 式为镶珠宝系串饰金簪，只一对（编号 W15：53、W15：54）。W15：53 通长 10.7 厘米，簪首长 3.4 厘米、径 1.2 厘米，各饰宿萼状花丝托，萼片上嵌椭圆形红、蓝宝石，托内镶大珍珠一颗，顶部有石榴子红宝石，系珠宝串饰，串饰上穿有大小不等的红、蓝宝石和两颗小珍珠，上部的小珍珠又有左右相通的小孔，另系两串小宝石，珠宝间都用花形金隔片相隔（图 11- 附 -1-3）。

3 式为镶宝金簪，共二十六件，两两成对，形制相同，簪首金托做成圆形、椭圆形、方形等，镶嵌红宝石、蓝宝石、绿宝石和猫睛石等不同宝石。其中编号 W15：28、W15：35 和编号 W15：14、W15：19 两对已在本章第三节中做过介绍（图 11-3-1-2、图 11-3-1-3），编号 W15：23 通长 5.4 厘米，簪首长 0.8 厘米、径 1.5 厘米，饰有镂空云纹金托，内嵌枣核形猫睛石（图 11- 附 -1-4）。田艺蘅《留

图 11- 附 -1-4
Ⅰ型 3 式镶宝金簪
（W15：23）

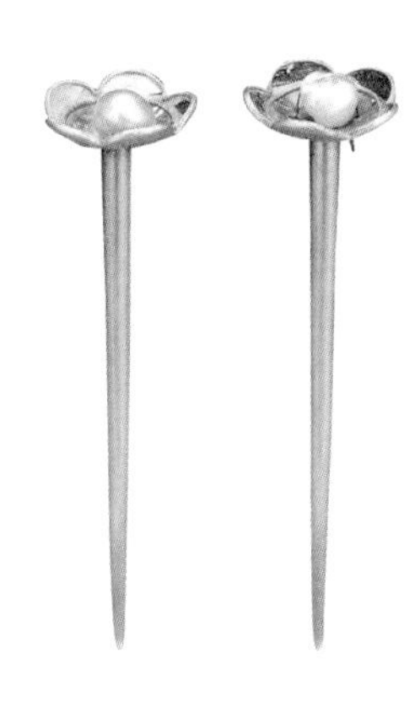

图 11- 附 -1-5
Ⅰ型 4 式镶珠金簪
（W15：44、W15：58）

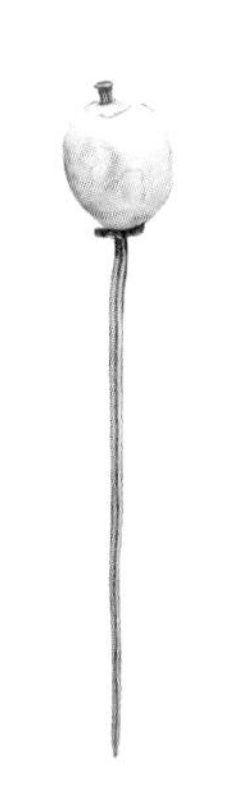

图 11- 附 -1-6
Ⅰ型 4 式镶珠金簪
（W15：57）

青日札摘抄》说：“猫睛名猫儿眼，一线中横，四面活光，轮转照人。”曹昭《格古要论》亦云：“（猫睛）性坚，黄如酒色，睛活者，中间一道白，横搭转侧分明，与猫儿眼睛一般者为好……大如指面者尤佳，小者价轻，宜相嵌用。”神宗多件金簪上的猫睛石均与描述吻合，洵属佳品。

4 式为镶珠金簪，共九件，其中八件每两件为一对。簪首金托有素圆托、刻花圆托、梅花形托三种，托内嵌珍珠一颗。编号 W15：44、W15：58 通长约 7.2 厘米，簪首径 1.7 厘米，做成五瓣梅花形，花心各嵌一颗小珍珠（图 11- 附 -1-5）。编号 W15：57 通长 8.1 厘米，簪首有花丝小金托，上用金丝穿椭圆形大珍珠一颗（图 11- 附 -1-6）。

Ⅱ型白玉顶嵌宝金簪共两对四件，分为二式：

1 式一对（编号 W15：12、W15：13）。W15：13 通长 8.3 厘米，簪首镶白玉“喜”字，字中央又有小金托嵌猫睛石一颗（图 11- 附 -1-7）。

2 式一对（编号 W15：11、W15：36）。W15：36 通长 7.6 厘米，簪首镶白玉覆莲瓣，直径约 2 厘米，花心有圆形金托嵌石榴子红宝石（图 11- 附 -1-8）。

Ⅲ型葫芦形顶镶珠宝金簪为一对两件（编号 W15：37、W15：38），形制相同。W15：37 通长 6.9 厘米，簪首做成葫芦形金托，腰束飘带，上部嵌红宝石一颗，下部嵌圆形小珍珠一颗（图 11-3-1-4）。

Ⅳ型镶琥珀金簪也是一对两件（编号 W15：55、W15：56）。W15：55 通长 6.6 厘米，簪首为直径 1.2 厘米 的圆形金托，上镶琥珀，琥珀中心又嵌小珍珠一颗，簪首下方有凹弦纹细颈与簪脚相连（图 11- 附 -1-9）。

Ⅴ型镶动物形金簪共四件，分为二式：

1 式为镶珠金龟系串饰金簪，一对（编号 W15：51、W15：52），形制相同。W15：51 通长 6.4 厘米，簪首做成一个小金龟，长 2.1 厘米、宽 1.3 厘米，龟背为金托，

图 11- 附 -1-7
II型 1 式白玉顶镶宝金簪
（W15：12、W15：13）

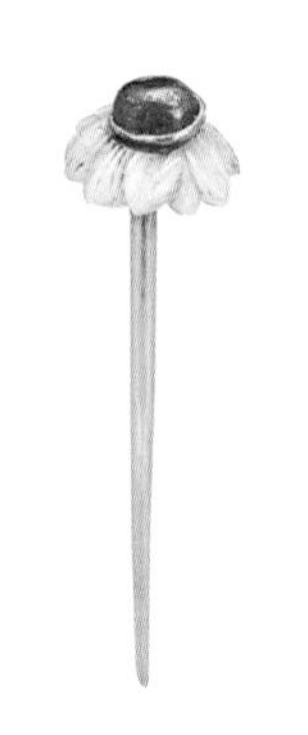

图 11- 附 -1-8
II型 2 式白玉顶镶宝金簪
（W15：36）

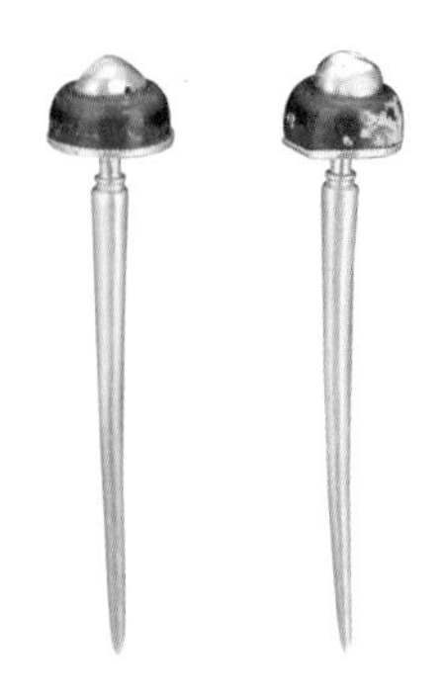

图 11- 附 -1-9
IV型镶琥珀金簪
（W15：55、W15：56）

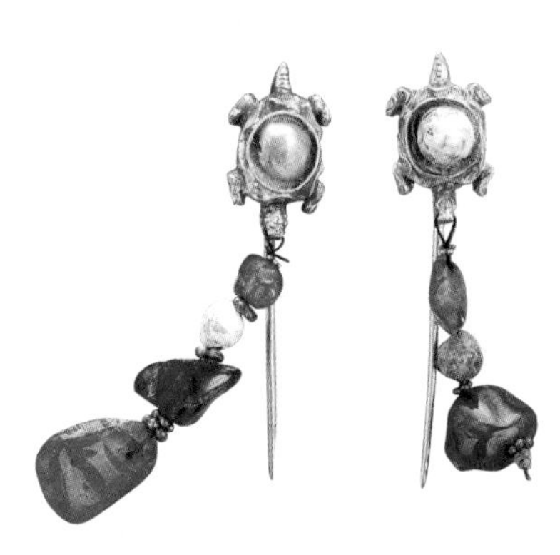

图 11- 附 -1-10
V型 1 式镶珠金龟系串饰金簪
（W15：51、W15：52）

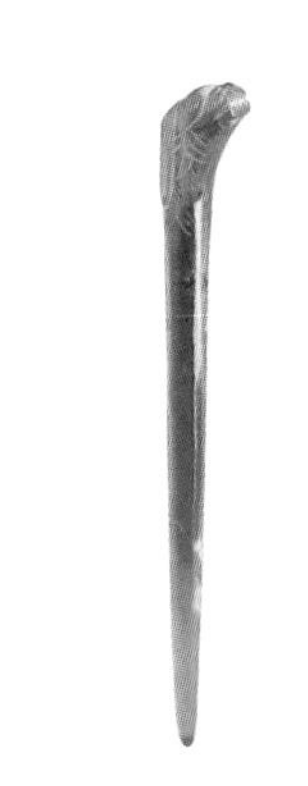

图 11- 附 -1-11
龙头形顶琥珀簪
（W15）

图 11- 附 -1-12
镶猫睛石琥珀簪
（W15：64、W15：65）

内嵌圆形大珍珠，金龟头部朝下，嘴衔珠宝串饰，依次穿有红宝石、小珍珠和蓝宝石，末端系大红宝石一颗，珠宝用花形金隔片相间（图 11- 附 -1-10）。

2 式为镶紫晶兔金簪，一对（编号 W15：26、W15：27），见本章第三节。

B 琥珀簪

用琥珀制作的簪有三件，一件（编号 W15）通长 8.2 厘米，圆锥形簪身，曲项，簪首雕成龙头形（图 11- 附 -1-11）。另两件为一对（编号 W15：64、W15：65），也是曲项式簪，通长 8.3~8.4 厘米，簪首雕成蘑菇头状，顶端挖作圆托，内嵌猫睛石一颗（图 11- 附 -1-12）。

图 11- 附 -1-13
白玉托镶猫睛石玳瑁簪
（W15：2）

图 11- 附 -1-14
宝石托镶珠玳瑁簪
（W15：4）

图 11- 附 -1-15
金托镶玉玳瑁簪
（W15：9、W15：10）

三件琥珀簪都是鲜红色，莹润通透，或即明人所说的“火珀”“血珀”之属。《格古要论》云：“琥珀其色黄而明莹润泽，其性若松香。色红而且黄者谓之明珀，有香者谓之香珀，鹅黄色者谓之蜡珀，此等价轻，深红色者谓之血珀。”《五杂组》则说：“琥珀，血珀为上，金珀次之，蜡珀最下。”作为皇帝的御用发簪，选用的无疑都是上等材质。

C 玳瑁簪

玳瑁簪是用玳瑁做成长圆锥形的簪脚，簪首镶嵌各种形状的宝石珠玉，共十件，每两件为一对。如编号 W15：2 和 W15：8，簪长 7.5~7.2 厘米，玳瑁簪脚，簪首镶白玉，顶端挖为圆托，各嵌小猫睛石一颗（图 11- 附 -1-13）。编号 W15：3、W15：4 簪长 7.4~7.6 厘米，顶端为红宝石雕刻的覆莲形簪首，花心各嵌小珍珠一颗（图 11- 附 -1-14）。编号 W15：9、W15：10 簪长 7.3—7.4 厘米，顶端镶圆形金托，各嵌蘑菇头形绿玉一块（图 11- 附 -1-15）。余者大率相仿，唯簪首形态与嵌饰有别，无须一一罗列。

D 玉簪

玉簪共两件，不成对，都是白玉质地的曲项式簪。一件为镶宝玉簪（编号 W15：62），通长 9.3 厘米，方锥形簪脚，颈部稍曲，方形簪首，上嵌覆斗形小红宝石一颗（图 11- 附 -1-16）。另一件（编号 W15：63）通长 8.7 厘米，圆拱形方顶簪首，无嵌饰（图 11- 附 -1-17）。

图 11- 附 -1-16
镶宝玉簪
（W15：62）

图 11- 附 -1-17
玉簪
（W15：63）

图 11- 附 -1-18
镶珠宝金钗
（W15：60）

图 11- 附 -1-19
镶珠金钗
（W15：61）

2. 钗

明神宗有两件首饰为双股簪脚，因此发掘报告将之定为金钗。一件（编号 W15：60）通长 5.7 厘米，簪首为火焰与花叶形花丝金托，火焰形托正中镶嵌一块圆形大祖母绿宝石，顶端有小金托嵌珍珠一颗，花叶形金托正中嵌珍珠一颗，两旁各红宝石一颗（图 11- 附 -1-18）。另一件（编号 W15：61）通长 6 厘米，簪首做成梅花与火焰形双层花丝金托，梅花花心嵌小珍珠一颗（图 11- 附 -1-19）。

明神宗的这些簪钗绝大部分都是属于固定发髻的实用性发簪，因此造型偏向小巧轻便，但作为“富有四海”的皇帝，其在贵重材质的使用上毫不吝惜，极尽奢华，绝非民间可以企及。而像一部分系有串饰的成对金簪（如编号 W15：51、W15：52），很可能是《酌中志》提到的“桃杖”，在节庆场合时装饰在冠帽上。两件“金钗”也更像是帽饰，而非绾髻所用。

（二）帽饰

明代皇帝穿常服、吉服时，头上都戴翼善冠，又称乌纱折角向上巾，洪武二十四年（1391）（《大明会典》记为“永乐三年”）定：“（常服）冠：以乌纱冒之，折角向上，今名翼善冠。”翼善冠外覆乌纱，冠后立有折角一对，末端朝上，故也称为“冲天冠”。由于其造型仿自唐代男子的幞头，明前期的翼善冠上还有系带、系结等装饰性配件（图11-附-1-20），最迟从明穆宗开始，又在冠之“后山”前部与两侧加饰嵌有珍珠宝石的金二龙戏珠，系带、系结也用金嵌珠宝来制作。

图 11-附-1-20　**明宣宗像局部**

定陵有三顶翼善冠，除一顶全用金丝编成外，另外二顶都是乌纱翼善冠（编号 W167、W49）。W167 出土时戴在明神宗头上，冠高 23.5 厘米、口径 19 厘米，用细竹丝编成内胎，髹黑漆，内衬红素绢，外蒙一层黄素罗，再敷以双层黑纱。“后山”饰有二龙戏珠饰件，龙身为金累丝编成，龙头和爪、鳍系打造而成，每条龙各嵌宝石十四块及珍珠十五颗，宝石有猫睛石、黄宝石各二块，红、蓝宝石各五块，龙珠为火焰及花形双层花丝金底托，花心嵌珍珠一颗。系结、系带也用花丝制作，系结处镶有一对绿宝石，系带做成宽 0.8 厘米的卷草纹金花边。冠后折角为竹胎纱面，用金片折卷成缘边，下部为扁筒形金插座，背面饰云纹，正面为浮雕升龙和寿山图案，龙上各托一字，分别为“万”字与“寿”字（图 11-附-1-21、22）。

图 11-附-1-21　**乌纱翼善冠**
（W167）

W49 出自神宗棺内头部北侧的圆形冠盒内，仅存冠上金饰，有二龙戏珠金饰件，龙系锤鍱制成，龙身和四肢满饰点翠，另点缀有红宝石、珍珠等，龙珠与前件基本相同，高 4.5 厘米、宽 3.5 厘米。系带仅为一根金丝，系结做成方胜形，饰点翠，正中嵌红宝石一颗，周围嵌小珍珠六颗。

图 11-附-1-22　**乌纱翼善冠**
（W167）

不仅翼善冠上饰有金龙，就连皇帝日常所戴头巾上也加入了同类饰件，《酌中志》卷十九“长者巾”条云：

制如东坡巾，而后垂两方叶，如程子巾式。神庙恒尚之，曰‘长者冠’，前缝缀一大西洋珠，两傍金五爪龙戏之，而后垂两叶之中，亦各蟠苍龙。凡内臣高年之人亦有戴者，或金线、黑线缘镶，然不敢缀云龙也。

与内官或赏赐大臣的铎针、枝个、桃杖不同的是，明神宗冠巾上的金二龙戏珠是固定装饰，用以体现天子的身份，而前者仅于节日或庆典时才戴在帽上，不过彼此之间或许相互影响。晚明宫廷服饰踵事增华、崇奢尚靡的风气，在帽饰上亦可见一斑。

图 11-附-1-23 **明神宗冠服复原示意图**

图中人物形象据明神宗随葬服饰复原，头戴乌纱翼善冠（W167），饰金嵌珠宝二龙戏珠；身穿红云纹缎绣十二章衮服（W336）；内套柘黄云纹缎交领“中单”（W336：1）；腰部系玉带（W165），带铐为羊脂白玉，共二十枚，带鞓用黄素缎夹皮革制成，外饰描金线五道；足穿红素缎高筒单靴（W170）。

（张晓妍绘）

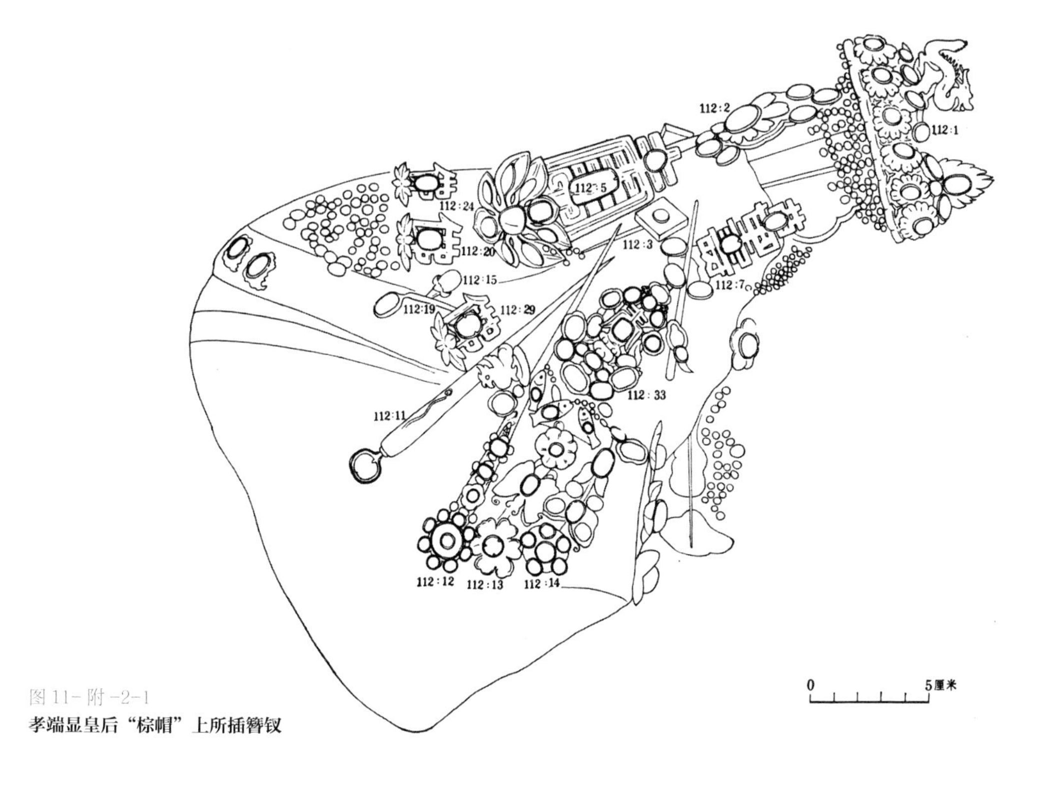

图 11- 附 -2-1
孝端显皇后“棕帽”上所插簪钗

二 孝端显皇后随葬首饰一览（图 11- 附 -2-27）

孝端后的首饰总计四十九件，主要为头饰和耳饰。头饰有各式簪子四十四件（金簪三十八件，银簪一件，铜簪三件，镶珠乌木簪两件）、金钗一件、围髻一件和抹额一件，耳饰有金环宝石耳坠两件（图 11- 附 -2-1）。

（一）头饰

1. 棕帽（鬏髻）

孝端后“棕帽”（编号 D112：51）高 15 厘米、口径 13 厘米、厚 0.5 厘米，形似截尖圆锥体，分上、下两部分，分别制成后再套合缝制在一起，顶部及前后相接处均留有孔，里外两面分别缝以两层细纱，里为红色，面为黑色（图 11- 附 -2-2）。

图 11- 附 -2-2 **黑纱尖棕帽**

图 11- 附 -2-3 **定陵女性木俑**

“棕帽”是发掘报告中的命名，严格来说应该称作“䯼髻”，定陵出土的女性木俑即是头戴䯼髻的形象（图 11- 附 -2-3）。孝端后于万历四十八年（1620）四月去世，同年七月明神宗驾崩，明光宗即位月余便病逝，明熹宗继立，次年改元天启。《天启宫词一百首》记载，熹宗张皇后“性淡静，爱憎稍与众异”，当时熹宗乳母客氏实际控制着后宫，她令宫女效仿江南女装风尚作“广袖、低髻”，引起张皇后的反感，她所居坤宁宫的侍从仍坚持窄袖高髻的打扮，招致客氏嘲笑。当时江南妇女䯼髻高逾二寸，按照明代裁衣尺一尺约 34 厘米（一寸 3.4 厘米）换算，髻高在 7 厘米上下，而宫中䯼髻的高度应当不会低于孝端后时（15 厘米），故一矮一高对比很明显。

2. 抹额

孝端后“棕帽”下面围着“抹额”一件（编号 D112：48），长条形，面用黄素缎、里用黄素纱缝制而成，中间衬以三层黄素纱，后边接头处用铜针别上。“抹额”正面缝缀菊花及叶形金饰七朵，每朵花心嵌红宝石一块，花叶点翠，叶间点缀珍珠（图 11- 附 -2-4）。

所谓“抹额”，实为发箍，亦即明代之包头。包头最初为整幅的织物，折叠后包裹在额部或䯼髻底边，两端绕至前方打结，《阅世编》对此描述甚详：

今世所称包头，意即古之缠头也。古或以锦为之。前朝冬用乌绫，夏用乌纱，每幅约阔二寸，长倍之。予幼所见，皆以全幅斜褶阔三寸许，裹于额上，即垂后，两杪向前，作方结，未尝施裁

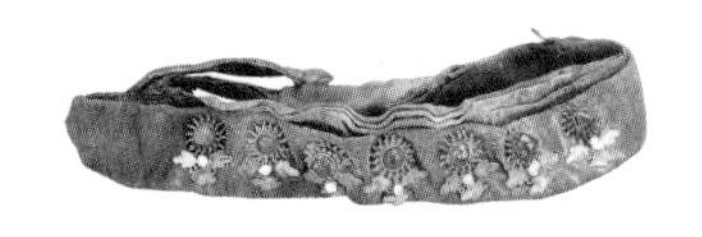

图 11- 附 -2-4 **抹额**

剪也。高年妪媪，尚加锦帕，或白花青绫帕单里缠头，即少年装矣。崇祯中，式始尚狭，遂截半为之，即其半复分为二幅，幅方尺许，斜褶寸余阔，一施于内，一加于外，外者稍狭一二分，而别装方结于外幅之正面，缠头之制一变。

后来又出现一种简化的形制，将织物裁制成一定宽度的长条形，从额前向后围住，称作“头箍”“箍子”或“箍儿”，正面平整光滑，可点缀珍珠等饰件。包头或发箍的宽窄也随着时代审美而变化，《云间据目抄》曰：“包头不问老幼皆用，万历十年内，暑天犹尚骔头箍，今皆易纱包头，春秋用熟湖罗，初尚阔，今又渐窄。”孝端后的“抹额”正是万历后期的窄长样式。

3. 挑心

孝端后“棕帽”上的镶珠宝玉龙戏珠金簪（编号D112：1）是所有簪钗中最大的一件，插在“棕帽”顶部，通长27.5厘米，簪首长5.2厘米、宽9.2厘米，簪首底边另饰有长5.2厘米的网坠，总重171克，共镶嵌宝石八十块（红宝石七十四块、蓝宝石四块、绿宝石一块、猫睛石一块），珍珠一百零七颗。

图11- 附 -2-5
镶珠宝玉龙戏珠金簪

簪首呈半圆弧锥形，顶部有一朵花卉与束腰形金托相连，花朵两侧各嵌红宝石一块。金托上又嵌有白玉镂孔缠枝牡丹花托。周围系有珍珠宝石编缀而成的网坠。玉托的装饰分为前后两个部分，各又分上下两层，中间有插套相套合。前一部分下层以白玉牡丹花嵌宝石，间缀金翠叶、牡丹及牵牛花，再加上翠云嵌宝石，共同组成底座，上置一绿玉描金火珠，中心嵌珍珠一颗 。后一部分下层以白玉牡丹花嵌宝石，间缀金质慈姑叶，又在点翠莲瓣内镶嵌珍珠，共同组成底座，上置一玉龙，额部镶猫睛石一块，双目及两侧嵌红宝石，口衔宝石滴（图11- 附 -2-5）。

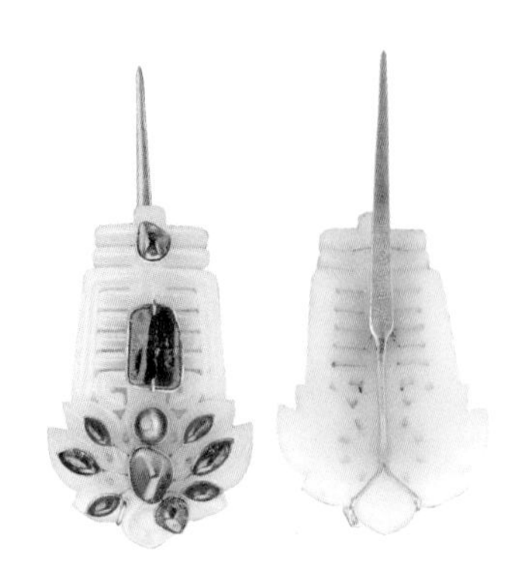

图 11- 附 -2-6　**镶宝玉寿字金簪**

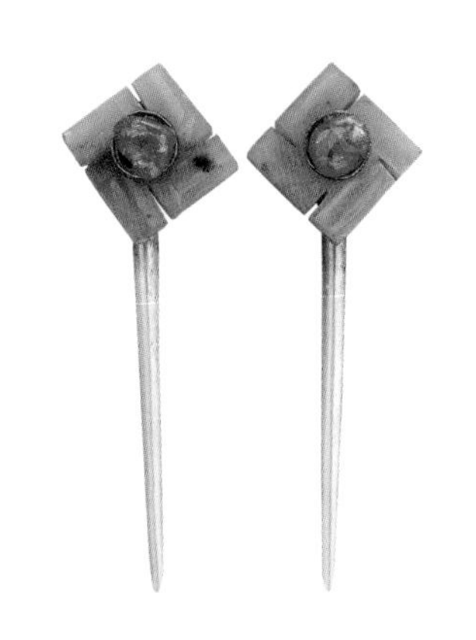

图 11- 附 -2-7　**镶宝玉卍字金簪**

图 11- 附 -2-8
缂金地龙纹寿字裱片局部

这件镶珠宝玉龙戏珠金簪属于鬏髻头面中的“挑心”，虽装饰繁丽，但依然不离“顶用宝花”的形制，扁长的簪脚垂直向下，可插入发髻中，起到固定“棕帽”的作用，孝靖皇后镶珠宝花蝶鎏金银簪的样式亦与之相似。

4. 分心

孝端后“棕帽”正面插戴一件镶宝玉寿字金簪（编号 D112：5），通长 13.5 厘米，簪首长 9.3 厘米、宽 6 厘米，重 99.5 克。簪首为白玉雕成的变体“寿”字与花瓣形底座，玉饰上镶有金托，内嵌红宝石 4 块、蓝宝石 3 块、绿宝石 1 块以及猫睛石 3 块。簪脚为长扁锥形，末端向上，背面中部刻有“万历戊午造”[①]六字（图 11- 附 -2-6）。这件金簪属于鬏髻头面中的“分心”。

在寿字金簪左右两侧各插有一件镶宝玉卍字金簪（编号 D112：3、D112：4），通长 8.1 厘米，簪首长 2.3 厘米、宽 1.6 厘米，重 7 克。簪首在卍字形金托上嵌有绿玉雕“卍”字（两件金簪的卍字方向相对），卍字中心各嵌一圆形金托，内镶红宝石一块（图 11- 附 -2-7）。两件卍字金簪与镶宝玉寿字金簪共同组成“万万寿”字样，这种由两个卍字和一个寿字组合的图案在明代皇家织物中较为常见，是明后期宫廷庆寿纹样中很有代表性的一类，如故宫博物院藏明代缂金地龙纹寿字裱片上的“万万寿”便是一例（图 11- 附 -2-8）。

寿字金簪和卍字金簪周围还插着三件镶珠宝玉万寿字金簪，其中编号 D112：8、D112：33 为一对，形制相同，簪首正中嵌白玉雕“寿”

① “万历戊午”为公元 1618 年（万历四十六年）。

图11-附-2-9 **镶珠宝万寿金簪**

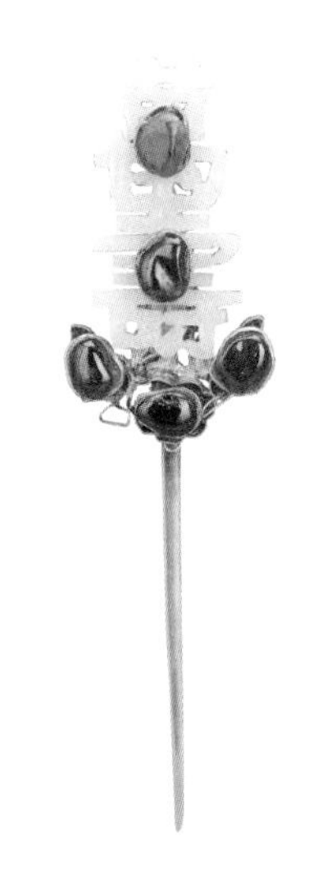
图11-附-2-10 **镶珠宝万寿金簪之二**

字并镶红宝石，上方两侧各有一金“卍”字，顶部和四周缀有红宝石寿桃、金叶及各式红蓝宝石、猫睛石、珍珠等（图11-附-2-9）。这对万寿字金簪造型与“分心”相同，背面簪脚皆朝上，主体部分的“万万寿”亦与寿字金簪、卍字金簪互为呼应。另一件万寿字金簪（编号D112：7）系单独插戴，形制与前两件不同，簪脚朝下，通长12.5厘米，簪首长5.7厘米、宽3.2厘米，镶嵌白玉雕成的“万寿”二字，字上用金托镶红、蓝宝石各一块，字下方有山形及花丝叶形金托，取“寿比南山”之意，叶形托内嵌红宝石二块、蓝宝石一块（图11-附-2-10）。

5. 镶宝玉佛字金簪

在孝端后“棕帽”的下方插着一排镶宝玉佛字金簪，共五件（编号D112：20、D112：22、D112：27、D112：24、D112：29），形制相同，簪脚为扁锥形，簪首镶白玉雕“佛”字和莲花座，佛字正中各嵌宝石一块，三件（D112：20、D112：24、D112：29）为红宝石，另外两件为蓝宝石。其中一件（D112：20）通长7.7厘米，簪首长3厘米、宽2.3厘米，重9.35克（图11-附-2-11）。五件佛字金簪大致呈横向排列，两件蓝宝石的在右，三件红宝石的在左。从位置来看，五件佛字金簪似可对应鬏髻头面中的“钿儿”。

6. 镶珠宝玉花蝶金簪、镶珠宝“玉吉祥”金簪

孝端后有六件镶珠宝玉花蝶金簪，每二件为一对，形制、纹饰、附饰均相同。

其一（编号D112：16）通长16.7厘米、簪首

① 《定陵》报告定为“蝉形”。

图 11- 附 -2-11
镶宝玉佛字金簪

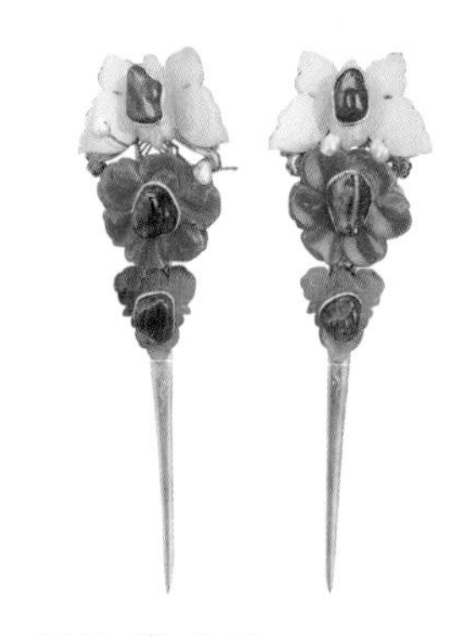

图 11- 附 -2-12
镶珠宝玉花蝶金簪
（D112：16、D112：44）

图 11- 附 -2-13
镶珠宝玉花蝶金簪
（D112：13、D112：35）

长 9.5 厘米、宽 4.6 厘米，重 62.5 克，簪脚上部镂刻古钱形花纹，正面中部浅刻流云纹，簪首缀蝶形、花形和叶形[1]金托，分别镶嵌白玉蝴蝶、红玉牡丹花、绿玉叶片，蝶背嵌红宝石一块，蝶须用金丝缠绕成弹簧形，顶端各系珍珠一颗，玉花嵌蓝宝石一块、玉叶嵌红宝石一块，簪脚背面錾“万历戊午年造”六字铭文（图 11- 附 -2-12）。

其二（编号 D112：13）通长 15.6 厘米、簪首长 7 厘米、宽 2.7 厘米，重 28 克，簪脚镂刻纹样与前款相同，簪首缀花形金托两个、蝶形金托一个，从上到下分别镶嵌白玉花、绿玉蝴蝶和红玉花，白玉花嵌蓝宝石一块，蝴蝶嵌红宝石一块，蝶须系珍珠两颗，红玉花嵌红宝石一块，簪脚背面也刻有“万历戊午年造”铭文（图 11- 附 -2-13）。

其三（编号 D112：14）通长 15.3 厘米、簪首长 7.7 厘米、宽 2.6 厘米，重 28.5 克，簪脚正面浅刻流云纹，簪首缀花丝编制的花形与蝶形金托，上部花形金托内嵌五颗珍珠

图 11- 附 -2-14
镶珠宝玉花蝶金簪
（D112：14、D112：37）

组成一朵梅花，以红宝石为花蕊，蝶翅嵌珍珠四颗，蝶身嵌蓝宝石一块，下部为慈姑叶形金托，中心又用椭圆形金托嵌红宝石一块（图 11- 附 -2-14）。

定陵随葬有很多“蝶恋花”题材的首饰，这三对花蝶金簪亦属其中，它们分别插戴于“棕帽”左右两侧，与鬏髻上的花顶簪对应，但形制更接近固定冠髻的“金簪（压鬓钗）”。

在花蝶金簪的位置，还有一对镶珠宝“玉吉祥”金簪（编号 D112：12、D112：34），D112：12 通长 18.6 厘米，簪首长 6.4、宽 2.5 厘米，重 25.4 克，簪脚正面浅刻流云纹，上部镂刻古钱形纹饰，簪首在金托上镶嵌轮、螺、伞、盖玉饰，顶部为绿玉法轮形饰，两面均有描金花纹，轮周嵌珍珠八颗，中心嵌红宝石一块，下为白玉法螺，嵌红宝石一颗，再下为白盖，嵌红宝石一颗，最下部是伞形红玉饰，也嵌红宝石一块（图 11- 附 -2-15）。

这对金簪采用的是藏传佛教纹饰中的“八吉祥”图案，“八吉祥”又称“八宝”，由法螺、法轮、宝伞、白盖、莲花、宝瓶、金鱼、盘长等组成，各自都有不同的寓意，如法轮代表佛说大法圆转，万劫不息；螺代表菩萨果妙音吉祥；伞代表张弛自如，曲覆众生；盖代表遍覆三千，净一切乐；花代表出五浊世无所染；瓶代表福智圆满，具完无漏；鱼代表坚固活泼，能解坏劫；盘长代表回环贯彻，一切通明。“八吉祥”图案在元明清三代被广泛应用，大量见于器物、织物或建筑雕刻上。

图 11- 附 -2-15
镶珠宝“玉吉祥”金簪
（D112：12、D112：34）

7. 其他簪钗

孝端后其余的头饰大致可划分为两类：一类以装饰为主，如各种造型精美的簪钗；另一类主要起着固

图 11- 附 -2-16
镶宝玉花金钗

定“棕帽”或发髻的作用，如一些形制相对简单的小簪。这两类中只有一件金钗，其余均为簪，因篇幅原因，无法一一详述，仅选取报告中列出的较有代表性的几件略做说明，亦可稍窥一斑。

A 钗

镶宝玉花金钗（编号 D112：2），一件，通长 13.5 厘米，钗首长 7.1 厘米、宽 4.7 厘米，重 50 克，钗脚为双股，呈长∩形，钗首的上部和底部均饰有花丝编制的叶形金托，每叶各嵌宝石一块，计有红宝石四块、蓝宝石两块。中部镶白玉雕成的牡丹花，花心嵌黄色宝石一块，四周点缀金牡丹叶，牡丹的下方及两侧各有一只金制的小蜜蜂（图 11- 附 -2-16）。金钗出土时插在孝端后“棕帽”正面镶宝玉寿字金簪的上方。

B 簪

镶珠宝玉佛金簪，一件（编号 D112：41），通长 10.6 厘米，簪首长 4.4 厘米、宽 3 厘米，簪首用花丝制成佛像背光与莲花座，背光中心嵌白玉一块，上缀红玉雕出的半身佛像，莲花座内镶嵌红宝石五块、蓝宝石三块，上部两侧各系珍珠一颗（图 11- 附 -2-17）。

图 11- 附 -2-17
镶珠宝玉佛金簪

镶宝玉寿字小金簪，一对（编号 D112：42、D112：43），形制相同。D112：42 通长 9.3 厘米，簪首长 3.1 厘米、宽 1.5 厘米，重 4.9 克，扁锥形簪脚，簪首在金托上镶绿玉雕篆文寿字，描金勾边，中心嵌红宝石一块，簪脚背面錾刻“大明万历年造”铭文（图 11- 附 -2-18）。

镶珠系宝金簪，两对，共四件（编号 D112：21、D112：28、D112：23、D112：26），形制相同。D112：21 通长 8.6 厘米，重 3.5 克，长圆锥形簪脚，

图 11- 附 -2-18
镶宝玉寿字小金簪

图 11- 附 -2-19
镶珠系宝金簪

图 11- 附 -2-20
镶珠缀珠宝金簪

簪首为“岁寒三友”题材，饰一朵小梅花和三片竹叶，下连松叶形托，内嵌珍珠一颗，下部系宝石滴，D112：21、D112：28 为红宝石，另两件为蓝宝石（图 11- 附 -2-19）。

镶珠缀珠宝金簪，一对（编号 D112：17、D112：18）。D112：18 通长 5.5 厘米，重 5.5 克，长圆锥形簪脚，簪首嵌珍珠一颗，下垂珠宝串饰，以绿色丝线上部作网状相结，下部分为三缕，分别穿系珠子（似为草珠，已炭化），末端垂红宝石二块、蓝宝石一块（图 11- 附 -2-20）。

镶珠金簪，一对（编号 D112：15、D112：36）。圆锥形簪脚，簪首为梅花形金托，花心嵌珍珠一颗（图 11- 附 -2-21）。

镶宝金簪，一对（编号 D112：19、D112：25）。D112：19 通长 8.4 厘米，重 11.8 克，扁锥形簪脚，簪首为椭圆形金托，内嵌猫睛石一块，簪首与簪脚之间有细颈相连，弯曲成 90 度，这类样式当是从耳挖簪发展而来（图 11- 附 -2-22）。

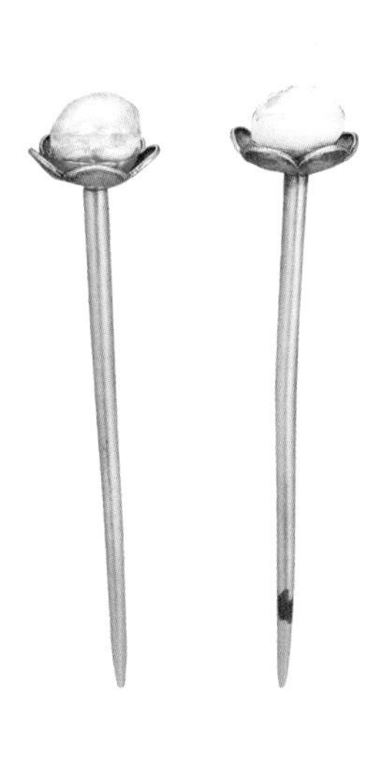

图 11- 附 -2-21 **镶珠金簪**

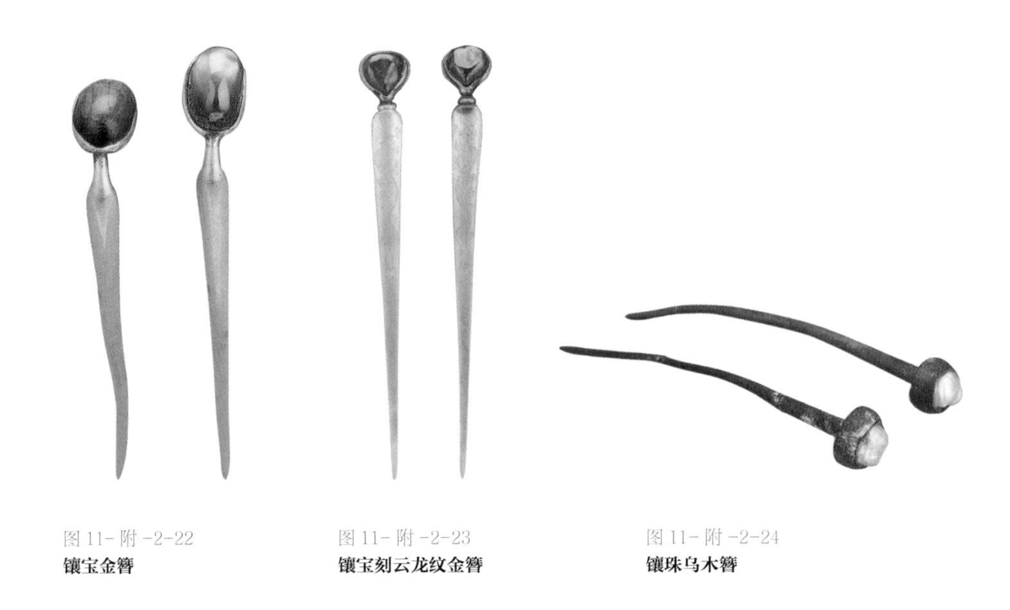

图 11- 附 -2-22
镶宝金簪

图 11- 附 -2-23
镶宝刻云龙纹金簪

图 11- 附 -2-24
镶珠乌木簪

镶宝刻云龙纹金簪，一对（编号 D112：11、D112：30）。D112：11 通长 15.3 厘米，簪首长 1.5 厘米，重 14.9 克，簪首呈桃形，内嵌红宝石一块，背面刻叶形纹，簪脚为扁锥形，上部刻有云龙图案（图 11- 附 -2-23）。

镶珠乌木簪，一对（编号 D112：9、D112：32）。D112：9 通长 8.4 厘米，簪首径 1 厘米，圆锥形簪脚，簪首为圆托，内嵌珍珠一颗（图 11- 附 -2-24）。

8. 围髻

孝端后头部还出土一件珠网形饰，报告定名为“围髻”（编号 D112：50），长 20.5 厘米，宽 6 厘米，用大小不等的珠子串成长方网形，上部有石珠和薏米珠，末端垂系宝石，红、蓝相间，共有红宝石九块、蓝宝石十块。上部两端连有固定用的黑色丝线，一端长 34 厘米，一端长 27 厘米（图 11- 附 -2-25）。

此类珠网形饰在民间墓葬里较少发现，是否为《天水冰山录》里提到的“围髻”还有待研究。

（二）耳饰

孝端后有耳坠一对（编号 D112：40、D112：46），D112：40 通长 4.3 厘米，

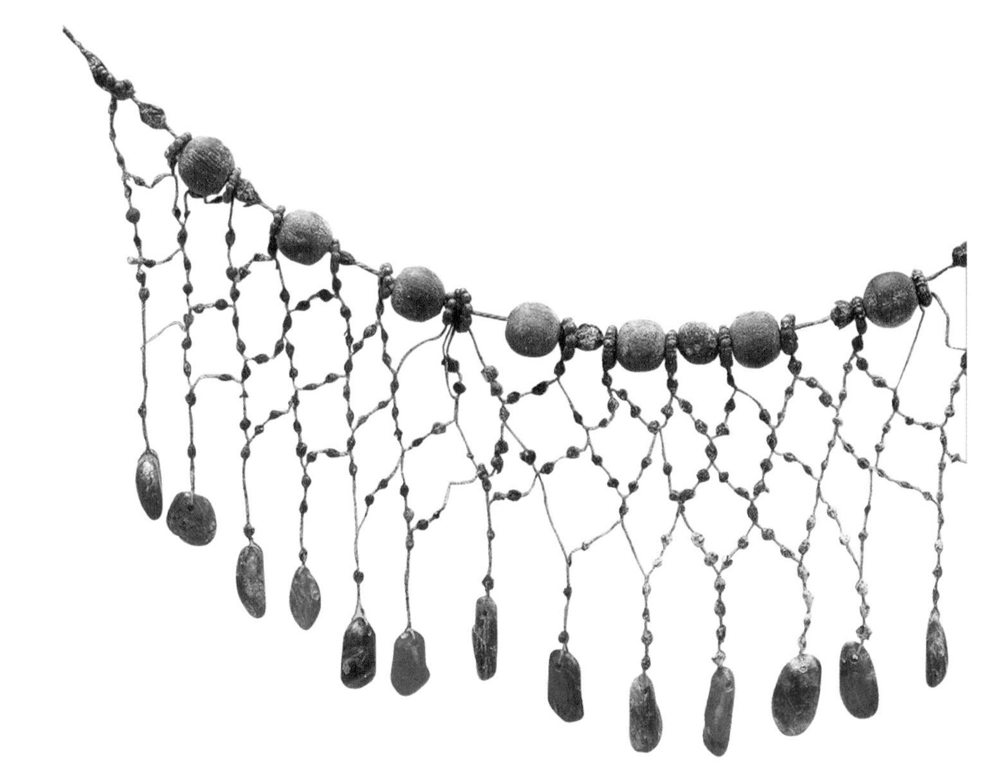

图 11- 附 -2-25 **围髻**

图 11- 附 -2-26 **金环宝石耳坠**

耳钩为金质，呈圆环状，环径1.9厘米，末端系有金丝，下垂红宝石坠（图 11- 附 -2-26）。这对耳坠的形制极为简单，很可能是孝端皇后日常所戴。

孝端显皇后黑纱尖“棕帽”上插戴的簪钗数量众多、形制各异，几乎到了不容一隙的程度，而制作中所使用的大量贵重材质，更是民间之财力物力难以企及的。这些首饰的类型与当时士庶女性的鬏髻以及成套头面大体上可以对应，但也存在着不少差别，反映出在宫廷这样相对封闭的环境中，首饰的形制与变化并不完全和外界同步，到了明代后期已经出现具有一定独立性的特征。

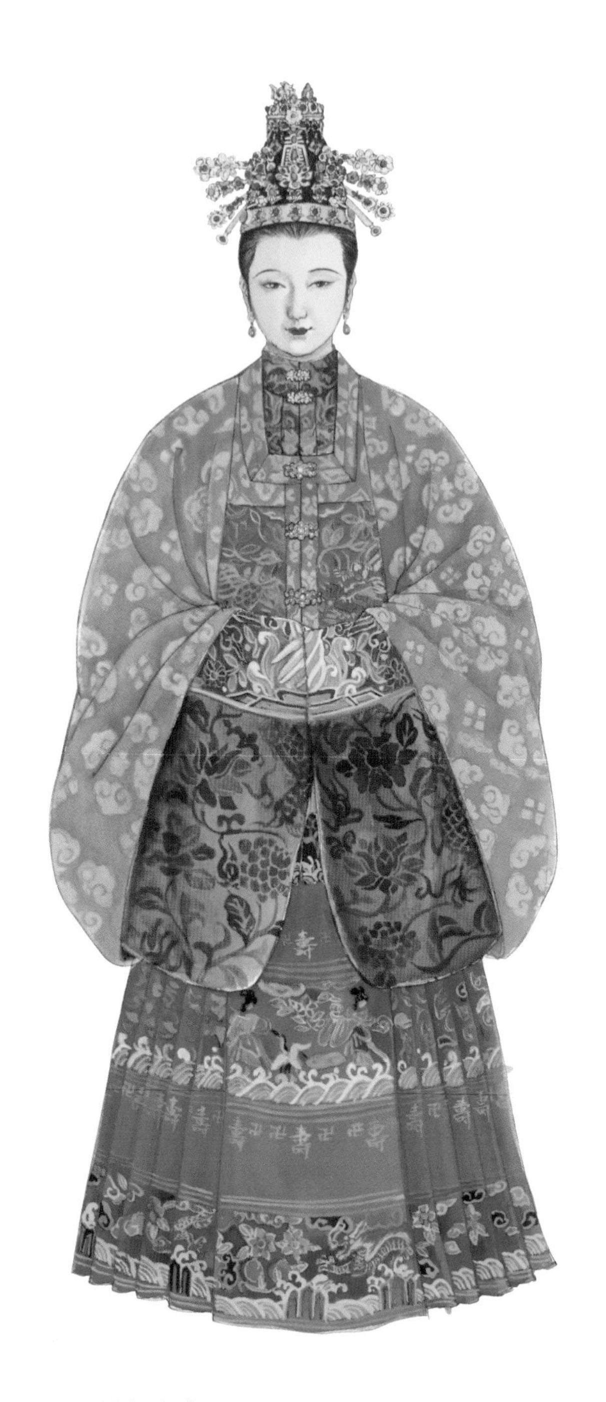

图 11- 附 -2-27 **孝端显皇后首饰复原示意图**

图中人物形象根据孝端显皇后随葬首饰、服饰复原。

头戴黑纱尖“棕帽”（D112：51）和黄素缎抹额（D112：48），“棕帽”上插戴全套头面；上身穿黄八宝纹地四合如意云纹细绣龙凤方补方领夹衣（D47：1）和绿织金妆花缎云肩通袖龙纹立领女夹衣（D16）；下着红云鹤纹织金卍寿字地织金妆花龙襕仕女襕缎裙（D22）。

（张晓妍绘）

第十二章

中国清代的旗人首饰

橘玄雅

清代（公元1644年—1912年）是由我国东北的少数民族——满族[1]所建立的封建朝代，也是中国历史上最后一个大一统的封建王朝。少数民族出身的清代统治者，在统治国家的大政方针上有着他们的文化特征，这在服饰政策上体现得尤为突出。

① 1635年皇太极改女真为满州，辛亥革命后称满州为满族。

早在入关之前，面临统治范围不断扩大，辖下民族习俗逐渐复杂的情况，当时的统治者皇太极就对服饰政策进行过讨论："先是，儒臣巴克什达海、库尔禅等，屡劝朕改满洲衣冠，效汉人服饰制度。朕不从，辄以为朕不纳谏。朕试设为比喻，如我等于此聚集，宽衣大袖，左佩矢，右挟弓，忽遇硕翁科罗巴图鲁劳萨挺身突入，我等能御之乎？若废骑射，宽衣大袖，待他人割肉而后食，与尚左手之人何以异也。"显然，在清太宗皇太极的理念中，坚持自己的服饰制度，既是坚持了尚武传统，更是稳定国家统治的基础。他的这种理论，直接影响了后来清代统治者立国的基本国策之一——剃发易服。

在"剃发易服"政策之下，清代的男性，无论官、民，基本都要改从"满洲服饰"：剃发留辫，由"宽衣大袖"的汉式服饰，改为"紧衣窄袖"的样式。而女性只有户籍在八旗内的，才需要穿用满族服饰。普通民籍的"民人"女性，照旧穿用汉式服饰。这一政策直接造成了清代服饰和首饰的大分野——以满洲人为核心的"旗人"首饰与以汉人为核心的"民人"首饰。

清代统治者本身属于"旗人"的范畴，后宫的内命妇也多数为"旗人"出身，故而清代官方在规定内外命妇的服饰制度时，便均以"旗人"女性服饰作为基础。所以，清代官方的女性服饰制度，实际上只对内命妇以及"旗人"官僚的外命妇造成影响。

“民人”官僚的外命妇，则基本自行继承明代命妇服饰制度。这种少见的汉官命妇缺乏官方服饰仪制的情况，也是清代女性服饰以及首饰的一个重要特点。它使得清代“民人”命妇的正规服饰在脱离了制度的束缚后，愈加受到流行风潮的影响。至于“旗人”命妇的服饰以及首饰，虽然有着官方的规定，却远不如男性服饰制度执行力高。随着时代的发展，潮流的变化，也有着许多不同的流变。

另一方面，随着清代统治者统治时间的加长，满、汉等民族文化习俗有了进一步交流，逐渐产生了相互借鉴、相互促进的一面。许多服饰和首饰上的元素，都在“旗人”和“民人”两条轨道保持自身核心标准的前提下互相影响，这也是清代服饰及首饰的重要特点。

清朝后期，中国已经由传统的封建社会转变为半殖民地半封建社会，开始了近代化的探索。在这种背景之下，清代服饰和首饰也受到了一些外国文化的影响，这也是清代处于特殊时代的新特点。

第一节 | 清代官方旗人首饰系统的发展与民间旗人首饰的交互渗透

清代旗人的服饰体系，即清代官方的服饰体系，有一个漫长的构建过程。入关之前的天命六年（1621），当时的后金大汗清太祖首次提及了对于服饰的要求。崇德元年（1636），建号为“清”的清太宗首次正式确立了官方的男女冠服制度。顺治、康熙、雍正诸朝，在继承了崇德元年定制冠服的基础上，不断对其中的细节进行更新，清代的官方服制不断得到完善。直到乾隆十三年（1748），官方服制基本定型，高宗乾隆帝下令将冠服制度绘制成册。最终在乾隆三十二年（1767），最后的一套服制——雨服被纳入官方体系内，清代官方服制完全建立，到清末亦未有变化。

无论是从天命六年清太祖首次提及对服饰的要求算起，还是从崇德元年清太宗创立第一套官方男女冠服制度算起，直到乾隆三十二年官方服制完整确立，清代官方服制都经历了至少一百三十余年的演变和发展。不同时期有不同的风尚流行、审美习惯故而区分具体的时点，对于研究服饰是极其重要的。

在社会生产力低下，民风也比较质朴的情况下，满族百姓对于服饰没有太多要求。随着后金政权的建立，社会上层已经有了相当的财力，从蒙古以及汉地也有相当的物资流入，但是质朴的习惯却依然根深蒂固。天命六年，清太祖下令制定了诸王官员的补子和顶子，内容相当简略。天命八年（1623），制定了各大臣、侍卫以及普通随侍、良民的日常服饰和禁用服饰，也十分简略。比如说其中规定，有职衔之大臣可以戴“金顶大凉帽”（满文为 aisin jingse hadaha amba boro），穿“好衣”（满文为 sain etuku，即华服）。诸贝勒之侍卫，同样允许穿“好衣”，却只能戴“菊花顶凉帽”（满文为 moncon hadaha boro），普通随侍、良民不允许穿用纱、罗等等[①]。天聪六年（1632），清太宗继续丰富天命八年（1623）的服饰禁令。他提到：“诸福晋等，美衣不服，存贮于柜，欲死后携之去耶？其生前不服之衣，欲死时服之耶？岂在九泉之下得配丈夫，较现世所配贝勒之上耶？其华美之物，生前不服用，徒投于火，化为灰烬，何为也？尔诸福晋等详思之。若趁年少修饰，及时服用，则为善矣。年少时不修饰，年迈时勿追悔，生前不服用，死时勿叹惜。”[②]所以天聪六年的允许和禁止服饰里，加入了福晋以下女性的穿用规定，制度逐渐规范化。

崇德元年（1636），清太宗皇太极正式称帝，以“清”为国号，并且参照中原王朝建立了各项制度，称为“崇德建制”，其中也涉及了冠服。这是清代第一次正式对官方冠服作出规定，建立起一套属于当朝的“官服”制度，这套官服制度是后来几套服

① 中国第一历史档案馆.内阁藏本满文老档［M］.沈阳：辽宁民族出版社，2009：189、190.

② 中国第一历史档案馆.内阁藏本满文老档［M］.沈阳：辽宁民族出版社，2009：663.

制之中朝服的原型。清代官方规定的首饰之中，大簪、舍林、领约等，也在这次定制之中被收入官方仪制之内。

顺治一朝，清代官方服制开始了大范围的推广，随之反映出了很多问题。顺治元年（1644）、二年、三年、四年、六年、八年、九年、十一年、十七年、十八年，均对崇德建制时所设立的冠服制度进行过修改或者补充，且在顺治九年建立了补服制度，正式将袍、褂明确地分别加以制度化。到了康熙一朝，虽然经历六十余年，进行过十余次服饰制度的变化，却依然只是在崇德定制的官服体系之内进行修改或者补充。在实际生活中，康熙朝已经逐渐形成“官服”和“便服”的服制，却没有被官方认可。

世宗雍正帝继位之后，在雍正五年（1727）九月，考虑到“王公大臣官员等朝服顶戴俱有定制，但平时所用服色并无分别。”于是参考朝服冠的仪制细节，制定了吉服冠、常服冠的初步仪制，回应了康熙朝出现的“中间服制”的问题，比较成熟的吉服和常服系统便开始产生。雍正八年十月，因“大小官员帽顶，从前定议，未曾分别详确”，进一步详细地规定吉服冠、常服冠的仪制，并且在制度上允许大小官员使用各色玻璃料器代替贵重的宝石冠顶，吉服和常服系统正式成型。

乾隆十三年（1748）十月，乾隆帝下达上谕：“朕惟绘绣山龙，垂于虞典。鞠衣揄翟，载在周官。服色品章，昭一代之典则。朝祭所御，礼法攸关，所系尤重。既已定为成宪，遵守百有余年，尤宜绘成图式，传示法守。自朕之朝冠、朝服、常冠、吉服，以至王公大臣九品以上官员之朝帽、朝衣，自皇太后、皇后、皇贵妃、妃嫔等之朝冠、朝服，以至王妃、命妇之朝帽、朝衣，向来如何定制之处，著三和会同汪由敦、旺札勒、阿岱详细商酌，考定章程，遵照式样，分晰满、汉、蒙古名色，绘图呈览，俟朕酌定，以垂永久。”[1]而后作为其结果，乾隆三十一年（1766），

[1] 出自《清高宗纯皇帝实录》卷327，乾隆十三年十月庚子条，《清实录》，中华书局1986年影印本。

图 12-1-1 **《皇朝礼器图式》内页**
大英博物馆藏。

《皇朝礼器图式》正式成书（图 12-1-1）。乾隆三十二年五月，高宗乾隆帝下令确定文武各官雨衣品级，其后“交礼器馆增入官服图，并入会典。知照礼部通行在京各衙门及直省文武一体遵照。”至此，清代官方的服制体系正式成型。

与官方服饰逐步形成相对，清代民间旗人服饰则与官方制度有一定的出入，并且交互进行着影响。这里试以清代旗人的胸饰——采帨为例，来看官方与民间首饰的渗透情况。

采帨，满文为“miyamigan fungku”，直译为“装饰手巾”，民间也直接称之为“手巾”或“拴扮手巾”。

表 12-1：清代官方服制确立梗概[1]

时 间	内 容	首饰相关	附 注
天命六年	官员补子、帽顶草创		
天命八年	规定官员及平民服饰禁令		
天聪六年	进一步规定官员及平民、女性服饰禁令		出现对女性服饰的规定
崇德元年	规定男女大小官员冠服	大簪、舍林、领约进入制度	朝服体系初创
顺治九年	补服成型		朝服体系完善
雍正元年	规定皇帝祭服四色		祭服体系从朝服体系中分离
雍正五年九月	初定吉服、常服帽顶		吉服、常服初定
雍正八年十月	再定吉服、常服帽顶		吉服、常服成型
乾隆十三年十月	下令编纂冠服图式	朝珠、采帨、金约、耳饰进入制度	
乾隆三十一年	《皇朝礼器图式》成书		雨服以外服制正式成型
乾隆三十二年五月	雨服定制		清代官方服制完全成型

在入关之前旗人女性的画像之中，就已经有采帨出现。当时的采帨正如其“手巾”的原名，基本以白色为常见，纹饰以素色为最多，偶尔见有用暗纹的，挂在外褂的纽扣之上。在当时的官方仪制之中，并没有收入关于采帨的内容，属于典型的“制度外”民间首饰。

入关之后，随着生活水平的提高以及旗人内部阶级身份的变化，旗人女性使用的“采帨”也逐渐繁复起来。入关初期，采帨的本体为素色，同时拴在外褂大襟处的一般只有荷包等首饰。到了康熙朝，虽然采帨的本体依然以素色为主，其上的暗纹却已经有菊花等大型纹饰出现，特别是采帨的顶部，开始垂下数十个挂坠，分别垂以各种小宝石，并用一块大的金属宝石制的“箍”来进行收拢。这时期采帨虽然没有进入官方典制，仍然属于典型的“制度外”民间首

① 整理自《清实录》《满文老档》《清会典》。

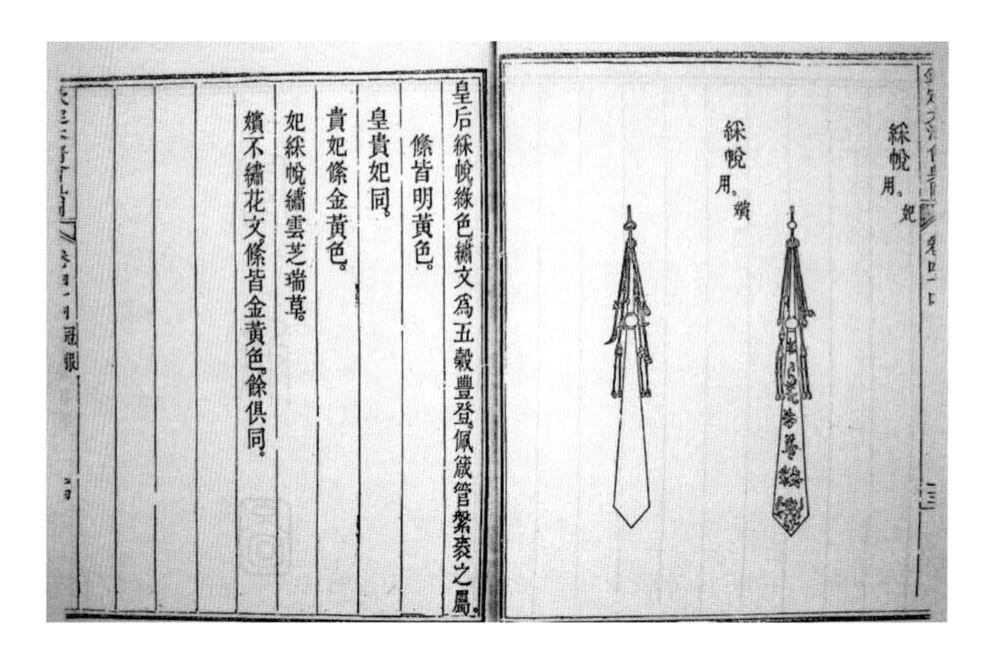
皇后綵帨綠色繡文爲五穀豐登。佩篋管縏袠之屬。
絛皆明黃色。
皇貴妃同。
貴妃絛金黃色。
妃綵帨繡雲芝瑞草。
嬪不繡花文絛皆金黃色。餘俱同。

綵帨 妃用。

綵帨 嬪用。

图 12-1-2　**嘉庆朝《钦定大清会典图》中采帨相关**

饰，但是可以明显地见到其形制在繁复化。形制繁复化的一个重要结果，就是出现等级区分，为之后的发展奠定了基础。

民间的这种采帨发展到乾隆朝初期，已经明显繁复化。《孝贤纯皇后朝服像》中，孝贤纯皇后所佩戴的采帨，已经从原本的白色素色改为粉色，并且绘有鸾、凤以及花卉明纹。到了乾隆朝中期，乾隆皇帝将采帨收入了官方服制之中，规定内命妇中，皇太后、皇后、皇贵妃、贵妃、妃、嫔这六个等级，应该在穿着朝服的场合佩戴采帨，外命妇中，超品、一品至七品的命妇，应该在穿着朝服的场合佩戴采帨。其尊卑等级，按照采帨本体丝绸的颜色、纹饰和所用绦的颜色来区分，并且详细规定了不同等级命妇所使用采帨的本体颜色、纹饰和绦的颜色（图 12-1-2）。这样，原本作为民间首饰的采帨，经过入关后百余年的发展，才被收入官方首饰体系之内。

虽然采帨在乾隆朝中期被收入了官方首饰体系，实现“制度化”，但在实际使用中，制度经常要让位给民间习惯。以皇后为例，根据官方制度的规定，皇后的采帨本体颜色应为绿色，其本体纹饰应该用“五谷丰登”纹。但是仅同治、光绪两朝宫廷所留下来的皇后采帨中，除去绘制标准朝服像时，所佩戴的采帨是“合式”的之外，还有大量的采帨均“不合式”，比如其中有一条深黄色的采帨，上绣“囍”字纹，即专门在大婚典礼时佩戴的。宫中尚且如此，宫外的情况更加严重，“不合式”者屡见不鲜。这种官方制度下的民间“弹性”，既凸显了清代官方服饰在执行上的松动，又凸显了清代民间服饰的影响力。

这种从“民间首饰”逐步发展、成熟直至“收入官方仪制”，依旧和民间习俗用法相互影响、渗透的情况，是清代服饰特别是清代旗人首饰的常例，也是研究者需要注意的基本情况。

第二节 ｜ 清代旗人的头饰

在明清以来的传统社会中，对女性身体的裸露一般都要极度规避。在旗人群体中，也多少存在着这种意识。因此，清代旗人女性的首饰依然以头饰最为繁复。

系统而言，针对佩戴不同的冠帽，梳用不同的发式，清代旗人女性所使用的头饰也不尽相同。如在穿朝服时，旗人女性要佩戴朝服冠，其朝服冠上除了顶子之外，还要用飞禽或者方圆形的“大簪”进行装饰。而在穿着吉服时，旗人女性或戴吉服冠，或戴钿子，装饰钿子的簪子有专门的名词，称之为“钿花”，如何给不同等级的钿子装饰钿花，有着具体的讲究。至于日常梳盘发包髻的“包头”时，有“包头”习惯的装饰方法，梳“两把头”时，有“两把头”习惯的装饰方法，各有不同。

不过，究其本质而言，清代旗人女性的头饰只有三个种类，即簪、钗和花。

簪，俗称簪子，满语称之为“sifikū”，《御制增订清文鉴》这样形容道：“hehesi i ujude sifire yaya durun i weilehe angbang ajige ninggebe gemu sifikū sembi.”译为：“女人们头部插戴的，各种样式制成的大小物件，都称为簪”。清代旗人女性头饰中所使用的簪可谓五花八门，不同服制、不同质地、不同样式、不同大小，不下百余种，其中不少簪子也都各有其名。但是无论质地、样式、大小如何，一般均统称为簪。

钗，也叫“鬓钗”“钗子”，满语称之为“caise”。在满语中，钗是一个外来词汇。《御制增订清文鉴》中有：“hehesi i ujude sifirc sifikū i gebu, aisin menggunbe halfiyan obume dei gargan i arahanggebe caise sembi.”意为：“女人们头部插戴的簪的名字，将金银做的扁平的，两支的这类样式，称为钗。”可见，清代旗人认为钗是簪的一个种类，也就是说两支型的簪即是钗。清代旗人女性头饰中的钗也有很多种类和样式。

花，即花朵。可以是真花亦可以是用绢等制作的假花。在清中后期，旗人女性尤其喜欢在冠帽和发式上加入花朵的装饰，后来几乎成了一些冠帽和发式的标准搭配方法。

无论是簪钗还是花卉，在不同的冠帽、发式，以及不同时间段的使用方法都不同，本章分别以不同冠帽、发式为轴线，分析其头饰的使用。

一 朝服冠及大簪

朝服，又名“礼服”“具服”，是清代仪制最高的官方服制，也是定制最早的官方服制。天聪六年（1632），清太宗明确指出八旗诸贝勒在城外时要穿“sijigiyan”，而在城内时要穿“ergume”[1]。这里的“ergume”，就被认为是后来朝袍的原型。到了崇德元年（1636），清太宗皇太极正式仿照中原王朝的习惯建立起了比较系统的冠服制度。崇德元年的这套官方冠服制度里只有一套服制，也就是后来的朝服。换言之，清代朝服的基础也就是在崇德元年确立的。经过顺治、康熙两朝结合汉地传统进行修改，朝服制度愈发完善，最终在雍正元年（1723），

① 中国第一历史档案馆．内阁藏本满文老档［M］．沈阳：辽宁民族出版社，2009：663.

图 12-2-1-1　**嫔的冬朝冠（左）和夏朝冠（右）**
出自光绪朝《清会典图》。

朝服服制正式定型。

在朝服服制之中所使用的冠帽即朝服冠。清代的朝服冠分男、女两种。

男朝冠分为冬、夏两款。冬朝冠一般以薰貂为质，青表朱里，帽檐上仰，上缀红绒，红绒长出檐。夏朝冠以织玉草或藤竹丝为质，罗缘石青片金二层为表，红片金或红纱为里，帽檐敞开，上缀红绒，内加圈。无论冬款还是夏款，男朝服冠在冠顶中央，均有金质“底座”，“底座”上衔有一颗宝石，称为“顶珠”。官员的品级是通过“底座”的装饰和“顶珠”的材质来区分的。

女朝冠也分为冬、夏两款（图 12-2-1-1），但是女朝冠的冬夏之分只在于冬朝冠用薰貂制成，而夏朝冠用青绒制成，除此之外在形制上几乎是一样的，都是上缀红绒，在冠上进行装饰。另外，女朝冠的冠后有一葫芦状的“护领”，以遮蔽后面的视线，这是它不同于男朝冠的地方。至于冠顶，女朝冠和男朝冠一样，使用金质“底座”，“底座”上衔有一颗宝石，称为“顶珠”，并且用

“底座”的装饰和“顶珠”的材质区分尊卑等级。但是女朝冠所特有的，是女朝冠还要在冠顶周围用大簪进行装饰。

我们将冠顶中央的“底座”和“顶珠”视为是与冠帽一体的组成部分，而不是作为首饰进行讲解。至于女朝冠所使用的大簪，则应属于首饰部分。

清代旗人女性朝服冠上所使用的簪，在崇德元年（1636）第一次创立服制的时候，就已经被写入了典章之中，其正式称呼为“大簪”，也叫“女冠大簪”。在当时的服制之中，上至固伦公主、亲王福晋，下至普通命妇，朝服冠上使用的装饰都称为“大簪”。这个“大簪”与“冠顶”“舍林”“项圈”三类统一记录，具有一致性。以固伦公主冠服为例，崇德元年所定制度为：“冠顶、大簪、舍林、项圈，各嵌东珠八颗”。

表 12-2：《会典》内崇德元年朝服冠金簪仪制[1]

具体身份	大簪装饰
固伦公主、亲王嫡福晋	东珠八颗
和硕公主、亲王侧福晋、郡王嫡福晋	东珠七颗
郡主、郡王侧福晋、贝勒夫人	东珠六颗
县主、贝勒侧夫人、贝子夫人	东珠五颗
郡君、贝子侧夫人、镇国公夫人	东珠四颗
县君、辅国公夫人	东珠三颗
乡君	东珠二颗
未入八分公夫人以下命妇	首饰许嵌珍珠、宝石、绿松石

顺治四年（1647）、顺治九年（1652）、顺治十一年（1654），均对官方服制中的女冠服进行了调整，不仅写明了宗女和外命妇的冠顶装饰，还写明了皇太后、皇后以下直到嫔位的内命妇的冠顶装饰。但是在表述方式上，依然是统称为“大簪”，且依然与“冠顶”“舍林”“项圈”统一记录。仍以固伦公主冠服为例，即写为：“顺治九年题准，冠顶等项，各嵌东珠十颗”。直到康

① 整理自《清会典》。

熙二十九年（1690）修成的《大清会典》中，对于旗人女性冠服的大簪依然是这样记录的。

表 12-3：《会典》内顺治年间朝服冠金簪仪制

具体身份	大簪装饰
皇后	东珠十三颗
西宫大妃（懿靖大贵妃）	东珠十二颗
东宫妃（康惠淑妃）	东珠十一颗
皇贵妃、贵妃	东珠十二颗
妃	东珠十一颗
嫔	东珠十颗
固伦公主、亲王嫡福晋	东珠十颗
和硕公主、亲王侧福晋、世子嫡福晋	东珠九颗
郡主、世子侧福晋、郡王嫡福晋	东珠八颗
县主、郡王侧福晋、贝勒嫡夫人	东珠七颗
郡君、贝勒侧夫人、贝子嫡夫人	东珠六颗
县君、贝子侧夫人、镇国公嫡夫人	东珠五颗
乡君、镇国公侧夫人、辅国公嫡夫人	东珠四颗
辅国公乡君、辅国公侧夫人	东珠三颗
未入八分公夫人以下命妇	首饰许嵌珍珠、宝石、绿松石

而在雍正十年（1732）所修撰的《大清会典》中，官方服制里的女朝冠的大簪有了重要变化：皇太后、皇后以下至嫔位的内命妇、辅国公女乡君以上的宗女，以及辅国公夫人以上的高等宗室命妇，这三类人在佩戴朝服冠时使用的簪，已经均正式规定为禽鸟簪。其中按照等级，分为金凤簪（图 12-2-1-2）、金翟簪和金孔雀簪（图 12-2-1-3）三种。其他超品以下至文武七品命妇在佩戴朝服冠时使用的簪，则一概称之为“金簪”。由此，我们可以看出，应该是从康熙朝中后期开始，高级的内外命妇，形成了在佩戴朝服冠时使用禽鸟簪的习惯，雍正朝《大清会典》的记录，则是对于这种习惯的确立。

图 12-2-1-2　**女朝服冠上的凤簪**
出自光绪朝《清会典图》。

图 12-2-1-3　**女朝服冠上的孔雀簪**
出自光绪朝《清会典图》。

表 12-4：《会典》内雍正年间之后朝服冠用簪名

具体身份	大簪簪名
皇太后、皇后、皇贵妃、贵妃、妃	金凤 后缀金翟
嫔	金翟 后缀金翟
固伦公主、和硕公主 郡主、县主、郡君、县君、乡君 亲王福晋、郡王福晋 贝勒夫人、贝子夫人、镇国公夫人、辅国公夫人	金孔雀 后缀金孔雀
公以下超品至文武七品命妇	金簪

雍正朝的《大清会典》中，针对不同身份的簪体装饰，对禽鸟簪有着相当明确的规定。如皇后的禽鸟簪，为凤簪七个，“饰东珠各九，猫睛石各一，珍珠各二十一。”翟簪一个，“饰猫睛石一，小珍珠十六。”并且在翟簪的翟尾处，垂以流苏，“垂珠五行二就，共珍珠三百有二，每行大珍珠一，中间金衔青金石结一，饰东珠珍珠各六，末缀珊瑚。”

不过，清代女朝服冠留存下来的实物极少，对于禽鸟簪的使用，也很难通过实物进行分析，只能凭借目前现存的一些容像进行推断。

清宫所藏孝昭仁皇后朝服像朝服冠部分细节（图 12-2-1-4）值得分析。容像之中在朝服冠顶可以见到金凤簪的装饰，以正视角度而言，只能见到五只

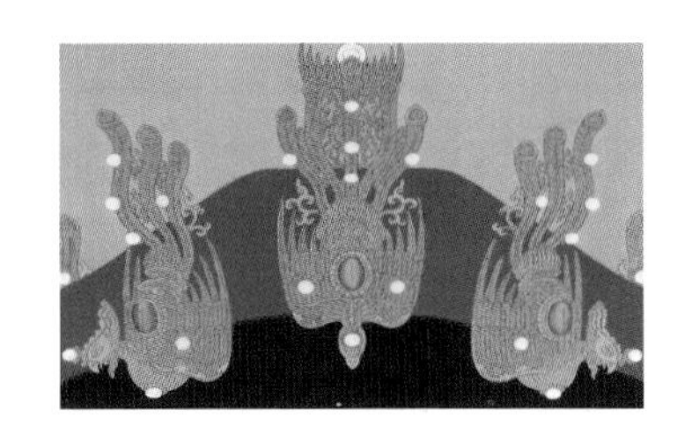

图 12-2-1-4
孝昭仁皇后朝服像（局部）
故宫博物院藏。

金凤簪。每只金凤簪上均有十分清晰的雕纹，正背上有一块大猫睛石，在凤的额头、胸口、两翅，各嵌有一颗大东珠；凤的五根尾羽，最靠两侧的两根尾羽各嵌有一颗大东珠，中央的一根尾羽则嵌有三颗大东珠。计算下来，每只金凤上有猫睛石一颗，大东珠九颗，与仪制吻合。但是在孝昭仁皇后的这幅朝服容像之中，并没有见到仪制中所指出的“珍珠各二十一”。

图 12-2-1-5 为清宫所藏孝贤纯皇后朝服像朝服冠部分细节，容像之中在朝服冠顶可以见到金凤簪的装饰，以正视角度而言，只能见到五只金凤簪。每只金凤簪上，均有十分清晰的雕纹；在凤的正背上有一块大猫睛石；在凤的额头、胸口，各嵌有一颗大东珠；两翅各嵌有两颗大东珠，腰部则嵌有三颗大东珠。至于凤的五根尾羽，中央一根嵌有珍珠五颗，两侧的四根则各嵌有珍珠四颗。这样计算下来，每只金凤上有猫睛石一颗，大东珠九颗，珍珠二十一颗，与仪制完全吻合。

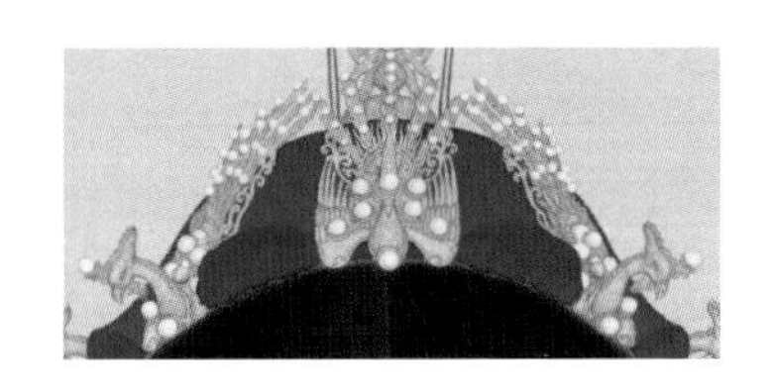

图 12-2-1-5
孝贤纯皇后朝服像（局部）
故宫博物院藏。

在清代宫廷的容像之中，以上两种禽鸟簪的描绘方法都十分常见，而且并不完全以时间为转移。如清中叶的孝恭仁皇后朝服像，清中后期、乾隆朝之后的孝和睿皇后朝服像、孝淑睿皇后朝服像等，皆与图 12-2-1-4 风格一致。而如图 12-2-1-5 的风格，只在乾隆朝较为流行。道光之后，宫廷容像中的禽鸟簪似乎融合了前两种特点，如图 12-2-1-6 为清宫所藏孝穆成皇后朝服像，其中金凤簪的凤背处仍有大猫睛石，凤的额头处仍有大东珠，但是凤的五根尾羽上，已经改为八颗东珠或珍珠，与乾隆朝及前后的风格均有区别，其后的孝钦显皇后、孝哲毅皇后、孝定景皇后朝服像，均继承了这种表达方法。

图 12-2-1-6
孝穆成皇后朝服像（局部）
故宫博物院藏。

清代宫廷容像中这三种对于女朝服冠翟鸟簪的表达方法，究竟是如实地反映了清宫内命妇翟鸟簪的变化呢？还是只是绘画风格自身的删减变化呢？由于实物资料匮乏，目前我们尚不得确知。

表 12-5：《会典》内雍正年间之后朝服冠用翟鸟簪细节规定

具体身份	翟鸟簪细节
皇太后、皇后	周缀金凤七，饰东珠各九，猫睛石各一，珍珠各二十一。 后金翟一，饰猫睛石一，小珍珠十六。 翟尾垂珠五行二就，共珍珠三百有二，每行大珍珠一，中间金衔青金石结一，饰东珠珍珠各六，末缀珊瑚。
皇贵妃、贵妃	周缀金凤七，饰东珠各九，珍珠各二十一。 后金翟一，饰猫睛石一，小珍珠十六。 翟尾垂珠三行二就，共珍珠一百九十二，中间金衔青金石结一，饰东珠珍珠各四，末缀珊瑚。
妃	周缀金凤五，饰东珠各七，珍珠各二十一。 后金翟一，饰猫睛石一，小珍珠十六。 翟尾垂珠三行二就，共珍珠一百八十八，中间金衔青金石结一，饰东珠珍珠各四，末缀珊瑚。
嫔	周缀金翟五，饰东珠各五，珍珠各十九。 后金翟一，饰小珍珠十六。 翟尾垂珠三行二就，共珍珠一百七十二，中间金衔青金石结一，饰东珠珍珠各三，末缀珊瑚。
固伦公主 皇子福晋、亲王福晋	周缀金孔雀五，饰东珠各七，小珍珠三十九。 后金孔雀一。 垂珠三行二就，中间金衔青金石结一，饰东珠各三，末缀珊瑚。
和硕公主	周缀金孔雀五，饰东珠各六。 后金孔雀一。 垂珠三行二就，中间金衔青金石结一，饰东珠各三，末缀珊瑚。
郡主 郡王福晋	周缀金孔雀五，饰东珠各五。 后金孔雀一。 垂珠三行二就，中间金衔青金石结一，末缀珊瑚。
县主、郡君、乡君 贝勒夫人、贝子夫人 镇国公夫人、辅国公夫人	周缀金孔雀五，饰东珠各三。 后金孔雀一。 垂珠三行二就，中间金衔青金石结一，末缀珊瑚。

图 12-2-1-7 **宗室公夫人朝服像**
美国史密斯学会藏。

图 12-2-1-8 **一品命妇朝服冠上的“大簪”**
出自光绪朝《清会典图》。

图 12-2-1-9 **三品命妇朝服冠上的“大簪”**
美国史密斯学会藏。

宫外的高级宗女或者高级宗室命妇，从容像上来看，头饰也基本与制度吻合。图 12-2-1-7 为清中后期某宗室公夫人朝服像。在容像中，可以看到五个金孔雀簪，每个簪上嵌有东珠三颗，符合制度规定。不过由于目前保留下来的民间朝服画像过少，且民间画师在表达时经常有任意发挥现象，故而仍需要进一步发掘资料。

与在雍正朝被正式确立的高级内外命妇所使用的禽鸟簪相对的，是普通超品到七品命妇所使用的“金簪”。“金簪”的说法，其实基本是继承了崇德、顺康年间的“大簪”之说。换句话而言，康雍时期对于禽鸟簪的使用，实际上是在保持命妇使用大簪的情况下，对高级内外命妇做出的一种特殊要求。

原本在崇德、顺康年间没有具体被规定细节的普通命妇的“大簪”（图 12-2-1-8），在雍正朝《大清会典》以及之后的服制典制中，规定依然十分简略，仅为“金簪三，饰以珠宝”。对金簪形制及珠宝的材质等，均无具体的规定，故而也就无法从大簪的使用来区分内部的品级。

图 12-2-1-9 的这幅容像是康熙朝的作品，仪制等级为三品命妇，其朝服冠上使用了三个金簪，是关于金簪使用的确例。每个金簪均为方圆形、莲花纹，上嵌珠宝八颗，中央一颗为珍珠，其余七颗则为杂宝。符合仪制规定。

不过说到底，由于朝服服制等级过高，穿用的场合十分少见，且女性穿用朝服的时间比男性更要少些，故而关于清代女朝冠的一些装饰问题，资料过少，尚有不少疑问，仍待今后学者继续梳理。

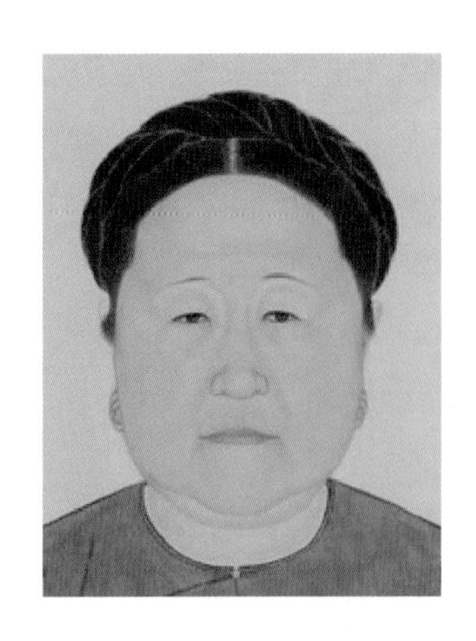

图 12-2-2-1 **孝庄文皇后便服像（局部）**
故宫博物院藏。

二 包头及其饰物

包头，是清初比较流行的一种旗人女性发式，主要应用在吉服、常服等服制场合。

所谓包头，原指的是一种饰品，满语称之为“šufari”。《御制增订清文鉴》里这样形容šufari：“hehesi i ujude hūsime hūwaitara cohome jodoho yacin suberi durdunbe šufari sembi.”译为：“将在女人们头上包着系上的，经过特别编织成的青绫和绉纱，称为包头。”可知包头是一种可以将头发裹起来的布绸。后来在习惯上，便将佩戴“包头”的这种发式称之为“包头”了，又因为佩戴“包头”一般以盘发为基础，故而民间也合称为“盘发包头”。

所谓盘发，是旗人的一种发式。满族的先人原本惯于辫发，女性蓄发之后，头发较长，从中央向两侧分开，编为辫子后，将辫子以圆形盘于脑顶，再用发簪等加以固定，称之为“盘头”“盘发”。这种习惯和当时的蒙古人一致，是共有的习俗。图 12-2-2-1 中主孝庄文皇后所梳，即为盘发。

在这种“盘发”的基础上，裹上“包头”这种头饰，十分方便，这大概是清初旗人女性以盘发包头最常见的原因。明末清初叶梦珠的《阅世篇》便已经有关于盘发包头的记载。清初的不少旗人女性容像，也均梳用了盘发包头。图 12-2-2-2 像主是一位清初的旗人命妇，可以清晰地看到她的包头布的纹理，包头上装饰了一大二小三个小簪，比较素朴。

图 12-2-2-2 **清初旗人命妇像（局部）**
美国史密斯学会藏。

图 12-2-2-3
清初旗人命妇像（局部）
美国史密斯学会藏。

梳了盘发包头之后，可以直接在包头上用不同的簪钗进行装饰。盘发包头并不是官方服制要求，所以这种装饰是比较自由的，没有太多死板的规矩。在需要比较少的装饰的时候，可以用一两个对称或者不对称的簪钗，简单点缀一下包头即可。而在比较正式的场合，则会动用许多大型簪花，甚至可以使用数个大型的凤簪进行装饰，十分华丽。

清初，旗人女性已经开始使用盘发包头，当时的习惯，似乎是在穿着朝服的时候佩戴朝服冠，其余场合则以盘发包头为主。当时吉服、常服等服制都还没有正式定制，但是吉服和常服这两种服制作为“正式场合”和“一般场合”两种区别已经逐渐凸显。同一时期的容像中，已经有旗人女性在包头上使用数个大型凤簪的情况。如图 12-2-2-3，像主是一位清初的旗人命妇，梳盘发包头，包头上的纹理清晰可见。包头上装饰了五个大型的金凤簪，每个金凤簪的口中还垂下流苏，相当奢华。

图 12-2-2-4
康雍时期宫廷旗人命妇像（局部）
美国史密斯学会藏。

到了康熙朝，随着吉服和常服服制逐渐开始形成雏形，这种“正式场合”和“一般场合”的区别也愈发明显。在康熙朝后期的一些容像中，可以发现当时的宫廷女性在一些“正式场合”，也就是后世穿用吉服的场合时，所佩戴的包头均使用数个大型凤簪，似乎已经成了一种惯例。图 12-2-2-4 为外国所藏的一幅清代宫廷容像，像主被推断是世宗雍正帝的一位母妃，时间大致在康熙朝晚期或者雍正朝初期。当时“吉服”的概念已逐渐形成，从服饰上可以看出吉服袍逐渐成形的影子，发式也十分特殊。从头发颜色与发式底色的相异上可以看出，其头部是裹了包头的。而其头饰则使用了七个大型金凤簪，每个金凤簪均用一大颗绿宝石、一小颗红宝石和十颗大珠进行装饰，两侧还垂下很长的珠穗。可见其装饰相当繁复。这个时期，也是由普通的“包头”逐渐固化装饰方式，进而固化包头本体，形成骨架，向“钿子”发展的阶段，如果和时期稍后的“凤钿”进行比较，则可以明显地看出其源流关系。

经过顺治、康熙两朝，到了雍正朝，盘发包头开始从简单的临时拼组，到成型的“钿子”发式进行转变。经过这种转变，新的头饰可以做更多繁复的装饰，被旗人女性广泛接受。故而从雍正朝之后，盘发包头便逐步失去作用，很少出现在旗人女性生活之中了。

三 钿子及其饰物

钿子，是清代中前期由包头发展来的一种旗人女性冠帽，一直到清末都十分流行，主要应用在吉服、常服、便服等服制场合。

钿子的满语叫做“šošon i weren”。《御制增订清文鉴》中说：“hehesi i uju i miyamigan i gebu，sele i sirge i arafi，šufa burifi funiyehe i šošonbe tubileme eturengge be šošon i weren sembi.”译为：“女性头饰的名字。用铁丝做出来之后，蒙上帕子，罩在发髻上戴着的，叫做钿子。”从《御制增订清文鉴》的这段形容中，我们也可以得知，一个完整的钿子是由三部分构成的，从里到外，分别为骨架、钿胎和钿花。

骨架，是钿子的基础。一般使用金属丝或藤一类的物品制作，经过工匠塑造，构成了钿子的基本架构形状。

钿胎，是钿子的“底子”。一般是用丝线、布或者硬纸制作，实际上是延续前一时期“包头”的形状，制成一种形似“覆钵”的包头模子，罩在制作好了的骨架之外，以骨架作为支撑。这样通过骨架和钿胎两部分，便形成了一个无装饰的“覆钵”形状的冠帽。

钿花，是钿子上的装饰品。一般是点翠或者金属镶嵌宝石而成。所谓“钿”，原本指金、翠发饰，也可以指用金银宝石来镶嵌发饰的一种手法。对于钿花，清代人一般以“块”来计数。比如说某顶钿子上装饰有五个钿花，便说“钿花五块”。清宫中保存有大量的钿花，根据钿花使用位置和各自形状的不同，有

图 12-2-3-1
嵌珠宝翠玉花卉钿子（背面）
出自《清代服饰展览图录》。

“头面”“钿尾”“钿口”“翠条”“长簪”“结子”“面簪”“凤簪”等名称，但是命名上也有个别混淆的情况发生。

图 12-2-3-1 为清宫旧藏嵌珠宝翠玉花卉钿子的背面照，可以看到其中呈“井”字的铁丝质的钿子骨架，以及用丝线编成的有网眼的钿胎，最下部则装饰着三块钿花，生动地展示了“骨架”“钿胎”“钿花”的结合。

目前的研究认为，清代的钿子是以盘发包头作为基础发展而来的。从顺治朝到康熙朝，随着时间的推移，盘发包头的装饰也从朴素的简单簪钗愈发繁复，逐渐出现了插戴大型凤簪的盘发包头。在此背景之下，盘发包头作为一种简单的发式，承载簪钗的能力便需要加强。于是将盘发包头的样式扩大并且固化的钿子便应运而生，并且在之后逐渐取代了包头的位置。

钿子的形成大致是在康雍时期，但是具体的例子很难明确地找到。在康熙朝的宫廷绘画中，宫廷女性似乎还是以盘发包头为主。以《康熙万寿图》为例，在乾隆年间加摹的《康熙万寿图》中（图 12-2-3-2），旗人女性多戴钿子。但这种情况实际是在乾隆朝加摹时候添入的。在康熙朝《康熙万寿图》的原本上，这些女性都是盘发包头。这一方面凸显了康熙朝中期钿子可能尚未成型的事实，另一方面也证明了盘发包头和钿子的延续性。

图 12-2-3-2
乾隆加摹康熙万寿图（局部）
北京故宫博物院藏。

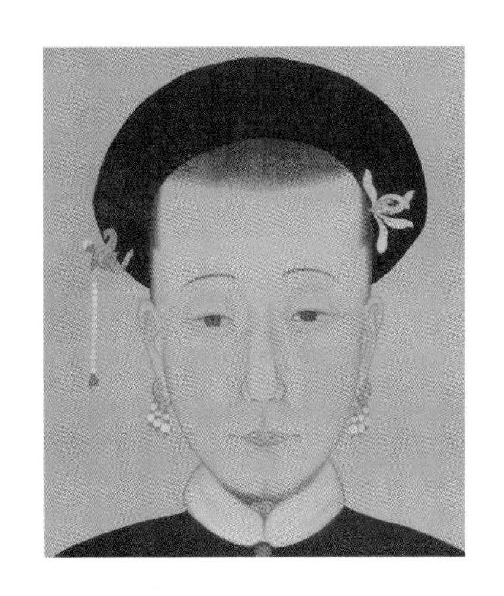

图 12-2-3-3
清初旗人主位常服像（局部）
美国史密斯学会藏。

至于最早的钿子，目前见到的是图 12-2-3-3。这是一幅康熙年间的宫廷旗人女性常服像。像主一般被认为是孝懿仁皇后佟佳氏，但是也有学者认为像主虽然肯定是康熙帝的后妃之一，却应该是活到康熙朝后期甚至雍正朝的一位后宫主位，而并非孝懿仁皇后佟佳氏。容像中，像主头部所佩戴的，可以明显地看到编制的钿胎纹路以及铁丝骨架的痕迹，可以基本确定是钿子，而不是普通的包头。但是这时期的钿子可能尚在草创阶段，钿花的装饰尚没有像清中期一样形成惯例搭配，只是继承了盘发包头似的装饰方法，在两旁各用了一个小簪钗，可以认为是钿子和包头尚

图 12-2-3-4 **胤禛行乐图（局部）**
北京故宫博物院藏。

图 12-2-3-5 **允禵嫡妻完颜氏吉服像（局部）**
美国史密斯协会藏。

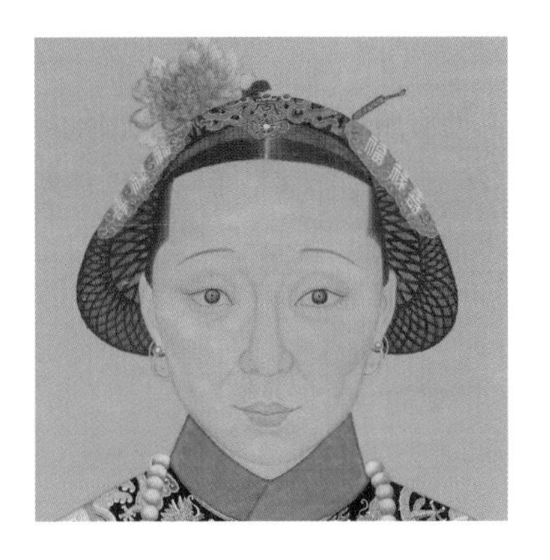

图 12-2-3-6 **孝贞显皇后吉服像（局部）**
美国史密斯协会藏。

未完全“划清界限”的时期。而在世宗雍正帝登基之前的行乐图（图 12-2-3-4）中，也已经出现了钿子，其中钿花的装饰已经开始和后来的标准方式接近，故而可以推定在雍正朝之前钿子已经基本成型。

雍乾时期，钿子逐渐开始流行起来。随着其流行的发展，针对不同的场合，其使用规则、钿花装饰，也有了区分。如图 12-2-3-5 像主为恂勤郡王允禵之嫡福晋完颜氏，作画时间大致是乾隆十五年至乾隆二十年之间，画像中的完颜氏头戴钿子，钿子上使用了五只金凤钿花，各垂流苏三串，左右两端各垂流苏一串，最上方的钿子口沿处也能看到横型的钿花，是十分标准的“凤钿”。这代表着至迟在乾隆朝中期之前，已经有了“满钿”“半钿”“凤钿”这三种钿子的种类，并且进一步固定了下来。在使用场合方面，钿子基本取代了之前包头的使用场合，主要是在吉服、常服、便服的场合进行佩戴。不过根据钿子的种类不同，所应用的场合也是不同的。

嘉道时代以后，新的发式——两把头开始流行，钿子却没有被取代。两者“分庭抗礼”，两把头“占领”了便服的阵地，而钿子则坚守住了“吉服”的阵地。而两把头中，使用真假花卉进行装饰的流行手法，也影响到了钿子的发展。如图 12-2-3-6 为孝贞显皇后吉服像，像主孝贞显皇后佩戴了钿子，便在钿子上插了一枝花作为装饰，这都是道咸时期两把头上插花流行的影响。最终，在光宣时期，以插了花的满钿作为基础，吸收了之前最为豪华的凤钿因素，形成了第四种钿子——“挑杆钿子”，这也成了清代钿子最后的创举。

由于钿子并没有被收入以《会典》为代表的官方服饰制度，所以对于钿子的装饰，并没有官方的硬性规定。而在民间，对于不同场合的钿子如何进行装饰，民间有自己的规则。从包头所创新出来的“钿子”，经过了二百余年的发展，根据装饰钿花使用规则的不同，基本形成了半钿、满钿、凤钿、挑杆钿子这四个类型。

满钿，是钿子的四种基本种类之一，雍乾时期形成，一直使用到清末。在四种钿子之中，满钿的装饰比较适中，其礼制比半钿的等级要高一些，比凤钿和挑杆钿子要低。

所谓“满”，并不是“满族”的意思，而是完整、完全之意。换言之，满钿指的是“装饰钿花比较完全之钿子”，与“半钿”的“半”相对应。

以目前的资料来看，清代满钿的基本型只有一种。其装饰方法，是在钿子的正面使用十四块钿花，钿子的背面使用一块钿花，一共使用十五块钿花。图 12-2-3-7 为清宫旧藏点翠嵌珠宝翠玉蝠蝶花卉钿子。这顶钿子正面使用钿花十四块。钿子正面最上方，是使用七块方形钿花链接拼成的“头围”。“头围”下面，钿子正面的中央处，靠上方为三块圆形花卉钿花并列，即“正簪”。“正簪”下方，还使用了一块横型钿花作为铺垫。最后在正面最下方的口沿处，使用三块横型钿花来装饰，垂下流苏。至于钿子的背面，则使用一大块“头面”钿花。

图 12-2-3-7 **点翠嵌珠宝翠玉蝠蝶花卉钿子**
出自《清代服饰展览图录》。

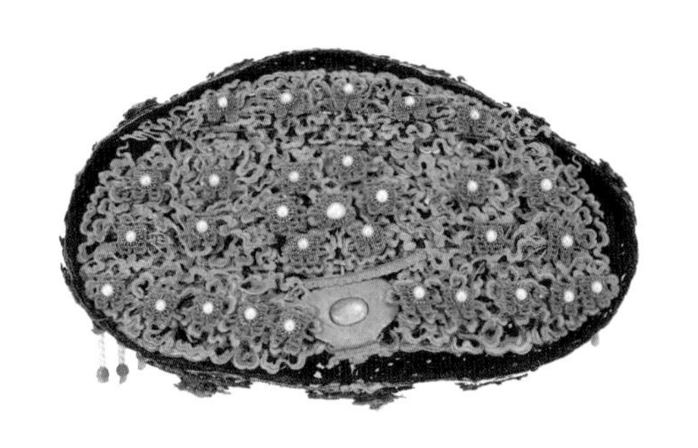

图 12-2-3-8　**点翠嵌珠宝双喜字钿子（背面）**
出自《清代服饰展览图录》。

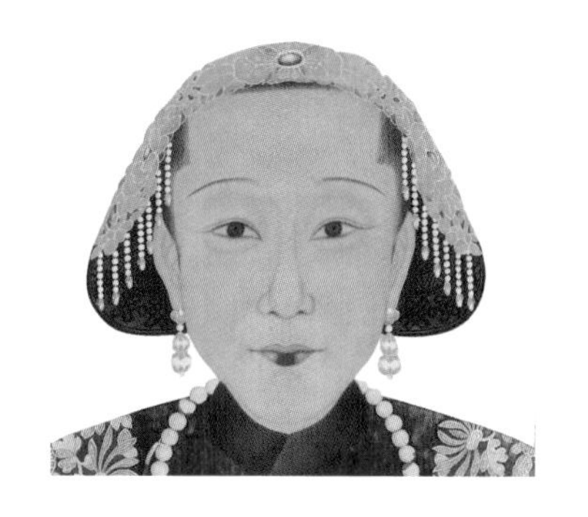

图 12-2-3-9　**清中后期旗人命妇吉服像**
美国史密斯协会藏。

在这种基本型之外，还有两种变体。

第一种变体，是不使用“头面”的满钿。满钿的基本型中，钿子的背面只有一块钿花，即一块大的“头面”。如果不使用“头面”的话，钿子的背面则一般改用六块钿花。相当于自己“拼”成一块“头面”。图 12-2-3-8 为清宫旧藏点翠嵌珠宝双喜字钿子的背面，这顶钿子的背面使用了六块钿花。背面的中央以一块花盆型的双喜字钿花作为“背簪”，在其正上、左下和右下三个位置，分别有一块横型的双喜字钿花，而在“背簪”的左右两侧，各有一块方形的囍字钿花，均是使用了这种变体。

第二种变体，是更改头围处的钿花。满钿的基本型中，头围处使用七块方形的钿花连接起来，围成一圈。这种由七块方形钿花构成的头围钿花，可以由一条专门制作的长头围钿花代替，也可以由三条长条形的钿花代替。

根据清代民间的习惯，满钿的应用场合主要有三个方面：一、旗人非孀妇、非年长的命妇在吉庆场合穿着吉服的时候戴用。二、旗人命妇搭配常服或便服在日常或正式场合戴用。三、旗人新妇在无力置办凤钿或挑杆钿子的时候，在婚礼时戴用。如图 12-2-3-9，像主即佩戴了满钿，可以清晰地看到其钿子是以花卉为主题的。

咸同时期，满钿受到了当时流行的两把头的插花因素的影响，开始将插戴真、假花卉的习惯引入其中。到了咸同之后，则以满钿的基本型为基础，吸收了一些凤钿的要素，形成了第四种钿子——挑杆钿子，并在很多场合都代替了满钿的使用。

图 12-2-3-10　**镶珠翠青钿子**
出自《清代后妃首饰》

半钿，是钿子的四种基本种类之一，雍乾时期形成，一直使用到咸同时期。在四种钿子之中，半钿装饰最简朴，相对而言其所体现的礼制也较低，应用场合最生活化。

所谓“半”，即不完整、不完全之意，也就是“装饰钿花并不完全之钿子”的意思。可以看出，这是专门针对“满钿”而言的。

以目前的资料来看，清代半钿的基本型只有一种。其装饰方法，是在钿子的正面使用四块钿花，钿子的背面使用三块钿花，一共使用七块钿花。如图12-2-3-10为清宫旧藏镶珠翠青钿子。这顶钿子的正面使用钿花四块，中央为双喜字圆形钿花一块，作为“正簪”。“正簪”下方的左、中、右方向，各有一块双喜字的横型钿花，用来装饰钿子的口沿。至于钿子的背面，则使用了三块钿花，中央为双喜字花盆式钿花一块，作为“背簪”。“背簪”两侧各斜置一块双喜字的横型钿花。

在这种基本型之外，还有两种变体。

第一种变体，是改用“头面”的半钿。半钿的基本型中，钿子的背面由三块钿花组成。变体则是使用一块大的“头面”钿花来代替这三块钿花。使用这种变体的话，钿子的正面不受影响，背面的三块钿花则改为一块头面。

第二种变体，是使用“结子”。“结子”指的是用在钿子正面的，位于钿子正中靠下的，一种椭圆形或者圆形的钿花。从视觉上来看，在钿子佩戴之后，它正好

图 12-2-3-11 **嵌珠宝翠玉花卉钿子**
出自《清代服饰展览图录》。

位于佩戴者额上正中，故而民间有“头花”之称。半钿的基本型中，原无“结子”的使用。使用这种变体的话，钿子的背面不受影响，钿子正面的四块钿花中，两侧的两块钿花不变，中央的两块钿花则均向上移动，在最下方加上一块“结子”。如图 12-2-3-11 为清宫旧藏嵌珠宝翠玉花卉钿子[1]。这顶钿子的正面便使用了五块钿花，中央为花卉的钿花一块，作为“正簪”。“正簪”往下的左、中、右方向，各有一块花卉的横型钿花，用来装饰钿子的口沿。而在正下方花卉的横型面簪之下，还有一块火焰纹的结子，即是使用了这种变体。

根据清代民间的习惯，半钿的应用场合主要有三个方面。一、旗人孀妇及年长妇人在吉庆场合穿着吉服的时候戴用。二、旗人命妇搭配常服或便服在日常或正式场合戴用。三、旗人命妇在丧期等肃穆阶段搭配素服戴用。

半钿发展到了咸同时期，与满钿一样，受到了当时流行的两把头的插花因素的影响，开始将插戴真、假花卉的习惯引入。咸同之后，随着挑杆钿子的流行以及两把头的极盛，半钿的应用场合基本被前面二者所取代。半钿基本只在宫廷中用于素服等肃穆场合，退出了民间舞台。

① 这顶钿子即图 12-2-3-1 钿子的正面。

图 12-2-3-12 **嵌珠石钿子**
出自《清代宫廷服饰》。

凤钿，是钿子的四种基本种类之一，雍乾时期形成，一直使用到咸同时期。在四种钿子之中，凤钿的礼制高于半钿和满钿，与挑杆钿子并列最高，其装饰自然也最为繁复。

清代的四种钿子，其实均是以“满钿”作为标准进行增减形成的。在“满钿”基础上去掉一些钿花，即形成了“半钿”。而“凤钿”是在“满钿”的基础增加了“凤簪”而形成的。故而，是否使用以“凤凰”为主题的钿花，是“凤钿”与“满钿”的根本区别。

另外，清人认为“凤钿”除了凤凰钿花之外，还有另一个特点便是使用流苏。但是从实物来看，“满钿”配有流苏的例子并不少见，“凤钿”不配流苏的也不是个例。所以目前认为“凤钿”主要的特征只有使用凤凰主题的钿花。

从结构来看，清代的凤钿有两个大类，第一个大类是完全脱胎于满钿的，相当于以满钿为基础进而使用凤凰钿花的变形。第二个大类则与半钿、满钿、挑杆钿子均无直接联系，拥有独特的结构。

第一个大类，是脱胎于满钿的凤钿。这种凤钿的装饰方法一般与满钿的基本型一致，在钿子的正面使用十四块钿花，背面使用一块钿花，一共使用十五块钿花。唯一与满钿基本型不同的地方，就是凤钿将原本满钿“正簪”所使用的是三块圆形钿花，替换成了三块凤凰主题的钿花。图 12-2-3-12，为清宫旧藏嵌珠石钿子。这顶钿子正面使用了钿花十四块。正面中央靠上方使用三块凤凰钿花并列[1]，作为“正簪”。“正簪”上方，使用七块方形囍字钿花链接

① 这里原物无法看清，也有可能是使用了五块凤凰钿花。

图 12-2-3-13 **铜镀金累丝点翠嵌珠石凤钿**
出自《清代宫廷服饰》。

拼成一块大“头围”。“正簪”下方，先使用一块双喜字龙纹横型钿花作为铺垫，然后在口沿处，使用三块横型钿花来装饰。口沿处的三块横型钿花中，左右两侧的钿花也带有凤凰。这种构成，便属于第一个大类。

第二个大类，是独特结构的凤钿。这一类凤钿的样式很多，相互之间除了均使用“凤凰主题钿花”并且大部分都使用“流苏”外，并没有其他相同点，自由度相当大。

图 12-2-3-13 为清宫藏铜镀金累丝点翠嵌珠石凤钿，这顶钿子正面中央，使用了横型金凤钿花一块作为“正簪”。“正簪”上方，即钿子的头围处，先用头围专用的“头面”钿花[1]一大块来“铺底”。在头围头面上，加饰大型的金凤钿花三块，横行排列，构成复合的头围钿花，十分漂亮。“正簪”下方口沿处，则使用三块垂有流苏的横型凤凰钿花来装饰。钿子的背面，则先用一大块素的“头面”作为底衬，再在“头面”上加饰大型的金凤钿花五块，一样构成了复合的钿背钿花。这是第二大类凤钿中的一种。

图 12-2-3-14 为清宫藏点翠嵌珠宝五凤钿。这顶钿子使用了硬纸钿胎，并将钿胎整体使用点翠进行了加饰，钿胎的口沿处，还镶有九只垂下了流苏的小凤，这使得钿胎

① 所谓“头面”，是钿花的一种。一般装饰在钿子的“头围”处，表面没有过多的装饰，用于其他钿花的底衬的一种“打底”钿花．根据计算原则的不同，有时它也不被算进钿花的数量之中．

图 12-2-3-14　**点翠嵌珠宝五凤钿**
故宫博物院藏。

本身具有了钿花一样的装饰效果，不需要再用钿花对头围、口沿等处进行装饰。除去钿胎外，钿子的正面中央处使用了五只大型的金凤钿花横行排列，作为“正簪”，均垂下流苏。钿子的背面使用了一大块钿花“头面”，而且背面的钿胎也一样经过点翠等加饰，且垂下很长的流苏。这是第二大类凤钿中的另一种。

根据清代民间的习惯，凤钿的应用场合主要有两种。第一种是旗人贵族女性新婚时，作为主人公的新妇，配合吉服戴用。第二是旗人贵族女性在吉服盛装画像等场合所戴用。如图 12-2-3-15 为恂王府恭勤贝勒弘明嫡夫人完颜氏吉服像，像主佩戴的钿子即凤钿，可以清晰地看到其凤钿上的五个大型金凤钿花，钿子上垂下来的九组流苏也很精致，是很奢华的凤钿。

凤钿与满钿、半钿的区别在于需要使用大型的凤凰主题钿花，所以必定“价值不菲”，是一般人家乃至于普通官宦人家都置办不起的，通常只有府邸和有相当门第的旗人世家才有资本置办。从雍乾时期形成，一直发展到光绪朝初期，凤钿都是宫廷内外旗人上层社会中的重要服饰。但是在光绪朝初期，挑杆钿子出现。挑杆钿子其实是以满钿为基础，吸收了凤钿的特色以及繁复装饰而形成的。所以它能够在宫外旗人上层社会中取代原本凤钿的作用，凤钿逐渐消失，只有宫廷略微“滞后”和“守旧”，还是以凤钿为主。

挑杆钿子，是钿子的四种基本种类之一，光绪朝初期形成，流行于光绪朝

图 12-2-3-15
恭勤贝勒弘明嫡夫人完颜氏吉服像
美国史密斯协会藏。

至民国初年。在四种钿子之中，挑杆钿子的装饰最为繁复，礼制等级与凤钿基本相当。

“挑杆钿子”这个称呼在史料中比较模糊。在清代旗人的笔记和口述之中，它也被称为“钿子戴挑杆”，或者直接简称为“挑杆”。所谓“挑杆”，本身指的是垂有长流苏的长杆挑子，在这里实际意为“使用挑杆装饰（的钿子）”。故而本章将其称为“挑杆钿子”。

目前的资料对于挑杆钿子虽然有不少记载，但是至今并未见到挑杆钿子的实物流传下来，所以对于其结构只能以容像为基础进行分析。从已知的资料来看，挑杆钿子只有一种基本型。其装饰方法，由“底”和三步加饰构成。

挑杆钿子的“底”，与满钿相似。只是去掉了满钿正面的三块“正簪”中左右的两块而已。即正面使用十二块钿花，背面使用一块钿花，一共使用十三块钿花。

第一步加饰，是“团花”。即在钿子正面，左右两个“正簪”空出来的位置上，插上两团竖立方块状的假花，称之为“两团花”或“两团排花”。

第二步加饰，是“小挑”。即在第一步加饰的两团竖立方块状的假花上，再加饰数组小簪钗。这种簪钗有蝶形、凤形种种形状，并均垂小流苏。

图 12-2-3-16 **清末民初一位旗人世家女性**
外国收藏家藏。

第三步加饰，是“大挑”。即在已经装饰完两团排花和小挑的钿子整体周围，再加饰数根“垂珠大挑”。民间有“二十四根挑杆”或者“垂珠大挑或九或七”的说法，实际上是计算的方式不同所致。

这三步加饰，根据各家财力以及使用情况的不同，各有取舍。有的只用第一步，有的用前两步，有的只用第一步和第三步，有的三步均用。总之第一步的团花是必须要的，其余两步比较灵活。

图 12-2-3-16 为清末民初的一位旗人世家女性的照片，她佩戴了挑杆钿子。这顶钿子的“底”，由于被遮挡，很难看清晰，大抵在下方可以看到三块带流苏的横型钿花装饰着钿子的口沿，正面中央部位可以看到一块椭圆形的“结子”[1]，这是晚清常见的替换满钿中“正簪”下方横型钿花的搭配。钿子的背面，可以看到是一大块“头面”钿花。其加

[1] “结子”既可以指一块圆形的“帽花”，也可以指稍大的椭圆形的点翠质地的钿花。

图 12-2-3-17　**民国初年旗人世家女子照**
定王府后裔藏。

饰的部分，首先可以看到两团很大的排花分别装饰在钿子正面的左侧和右侧。每团团花上均有垂着流苏的金凤大簪两枚，每个凤簪均垂下两组流苏，每组流苏为三条，故而两团花上一共有流苏八组二十四条，以上为“小挑”。最后再看钿子整体所加饰的挑杆，即所谓的“大挑”。钿背的头面下方挂有五根“大挑”，钿子左右两侧也各有两根“大挑”，每根“大挑”以三条流苏构成，一共是“大挑”九根，流苏二十七条。这是十分标准且奢华的挑杆钿子。

图 12-2-3-17 为民国初年一位旗人世家女性的照片，她也佩戴了挑杆钿子，其加饰的部分使用了团花，也使用了“小挑”，但是因为一些原因并没有把“大挑”戴上，这应该是因为条件或者场合的影响而产生的变动。

挑杆钿子是融合了满钿和凤钿的特点而形成的，除此之外，继承了咸同时期“插花”的流行，又参考了当时凤冠的设定，使用了很多大挑、小挑，使得挑杆钿子的装饰极为繁复，置办起来相当昂贵，礼制等级自然也就变得很高。在光宣乃至民初，挑杆钿子的应用场合主要有两种。第一是旗人世家女性作为新妇，在结婚时搭配吉服戴用。第二是旗人世家已婚妇女，在极为郑重、吉庆的场合，搭配吉服戴用。

需要注意的是，根据清末的记载，清代旗人在使用挑杆钿子的时候，“挑杆”的数量是有讲究的。如金寄水曾说：“我祖母……因系孀居，原有的二十四根‘挑杆’只戴一半”[①]。载涛说：“钿子……插有垂珠大挑，或九或七。”[②]这里的“二十四”与“或九或七”，其实分别指的是

① 金寄水、周沙奎．王府生活实录［M］．北京：中国青年出版社．1988：73.

② 中国人民政治协商会议全国委员会、文史资料研究委员会编，载涛、恽宝惠著．清末贵族的生活［M］．北京：文史资料出版社．1983：343.

挑杆的小挑和大挑。大体上，小挑一般以二十四根为“整副”，以十二根为“半副”，大挑一般以九根为“整副”，以七根为“半副”。在具体的使用上，新妇和丈夫在世之妇人，使用“整副”挑杆，孀居之妇则使用“半副”。

图 12-2-3-18 **尚小云剧照**

从使用场合来讲，挑杆钿子在宫外基本取代了凤钿的用途，导致民间凤钿直接没落。而在宫廷之中，挑杆钿子和凤钿似乎是并用的，且凤钿更受喜爱，宫廷的这种“滞后”和“守旧”，却在某个程度保护了凤钿的存在。

挑杆钿子虽然是钿子的“集大成者”，但是它所流行的时期已是清末民初，其存在的土壤——旗人社会逐渐崩塌，所以从民国中叶开始，挑杆钿子作为钿子的“绝唱”，也就逐渐退出了历史的舞台。另一方面，在晚清和民国的京剧之中，剧中人物萧太后也使用了挑杆钿子，陈德霖、王瑶卿、尚小云等均有相关剧照留存。尚小云剧照（图 12-2-3-18）中便使用了挑杆钿子。其钿子的“底”与现实中的钿子无甚差别，加饰的“团花”和“大挑”也大致符合，只是“小挑”没有了蝶、凤簪的装饰而已[1]。现代京剧中的挑杆钿子也发生了变化，具体插戴的讲究和结构都已与旗人民间所用的不很一致。故而今天京剧舞台中虽然仍有“挑杆钿子”之名，却与旗人社会所用的“挑杆钿子”相去甚远。

① 尚小云这里应该是戴了“半幅”挑杆。

四 两把头及其饰物

两把头，是清代中期形成，并一直流行到清末民初的一种旗人女性发式，主要应用在常服、便服等服制场合，清末开始也逐渐应用在吉服场合。

所谓“两把头”，指的是这种发式的基础构成，是将旗人女性的头发收拢后分成两绺，两绺头发各自梳成一个“把”。所以尽管两把头从清中叶形成到清末民初的样式发展变化很大，却离不开“两把”这个核心，这也是它们一直被称为“两把头”的缘故。

清代两把头形成于清中叶，而且一直作为以便服为主的服制所使用，故而清代官方服制并未将其收入，这使得两把头有了自己独特的民间发展过程。根据晚清旗人鲍奉宽《旗人风俗概略》等的说法，清代两把头的发展从形成到消亡，大约经历了五个阶段，每个阶段的两把头各具特色，装饰方法也不尽相同。

第一阶段的两把头，形成于乾隆时期，约在乾隆、嘉庆时期流行，又名“知了头”。

根据鲍奉宽的说法，此时的两把头“头顶盘发一窠，耳前双垂蝉翼。后鬓不可知。”即将头发整体收拢在头顶，分开两绺，梳成两个“把”，这两个“把”从头顶垂下，垂在耳前。

这一时期的两把头，目前尚没有找到相关容像的印证。2013年，北京保利国际拍卖有限公司曾拍卖过一幅据称是乾隆五十年（1785）绘制的《弘旿行乐图轴》，图中的女子便梳着和鲍奉宽形容类似的“知了头”，并在两侧装饰了簪钗（图12-2-4-1）。不过这幅容像的真伪目前尚未有定论，不能作为第一阶段两把头的例子使用。

这一阶段的两把头我们只见过文字资料，故而其装饰方法等皆不甚明了。不过，以其竖直垂于耳前并且不加支架的结构来分析，这种“两把头”虽然已经有了两“把”之实，但是两“把”上是很难进行饰品的加饰的，只能在头顶上进行簪钗的装饰而已。

第二阶段的两把头，形成于嘉庆时期，约在嘉庆、道光时期流行，又名“架子头”。

图 12-2-4-1 **《弘旿行乐图轴》（局部）**

图 12-2-4-2 **《孝慎成皇后行乐图》（局部）**
北京故宫博物院藏。

此阶段的两把头，较之第一阶段两把头的基础已发生了变化。其将头发整体收拢在脑后，分开两绺，梳成两个“把”。两个“把”从耳前移到脑后，开始往水平方向拉直，“呈八字形”。从头顶、耳前发展到脑后，从“竖直”发展到“八字形”，是第二阶段两把头的主要特征。

另外，鲍奉宽还特地提到了从这个阶段开始，两把头使用了红绳。他指出，“全发于头顶，约之以绳，复分为二绺，亦各以赤绳缠为两把”。而在这一时期后半段的道光年间，为了加大“把”的大小，也开始往“把”里加入小的支架，以撑起形状。这些均能在当时的容像中找到对应的细节。

图 12-2-4-2 为清宫藏《孝慎成皇后行乐图》，孝慎成皇后穿着绿色便服，所梳两把头即第二阶段的两把头。可以看到，其头发收拢后，在脑后分为两个“把”，用红绳固定后垂在脑后，呈“八字形”。画像中隐约可以看到每个“把”的边角处有露出的支架痕迹。至于装饰，孝慎成皇后在头顶稍后，两个“把”的上端分别插戴了花卉进行装饰，花卉之间还有一两个小簪钗进行点缀。

图 12-2-4-3 **《璇宫春霭图》（局部）**
北京故宫博物院藏。

图 12-2-4-3 为清宫藏《璇宫春霭图》。图中，孝全成皇后穿着紫色便服，所梳仍为第二阶段的两把头，与孝慎成皇后一样，头发收拢后，在脑后分为两个“把”，用红绳固定后垂在脑后，呈“八字形”。画像中可以明显看到其每个“把”的上下边角处有露出的支架痕迹。至于装饰，孝全成皇后也是在头顶稍后，两个“把”的上端分别插戴了花卉进行装饰，花卉之间还有一两个小簪钗进行点缀。

通过这两个例子，我们也可以初步归纳出道光时期第二阶段两把头的装饰模式：先在头顶稍后，两个“把”的上端分别插戴不同的花卉进行装饰，然后再在两端插戴花卉处根据情况装饰数个小型簪钗。这个阶段的两把头体量尚小，所以所有的装饰基本都是被“架”在两把头之上的。

第三阶段的两把头，形成于咸丰时期，约在咸丰、同治时期流行，又名“一字头”或“小两把头”。

图 12-2-4-4
《玫贵妃、春贵人、鑫常在行乐图》（局部）
北京故宫博物院藏。

咸丰时期的两把头，基本继承了第二阶段两把头的形制，只不过随着年代的靠后，两“把”的位置越来越从“八”字形到“一”字变化。图 12-2-4-4 为清宫藏《玫贵妃、春贵人、鑫常在行乐图》中玫贵妃的部分，图中玫贵妃梳的是第三阶段的两把头，她的头发经过收拢后，在脑后分为两个“把”，用红绳固定后垂在脑后，呈“一字形”。至于装饰，是在两个“把”的上端分别插戴了不同花卉，花卉之间还有一个小耳挖簪作为点缀，耳挖簪的右下角深蓝色的，则是一个小型的点翠簪钗。

图 12-2-4-5　**清人绘高把头示意图**

图 12-2-4-6　**《璇闱日永》图（局部）**
北京故宫博物院藏。

在两把头变得越来越“水平”相同时，咸丰朝还出现了一种“高把头”。这种高把头“年老妇人喜梳之，两把细且短，支以线缠铁叉，作朝天马镫形，并在颈后缀一燕尾。”（图 12-2-4-5）虽然这种高把头只流行了很短的一段时间，但是其中“颈后缀一燕尾”的习惯被当时著名的延苏家[1]移植到了两把头上，成了同治朝之后两把头的又一重要组成。

同治时期的两把头，综合了之前的特点，将头发整体收拢在脑后，分开两绺，用红绳缠绕，梳成两个内有小支架的“把”。两个“把”垂在脑后，用红绳捆绑，“呈一字型”，颈后则垂发梳成“燕尾”。这个时期两把头也出现了很多不使用红绳的例子。图 12-2-4-6 为清宫藏《璇闱日永》图，描绘的是同治时期孝贞显皇后的闲居状态。图中的孝贞显皇后所梳即第三阶段的两把头，却没有用红绳缠绕[2]。

通过这两个例子，我们也可以看出咸同时期第三阶段两把头的装饰模式，和嘉道时期第二阶段两把头相差不大。均是在两个“把”的上端分别插戴不同的花卉进行装饰，然后再在两端插戴花卉处根据情况装饰数个小型簪钗。装饰也同样都是被“架”在两把头之上的。

第四阶段的两把头，是在同治末年、光绪初年形成，并在光绪时期流行的，又名“宫头”。这一阶段的两把头，与第三阶段的两把头相比，整体都发生了变化。其内部，则按照时间先后，又细分为三个小阶段，即“紧翅两把头”“真发或假发拉翅两把头”和“缎子制拉翅两把头”。

① 延苏家，即内务府正白旗辉发那拉氏，清中后期著名的内务府世家。其家族入旗始祖名叫苏巴泰，宣宗道光帝的和妃即其家族后裔。和妃的本家兄弟排“延”字，即是“延苏家”之由来。

② 此图中孝钦显皇后没有使用红绳，似亦有作为先朝皇后居丧之缘故。但是两把头中不再必须使用红绳，也在同一时期的宫内外其他场合出现。

图 12-2-4-7 **旗人妇女相（正反面）**
约在同治朝中叶。
John thomson 摄

第四阶段的第一个小阶段，为“紧翅两把头”时期，约是在同治末年到光绪中后期的时间段流行。其梳法，先将头发整体收拢在脑后，分开两缕后，使用两个铁叉，梳成两个“硬翅”。又使用一种名叫“扁方”的一尺左右的扁簪，捆绑硬翅使其平直“呈一字型”，再“牵引翅发，双搭扁方梁上，照 X 字式盘铺之”。最后“所余发梢，绕盘头顶。发短则加以髲髢，外以略粗赤绳围之。其后矜奇斗艳，有结彩穿珠为饰者，谓之头座。”颈后则照同治朝的流行，梳成“燕尾”。

图 12-2-4-7 即这一时间段的“紧翅两把头”。在图中女子脑后有一个“头座”，并且将头发通过“X”形盘铺在了“扁方”的上面，垂下两个“硬翅”。但是这张照片的时代还是同治时期，“燕尾”尚未普遍应用，故而并未梳“燕尾”。其装饰方法，已经开始与第三阶段的两把头有所不同，簪钗开始以“头座”为出发点进行装饰，其两侧原本应该“架”在两“把”之上的花卉、簪钗，也因“硬翅”的使用而变为装饰在“硬翅”前方。达成了从“架在上方”到“插在前方”的转变。

“硬翅”“扁方”“头座”的应用和出现，是两把头进入第四阶段的主要特征。这种复杂的结构使得第四阶段的两把头开始体量变大。将原本的“硬翅”拉长、拉宽，便形成了第四阶段的第二个小阶段——“拉翅两把头”。正是因为这种被拉大的硬翅被称为“拉翅”，原本的小硬翅则被称为“紧翅”。

这种第四阶段第二个小阶段的“拉翅”两把头，大致形成于光绪朝中前期，流行于光绪朝中期至光绪朝晚期。从结构上来说与“紧翅”基本一致，都是在脑后梳“头座”，并且将头发通过“X”形盘铺在“扁方”的上面，两侧垂下“硬翅”，在脑后梳“燕尾”。

区别是其“硬翅”整体向上调整，从“垂在脑后”变为“立于脑后”，并且被向下拉长、拉宽。这种“拉翅”的行为对于发量也有更高的要求，故而很多女性在发量无法保证的前提之下，开始流行使用假发制成“拉翅”，来弥补不足。

图 12-2-4-8 为光绪朝中叶某旗人妇女照，所梳即“拉翅两把头”。在其脑后的“头座”已经比“紧翅两把头”的“头座”精致许多，符合所谓“结彩穿珠为饰者”的描述，而且其“头座”远比“紧翅两把头”的头座要高、厚，使得这个“拉翅两把头”有相当的高度。她的头发通过“X”形盘铺在了“扁方”的上面，但是此时的扁方已经不似“紧翅两把头”一般位于脑后，而是距脑后之上甚远。两侧垂下两个“硬翅”，不是之前的“紧翅”，而是经过拉长、拉宽的“拉翅”。颈部则有标准的“燕尾”。

图 12-2-4-9 与图 12-2-4-8 为同一时期拍摄。图中旗人妇女所梳的“拉翅两把头”，可以明显地看出其“拉翅”使用的是假发。与之前的“紧翅两把头”相仿，无论是花卉还是簪钗，均是以“头座”为出发点进行装饰的。可以看到其右侧装饰了两朵花卉，左侧使用了一个耳挖簪和一个小花簪，均落脚于“头座”。与“紧翅两把头”一样，这些装饰也都是“插在前方”的。

到了庚子年（1900）之后，也就是光绪朝晚期，假发的两把头有了改良，直接使用缎子制成成型的“拉翅两把头”出现了。这种缎制的拉翅两把头十分

图 12-2-4-8 **旗人妇女相（背面）**
约在光绪朝晚期。

图 12-2-4-9 **旗人妇女相**
约在光绪朝晚期。

图 12-2-4-10 **庆贞亲王嫡福晋索绰罗氏照**

图 12-2-4-11 **宣统年间旗人贵族女性照**
定王府后裔藏。

方便，使用时，只需要用真发梳成“头座”，再将成型的缎制“拉翅”固定在“头座”上即可。于是便形成了第四阶段的第三个小阶段——“缎子制拉翅两把头”。

这种缎子制的拉翅两把头，大致形成于庚子年之后，在光绪朝晚期到宣统朝最为流行。其以真发或假发梳成的“拉翅两把头”为模型，使用缎子和扁方，制成了成型、固定的“缎制拉翅两把头”，通过“头座”与真发进行连接，无论是与“紧翅两把头”还是与真发或者假发梳成的“拉翅两把头”相比，梳起来都相对节省时间，也解决了个人发量不足等问题。

与真发或者假发梳成的“拉翅两把头”相比，这种“缎制拉翅两把头”对装饰的要求更加繁复。图 12-2-4-10 为庆贞亲王嫡福晋索绰罗氏在 1905 年的照片，所梳便是“缎制拉翅两把头”。两把头的左右两端都有繁复的花卉、簪钗进行装饰，中部也有簪钗装饰，使用的簪钗数量远多于之前各阶段的两把头。

在稍晚的发展之中，对于这种“缎制拉翅两把头”的装饰还有了一种新的流行，即愈发崇尚在两把头的中央部位装饰大型花卉，后来这种两把头中央的大型花卉或者凤簪，被民间称为“头正”。

图 12-2-4-11 的年代在宣统年前后，照片中的旗人贵妇梳的即是“缎制拉翅两把头”，在两把头中央突出地装饰了一朵大花，便是当时“头正”流行的一种体现。

在两把头的整个发展史中，装饰规则发生过两次根本改变。第一次根本改变，是从“架在两把上的两侧戴花”，改变为“以头座为落

图 12-2-4-12 **宣统帝皇后婉容便服照**
故宫博物院藏。

脚点进行左右两侧两把前方的插戴”。第二次根本改变，则是从“以头座为落脚点进行左右两侧两把前方的插戴”，变为这种“以头座为落脚点、以‘头正’为核心的前方插戴”。

第五阶段的两把头，也是最后一个阶段的两把头，在宣统朝前后形成，主要在宣统朝和民国中期流行，以“大拉翅”闻名。

实际上，这一阶段的两把头完全继承了第四阶段的“缎制拉翅两把头”。只是在其基础之上，“拉翅”继续做大，在装饰上固定搭配“头正”，并且挂上“穗子”。

图 12-2-4-12 为民国初年婉容的便服照，其所梳即“大拉翅”，可见“拉翅”的体量已经远比光绪朝晚期的“缎制拉翅两把头”要大。“大拉翅”的两侧有花卉和簪钗的装饰，中央还用极大的大花作为“头正”，“扁方”的两端还垂下凤簪衔着的大红穗子。可以看出这个时期两把头的搭配风格。

第五阶段两把头的这种夸张的表现手法，也成了清代旗人女性发式最后的绝唱。

综合上面五个阶段两把头的情况，可以看到，清代的两把头虽然是清中期以来旗人女性使用近二百年的发式，但是装饰模式和内容还是相对简单的，主要是真假花卉、耳挖簪、大小花形簪钗，还有扁方。这些装饰也多有单独的实物留存下来。

图 12-2-4-13 **银镀金珊瑚珠翠花卉簪**
出自《清代服饰展览图录》。

图 12-2-4-13 为清宫藏银镀金珊瑚珠翠花卉簪，十分精巧。这种小型的花卉簪，一般装饰在第二阶段至第四阶段的两把头上，起点缀作用。

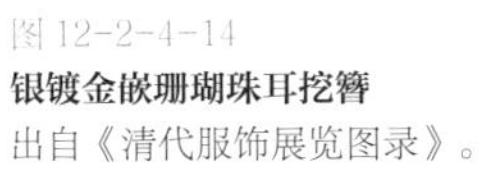

图 12-2-4-14
银镀金嵌珊瑚珠耳挖簪
出自《清代服饰展览图录》。

图 12-2-4-15
白玉嵌珠翠碧玺扁方
出自《清代服饰展览图录》。

图 12-2-4-14 为清宫藏银镀金嵌珊瑚珠耳挖簪，均用珊瑚珠点缀出吉祥字样，为万寿、平安、如意。这种耳挖簪，同样是装饰在第二阶段至第四阶段的两把头上，起点缀作用。花卉簪和耳挖簪，一般都装饰在两把头两侧。

扁方也有很多实物。图 12-2-4-15 为清宫藏白玉嵌珠翠碧玺扁方，整体为白玉质地，上面点缀有小巧的珠翠碧玺纹饰。扁方一般是装饰在第四、第五阶段的两把头上的，两把头体量逐渐加大，扁方的大小也随之增加。

而两把头中插花的习惯，更是开启了清中后期旗人女性在冠帽、发式上使用真假花卉进行装饰的风潮，并且对清中后期坤秋、钿子等冠帽、发式，均有一定的影响。这里也可以反观两把头的流行风潮。

图 12-2-5-1　**金镶青金石金约**
出自《清代后妃首饰》。

五 金约与勒子

金约，又写为“额箍”，是旗人女性专用的一种首饰，并且在乾隆朝被记录到了清代官方制度之中，成了官方服制的组成部分。

金约的满文是“gidakū ”。《御制增订清文鉴》中收录了这个词汇，记为“额箍”，且这样形容：“hehesi i uju i miyamigan i gebu, cekemu i jergi sujebe onco emu urhun i šurdeme hūsifi aisin i dushuhe ilha hadafi šengginde eturengge be gidakū sembi.”译为：“女性首饰的名字。将宽为一指的平绒一类的绸缎围起来，用金子錾出花钉上后，戴在额头上的，称为额箍。”而“gidakū ”这个词，大概是从“gidabumbi”发展来的，原意为“箍住”。

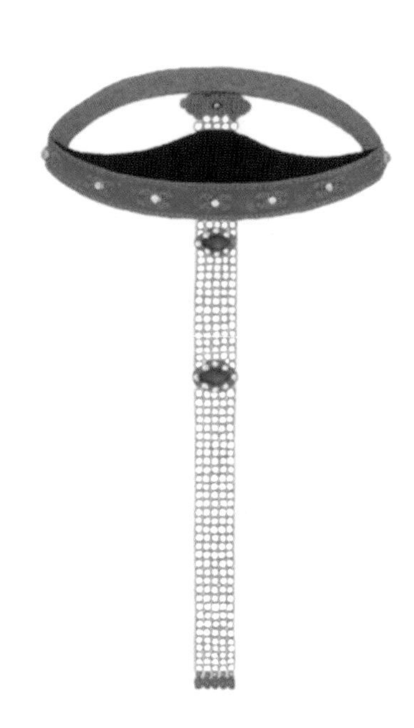

图 12-2-5-2　**皇太后、皇后金约**
出自《皇朝礼器图式》。

不同于领约。清初时，金约并未在官方服制中有所记录，到了乾隆年间，才被收入官方仪制之中。在官方体系之内，清代“金约”形制分为两种。第一种，是以金属为质，制成一个圆形的“箍”，“箍”体呈数“节”状。在“箍”上錾有金花，每个金花上镶嵌宝石，“箍”的后部垂下珠串。图 12-2-5-1 为清宫旧藏金镶青金石金约，直径 20 厘米，由八个金质的“节”围成一圈，每“节”外侧镶嵌大块青金石，并在每两“节”交汇处的外侧錾金花成金云状，每块金云上嵌东珠一颗。其所垂的珠串已经脱落，若为完整品，则类似于图 12-2-5-2 的样子。第二种，则

图 12-2-5-3 **左侧为孝诚仁皇后朝服像，中为孝贤纯皇后朝服像（青年），均为北京故宫博物院藏；右侧为追绘的孝贤纯皇后朝服像（中年），为美国史密斯协会藏**

是以青缎为质，如《御制增订清文鉴》所说，“将宽为一指的平绒一类的绸缎围起来，用金子錾出花钉上后，戴在额头上”，然后再在这块青缎上加饰各种纹饰。无论是哪一种金约，佩戴使用时，都要先于朝服冠佩戴，起到束发的作用，然后再戴朝服冠。故而在佩戴齐全之后，金约是位于朝服冠口沿处的。

这里提到的后一种金约，在明清还有另外一个称呼，即“勒子”，也叫“眉勒”“抹额”，是早在宋代便已经流行的女性头饰。单从《御制增订清文鉴》对金约的描述，我们也可以看出来，清代金约这个物品和“勒子”有重合。大抵上，明代就已经形成了不用绸缎，而使用宝石珠串制成的“抹额”，金约大致是这种珠串“抹额”进一步发展之后的产物。

考察清初到清中叶的容像，我们也可以看出不同的容像对于同样品级的“金约”和“勒子”有着完全不同的呈现方法。这也证明了“金约”和“勒子”的一致性。图 12-2-5-3 中三幅容像从左至右依次为孝诚仁皇后赫舍里氏朝服像、孝贤纯皇后青年朝服像、孝贤纯皇后中年朝服像，这三幅朝服像都是宫廷绘画，而且都是皇后的等级，可以看出最左面和最右面两幅容像均是把皇后的金约按照金属质地进行描绘的，而中央的一幅容像中，皇后的金约被描绘为普通“勒子”的形制。这也让我们对金约和勒子的关系产生了进一步的疑问。

图 12-2-5-4 **左侧为清初三品命妇朝服像，右侧为清初亲王福晋朝服像**
均为美国史密斯协会藏。

从目前的资料来分析，可能在入关前，清代的金约和勒子是完全一样的绸缎质首饰。而在入关之后，宫廷生活贵族化，逐渐发展为金属质地的“高级勒子”，乃至于逐渐和原本的勒子拉开了差距。图 12-2-5-4 为两幅清初的旗人命妇容像，对于金约的描绘截然不同。左侧的容像描绘方法与图 12-2-5-3 中孝贤纯皇后青年时期的朝服像一致，右侧的容像，则介于两种表达方式之间。到了乾隆朝，在制度上确立了金属质的“高级勒子”只能让高级命妇或宗女使用，普通命妇只能使用绸缎质的“普通勒子”。这种同一饰品的不同发展，也是清代服饰发展史中比较少见的情况。

根据清代的规定，内命妇中，皇太后、皇后、皇贵妃、贵妃、妃、嫔这六个等级，外命妇中，超品、一品至七品的命妇，均应该在穿朝服的场合佩戴金约。其尊卑等级，按照金约装饰宝石的材质、多少以及所垂珠串的多少来进行区分（表 12-6）。

整体而言，根据清代规定，只有后宫主位、高级皇族的妻室和高级宗女，才可以使用金属质的“高级勒子（金约）”，其金约上使用镂金云和相应的间隔宝石，还在后面垂下珠串。而普通的命妇，只能使用青缎质的“普通勒

表 12-6: 乾隆年间定制金约仪制

具体身份	金约正面装饰	金约背面
皇太后、皇后	镂金云十三 饰东珠各一 间以青金石	系金衔绿松石结。 贯珠下垂，五行三就，共珍珠三百二十四。 每行大珍珠一，中间金衔青金石结二，每结饰东珠珍珠各八。 末缀珊瑚。
皇贵妃、贵妃	镂金云十二 饰东珠各一 间以珊瑚	系金衔绿松石结。 贯珠下垂，三行三就，共珍珠二百有四。 中间金衔青金石结二，每结饰东珠珍珠各六。 末缀珊瑚。
妃	镂金云十一 饰东珠各一 间以青金石	系金衔绿松石结。 贯珠下垂，三行三就，共珍珠一百七十七。 中间金衔青金石结二，每结饰东珠珍珠各四。 末缀珊瑚。
嫔	镂金云八 饰东珠各一 间以青金石	系金衔绿松石结。 贯珠下垂，三行三就，共珍珠一百七十七。 中间金衔青金石结二，每结饰东珠珍珠各四。 末缀珊瑚。
皇子福晋 亲王福晋 固伦公主	镂金云九 饰东珠各一 间以青金石	系金衔绿松石结。 贯珠下垂，三行三就，共珍珠一百七十七。 中间金衔青金石结二，每结饰东珠珍珠各四。 末缀珊瑚。
和硕公主	镂金云八 饰东珠各一 间以青金石	系金衔绿松石结。 贯珠下垂，三行三就，共珍珠一百七十七。 中间金衔青金石结二，每结饰东珠珍珠各四。 末缀珊瑚。
郡王福晋	镂金云八 饰东珠各一 间以青金石	系金衔绿松石结。 贯珠下垂，三行三就，共珍珠一百七十七。 贯珠下垂，三行三就，共珍珠一百七十七。 中间金衔青金石结二。 末缀珊瑚。
贝勒夫人 县主	镂金云七 饰东珠各一 间以青金石	系金衔绿松石结。 贯珠下垂，三行三就，共珍珠一百七十七。 中间金衔青金石结二。 末缀珊瑚。

续表

具体身份	金约正面装饰	金约背面
贝子夫人 郡君	镂金云六 饰东珠各一 间以青金石	系金衔绿松石结。 贯珠下垂，三行三就，共珍珠一百七十七。 中间金衔青金石结二。 末缀珊瑚。
镇国公夫人 县君	镂金云五 饰东珠各一 间以青金石	系金衔绿松石结。 贯珠下垂，三行三就，共珍珠一百七十七。 中间金衔青金石结二。 末缀珊瑚。
辅国公夫人 镇国公女乡君	镂金云四 饰东珠各一 间以青金石	系金衔绿松石结。 贯珠下垂，三行三就，共珍珠一百七十七。 中间金衔青金石结二。 末缀珊瑚。
辅国公女乡君	镂金云三 饰东珠各一 间以青金石	系金衔绿松石结。 贯珠下垂，三行三就，共珍珠一百七十七。 中间金衔青金石结二。 末缀珊瑚。
公、侯、伯、子、 男夫人 文武一品到七品命妇	青缎质。 中缀镂金火焰 饰珍珠一 左右金龙凤各一	垂青缎带二，红片金里。

图 12-2-5-5
肃忠亲王嫡福晋赫舍里氏朝服照
肃王府后裔藏。

子（金约）”，在金约的正面使用一颗珍珠作为装饰，在后面垂青缎带。图 12-2-5-5 为清末的肃忠亲王嫡福晋赫舍里氏朝服照，按照官方仪制，她所使用的金约是“金云九，饰东珠各一，间以青金石”的金属质金约，照片虽然不是十分清晰，但是依然可以看出其金约基本符合制度，与普通的勒子截然不同。

另一方面，在非朝服的场合，如吉服、常服、日常便服时，清代官方均没有对金约的要求。

这时宫廷内外的旗人女性，普遍还是喜欢使用普通的青缎质勒子，并且按照场合和财力，装饰简单的“结子”。这在清代容像和照片中也十分常见。

第三节 | 清代旗人的耳饰

清代旗人的耳饰，主要是两个大类，第一类为耳环，第二类为耳坠，多数为女性所使用。

耳环，是清代各民族女性常用的一种耳饰，旗人女性也不例外，早在入关之前，她们便已经开始使用耳环。从功能性来讲，耳环是比较纯粹的饰品，本身不具有实际功能，仅仅是为了美观。

耳环的满语是“muheren”，《御制增订清文鉴》中是这样描述“muheren”的：“aisin menggun i jergi jakabe sibime sirge obufi, hehesi šan i sende eturenggebe muheren sembi.”翻译过来即“用金银抽丝后做成条状，戴在女子们耳朵眼中的，称为耳环。”究其本质，满语的耳环“muheren”一词，可能是源自满语原生词“muheliyen”，意为“圆的”。大概是因为耳环多为圆形，故而由此发展出了“muheren”这个词。

耳环的基本形态，如《御制增订清文鉴》所说，一般是以金属或者宝石为质，通过各种工艺，制成圆形或半圆形的饰品，其中有专门的部分用以插戴在耳洞之中。

图 12-3-1
银镀金点翠累丝珠石耳环
出自《清宫后妃首饰图典》。

在清代以《会典》为代表的官方仪制内，并没有收入耳环这一项，所以其形制、材质、装饰以及佩戴场合，均没有官方仪制的限制。以目前见到的资料来看，清代旗人女性使用的耳环的材质、装饰，均是根据自家经济情况以及不同的应用场合而定的。图 12-3-1 为清宫藏

图 12-3-2 **翠玉耳环**
出自《清代服饰展览图录》。

图 12-3-3
庆霖之母一品夫人穆佳氏吉服像
美国史密斯学会所藏。

银镀金嵌珠耳环，耳环外侧镶嵌米珠数十颗，还用点翠、珊瑚珠做成吉祥纹样装饰一颗大珠。图 12-3-2 为清宫藏翠玉耳环，没有进行过多的装饰，素雅端庄。

在清代旗人的生活中，女性饰品多种多样，如戒指、手镯、十八子手串等等，其中使用最普遍的即耳环。满学专家金启孮先生青年时期是在北京的外三营度过的，外三营的旗人在旗人社会中处于中下的阶级，根据金启孮先生的记录，营房中的旗人女性，“耳上钳子，用铜圈或者银圈，每人都有，没有不戴的。不戴，人家就要笑话。”而手镯等首饰，便是“不戴者居多”[①]。可见，清代旗人女性对于耳环的重视程度，是其他如戒指、手镯、十八子手串等首饰所不及的。

耳坠，是以耳环为基础进行装饰的一种耳饰，可以说耳坠本身即耳环的一种繁复变体。与耳环一样，耳坠也是清代各民族女性常用的一种耳饰，但是显然，它作为耳环的变体，价值要远高于耳环。

耳坠的满语，根据《御制增订清文鉴》的说法，称为“ancun”，但是《御制增订清文鉴》

① 金启孮．金启孮谈北京的满族［M］．北京：中华书局．2009：63.

图 12-3-4 **葫芦形耳坠**
出自《皇朝礼器图》。

对于“ancun”的描述为：“hehesi i šande eturenggebe ancun sembi. muherende juwete tana nicuhe tuhebume ulifi aisin kiyamname weilembi.”翻译过来即“女子们戴在耳朵上的，称为耳坠。于每个耳环上，各装两个东珠、珍珠后，用金子镶嵌制作。”同时，《御制增订清文鉴》内还有单耳坠“hahama ancun”这个词，解释为：“emteli tana nicuhe tuhebume weilehe ancunbe hahama ancun sembi.”翻译过来即“将装了一个珍珠制成的耳坠称为单耳坠。”这样看来，“ancun”这个词似乎是专指后来被清代官方收入《会典》的那种葫芦形东珠 / 珍珠耳坠，而并非是对所有类型耳坠的概称。但是在后世所修撰的满语词典中，“ancun”似乎又成了所有形制耳坠的统称。关于这点，很有可能是因为在清初的服饰体系之中，旗人社会限于生产力和物产等原因，并没有发展出独有的“耳坠”形制。他们最先接触到的“耳坠”形制，即后来被收入《会典》的那种葫芦形东珠 / 珍珠耳坠，这才有了《御制增订清文鉴》中将“ancun”一词与葫芦形东珠 / 珍珠耳坠等同化的情况。后来随着民间耳坠形制的发展，“ancun”一词才变为所有形制耳坠的统称。

耳坠的基本形制，如《御制增订清文鉴》所说，以耳环为基础，在耳环上镶嵌金属或者宝石质的装饰，特别以“垂下”的方式为多见，与我们今日概念中的“耳坠”是一脉相承的。

清代旗人女性所使用的耳坠有许多种形制，但是被收入以《会典》为代表的官方仪制内的，只有一种形制，即葫芦形的东珠 / 珍珠耳坠（图 12-3-4）。

图 12-3-5 **孝恭仁皇后朝服像**
故宫博物院藏。

图 12-3-6 **石文英继妻一品夫人关氏朝服像**
美国史密斯学会所藏。

这种耳坠本体为金质，顶端为一金质圆形耳环，有开口，耳环之下，有金质的宝盖，宝盖之下，镶嵌有上下两颗东珠 / 珍珠，呈葫芦状。这种葫芦形的耳坠，大致最早在元代宫廷中流行，后来被明代宫廷所继承，是元明内命妇的正装耳饰之一。清代仅将这种形制的耳饰收入官方服制，也凸显了对于先代服饰体系的继承。

根据《会典》的规定，当旗人命妇穿着朝服的时候，要根据自己的品级，佩戴相应的葫芦形耳坠。清代不同等级的内外命妇，其尊卑等级通过耳坠的宝盖和东珠 / 珍珠的质地进行区分。其中，从皇太后、皇后到嫔一级的内命妇，耳坠宝盖为金质龙纹，下面镶嵌的宝石为东珠，皇太后、皇后用一等东珠，皇贵妃、贵妃用二等东珠，妃用三等东珠，嫔则用四等东珠。与之相对的，从皇子福晋、亲王福晋以下，直到七品的外命妇，其耳坠宝盖均为云纹，其下镶嵌的宝石只能用珍珠。如图 12-3-5，像主孝恭仁皇后即佩戴了葫芦形东珠耳坠。又如图 12-3-6，像主作为一品命妇，也佩戴了葫芦形的珍珠耳坠。

表 12-7：《会典》耳饰仪制

具体身份	每具耳饰（例左右各用三具）	
皇太后、皇后	金龙纹宝盖	一等东珠二颗
皇贵妃、贵妃	金龙纹宝盖	二等东珠二颗
妃	金龙纹宝盖	散等东珠二颗
嫔	金龙纹宝盖	四等东珠二颗
宗室福晋 公主、郡主至乡君 超品至七品命妇	金云纹宝盖	珠二颗

图 12-3-7 **旗人命妇吉服像**
美国史密斯学会所藏。

不过，对于内外命妇而言，朝服是很罕用的服制。官方对于朝服之外的其他服制场合，则未进行规定。所以旗人女性在大多数时间内，都不使用这种葫芦形耳坠，而是使用更加自由化的形制。如图 12-3-7，容像中的命妇便没有使用葫芦形耳坠，而是戴了一个垂花红宝石耳坠。

在清代旗人社会之中，虽然对耳环和耳坠原有专门的词汇进行区分，但是在民间习惯上，一般统以“耳钳”或“钳子”来称呼。根据清人的记载，旗人女性对于耳钳有着特殊的传统用法，即是所谓的“一耳三钳”。

关于“一耳三钳”，最为著名的资料是出自《清稗类钞》里的一段记录。在“高宗仁宗垂意服饰”一节有“高宗……乙未又谕曰：‘旗妇一耳带三钳，原系满洲旧风，断不可改节。朕选看包衣佐领之秀女，皆带一坠子，并相沿至于一耳一钳，则竟非满洲矣，立行禁止。’”这段话是说，高宗乾隆帝号召旗人遵循“满洲旧俗”，其中一条即“一耳三钳”，而当时旗人女性对于这条传统执行得并不严格，大多数都是

“一耳一钳”，故而高宗乾隆帝特地下达上谕重申这一旧俗。

图 12-3-8
清初旗人命妇朝服像
美国史密斯学会所藏。

目前可以见到的清初旗人女性容像有十余幅。综合看可以发现，无论着朝服还是常服，无论佩戴耳环还是耳坠，“一耳三钳”只不过是“最低标准”，“一耳四钳”最为常见，极个别的甚至有“一耳五钳”的情况。图 12-3-8 的像主为一位清初旗人命妇，其所佩戴的葫芦形耳坠即典型的“一耳四钳”。所以说，高宗所谓的“满洲旧俗”或许并不严谨，旗人女性在清初的习俗，准确而言应该是“一耳多钳”，而不是固定为“一耳三钳”。但是随着葫芦形东珠 / 珍珠耳坠在乾隆朝被收入《会典》，成为官方仪制之一，“耳饰左右各三”这种“一耳三钳”的说法，也直接被写进了《会典》，成了“钦定”的习俗。

另一方面，《会典》对耳饰的规定只局限在朝服服制之中，并非生活上使用的服制。可以说清代官方也变相地放弃对旗人女性日常生活中使用“一耳三钳”这种旧俗的规范手段。从清中叶到清末，旗人女性容像中反映出，在仅次于朝服服制的吉服服制里，无论是宫内还是宫外，“一耳一钳”的使用方法已经屡见不鲜，而远在朝服、吉服服制之下的便服体系内，维持“一耳三钳”的情况更是罕见。金启孮先生在清末民初外三营中的记录，便是“营房中据说一直是一耳戴一个”（图 12-3-9）。这种单独使用的耳坠，也在宫廷内外逐渐流行开来。

到了光绪朝，原本在制度上最为守旧的宫廷，在礼制最为严格的朝服服制中，其耳饰也出现了变化。原本应该“一耳三钳”，以三个独立状态戴在左右耳上的葫芦形东珠耳坠，经过改良，变成了“一耳一钳三坠”的形制。如图 12-3-10 孝钦显皇后的朝

图 12-3-9 **金镶珠翠耳坠**
出自《清代后妃首饰》。

图 12-3-10 **孝钦显皇后朝服像**
故宫博物院藏。

图 12-3-11 **银镀金点翠嵌珠宝耳坠**
出自《清代服饰展览图录》。

服像中，耳饰只用一个耳环，通过连接一个大型的宝盖，在宝盖下垂下三缕东珠质的葫芦型装饰。这种“一耳一钳三坠”的形制，也被后来的孝定景皇后所继承，成为了清末的“主流”（图 12-3-11）。

“一耳三钳”这种典型的“满洲旧俗”，从原本作为普遍习俗使用，到需要官方重申加以制度化，再到最终背离，侧面反映了清代服饰制度内满洲元素的发展过程。

清代旗人的耳饰，除了女性所使用的耳环、耳坠之外，在清初的满文词典《清文鉴》中，还有专门为旗人男性所用的耳坠，叫做“suihun”。其中说道：“hahasi i šande eture ambakan ninggebe suihun sembi.”翻译过来即“将男子耳朵上戴的，略大的，称为 suihun。”由此可见，清初时的旗人男性，不

图 12-3-12　**世宗宪皇帝变装行乐图**
故宫博物院藏。

图 12-3-13　**都尔伯特札萨克固山贝子额尔德尼像**
所戴大耳环可能即是“suihun”。

仅有佩戴耳坠的情况，还有专门给他们使用的耳坠种类，这应该是继承东北满洲旧俗的习惯。

不过从入关之后的容像中来看，随着八旗逐步跟中原文化交流，基本很难在京旗等关内旗人的记录中见到这种男性耳饰的使用。图 12-3-12 世宗宪皇帝的《变装游乐图》中，曾有装扮为北方民族的场景，其中即佩戴有男性大耳环，疑似为所谓的“suihun”。但是在当时，这种男性大耳环显然已经不是常见的饰品了。而在蒙古贵族之中，似乎还留存有这种习俗（图 12-3-13）。

到了晚清，旗人社会中依然有个别的男性使用耳环、耳坠的情况。如金启孮所记录的清末民初的北京外三营的旗人生活中，即提到：“男孩子为了好养活（即不死），也扎耳孔，但多半都只扎一个，戴一个铜圈。但到十八九岁时，自己以为难看，便摘掉了。”可见这时，耳环、耳坠等已被默认为女性专用的饰品，而男性使用它只不过是为了“好养活”。

从男性耳饰这一点，也可以看出入关之后，旗人社会整体服饰的一种文化变迁。

第四节 | 清代旗人的颈、胸饰

清代旗人的颈饰，主要有三个大类，第一类为领约，第二类为朝珠，第三类为项链。其中领约类和项链为旗人女性所专用，朝珠为旗人男女通用。

清代旗人女性的胸饰主要有采帨和十八子两个大类。其中十八子也可以作为臂饰，故而在臂饰一节介绍，本节专介绍采帨。

一 领约

领约，又称“项圈”，是清代旗人女性专用的一种颈饰，并且被记录到了官方制度之中。从本质上而言，领约也是一种不具有功能性，仅仅是为美观而形成的纯粹装饰品。

领约的满语是“monggolikū”。《御制增订清文鉴》中这样描述道，“aisin mengguni jergi jakabe eici muheliyen eici halfiyan obume dushume weilefi amala tobcilame miyamiha subehe hūwaitafi hehesi monggonde monggolirenggebe monggolikū sembi.”翻译过来即“将金银类做成或圆或扁的金属圈，起了平花[1]后，在背面朝着正中拴上带子装饰了，戴在女人颈部的，称之为项圈（领约）。”从词源上来讲，领约“monggolikū”这个词可能是从“monggolimbi”这个动词发展而来的，“monggolimbi”的词意为“挂在脖子上”，这里可以看出领约是满洲旧俗中女性挂于脖子上的基本饰品。

领约的形制，是先以金、银一类的贵重金属为材质制成活口开合式的环形。这个环形以开口处为“后”，以开口处的相反方向为“前”，以戴在脖子上之后贴着袍褂的一面为“背面”，外表能看到的为“正面”。环形的正面

[1] 起平花：一种在金银上錾花的工艺。

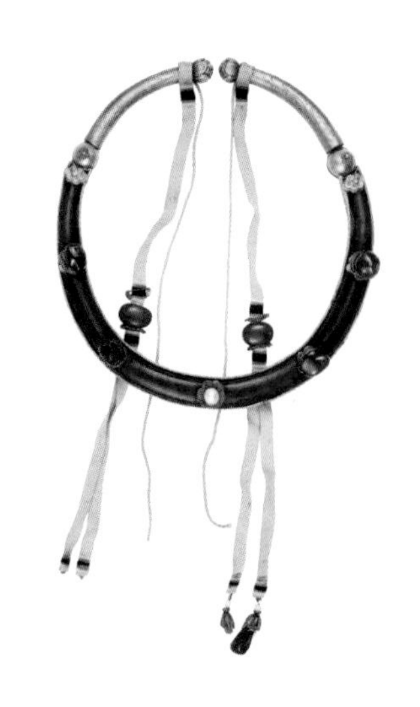

图 12-4-1-1 **金镶青金石领约**
出自《天朝衣冠：故宫博物院藏清代宫廷服饰精品展》。

靠前，镶嵌有数节长条宝石，其节数一般以六节为主。其次，在每节宝石的间隔处起平花，平花上镶嵌圆形宝石。其长条宝石一般六节，故而圆形宝石一般是七个或者五个[①]。最后，在后方开口处两侧的活口上，各拴一根绦垂下，每条绦的中部用宝石做成“结珠”，尾部则各用两颗小宝石做成“坠角”。图 12-4-1-1 为清宫藏金镶青金石领约，本体为金质，直径 22 厘米，周长 46 厘米，环的正面镶嵌长条形青金石四块，红色料石两块，每块间嵌宝石，其中最前端为珍珠一颗，两侧为红宝石两颗、蓝宝石两颗，活口处装饰金质錾花云蝠纹，活口两边各系明黄色绦一条，每条绦的中部有红色料石质的“结珠”，绦的尾部则各垂两个红宝石质的“坠角”[②]。

人们在佩戴使用领约时，以装饰了长条宝石和圆形宝石的为正面，正面朝上，开口处朝后，挂在脖子上，坠角则自然垂在身后。需要注意的是，需要先穿好朝服袍和朝服褂，再挂好朝珠，最后才能戴上领约。换而言之，领约是压于披领、朝珠之上的，图 12-4-1-2 可以明确地看到领约的佩戴方法。

早在清代第一次对服饰进行正式全方面制度化的崇德元年冠服体系中，领约就已经以“项圈”的名义被记录在命妇的冠服制度里。当时，女冠服的主要装饰由四部分组成，即冠顶、大簪、舍林以及项圈，在崇德元年定制的冠服体系内，这四部分的装饰等级是一致的。如固伦公主和亲王妃一级，其冠顶、大簪、舍林、项圈，“各嵌东珠八颗”，而普通命妇一级，其冠顶、

① 以五个计算时，最靠后的两颗不计算在内。

② 图片中四颗坠角仅存一颗。

图 12-4-1-2　**孝贤纯皇后朝服像**
颈部局部。故宫博物院所藏。

大簪、舍林、项圈，则“各照其夫品级”。整体而言，崇德元年对于领约的定制是比较粗略的，特别是对于普通命妇而言，只用一句“各照其夫品级”，到底是在这套体系之中，只规定了东珠的数量，而不限定其他宝石，还是说普通命妇在制度上不可以使用项圈呢？

表 12-8：崇德年间领约仪制

具体身份	冠顶、大簪、舍林、项圈（领约）
固伦公主、亲王妃	各嵌东珠八颗
和硕公主、亲王侧妃、郡王妃	各嵌东珠七颗
郡主、郡王侧妃、贝勒夫人	各嵌东珠六颗
县主、贝勒侧夫人、贝子夫人	各嵌东珠五颗
郡君、贝子侧夫人、镇国公夫人	各嵌东珠四颗
县君、辅国公夫人	各嵌东珠三颗
乡君	各嵌东珠二颗
未入八分公夫人以下命妇	各照其夫品级

图 12-4-1-3 **清初旗人妇女朝服像**
美国史密斯学会所藏。原单位命名为"疑似苏麻喇姑"。考察其仪制，应为顺康时期三品旗人命妇朝服像。

顺治、康熙、雍正年间，官方《会典》内对领约的规定与崇德元年体系无甚差别，依然是将冠顶、大簪、舍林、项圈四者一体规范。对于普通命妇，也均是以一句"各照其夫品级"来总结的。但是这个时间段内，已经有不少容像出现并且留存到后世，以目前的资料来看（图 12-4-1-3），可以得知普通命妇是可以佩戴领约的。

表 12-9：顺康年间领约仪制

具体身份	冠顶、大簪、舍林、项圈（领约）
皇太后	与皇帝同
皇后	各嵌东珠十三颗
皇贵妃、贵妃	各嵌东珠十二颗
妃	各嵌东珠十一颗
嫔	各嵌东珠十颗
固伦公主、亲王嫡福晋	各嵌东珠十颗
和硕公主、亲王侧福晋、世子嫡福晋	各嵌东珠九颗
郡主、世子侧福晋、郡王嫡福晋	各嵌东珠八颗
县主、郡王侧福晋、贝勒嫡夫人	各嵌东珠七颗
郡君、贝勒侧夫人、贝子嫡夫人	各嵌东珠六颗
县君、贝子侧夫人、镇国公嫡夫人	各嵌东珠五颗
乡君、镇国公侧夫人、辅国公嫡夫人	各嵌东珠四颗
辅国公乡君、辅国公侧夫人	各嵌东珠三颗
大小官员命妇	各照其夫品级

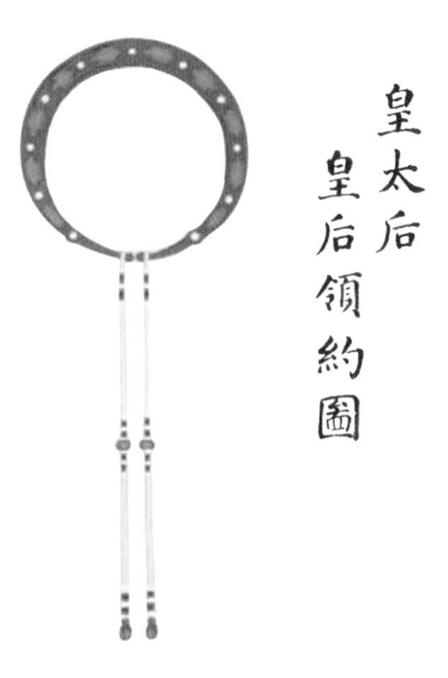

图 12-4-1-4
乾隆朝由官方绘制的领约示意图
出自《皇朝礼器图式》。

到了乾隆年间，官方对领约进行了单独的规范化，明确了各个等级领约的装饰和绦色等问题，且正式在《会典》中将“项圈”之名改为“领约”。这种变化，实际上体现了清代初期在冠服制度上对于女性冠服的重视程度有限，直到乾隆朝才正式定型的一种发展流变。

根据清代官方服饰制度的规定，内命妇中，皇太后、皇后、皇贵妃、贵妃、妃、嫔这六个等级，外命妇中，超品、一品至七品的命妇，均应该在穿着朝服的场合佩戴领约。其尊卑等级，按照领约装饰的宝石以及开口处所拴之绦的颜色来区分。

表 12-10：乾隆年间领约仪制

具体身份	装　饰	绦
皇太后、皇后	东珠十一颗， 间以珊瑚	绦色明黄，珊瑚结珠， 绿松石坠角
皇贵妃	东珠七颗，间以珊瑚	绦色明黄，珊瑚结珠，珊瑚坠角
贵妃、妃、嫔	东珠七颗，间以珊瑚	绦色金黄，珊瑚结珠，珊瑚坠角
皇子福晋、亲王福晋、郡王福晋 固伦公主、和硕公主 郡主、县主	东珠七颗，间以珊瑚	绦色金黄，珊瑚结珠，珊瑚坠角
贝勒夫人、贝子夫人、镇国公夫人、辅国公夫人 郡君、县君、乡君	东珠七颗，间以珊瑚	绦色石青，珊瑚结珠，珊瑚坠角
公、侯、伯、子、男夫人 文武一品到七品命妇	红蓝小宝石五颗	绦色金黄，珊瑚结珠，珊瑚坠角

图 12-4-1-5
贝勒弘明嫡妻完颜氏吉服像
美国史密斯学会所藏。

简单来讲，从装饰宝石的材质来看，只有内命妇和高等皇族的外命妇、高级宗女，才有资格使用东珠，其余的外命妇只能使用红、蓝宝石。从绦的颜色来看，皇太后和皇后的绦是明黄色，可以用绿松石缀角，皇贵妃的绦是明黄色，用珊瑚缀角，其余内命妇和亲王、郡王两级外命妇以及亲王、郡王的宗女，绦色是金黄色，用珊瑚缀角。其他的外命妇，均用石青色的绦，用珊瑚缀角。

但是，正如前文所说，领约的制度虽然在入关前便已经形成，却一直没有得到相应的重视。从乾隆朝之前的容像来看，清代初期的旗人女性对领约的使用自由度较高，很多命妇在穿着朝服时根本不佩戴领约，而佩戴者，其领约的宝石材质也经常不符合制度要求。这种情况在乾隆朝正式定制之后略有改善，但是不符合制度的容像依然可以见到。另一方面，无论是清初还是清末，原本制度上只朝服中出现的领约，在容像上也偶尔会出现在吉服中。图 12-4-1-5 为贝勒弘明嫡妻完颜氏吉服像。贝勒弘明是雍乾时期之人，这幅容像则绘于乾隆三十二年（1767），当时领约的制度已经固定。但是这幅容像中的完颜氏，穿着吉服，头戴凤钿，却佩戴了领约，还佩戴了不符合吉服的三挂朝珠，都是与制度不相符的。其领约的装饰，共用了东珠三颗，蓝宝石两颗，红宝石两颗，碧玺两颗，也不合制度。这些均凸显了清代旗人女装方面的弹性。

二 朝珠

朝珠，又名“数珠”“素珠”，是由清代旗人所倡导使用，并且最终在乾隆朝被融入男女官服体系内的一种颈饰。

朝珠的满语是“erihe”。《御制增订清文鉴》中这样描述，“bojisu ocibe jai šuru boisile i jergi jaka ocibe muheliyen obume emu tanggū jakūn muhaliyan šurufi gūran de ulifi,yangselame miyamifi monggolirengge be erihe sembi.”翻译过来即“将用菩提子、珊瑚、琥珀一类的东西，制成圆形，镟一百零八颗，用细线串起来，装饰之后，挂在脖子上的，称为朝珠。”

朝珠的形制，是在以普通佛珠为“本体”的基础上，增加了一些饰物而形成的。

其本体由一百零八颗大小、质地基本相同的“数珠子”串成。所谓“数珠子”，满语称之为“muhaliyan”，即用宝石、木或玉石镟成圆形，并且钻了孔的珠子。一百零八颗“数珠子”分为四个等份，每个等份之间的一颗“数珠子”，一般会挑选材质不同的，略大于普通“数珠子”的特殊“数珠子”。这四颗特殊的“数珠子”的材质、大小均相同，根据位置不同，有自己特殊的名字。以正挂的朝珠为例，位于人物颈部的一颗，称为“佛头”，满语叫“uju”；位于人物胸前的左右两颗，称为“佛肩”，满语叫“meiren”；位于最下方的一颗，称为“佛脐”，满语叫“ulenggu”。所以，一挂标准的朝珠，本体由一百零四颗普通“数珠子”，以及一颗“佛头”、两颗“佛肩”、一颗“佛脐”组成。

这个本体，即佛珠的基本样式。朝珠与佛珠的不同，即在此之外，还要有一些装饰。首先，在佛头之上要链接出来一个宝石做的塔型的结构，称为“佛塔”，满语叫“ocir”。其次，从佛塔上，垂下一根绦，这种朝珠所特用的绦，满语叫做“subehe”。绦的中部，要串上一块大的宝石，叫做“背云”，满语叫“tugi”，而在这跟绦的尾部，还要垂下用小宝石制作的坠角。最后，除了佛塔、背云、坠角之外，在“佛头”到两侧的“佛肩”之间，还加饰有三串小珠子，叫做“纪念”，满语叫“to”。根据《御制增订清文鉴》的说法，“纪念，由像豆子一样的小型数珠子组成，每十个串为一串，一边放一串，另一边放两串。”

图 12-4-2-1
珊瑚朝珠
出自《天朝衣冠：故宫博物院藏清代宫廷服饰精品展》。

图 12-4-2-2
左侧为太宗文皇帝常服像，美国史密斯学会所藏；右侧为孝庄文皇后常服像，故宫博物院所藏

另外，在“纪念”的尾部，也可以垂下宝石的坠角。图 12-4-2-1 为清宫所藏珊瑚朝珠，其本体由一百零八颗红珊瑚质的“数珠子”组成，周长 112 厘米，其中使用青金石质的“佛头”一颗，“佛脐”一颗，“佛肩”两颗。“佛头”上连接一颗青金石质的“佛塔”，其上接出明黄色绦，绦的中部，串上一大块椭圆形的青金石质的“背云”，绦的尾部，则垂下红宝石质的大坠角。“佛头”两侧，以绿松石的小珠串成三串“纪念”，每串下垂坠角，三块坠角中，红宝石质两块，粉碧玺质一块。

朝珠的满语“erihe”和“eri”“erilembi”词源相近。“eri”是满语的一个小词，作为提示、提醒使用，而“erilembi”则是“按时”“及时”的意思。这两个词汇都与朝珠的原型——佛珠有关，佛珠原本是用来计数、计时的。早在入关之前，女真上层就有相对的佛教信仰。朝鲜人申忠曾在明万历二十三年（1595）到过赫图阿拉，回去后在其《建州图录》中说，他亲眼见到努尔哈赤“手持念珠而数。”这种手持佛珠的习惯也被后来的清代统治者们继承。在太宗皇太极和孝庄文皇后的常服像中（图 12-4-2-2），二人手中都持有佛珠。这些画像中的佛珠已经有“纪念”等装饰，和后来制度上的朝珠基本一致，可以视为后来朝珠的先河。

有学者认为，朝珠从一种手持的加饰佛珠变为挂在颈上的正式装饰，或许与世祖顺治帝崇信佛教有关，不过这种说法没有得到证实。以目前的资料来看，康熙朝的朝珠基本定型为颈部的配饰，同时具有等级的仪制性。朝珠在乾隆朝被记入了《大清会典》中，成了官定服饰体系的组成部分。

表 12-11：乾隆年间定制男性朝珠仪制

具体身份	朝珠数量	数珠子材质	佛头、纪念、背云材质	绦
皇帝	一挂	东珠	随所用	明黄色
皇子、亲王、郡王	一挂	不得用东珠	不得用东珠	金黄色
贝勒以下可戴朝珠者	一挂	不得用东珠	不得用东珠	石青色

根据乾隆朝的规定，男性可以佩戴朝珠的对象，除皇帝、皇子外，有王公以下、文职五品、武职四品以上大臣，以及未到前述品级，但是在翰林、詹事、科道、侍卫等职位工作的大臣。女性中，除后宫、皇女外，公主、福晋以下，五品以上的命妇，均可以在穿着朝服和吉服时佩戴朝珠。其中，男性无论是穿着朝服还是吉服，均只戴一挂朝珠，而女性在穿着朝服时，要佩戴三挂朝珠，两挂斜戴，一挂正戴，穿着吉服时，则与男性一样佩戴一挂朝珠。

表 12-12：乾隆年间定制女性朝珠仪制

具体身份	朝珠数量	数珠子材质	绦
皇太后、皇后	朝服三挂 吉服一挂	东珠一盘、珊瑚二盘	明黄色
皇贵妃	朝服三挂 吉服一挂	蜜珀一盘、珊瑚二盘	明黄色
贵妃、妃	朝服三挂 吉服一挂	蜜珀一盘、珊瑚二盘	金黄色
嫔	朝服三挂 吉服一挂	珊瑚一盘、蜜珀二盘	金黄色
皇子福晋、亲王福晋、郡王福晋 固伦公主、和硕公主 郡主、县主	朝服三挂 吉服一挂	珊瑚一盘、蜜珀二盘	金黄色
贝勒夫人、贝子夫人、镇国公夫人、辅国公夫人 郡君、县君、乡君	朝服三挂 吉服一挂	珊瑚一盘、蜜珀二盘	石青色
公、侯、伯、子、男夫人 一品至五品命妇	朝服三挂 吉服一挂	除东珠外随所用	石青色

朝珠的尊卑等级，则根据朝珠的材质以及所用绦的颜色来区分。另外，清代还有特殊的服制“祭服”。在一般大臣的服制里，“祭服”已经被融入“朝服”体系之内而等同化，唯独在皇帝的冠服上，“祭服”和“朝服”尚有细微区别。特别体现在朝珠上，根据祭祀活动的不同，所需要佩戴的朝珠材质也有不同。

表 12-13：清代皇帝祭服仪制

具体祭祀场合	祭服袍色	朝珠数珠子材质
圜丘（祭天）	蓝色	青金石
方泽（祭地）	明黄色	蜜珀
朝日（祭日）	红色	珊瑚
夕月（祭月）	月白色	绿松石

综上，就朝珠的材质来区分，只有皇帝、皇太后、皇后可以使用东珠，其余的后宫、皇族、大臣等在回避东珠的前提下随便使用材质。而朝珠的绦，除了皇帝、后妃和皇子、亲王、郡王等高等皇族外，其余都不许用明黄色和金黄色。这些规定看上去烦琐，其实一般大臣只要记得用石青色的绦，并且规避东珠，其他方面相当自由，可根据自己的喜好和财力进行搭配。

从目前见到过的实物来看，朝珠的材质大致可以分为宝石、玉石、有机宝石、木石四类。宝石，如碧玺、水晶；玉石，如翠玉、白玉；有机宝石如砗磲、珊瑚、蜜蜡、东珠、象牙、牛角；木石如菩提子、檀香木、绿松石等，均可以制成朝珠。图12-4-2-3左侧为清宫藏雕果核镂空罗汉朝珠，以一百零八颗直径1.1厘米的镂雕果核质的“数珠子”为主珠，每颗上雕四五个人物，四颗“佛头”“佛脐”“佛肩”则用镂雕云龙纹珊瑚。“佛头”上连接一颗同样镂雕云龙纹的珊瑚质“佛塔”，其上接出明黄色绦，绦的中部，串上一大块用镀金点翠托嵌的翠玉质“背云”，绦的尾部，则垂下黄碧玺质的大坠角。“佛头”两侧，以镂雕云纹珊瑚的小珠串成三串“纪念”，每串下垂翠玉质坠角。

图 12-4-2-3
左：雕果核镂空罗汉朝珠，右：蓝晶石朝珠
出自《清代服饰展览图录》；出自《清宫后妃首饰图典》

右侧为清宫藏蓝晶石朝珠，以一百零八颗蓝晶质的“数珠子”为主珠，四颗碧玺质的“佛头”“佛脐”“佛肩”。“佛头”上连接一颗同样为碧玺质的“佛塔”，其上接出金黄色绦。绦的中部，串上一大块用金质累丝底托嵌的黄碧玺的“背云”，“背云”四周镶嵌小红宝石；绦的尾部，则垂下红宝石质的大坠角。“佛头”两侧，以珊瑚的小珠串成三串“纪念”，每串下垂红宝石质坠角。这两串朝珠，材质均比较罕见，由此可以看出朝珠材质的自由多变。

一般认为清代服饰中对于材料唯独重视东珠，其实清初在朝珠的材料上比较注重珊瑚，《听雨丛谈》中说“素珠之制，以杂宝及诸香穿缀。惟东珠、珍珠者，上用而外，余皆禁之。诸王用珊瑚朝珠，珍珠记念。一品大臣许用珊瑚朝珠，五色记念。文职五品、武职四品以上，许用杂宝诸香朝珠，珊瑚宝石记念。”这种说法虽然在《会典》上难以印证，却在清初大量容像上可看到端倪。如清初圣祖康熙帝的朝服、常服像中（图 12-4-2-4），所佩戴的朝珠材质相当丰富，从雍正朝之后，皇帝佩戴的朝珠才逐渐改为以东珠为主。

图 12-4-2-4 **左起依次为圣祖仁皇帝青年朝服像、青年常服像、中年常服像**
均为故宫博物院所藏。

另外，根据清代的习惯，在财力允许的情况下，夏季比较流行佩戴木石质地的朝珠，其他季节则流行佩戴宝石质地的朝珠。但是，因为朝珠多数由宝石构成，价格较贵，一挂朝珠的价格动辄数百两，所以很多中下级官员甚至要借朝珠来戴用。

“纪念”的左右问题也不可忽视。根据民间通说，朝珠上的三串“纪念”，要分男女来挂用，就是所谓的“男左女右”。这种说法认为，清代男性佩戴朝珠时，有两串纪念的一侧要在他的左肩。反之，女性佩戴朝珠时，有两串纪念的一侧要在她的右肩。虽然民间把这种“男左女右”之说形容为一种“铁律”，而且目前所能看到的容像的确有不少均符合这个规则，但其实这种通说不仅在官方规定上找不到，在容像、照片中能够找到的反例也有不少。如图 12-4-2-5 的都统石文英继妻关氏朝服像，容像中有题字，可知容像并未翻转。像主关氏穿着朝服，佩戴了三挂朝珠，斜挂的两挂为绿松石和青金石质的朝珠，正挂的一挂为珊瑚质的朝珠。正挂的一挂朝珠，以绿松石为“佛肩”“佛脐”，以砗磲为“纪念”，其中“两串纪念”在像主左侧（画像右侧），“单串纪念”

图 12-4-2-5 **都统石文英继妻关氏朝服像。右图为朝珠局部。**
美国史密斯学会所藏。

在像主右侧“画像左侧”，与民间通说中的“男左女右”相反。所以对于这种“通说”不用特别死板的去对待。

三 项链

除了领约和朝珠之外，旗人的首饰里还有项链这个大类。不过，《御制增订清文鉴》中未见项链一词，所以目前推测项链并不是满族原有的饰品，是入关之后，才逐渐跟汉人乃至外国人所学来的。清代宫廷所存的极少数的项链，

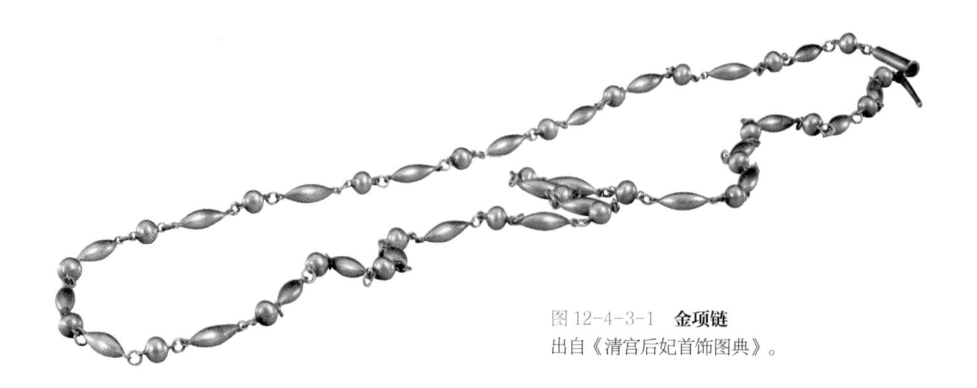

图 12-4-3-1 **金项链**
出自《清宫后妃首饰图典》。

大多都是晚清或民国初年的样式。如图 12-4-3-1，为清宫所藏金项链，九成金质，周长 24.3 厘米，用錾金工艺制作，由二十六个枣核形的金珠和二十七个小金珠间隔连接成链状，凸显了近代的审美。

四 采帨

采帨，是清代旗人女性专用的一种胸饰，属于佩巾一类。又写作“綵帨”“彩帨”。以目前的文献来推断，满文应该为“miyamigan fungku”[1]，直译为“装饰手巾”，故而在清宫档案中，也经常直接记为“手巾”“拴扮手巾”等。

采帨的形制，以一块上窄下宽的丝绸制品为主体，这块丝绸制品或白色，或红、绿、粉等色，其上或素色，或绣有五谷丰登、暗八仙、双喜字、云芝瑞草、蝴蝶成双等等吉祥寓意的纹饰。在本体上端，拴有金属或玉质的环，连接佩带与主体，并在本体上，套有一个圆形镂空的木质或者金属、宝石制的巾箍。再复杂者，则在环上系许多小丝线，每根丝线均用

① 采帨的满文未见于清代官方的满文词典，但是在民间文学中有所记录。如在镶黄旗人费莫氏文康所著的《儿女英雄传》中，有一段提到采帨，其中说：“这不就是咱们如今带的那个‘密鸦密罕丰库’。”此“密鸦密罕丰库”，即是满文“miyamigan fungku”。

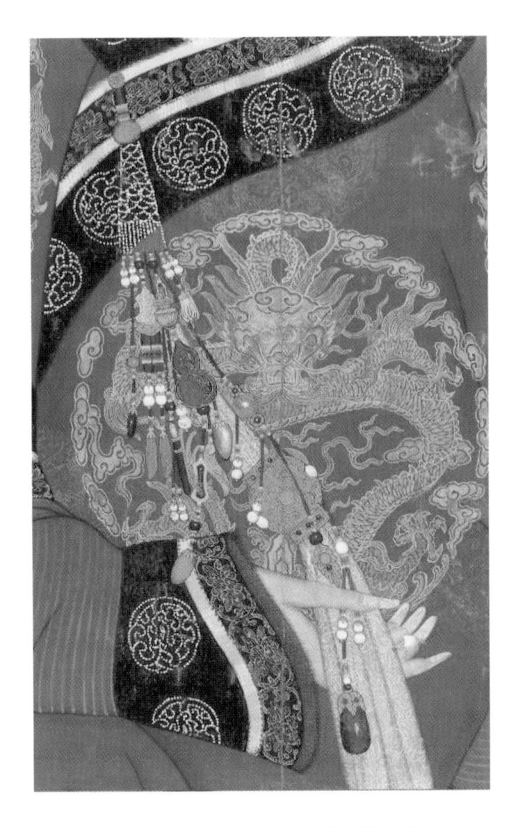

图 12-4-4-1 **清代后宫女性吉服像（采帨局部）**
美国史密斯学会藏。

图 12-4-4-2 **大红色缎绣花卉彩帨**
出自《天朝衣冠：故宫藏清代宫廷服饰精品展》。

米珠、宝石等为缀角。佩戴使用时，将本体上端连接的佩带，拴于外褂或袍服上。若是外褂，则拴在前襟第二颗纽扣之上，若是袍服，则拴在斜襟的第二颗纽扣之上。

图 12-4-4-1 是清代宫廷所藏之采帨。全长 110 厘米，以红绸制成。正面绣有蝙蝠、暗八仙、寿桃、灵芝、寿山福海等图纹。上端系青白玉环，链接黄色佩带。玉环上，系八组十六条挂坠，均点缀红珊瑚珠、米珠，缀角有红珊瑚、绿松石、金星石葫芦坠、碧玉挂坠、白玉仔料芭蕉叶形坠、白玉瓶形饰、红珊瑚花篮、红珊瑚点翠金箍蚌壳宝剑形饰、银箍红珊瑚阴阳板等，与暗八仙相对应。主体上有一金镂空梯形箍，嵌红宝石和翡翠。

图 12-4-4-3 **清初旗人命妇常服坐像**
美国史密斯学会藏。

图 12-4-4-4 **从左至右，依次为孝诚仁皇后朝服像、孝敬宪皇后朝服像、孝贤纯皇后朝服像，均藏于故宫博物院。**

从采帨的满语名字“装饰手巾”上可以看出，采帨的原型应该是满族女性在袍服上所拴的手巾帕子。在清初的画像（图 12-4-4-3）之中，无论穿着的是朝服还是常服，旗人妇女都有在袍褂上拴“手巾”的情况，其形制以白色素色为常见，这也凸显了采帨原本具有明显的生活用途。但是随着清代女性冠服制度逐步确立，采帨也作为“满洲旧俗”之一而被“官方化”“仪制化”，逐渐失去了原本的功能，取而代之的，是亮丽的颜色、丰富的纹饰以及繁复的装饰，成了纯粹的装饰品。从康、雍、乾三朝皇后的朝服像中（图 12-4-4-4）也可以明确看到采帨由简单朴素到亮丽繁复的变化。最终，在乾隆朝中期，采帨正式进入了《大清会典》，成了官方要求的命妇朝服的组成之一。

根据乾隆朝的规定，内命妇中，皇太后、皇后、皇贵妃、贵妃、妃、嫔这六个等级，应该在穿着朝服的场合佩戴采帨，外命妇中，超品、一品至七品的命妇，应该在穿着朝服的场合佩戴采帨。其尊卑等级，按照采帨本体丝绸的颜色、纹饰和所用绦的颜色来区分（表 12–14）。

表 12–14：清代官方的采帨仪制

具体身份	采帨本体颜色	采帨本体纹饰	采帨绦色
皇太后、皇后 皇贵妃、皇太子妃	绿色	五谷丰登	明黄色
贵妃	绿色	五谷丰登	金黄色
妃	绿色	云芝瑞草	金黄色
嫔	绿色	无	金黄色
皇子福晋、亲王福晋、郡王福晋 固伦公主、和硕公主 郡主、县主	月白色	无	金黄色
贝勒夫人、贝子夫人 镇国公夫人、辅国公夫人 郡君、县君、乡君 公夫人、侯夫人、伯夫人 一品至七品命妇	月白色	无	石青色

简单说，从乾隆朝开始，官方规定内命妇的采帨是绿色的，外命妇的采帨是月白色的（图 12–4–4–5）。内命妇中，皇太后到贵妃，采帨为五谷丰登纹，妃为云芝瑞草纹，嫔则和外命妇一样无纹饰。绦色则与其他服饰一样，内命妇中，高级者使用明黄色，低级者使用金黄色。外命妇中、高级者使用金黄色，低级者使用石青色。

采帨的这种满洲固有服饰“仪制化”，正如晚清小说里所讲的一般。

再不想这套话倒把位见过世面的舅太太听进去了，说：“哦，照姑老爷这么说起来，这不就是咱们如今带的那个‘密鸦密罕丰库’，叫白了，叫他妈妈儿手巾上的那分东西吗？”原来这件东西是有出典的。老爷再想不到谈了半天，谈出这么一个知己来了，乐得一手拍膝，说道：“然！可见我讲的不是无本之谈。那‘密鸦密罕丰库’的汉话，便叫作‘彩帨’，帨，即手巾也。只是如今

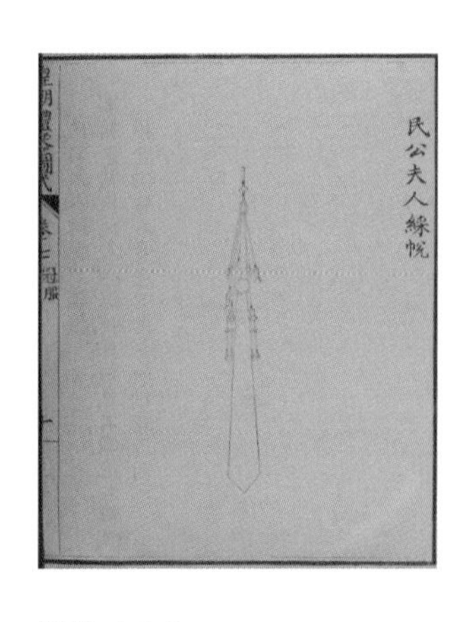

图 12-4-4-5
乾隆朝规定的民公以下外命妇采帨
《皇朝礼器图式》，乾隆己卯年武英殿本。

弄到用起绊绣绸缎手巾来，连那些东西也都用金银珠宝做成，这便是数典而忘其祖，大失命题本意了。”①

但是，与朝廷在乾隆朝开始的对采帨等细节的刻意规定相比，无论是在宫廷内的内命妇，还是在宫廷外民间旗人的使用上，采帨在后来的发展都与官方制度限定的不同。

以纹饰为例，官方制度内的内命妇采帨纹饰只有“五谷丰登”纹和“云芝瑞草”纹两种，而在清中后期宫廷的采帨实物中（图 12-4-4-6），很多纹饰都不是这两种主题。另外，官方制度内的外命妇采帨纹饰均为“无纹饰”，但是在晚清的众多照片、实物中可以见到，有纹饰是普遍现象（图 12-4-4-7）。就连佩戴的场

图 12-4-4-6
缎压金银丝琴棋书画采帨
台北故宫博物院藏。

图 12-4-4-7
民国初年溥杰与唐石霞大婚照
醇王府后裔藏。

①文康 . 儿女英雄传［M］. 郑州：中州古籍出版社 .2010：413.

合，原本只被乾隆朝局限在朝服情况下使用，到了晚清，搭配挑杆钿子和吉服袍褂来使用采帨，也成了流行。唯一顺应了官方趋势的，即采帨越来越失去其原本的功能，而作为一种单纯的胸饰，使用的场合也逐渐减少。

第五节 | 清代旗人的臂饰

清代旗人的臂饰，主要有两大类，第一类为手镯，第二类为手串，均为女性使用。

一 手镯

手镯，又名“手环”“钏”“臂环”，是清代各民族女性常用的一种臂饰，清代旗人女性自然也常使用它。手镯是一种比较纯粹的臂饰，不具有自身的物质功能性，仅仅是为了美观而已。

手镯的满语是“semken”。《御制增订清文鉴》中这样写道：“hehesi i gala de eture aisin menggun i jergi muheren be semken sembi.”翻译过来即“将女子手上戴的，金银一类的环，称为手镯。”《清稗类钞》中则说，手镯“古男女适用，今以妇女用之者为多。”综合来看，在旗人社会中，手镯基本上被视为女性独有。

手镯的基本形态，如《御制增订清文鉴》所说，是由珍贵的金属或宝石、玉石、木石所制成的环形饰品。不同于臂饰的另一个大类手串，手镯基本是一体构成，而不是由一个个单独的珠子连接而成。

在清代，手镯的基本样式是一整块金属、宝石、玉石或木石制成。材质方面，有金、银、翠玉、白玉、珊瑚、玳瑁，还有藤、伽楠木等等。纹饰方面，可以是素纹，亦可以雕纹、镶嵌，或者镂空。至于构造，有单纯一体的，也有可以开闭的，均是视需求和材料的情况而制作。如图 12-5-1-1 中孝钦显皇后所佩戴之手镯，即位素面镯，这种手镯一般以玉石、珊瑚、宝石为材质，属于

图 12-5-1-1　**孝钦显皇后像，手部局部**

图 12-5-1-2　**金累丝花卉龙纹镯**
外径 7.28 厘米，内径 5.97 厘米。
出自《清代服饰展览图录》。

图 12-5-1-3
沉香木嵌金珠寿镯
外径7.1厘米，内径5.6厘米。
出自《清代服饰展览图录》。

素面无雕饰的一体式镯。图 12-5-1-2 为清宫金累丝花卉龙纹镯，镯体用累丝花卉、龙纹相间装饰，上下缘则用绳纹装饰，可开合，属于有雕饰的开闭式的镯。图 12-5-1-3 则为清宫沉香木嵌金珠寿镯，以镂空古钱纹的金镯为底，外包沉香木，镯体嵌有金质长寿、团寿纹饰，并在长寿、团寿纹饰上加饰珍珠，属于有雕饰的一体式镯。

除了基本样式之外，清代手镯还有另外两种样式的“软镯”，一种是节形软镯，另一种是条形软镯。

节形软镯，一般是使用金属制作成数个独立的“节”，再将“节”连接起来，并且在其中连接进一块大型宝石或玉石，作为主装饰。这种节形软镯与基本的手镯相比，因为是由“节”所链接，并非

图 12-5-1-4
金镶珠翠软手镯
内径约 5.5 厘米。
出自《清宫后妃首饰图典》。

是坚硬的整体，所以镯体比较灵活松动，故而被划分为“软镯”。如图 12-5-1-4 为清宫藏金镶珠翠软手镯，金质，镯体分为六节，其中嵌翠环一块，翠环中央有莲花瓣形金托，上嵌东珠一颗，翠环两侧，还各有东珠三颗，翠环背面用八角形镂空托底，使得光线可以自然透射，是节形软镯的佳品。

条形软镯，一般是用很多珍珠串成数个并排的“串”，形成一个由珍珠构成的条形，再将这个条形作为镯体，在手腕上缠绕一圈加以固定。这种镯体不同于手镯坚硬整体的基本形态，所以被划分为“软镯”。如图 12-5-1-5 为清宫藏东珠软镯，两端为银质合扣，上有花卉雕饰，在两端合扣之间，由四排东珠组成软镯，每排之间，也用一颗或两颗东珠相连接，使得其一体受力。这种软镯整体风格有些西洋化倾向，故而有学者认为这种软镯是在晚清随着西洋文化的渗透而出现的。

清代以《会典》为代表的官方仪制内，并没有收入手镯这一项，所以其形制、材质、装饰以及佩戴场合等，均没有官方仪制的限制。在旗人民间的使用中，手镯的适用

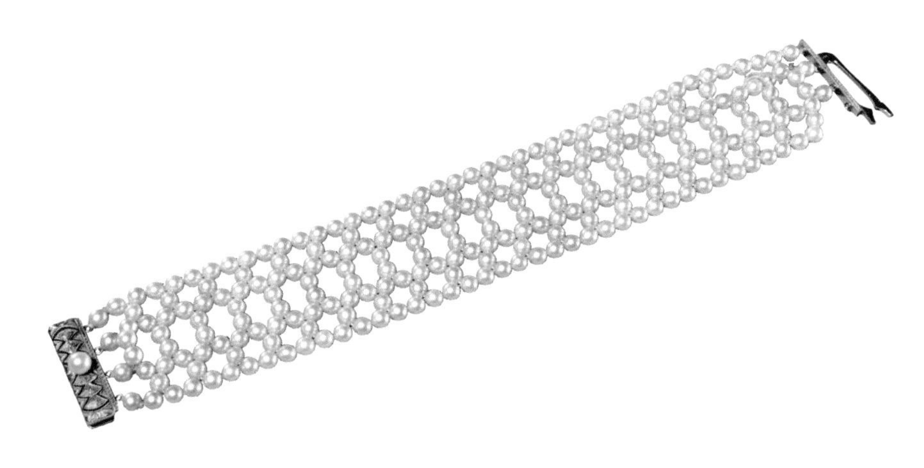

图 12-5-1-5 **东珠软镯**
横 18 厘米，纵 2.8 厘米。出自《清宫后妃首饰图典》。

范围相当广泛，中等以上人家都会使用。另外，在旗人的婚俗之中，新人男女订婚之后要下“小定”，相当于汉族六礼中的“纳吉”。根据清代中后期的京旗旗俗，在下“小定”的时候，男方要派“全福人”将一柄或两柄如意，一对荷包，以及几件金银首饰送到女方家，其中“金银首饰”一般便是簪钗或者戒指、手镯。

比如说在《儿女英雄传》第十二回中，安太太见了张姑娘，要给她补“定礼”，文中是这样描述的：

安太太带笑答应着，又问公子道：“你们路上匆匆的，自然也不曾放个定。人家孩子可怪委屈的，我今日补着下个定礼罢。”说着，把自己头上戴的一只累金点翠嵌宝衔珠的雁钗摘下来，给张姑娘插在鬓儿上，说：“第一件事，是劝你女婿读书上进，早早的雁塔题名。”回手又把腕上的一副金镯子褪下来，给他带上，圈口大小恰好合适，说：“和合双全的罢。”

由此，也可以看出手镯在旗人女性中应用之广。

二 手串、十八子

手串，又名“香珠”“香串”，实际上即小型的数珠、素珠。

在清代文献中，“数珠”和“素珠”一般均专指朝珠一类的由一百零八颗珠子所构成的念珠。《御制增订清文鉴》内的数珠“erihe”一词也解释道，所谓“erihe”，是“emu tanggū jakūn muhaliyan šurufi gūran de ulifi”的，也就是“将一百零八颗珠子镟了后用细绳串连”的，明显是将“数珠”“素珠”与朝珠或者由一百零八颗珠子所构成的念珠等同化了。“香珠”，出自《清稗类钞》：“香珠，一名香串，以茄楠香琢为圆粒，大率每串十八粒，故又称十八子。”

实际上，参考清代的档案和一些小说、笔记，可以得知，一方面，小型的数珠、素珠，也可以冠以“数珠”“素珠”等称呼，另一方面，这种小型的数珠、素珠，并不一定只用十八颗珠子，故而“十八子”只是手串的形态之一而已。如图 12-5-2-1 为清宫藏碧玺手串，用十颗椭圆形的粉碧玺数珠组成，每颗之间则有翠玉质的梅花节子。后来在整理文物时，故宫将其命名为“碧玺珠软镯”，其实应该属于手串类。

与大型的数珠、素珠一样，作为小型的数珠、素珠，手串最开始的基础作

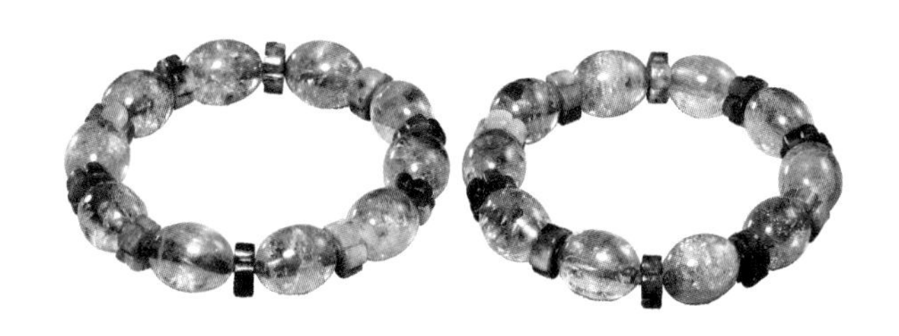

图 12-5-2-1 **碧玺手串**
直径 7.5 厘米。出自《清代后妃首饰》。

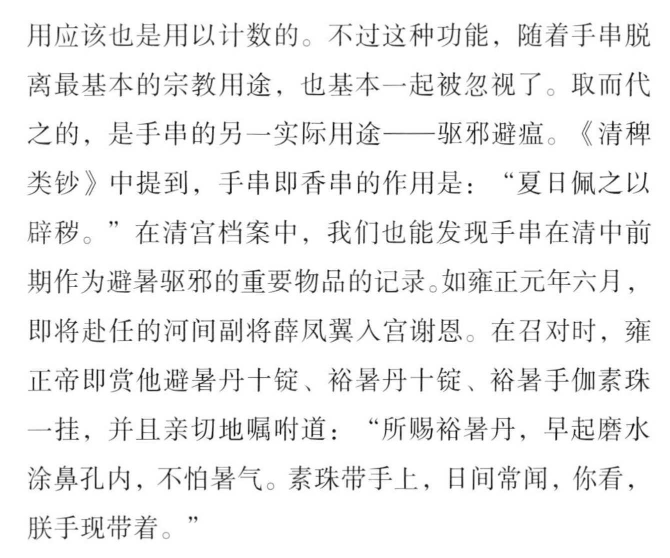

用应该也是用以计数的。不过这种功能，随着手串脱离最基本的宗教用途，也基本一起被忽视了。取而代之的，是手串的另一实际用途——驱邪避瘟。《清稗类钞》中提到，手串即香串的作用是："夏日佩之以辟秽。"在清宫档案中，我们也能发现手串在清中前期作为避暑驱邪的重要物品的记录。如雍正元年六月，即将赴任的河间副将薛凤翼入宫谢恩。在召对时，雍正帝即赏他避暑丹十锭、裕暑丹十锭、裕暑手伽素珠一挂，并且亲切地嘱咐道："所赐裕暑丹，早起磨水涂鼻孔内，不怕暑气。素珠带手上，日间常闻，你看，朕手现带着。"

清中叶的这种手串，出于避暑驱邪的功能性，所选材料主要是香木。形制，则是用细绳将一个个用香木镟好的数珠子串起来。数珠子的数量一般以二十个为上下，也有三四十个小数珠子的，并在打结处加饰"佛塔"。图 12-5-2-2 为清宫藏伽楠木手串，是用两串普通的伽楠木手串合成制作的，每一手串用 0.75 厘米的伽楠木质小数珠三十六颗，两串相叠，一共七十二颗。上下左右均用大块珊瑚作为"佛头""佛肩""佛脐"来隔开，为四部分。"佛头"上串一个绿色料器质的小珠子，并且接出丝线提系用以悬挂。

图 12-5-2-2 **伽楠木手串**
出自《清代服饰展览图录》。

“佛脐”下也串一个绿色料器质的小珠子，下悬数十条珊瑚米珠流苏，每串流苏的尾端还缀上一块绿色料器质的坠角。这是比较繁复、高级的手串。

图 12-5-2-3 **伽楠木十八子**
出自《清代服饰展览图录》。

清中后期，手串逐渐脱离避暑驱邪的功能性，向纯粹的臂饰发展。其象征，是手串的材质从原本避暑驱邪的香木，逐渐改为金属、宝石、玉石等等珠宝。其后，在基础的仅加饰佛塔的手串之上，又加入其他固定装饰，形成了清中后期在旗人中所流行的“十八子”。

所谓“十八子”，如《清稗类钞》中所说，原指的是由十八颗珠子所串成的手串，但是后来这种“十八子”手串有着自己独特的形制。

“十八子”的形制，基本是以普通手串为基础，参考了朝珠的搭配而形成的。首先，“十八子”由十八颗主珠组成主体。十八颗主珠中，位置在正上、正下、正左、正右的四颗珠子，依照朝珠的习惯，称为“佛头”“佛脐”“佛肩”，可以用与主珠不同的材质制成，以示区别。“佛头”上加“佛塔”，又叫“佛头塔”，“佛头塔”之上，通过细线连接一个小金刚杵，金刚杵之上，再通过细线连接一块宝石或金属质地的“背云”，在“背云”之上，还要连接两个宝石缀角。在“佛头”的左右，拴有一根丝线作为“提系”。另外，还可以在十八颗主珠间，拴上用小宝石或小金属做成“纪念”。图 12-5-2-3 为清宫藏伽楠木“十八子”，由十八颗直径 1.4 厘米的伽楠木数珠子作为主珠，每颗主珠上均嵌金质和米珠质的团寿纹各两个，“佛头”和“佛脐”为翠玉质，“佛头”上接出翠玉质的“佛塔”，“佛塔”通过装饰有

图 12-5-2-4 **翠十八子**
出自《清代后妃首饰》。

小米珠的细线接有一块粉碧玺质的“背云”，再通过“背云”用装饰有小米珠的细线垂下两个粉碧玺质的“坠角”，每个坠角上还有嵌着珠宝的翠玉质的“宝盖”，“佛头”两侧则有用小米珠的细线连接成的“提系”。

这些“佛头”“佛脐”“佛肩”“佛塔”“金刚杵”“背云”“缀角”“提系”“纪念”，都是“十八子”的组成部分，但是可以根据需求自行搭配。毕竟无论是手串还是“十八子”，都是非官方的首饰，自由度很高。图 12–5–2–4 为清宫藏翠“十八子”，由十八颗直径 1.1 厘米翠玉质的数珠子作为主珠，“佛头”“佛肩”“佛脐”均为珊瑚质，“佛头”上接出珊瑚质的“佛塔”，“佛塔”通过细线接有一块黄碧玺质的“背云”，再通过“背云”用细线垂下两个粉碧玺质的“坠角”，“佛头”两侧有用小米珠的细线连接成的“提系”。

综上所述，手串根据时代流行，有香木制成的普通手串和珠宝制成的“十八子”的分别。大体而言，由珠宝制成的“十八子”在道光时期才正式出现。制作手串珠子的材料，有嘎巴拉、伽楠木、雕橄榄核、碧玺、红宝石、青金石、翠玉、金珀、砗磲、珊瑚等等。根据晚清的习惯，在冬季，一般使用宝石质地的“十八子”，而在夏季，则一般使用木石质地的，这也是“十八子”作为手串之一种，避暑驱邪功能的延续。

在清代中后期的旗人社会中，“十八子”还有另外一个发展，即从单纯的臂饰转变为一种佩饰。大概在道光朝的宫廷画像中，便已有了将“十八子”通过佛头两侧的一根“提系”，佩挂在衣襟上的使用方法。若是佩挂在斜襟的袍、褂上，则佩戴在右前方斜襟上。若是佩挂在对襟的褂上，则佩戴在对襟的第二个纽襻上。从晚清留下来的照片中可以看出，在当时，“十八子”作为佩饰出现远比作为臂饰的场合多，这又是“十八子”流行的新变化了。图 12–5–2–5 中，四格格便服斜襟上所挂用的“十八子”便清晰可见。同照片内的其他命妇，也多数挂有“十八子”。

这种变化的原因，有学者推测与“十八子”装饰愈发繁复有关。从纯粹的“素”的数珠发展到“十八子”，手串的装饰从简单的“佛头”逐渐加入“纪念”“背云”等等。清中后期的“十八子”装饰已经十分繁复，这种手串再戴在手腕上，偶尔会影响到手部动作，对行动造成不便。而佩挂原本就是手串、香珠的主要用法之一，加之前述的理由，则愈发喜爱以佩挂为便利的用法。

值得注意的是，清代“十八子”在旗人社会中并非只有女性才可以佩戴。

图 12-5-2-5　**庆王府四格格与美国妇人合影**

图 12-5-2-6　**德宗景皇帝读书像**
北京故宫博物院所藏。

穆宗同治帝和德宗光绪帝所留下的容像中有例证。德宗读书像中可以清晰地看到他佩戴“十八子”（图 12-5-2-6），材质是东珠或者砗磲一类，宫外男性的容像、照片中，也有这类例子。由此可以看出“十八子”在旗人社会中的盛行。

第六节 | 清代旗人的手饰

清代旗人的手饰主要有三个大类，第一大类为指环，第二大类为护指。这两类均为旗人女性使用。第三大类为扳指，为旗人男性使用。

一 戒指

指环，又名“戒指”“约指”“代指”等，是广泛出现在各个文化体中的一种常见手饰。清代旗人女性也经常使用。

在满语中，指环被称为“guifun”。《御制增订清文鉴》中是这样形容它的：

图 12-6-1-1　**美国女画家卡尔所绘孝钦显皇后便服像（双手局部）**
美国史密斯学会藏。其中手饰使用了指环和护指。

“aisin menggun gu šuru i jergi jaka be ajige muheren arafi hehesi i gala simhun de eturengge be guifun sembi.”翻译过来即“用金、银、玉、珊瑚类材质做成小环，女人手指上戴着用，叫做戒指（指环）。”从这条解释中可以得知，在旗人旧俗中，指环是作为女性手饰的。

如《御制增订清文鉴》所言，指环的形制比较简单，不过是用珍贵的金属、宝石、玉石“做成小环”而已。清代用来制作指环的材质有很多种，金属如赤金、白金、银、铜等，宝石如紫晶、茬晶、水晶、玛瑙、珊瑚等，玉石如翠玉、白玉等，其余材质则有檀香木等等。指环在清代的样式相当多，大致可以分为三类，即宽指环、窄指环还有表指环。

宽指环即环身比较宽厚的指环。这种指环以环身为主体，环身可以是素面，也可以雕琢或者镂空。形状可以为圆箍形，也可以为马镫形。通过在环身上进行文字、纹饰的雕刻，作为装饰。以文字区分，如有刻着“端康”“庄和”等的尊号文字指环，又有刻着“大清一统天下太平”“万寿”等吉祥文字指环。以纹饰区分，则有竹节纹、蝴蝶纹、双喜字等等。均取警示或者吉祥如意之寓意。图 12-6-1-2 中的三个指环，均为宽指环一类。最左侧为雕檀香木缉米珠

图 12-6-1-2 **左起依次为雕檀香木缉米珠团寿戒指、金錾大清一统天下太平戒指、金里镶翠戒指**
前者出自《清代服饰展览图录》，后二者出自《清代后妃首饰》。

图 12-6-1-3 **左起依次为银嵌珊瑚松石戒指、金嵌珠龙首戒指、白金镶红宝石戒指**
前二者出自《清代服饰展览图录》，后者出自《清代后妃首饰》。

团寿戒指，檀香木质，外径 2.3 厘米，周身浮雕团寿字，上下缘各缉一圈米珠。中侧为金錾大清一统天下太平戒指，金质，外径 1.9 厘米，雕刻“大清一统天下太平”八字。右侧为金里镶翠戒指，金胎镶环翠，上下缘各缉一圈小珠。

窄指环即环身比较窄小的指环。这种指环通常以金属制成环身，在环身之上镶嵌大块珠宝。故而，这种窄指环其实是以镶嵌的大块珠宝作为主体的，可以选用红宝石、蓝宝石、珍珠、米珠、珊瑚、松石等材质。图 12-6-1-3 中的三个指环，均为窄指环一类。最左侧为银嵌珊瑚松石戒指，乾隆年制，戒身为银质，嵌有绿松石一颗，珊瑚三颗。中为金嵌珠龙首戒指，戒身为金质，戒面镶有盘龙，龙首处嵌有珍珠一颗。右侧为白金镶红宝石戒指，戒身为白金质，外径 2.4 厘米，嵌红宝石一颗。

表指环是晚清由西方带来的一种指环，是指环和小型钟表的结合体。表指环的形状一般和窄指环相似，以金属制成比较窄小的环身，但是与窄指环不同，其是用一个小型的钟表取代了镶嵌在窄指环上的大块珠宝。如图 12-6-1-4 为清宫所藏西洋戒指表，此表为金属质，面长 3.32 厘米，呈椭圆形，戒面周嵌一圈珍珠，椭圆形戒面中，下部为时钟，上部为窥镜，可以看到表内机械结构。

图 12-6-1-4 **西洋戒指表**
出自《皇家风尚：清代宫廷与西方贵族珠宝》。

指环属于小型首饰，在清代并未进入以《会典》为标准的官方仪制内，所以其形制、装饰，以及佩戴场合，均没有官方仪制的限制。正因为如此，清代指环的样式和运用才多姿多彩。以目前的资料来看，上到朝服、吉服，下至常服、便服，旗人女性均有佩戴指环的例子，运用范围相当广泛。

在使用方面，和现代一样，指环直接套于手指之上即可。《清稗类钞》中说，指环“初惟左手之第三、第四两指，后则惟所欲矣。”但是从清初的旗人女性容像中，已经能看到不局限于第三、第四指的使用（图 12-6-1-5）。这也体现了从清初开始，对于指环的使用就相当自由的情况。正是因为指环小巧方便，不受服制影响，且对手指的基本活动也不妨碍，它才能够在清代之后继续作为手饰中的“主力军”。

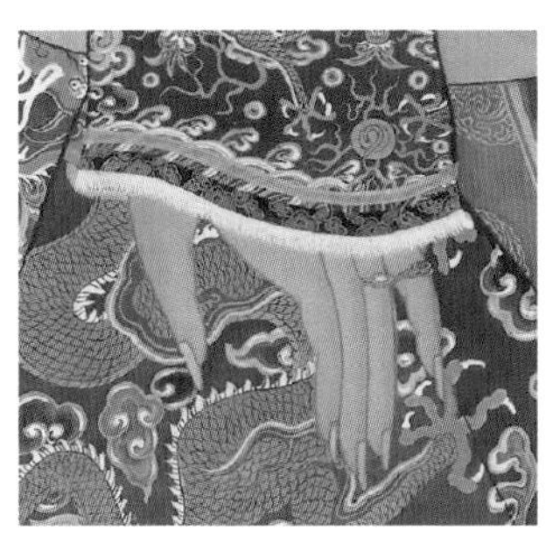

图 12-6-1-5
清初旗人命妇吉服坐像（双手局部）
美国史密斯学会所藏。

二 护指

护指，又名“指甲套”“指套”“金指甲”，是清代中后期，旗人贵族女性常用的一种手饰。

清代贵族无论旗、民，男、女，多有蓄甲的习惯。一般认为，蓄甲使得指甲修长，彰显着人脱离生产工作，即不需要进行体力劳作等信息，隐性地夸耀自己养尊处优的上层身份，从而形成以指甲纤细、修长为美的时代审美。在贵族之中，女性相比男性更加脱离

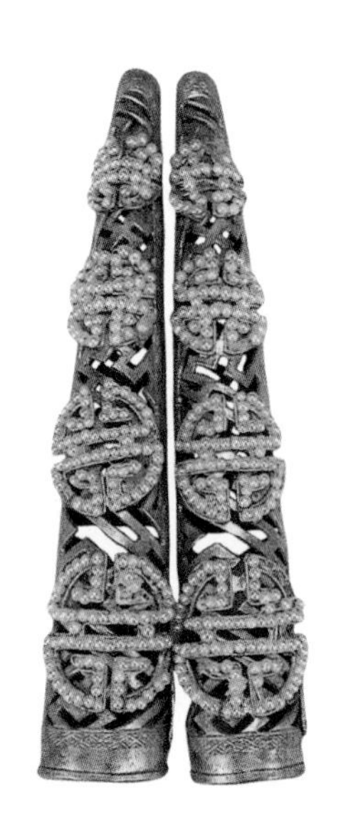

图 12-6-2-1　**上图为玳瑁嵌珠宝翠玉葵花指甲套，下图为铜镀金嵌米珠团寿镂空指甲套**
均出自《清代服饰展览图录》。

生产生活，故而贵族女性的指甲便可以蓄得更长，也随之出现了护指这种手饰。正如《清稗类钞》所言，护指的主要作用，除了基础地保护蓄长的指甲外，还有“欲其指之纤如春葱也”，即使得手指看上去更加纤细、修长的装饰作用。

护指，一般由珍贵的金属、宝石或玉石制作而成。目前资料里能够见到的护指材质，金属类有金、银、铜以及银镀金等，宝石则主要是玳瑁一类的有机宝石，玉石则主要以翠为主。其形制一般为锥子型，顶端尖锐，尾部为圆形。有整体缓慢尖锐的，也有中部以上变尖锐、扁平至与指甲同形状的。其外表，可以为仅使用基础材料的“素面”，也可以是在基础材料之上进行镂空、雕刻乃至于镶嵌珠宝、点翠。根据不同需求、不同材质，护指的大小也不同。大者可以长于 15 厘米，小者则仅有 3 厘米。大体而言，材质越重，护指的体积便越小，这是因为护指要保持在一定的重量，才不容易对蓄长的指甲造成损伤。如图 12-6-2-1 中的两套护指，均是清代护指的上乘之作。左侧为玳瑁嵌珠宝翠玉葵花指甲套，由整块玳瑁錾空制成，长 10.5 厘米，镀金座，嵌粉碧玺质的葵花、珠蕊，绿色料器质的叶片，点翠质的缠枝。右侧为铜镀金嵌米珠团寿镂空指甲套，铜镀金质，长 7.7 厘米，通体作镂空“卍”字不断纹，面缀米珠嵌成的四个团寿字。

清初的《御制清文鉴》与《御制增订清文鉴》中，均未有护指相关的词条记录，目前见到的清初旗人女性的容像中，也暂时尚未发现有护指的影子。故而推断，护指进入旗人女性的生活，应该是从清中后期开始。在宣宗道光朝的《喜溢秋庭图》（图 12-6-2-2）中，坐于殿内的孝全成皇后的左手无名

图 12-6-2-2 **《喜溢秋庭图》孝全成皇后局部**
北京故宫博物院藏。

图 12-6-2-3 **孝钦显皇后吉服照**

指和小指上，已有了护指的出现，这可能是清代宫廷容像中第一次出现护指。

到了晚清，作为执政者的慈禧太后（孝钦显皇后）留下了大量照片，其中不少均戴有护指。同时期宫外的民间摄影也逐渐开展，也偶能见到旗人女性佩戴护指的情况。故而可知，晚清时护指已经在旗人贵族女性生活中使用得很频繁了。

由于护指并非是进入了《会典》官方仪制的首饰，所以其佩戴场合相对自由。在留下的容像和照片之中，护指主要是搭配常服和便服使用。光绪朝时，慈禧太后的照片中，已经有穿着吉服仍佩戴护指的例子（图 12-6-2-3），这也显示出很多便服的细节逐渐向官方正式服制渗透。

在使用时，一般将护指直接套在蓄甲的手指上即可。但是哪些手指可以使用护指，目前尚不能确定。《清稗类钞》中说，护指“自大指外皆有之。”但是以清宫所留存的实物来看，护指几乎均为两支一套，一套内的两支完全一致，这说明护指应该是两支为一套进行使用的。参考目前见到过的佩戴了护指的容像和照片，也基本均是戴在左手或右手的无名指和小指上的。大致来讲，如果想要让手保持基本的持物能力，那么除大指外的四指均佩戴护指，是不切实际的。这也是护指主要戴在无名指和小指上的原因。

三 扳指

扳指，又名“搬指”“掷指”“班指”“扳指儿”等。原是清代旗人射箭时所使用的一种武具，后来延伸成为一种主要以旗人男性为使用对象的手饰。

《清稗类钞》中也提到扳指，说：“（扳指）实即古所谓韘。韘，决也，所以钩弦也。”根据出土的文物，也可以知道中原民族一样有使用扳指一类武具的习惯，且中原民族之扳指以“坡形”为常见。而到了清代，旗人所用的满洲扳指以“桶形”为主，而且从武具发展成了一种手饰。

在满语中，扳指被称为“fergetun”，这个名词与“大拇指”（ferhe）这个名词以及射箭时“用大拇指勾弦”（ferhelembi）这个动词同一词根，也凸显了扳指的基础作用。另一方面，一些文章称扳指的满语为“憨得汉”，其实是混淆了扳指本身和扳指材料的名字。

《御制增订清文鉴》中“fergetun”一条中写道：“kandahan i uihe i jergi jaka be šurume arafi, ferge simhun de etufi gabtara de baitalarangge be fergetun sembi.”翻译过来即“将用罕达犴的角一类的东西镟作成的，戴在大拇指上后射箭用的，叫做扳指。”其中“罕达犴”即一些文章中所提到的“憨得汉”，满文写作“kandahan”，指的即驼鹿。

这种旗人所用的桶形扳指，外形为一圆柱体，中间镟空，一般用无雕饰的兽骨做成。清初尤其珍重“罕达犴”的扳指，认为用“罕达犴”即驼鹿制成的扳指比较耐用。一般套于右手大拇指之上，以在拉弓时保护手指。

在清代旗人男性容像，特别是清初的旗人男性容像之中，我们经常可以看到像主右手佩戴着扳指的细节（图 12-6-3-1）。因为扳指并没有进入《会典》等官方仪制，所以扳指的佩戴场合相当自由。从朝服容像到常服、行服、便服的容像，几乎都能见到扳指的踪迹。

对于旗人男性而言，原本属于武具之一的扳指，显然具有彰显“武勇”的

图 12-6-3-1 **鳌拜朝服像，右手局部**
美国史密斯学会所藏。

作用。佩戴一件“饱经风霜”的兽角扳指，就好似象征着自己久经沙场的经历一般，这也与清代统治者为旗人所确立的“国语骑射”制度相吻合。但是，清朝建立之后，旗人阶级身份日益有差，一部分处于上层的旗人贵族逐渐文弱化，他们所佩戴的扳指也逐渐从武具向手饰转变。

以目前来看，至迟在乾隆朝，就已经有了成型的手饰型扳指，这种扳指的特点是用宝石或者玉石制作而成，且在扳指的表面经常雕刻花纹或者文字。由于质地的缘故，如果以它们作为武具使用，十分脆弱，容易破碎，而且会破坏装饰，所以只可作为完全的装饰性物品，不可用于搭弦射箭。图 12-6-3-2 为

图 12-6-3-2 **碧玉刻诗扳指**
出自《天朝衣冠：故宫藏清代宫廷服饰精品展》。

清宫所藏乾隆朝时期的碧玉刻诗扳指，其整体以碧玉为质，外部雕填金地萱花一枝，花枝旁有山石，另一侧有填金《御题萱花诗》一首。

正是在这种从武具到手饰的变化之中，扳指被分成了以兽骨制成的、素面的“武具”扳指，和以宝石、玉石制成的、有雕纹的“手饰”扳指。在清代民间，前者被称为“武扳指”，后者则被称为“文扳指”。这种从单纯的武具发展到饰品，也是清代饰品中十分有趣的一个现象。

后记

我早期的研究主要聚焦于中国古代妆容与妆品。从2010年攻读博士开始，研究方向兼及中国古代首饰领域，博士论文便是首饰的单项史研究《耳畔流光：中国历代耳饰》（中国纺织出版社，2015）。从此发心，希望能把中国古代首饰的整体面貌梳理清晰。但不论是妆容的历史还是首饰的历史，其实都是和中国整个文化史的发展息息相关。因此，要想从宏观文化层面上把首饰文化阐释清晰，需要极其广博的知识储备与文化见识，而这目前是我和我的作者团队尚难达到的。因此本书总体来讲是考证重于阐释，写史重于论述。但这个遗憾，恰恰也成为鞭策我们继续努力的动力。对于物质文化的研究，除去在微观层面的考证与探究，我更希望将来有能力能够站在宏观层面上进行文化审视与剖析。

本书付梓之际，第一要感谢的当然是我的团队，他们是（根据撰写章节顺序排名）：

1. 李芽（中国古代首饰文化、中国原始社会的首饰、中国先秦时期的首饰、中国辽代契丹族的首饰、中国金代女真族的首饰），上海戏剧学院舞台美术系教授，博士，微信公众号“东方妆道”创办人。长期从事艺术史及服饰史的研究与教学。出版有《中国历代女子妆容》（江苏凤凰文艺出版社，2017）、《耳畔流光：中国历代耳饰》（中国纺织出版社，2015）、《脂粉春秋：中国历代妆饰》（中国纺织出版社，2015）、《漫话中华妆容》（东华大学出版社，

2014）、《中国古代妆容配方》（中国中医药出版社，2008）等著作。

2. 王永晴（中国两汉和魏晋南北朝首饰的撰写者），网名“须菩提小朋友”，笔名“左丘萌”。他专注于秦汉史与出土简帛文献研究，兼长古代服饰研究，著有《到长安去：汉朝简牍故事集》（上海古籍出版社，2018），即将出版专著《两汉服饰研究》。

3. 陈诗宇（中国隋唐五代和宋代首饰的撰写者），网名“扬眉剑舞”。他任职于出版社，从事中国传统工艺美术题材采访编辑工作以及古代服饰文化研究近十年，现在北京服装学院跟随孙机先生攻读博士，专攻传统服饰研究方向。曾调查数百项传统工艺，参与、组织多项服饰复原与博物馆展出策划，担任电视栏目《国家宝藏》历史顾问、《艺术设计研究》服饰研究栏目主持，并发表服饰研究文章数十篇。注重制度史、流行变化史、面料染织技术以及服饰结构等，以唐宋为主要研究方向，即将出版《大唐衣冠图志》（北京大学出版社）。

4. 曹喆（中国元代首饰的撰写者），南通大学副教授，在东华大学获博士学位，主要研究方向为染织服饰史论和设计理论。他致力于“以图证史”以及文献学的研究方法探讨历代服饰形制、服饰制度以及服饰工艺等。发表学术论文十余篇，出版《历代<舆服志>图释——元史卷》、《中国北方古代少数民族服饰研究 6: 元蒙卷》等专著。

5. 董进（中国明代首饰的撰写者），网名“撷芳主人”，明代帝陵研究会特邀会员。他长年沉浸于中国服饰史的学习和研究，

2007年创办“大明衣冠－中国服饰史论坛”，2012年参与北京市文物局《明宫冠服仪仗图》的整理出版工作。著有《（Q版）大明衣冠图志》（北京邮电大学出版社，2011年1月）。

6．橘玄雅（中国清代满族首饰的撰写者），满族。他执着于清史、满学、清代服饰的研究，以及满族、老北京的口述历史记录。曾任北京索伦珠满语班语法讲师。著有《清朝穿越指南（第一部）》（重庆出版社，2017年）和《喵王府的生活》（北京联合出版公司，2018年）。

7．张晓妍（墓葬首饰插戴复原图绘制者），上海戏剧学院博士，上海第二工业大学副教授，主要研究中古中国女性文化。

8．李依洋（墓葬首饰插戴复原图绘制者），上海戏剧学院在读硕士。

本书的六位文字作者，除了我和曹喆老师是供职于大学的教师，专职于研究和教学外，其余的四位学者中，有三位并无公职，是真正意义上的独立学者。陈诗宇供职于出版社，目前在北京服装学院跟随孙机先生攻读博士。这四位学者年纪都不大，一位70末，一位80后，两位90后，但早已是网络大V，他们在古代服饰研究圈子里拥有很大的影响力和很高的知名度。陈诗宇和董进还在2019年1月登上央视《国家宝藏》栏目，成为明衍圣公朝服的国宝守护人。我想，这正是这一代年轻人和上一辈的最大区别，他们将爱好做成了事业，并善于通过网络共享成果并吸收各方营养，他们善于讨论并热衷思辨，在虚拟世界打下一片江山后，又在现实世界逐渐实现自己的抱负。他们能够加盟此项研究，共同来做这样一件有意义的事情，我感到很荣幸。他们给我提供的灵感和帮助，要远远大于我能赋予他们的。

同时，我还要感谢沈从文、周锡保、孙机、扬之水等前辈学者对我的引领。他们像一盏明灯，照耀着我在古代服饰史研究的道路上坚定地踯躅前行。本书写作过程中也得到了很多师友的帮助，如刘永华、吴爱丽、喻燕姣、高春明、唐瑞、贾玺增、李甍等等；感谢叶长海老师为本书的出版筹措经费；感谢家人对我写作期间疏于照顾的理解和支持；感谢王青、王宏波、张黎为本书的编辑出版工作付出的巨大辛劳！

也衷心地感谢上海戏剧学院，给予我平静而又宽松的治学环境。

学术研究是一场孤独的修行，但却并不寂寞。在黑夜的孤灯中与一个个前世灵魂碰撞相遇，探寻物质给予人的礼法约束与世俗欢乐，体味首饰纹样中所蕴含的种种世情世相，惊叹首饰工艺中潜藏的鬼斧神工，此中的欢乐与欣喜惟有同道中人方能体会。

在本书即将面世之际，我的心中充满忐忑。中国古代首饰史领域浩大而庞杂，本书只是提纲挈领的初步成果，其中难免有疏漏之处，盼望读者与方家不吝赐教。

李芽　记于河滨香景园

2019 年 12 月 14 日